无障碍阅读系列
BARRIER-FREE READING SERIES

教育部《语文课程标准》**推荐书目**

乘小猎犬号环球航行

[英] 达尔文 著　褚律元 译

U0348550

名著精选·全面分析
名师导读·全面解题
名家指点·全面提高
注音解词·全面去障
精读大师佳作·培养语文素质
紧扣课标要求·提升读写水平
适合学生阅读

时代文艺出版社

图书在版编目（CIP）数据

乘小猎犬号环球航行 /（英）达尔文著；褚律元译. —长春：时代文艺出版社，2017.8

ISBN 978-7-5387-5364-6

Ⅰ.①乘… Ⅱ.①达… ②褚… Ⅲ.①自然科学－科学考察－世界 Ⅳ.①N81

中国版本图书馆CIP数据核字（2016）第297831号

出 品 人　陈　琛
产品总监　郭力家
选题策划　邓淑杰
责任编辑　冯　卓
　　　　　曾艳纯
装帧设计　孙　利
排版制作　隋淑凤

乘小猎犬号环球航行

[英] 达尔文 著　褚律元 译

出版发行 / 时代文艺出版社
地址 / 长春市泰来街1825号 时代文艺出版社 邮编 / 130011
总编办 / 0431-86012927 发行部 / 0431-86012957 北京开发部 / 010-63108163
官方微博 / weibo.com / tlapress 天猫旗舰店 / sdwycbsgf.tmall.com
印刷 / 三河市万龙印装有限公司
开本 / 660mm×940mm 1 / 16 字数 / 371千字 印张 / 29
版次 / 2017年8月第1版 印次 / 2017年8月第1次印刷 定价 / 35.80元

阅读，从无障碍开始

在当今的中小学语文教学中，文学名著阅读所占的比重越来越大，课外阅读已经成为课内教学的延伸和不可或缺的一部分。"扩大阅读面，增加阅读量，提高阅读品位"，让学生"多读书，好读书，读好书，读整本的书"，是国家教育部在 2011 年版的《语文课程标准》中提出的明确要求。"新课标"还对小学、初中、高中各阶段学生的阅读总量有明确规定，并根据不同阶段学生的特点，指定和推荐了包括童话、寓言、故事、诗歌、散文、小说、戏剧、科幻作品等在内的一系列中外名著书目，从国家层面，教育、教学的高度，把名著阅读摆在了突出重要的位置上。

中外名著是人类文明和智慧的结晶，是历代相传的宝贵的精神财富。要在短时间读懂、读通，吃透名著的精髓，对中小学生来说是很困难的事，必须跨越各种阅读的障碍。

本社邀约语文教学一线的名师、专家参与编写，精心选择注释底本，推出的这套"无障碍阅读系列"丛书，完全依据教育部的规定和要求设计，并把"无障碍阅读"作为丛书编辑的宗旨，力求扫除中小学生阅读文学名著的语言、文字、历史、文化等方面的障碍，使其在轻松阅读优秀文学作品，感受经典名著文学魅力的同时，丰富语文知识，掌握阅读技巧，在知识能力和文学素养两方面都得到提高。注释内容与课内教学相辅相成,与考试相对接。

"四个全面"即全面分析、全面解题、全面提高、全面去障,这是本丛书的突出特色。开篇的"名师导读""要点提示",帮助读者在阅读名著前迅速了解与作品相关的重要信息,提示阅读时最需要关注的要点问题。名著正文行间或段末的注解,参照《义务教育语文课程常用字表》,对一些难于理解、影响阅读的生僻字、词和作品中涉及的历史、文化知识等,都做了全面注释、解析。使学生不用再频繁翻阅字典,查看工具书,让阅读变得一气呵成,省时省力又简单。名著正文后精心设计的"考点延展",与课内的教学相对应,汇集相关有代表性的真题和模拟题,针对考点,全面解题,在检测阅读成果的同时与考试相对接,使中小学生抓住重点、难点,轻松应试。"思考提高"部分,主要为引导读者回顾作品的精彩情节,思考名著的价值意义,启迪心智,在巩固记忆效果的同时,注重阅读能力的全面提高。全书四大优势模块,辅之以准确的注释、精要的解析、精美的图文,与教育部的中小学《语文课程标准》要求相一致,形成阅读与字词、读写、检测的无缝结合模式,达到"全面去障"的阅读效果。

德国思想家、作家歌德曾说:"读一本好书,就如同和一位品格高尚的人对话。"与经典名著的对话,从无障碍阅读开始!

编 者

目录
MU LU

名师导读

作者简介

查尔斯·达尔文 (Charles Darwin)，生于 1809 年 2 月 12 日，逝于 1882 年 4 月 19 日，英国博物学家、生物学家、进化论的奠基人。

达尔文出生于英国萧鲁兹布里的富裕家庭中，父亲罗伯特·达尔文是一位医生兼金融家，外祖父乔舒亚·威治伍德是"威治伍德陶瓷"的创办者。1818 年，九岁的达尔文在一间属于英国国教会的萧鲁兹布里的寄宿小学就读。这所老式学校，除了古代地理和历史，以及上帝创造了一切等论调外，其他什么也不教。达尔文对此大为失望和反感，总是偷偷跑到学校后面的一个园子去捉虫子及收集植物标本。由于求学时心不在焉，成绩当然不会好。达尔文的老师认为他资质平庸，父亲也不理解他。

达尔文从不去关心别人怎样看他，他总是到他舅舅乔舒亚·威治伍德二世家里去寻找安慰和快乐，因为那里有一片非常美丽的树林，在达尔文眼里，这里是一个美丽的世界，是一个乐趣无穷的世界。有时他常到舅舅的图书馆里去阅读自己喜爱的关于自然界奇妙的书籍。他像进入了一个知识的海洋里，尽情畅游。他有时看书入了迷，忘记了吃饭。他的舅舅非常喜欢他，经常给他讲述大自然的秘密，并指导他，不但要善于观察自然界，还要把观察到的一切现象详细记录下来，透过这些记录下来的笔记，可以分析研究，从中发现很多的奥秘。

1825 年秋天，为了不违背父亲的意愿，达尔文和哥哥伊拉斯谟斯来到爱丁堡大学学习医科。其实，他无心学医，但却对大学里的博物学、矿物学、昆虫学等课程和书籍喜欢得入了迷，并且一有空闲，就跑到海滩上，收集各种海生动物。他从约翰·爱德蒙斯顿 (John Edmonstone)（一位被解放的黑奴,此人曾经陪同探险家华特顿探险南美)那里学到动物标本的剥制技术(Taxidermy),听到许多关于南美的传说,在后来的《人类起源》一书中,达尔文引用了这段经验,解释欧洲人与黑人之间虽然外表差异很大,实际上却非常亲近。进入大学第二年,他加入了普林尼学会(Plinian Society),这是一个专注于博物学的学生团体,并且成为罗伯特·爱德蒙·葛兰特(Robert Edmond Grant)门下的学生,协助调查佛斯湾(Firth of Forth)无脊椎的海生动物的生命周期并学习解剖学。

父亲见达尔文无心学医,便于 1828 年送他到剑桥大学基督学院去学神学,希望他将来成为一个"尊贵的牧师"。达尔文对神学也不感兴趣,仍把大量时间用于学习自然科学,采集昆虫标本。

1831 年毕业于剑桥大学后,他的老师亨斯洛推荐他以"博物学家"的身份参加同年 12 月 27 日英国海军"小猎犬号"舰环绕世界的科学考察航行。通过这次航行,达尔文对动植物和地质结构等进行了大量的观察和采集。他将采集到的所有标本逐一检查、分类,并记录结果。1839 年,整理出版了《乘小猎犬号环球航行》,这一本著作,轰动了整个伦敦。

1859 年,《物种起源》这一划时代的著作出版,达尔文提出了生物进化论学说,从而摧毁了各种唯心的神造论和物种不变论。除了生物学外,他的理论对人类学、心理学及哲学的发展都有不容忽视的影响。恩格斯将"进化论"列为 19 世纪自然科学的三大发现之一。

作品影响

《乘小猎犬号环球航行》出版后风行一时,为达尔文在通俗科普领域赢得了声名。1839 年 1 月底,他当选了皇家学会会员;2 月当选动物学会会员。此前，他已经是伦敦地质学会总干事。三十岁的达尔文，已跻身"名流"之列，让专家学者和知识大众产生了深刻的印象。有谁想得到，当年达尔文在父亲眼中是"很平凡的孩子，智力简直在平均水平线之下"呢！

谈到《乘小猎犬号环球航行》的影响，要从两个方面来说：

其一，本书催生了生物进化论，为《物种起源》的诞生做了充分准备。《乘小猎犬号环球航行》的整理出版不仅改变了达尔文的生活，也改变了他的思想。通过五年来对大自然全方位考察的实践，一桩桩目睹的事例，使达尔文对上帝创造了永恒不变的世界这一观念越来越怀疑。因为这些物种和自然界各按其自身客观规律在运动、发展、变化、消亡，根本没有上帝什么事儿，也不是永恒不变的。在这漫长考察期间的所见所闻，如切萝卜一样把达尔文脑袋里的"神创论"一片片地切下扔掉，同时又像盖房子那样把一块块"自然选择"的砖头码砌起来。等那个萝卜切完丢光时，一幢叫"进化论"的壮丽大厦也在他脑中盖起来了。而他乘"小猎犬号"的环球航行，既是进化论的孕育过程，又是它的助产士。可以说，没有这次航行，就没有达尔文的进化论，而可能是在别的时候，由其他什么人提出来了。

其二，本书为植物学、地质学、博物学等自然科学发展做出了重要贡献。达尔文记录在《乘小猎犬号环球航行》中缜密细致的野外地质观察至今都很有价值；书中提到的大量动植物、岩石与化石标本成为了珍稀的博物学材料；在达尔文之前，珊瑚礁的形成原因一直是个谜，《乘小猎犬号环球航行》中记载的珊瑚礁成因理论于今依然成立；书中达尔文对南美古哺乳动物化石的研究，启发了后世科学家对生物灭绝现象以及物种可变性的正确理解……在生态和生物多样性状况受到威胁日益严重的今天，我们更不能忘记达尔文和他的《乘小猎犬号环球航行》。

要点提示

本书可视为游记,也是一本真实的博物学笔记。达尔文不愧自称为博物学家,他从一个理科生的视觉角度,以素描形式展现给大家五年间的所见所闻所感。通过主人公的观察、记录,使之形成某一种理论。

书中以南美洲为主,向读者描绘着形态各异、千奇百怪的生物,有的憨态可掬,有的让人惊叹万分。伴随主人公新奇的视野,让我们共同漫游在这不熟悉的地理环境中,领略不一样的历史。

一、素描式的画面 揭开自然的奥秘

1. 航行路线及所见到的人

1831年12月27日,英国皇家海军勘探舰"小猎犬号"从朴次茅斯港起航了。它穿过北大西洋,到达巴西的巴伊亚,然后沿南美东海岸一路南下,到达里约热内卢后,再经南大西洋的火地岛,绕过霍恩角,沿南美西岸北上,从秘鲁圣地亚哥的普拉亚港,经北太平洋的加拉帕戈斯群岛到达大洋洲塔希提岛、新西兰等地,横渡印度洋到马达加斯加岛,经非洲好望角驶往北大西洋,最后于1836年10月2日回到英国。这历时五年,行程数万公里的环球考察充满艰辛,但也让达尔文大开眼界,大长见识。

在南美潘帕斯平原上,他认识了这里的牧民——高乔人。高乔人高大英俊,留着鬓须,长发披肩,慷慨豪爽,桀骜不驯。他极欣赏巴塔哥尼亚半岛的印第安人。他们身材也很高大,箍着束发带的长发飘飘,身着美洲驼皮披肩,善良坦率。而火地岛人个子矮小,皮肤粗糙,头发蓬乱,话音刺耳,处于人类发展的低层次阶段。达尔文见到了贫苦农民和疲惫的矿工、被卖为奴隶的黑人，也见到了大农场主和大军阀。这些西方殖民者正在对印第安人和逃亡黑奴实行大屠杀，许多村庄空无一人。被坚决反对蓄奴制的达尔文愤怒地抨击为"种族灭绝"。英国殖民者把拼命抵抗的塔斯马尼亚人流放到一个孤岛上听凭他们死去。涌入澳大利亚的欧洲人大肆捕猎当地土著赖以为生的动物，又把烈酒和土著们抵抗不了的麻疹等传染病带来，使土著人在饥饿、疾病和昏醉中大批死亡。血腥的事实，是对某些口头上经常叫喊人权的西方人士的莫大讽刺。

2. 对沿途生态的考察

沿途本土动植物的命运与土著居民相似。达尔文看到，欧洲人带来的外来生物——猪、羊的入侵，彻底毁灭了圣赫勒拿岛上的森林。随之消亡的还有八种陆生软体动物。西方殖民者饲养的大量牲畜改变了南美植被的总貌，使羊驼、野鹿和鸵鸟等本土物种濒临灭绝，生物多样性受到影响，不少当地动植物的自然演化进程或被打乱节奏，或因灭绝猝然中止。他看到了珊瑚对伯南布哥海岸的保护，海底火山与珊瑚环礁的关系，观察了火地岛水下大海藻森林生态系统。他认为，如果海藻、森林被毁，那么倚赖海藻为生的无数水生生物及海獭、海鸟、海豹等动物都将死去，火地岛人也无法存活，这证明了人类与周边生态的密切关系。他看到高山藻类造成的"红雪"和海中藻类发出的磷光，迁徙途中漫天飞雪般飘落到舰上的白色蝴蝶，看到了海蛞蝓、墨斗鱼、刺鲀、巨鲸、鲣鸟、燕鸥及偷燕鸥食物的大螃蟹、卡拉鹰、兀鹰、火烈鸟、灶鸟、企鹅、吸血蝠、各种甲虫、会发咔嗒声的蝴蝶、水豚、鬣蜥、犰狳、驼马等上百种动物，还有遮天蔽日的飞蝗。在布兰卡港、圣朱利安和巴拉那河岸等地，达尔文挖掘收集到了大地懒、乳齿象、箭齿兽、后弓兽等许多已灭绝的南美巨兽化石，并感到现存的动物很像它们的侏儒版,有着某种亲缘关系。达尔文相当惊奇地发现,在加拉帕戈斯群岛那些相距不远而又彼此隔绝的火山岛上,陆龟、燕雀等同种生物都发生了不同变异。亲眼看到新物种正被大自然这只冥冥中的大手创造出来,令他无比激动。他发现许多动物都处于过渡类型,如正往鼢鼠演变的一种地鼠。有的演化孕育着被自然淘汰的灭绝危机,如大旱之年无法用双唇吃草的妮亚塔牛。

　　小猎犬号军舰于4月4日到里约热内卢。达尔文在这奇异的异国海岸上,发现一种章鱼,像变色龙一样,随着水中的深浅程度而改变身上的颜色,脚趾生着小吸盘,居然能在垂直的光滑玻璃上面行走。由此,达尔文得出如下结论:世界各地都是适宜于生物居住的。无论是咸水湖,或是大山底下隐藏着的地下湖,或是温暖的矿泉、深不可测的大洋深处、大气的高层的天空,甚至是永远积雪的地面等,到处都能维持有机生命的生活。一天,达尔文看到了黄蜂正在食蜘蛛的现象,得出了这样的结论:地球上的生物千千万万,所处的时代和环境不同,有的灭亡了,有的保存下来了。万物之间,为了生存,必须斗争,有时是异常激烈的你死我活的斗争。达尔文努力搜集蜘蛛、蝴蝶、鸟类及贝壳等标本,将它们打包后,寄给恩师亨斯洛。

　　1832年9月,达尔文在南美巴伊亚·布兰卡附近。发现了许多古代陆生巨型动物的化石(譬如大象般的大树獭,犀牛般的棱角獭,类似今日的犰狳的动物,以及大象般的箭齿兽,与今日水豚类似的动物),经鉴定,与现代动物(树獭、犰狳、水豚等)有极相似之处,这些古代陆生动物为什么会灭绝,《圣经》说是古代的大洪水,这些巨型动物没有被选入诺亚方舟的缘故。这使达尔文对《圣经》产生了怀疑。他想巨兽之所以灭绝,也许是生存条件改变了,由于这些体形较小的树獭出现,把食物吃光,导致大树獭没有食物吃而灭绝。

　　1832年12月16日到达火地岛,将出发时带来的三名火地岛土著释放。

1833 年 8 月 3 日,小猎犬号航行到南美洲的内格罗河口(亚马孙河的最大支流),这儿是西班牙人的殖民地。达尔文与当地的土著印第安人,建立了友谊,他尊重他们的生活方式,从他们的牧羊犬身上得出生物是可以人工驯服的,得到生物可以培养和改造这个结论。然而,一队西班牙的白人士兵,突然偷偷包围了这个地区。他们把成年人杀死,把儿童们弄到奴隶市场去卖掉。达尔文目睹这惨无人道的景象后,悲痛地想:难道人和其他生物之间都是这样相互残杀的吗?

在距离内格罗河口 29 公里处有一个叫埃尔—卡门的地方,达尔文住在村庄里,草原上有一种美洲驼鸟,体形小于非洲驼鸟,老是喜欢在达尔文面前奔跑,它们奔跑时,会将双翼张开,达尔文曾经抓住其中一只,送回英国动物学会,后来这种驼鸟就以达尔文的名字来命名,叫做达尔文美洲驼。

1835 年在内格罗河口那同一片草原,达尔文有一次被草原的锥蝽大黑虫咬伤。这种锥形虫的咬伤,将导致寄生虫查加斯氏疾病。达尔文经历海上航行后,回到英国时,病情严重,身体极度虚弱,肠胃不适伴随呕吐,终其一生也都是半个病人。当时没有医生能够诊断和治疗达尔文的病;今日科学已确认,他所罹患的是当时在南美洲所遭受的查加斯氏疾病。

1835 年 9 月 15 日,小猎犬号和已经二十六岁的达尔文,在南美洲的加拉帕戈斯群岛登陆,加拉帕戈斯由于群岛火山遍布,所以人烟稀少。虽偶有船只通过,却不靠岸停留,水手可在此收发信件,补充饮水及新鲜肉类。肉类主要来自此群岛的巨龟,西班牙文的"加拉帕戈斯"意为"巨龟"。在群岛上到处可见巨龟在漫步。

达尔文在此群岛,采集到一百九十三种植物,其中一百多种是这个群岛的特有品种。考察途中,虽历经千辛万苦,但那无比壮观的热带森林、丰富多彩的生物资源、引人入胜的自然景观,使达尔文惊叹不已,忘记了疲劳。特别是那些高大的棕榈树、奇异的花卉、珍奇的寄生植物、各种各样的鸟兽及千姿百态的蝴蝶和其他昆虫,更使他欣喜若狂,给他留下了极其深刻的印象。他时常陷入沉思之中,心想:那么多的动物,既有差别,又如此相似,连那些分类学专家也会遇到难题。究竟是什么力量把大自然安排得如此丰富呢? 开始,他也相信神学:也许多种多样的生物就是根据上帝的伟大计划而创造出来的吧! 但后来,随着考察的深入,他慢慢发现神学信条与自然界的事实格格不入。

在加拉帕戈斯群岛,达尔文发现有十四种地雀与南美洲大陆上的种类相似,分布在不同的小岛上。岛与岛之间既彼此相似又各有不同的特点,特别是这些鸟的嘴巴变化很大。这是为什么呢? 经过考察和分析,达尔文找到了答案。加拉帕戈斯群岛是火山形成的岛,当初这儿是一片茫茫大洋,不可能有鸟类。岛上的鸟是后来由南美洲大陆飞来的,然后由于生活环境的不同,逐步演化成不同类型。他开始相信物种是可以变化的。

3. 地质考察

达尔文还考察了各种地质现象。他看到了正在升起的南美大陆和科迪勒拉山系:高山顶上的第三纪古海生物化石,被冰川夹带到河滩的巨大漂砾,一级级河床阶地,流动的熔岩,奇特的浮岛,被扭曲或折裂的大断层,隆起的山峰和深切的谷地,被侵蚀的荒野以及曾沉入海底又升起的古森林硅化木群落。他在奇洛埃岛见到了同时引发另两座火山的奥索诺火山爆发,在瓦尔地维亚遇到了大地震,地震引起了海啸。在塔帕根山下,他躲过一场砸死许多牲畜、野兽的大冰雹。在火地岛遇到了飓风和轰然倒下的冰川。这一切给达尔文的感受是:"没有什么东西比得上地壳这么不稳定了。""大地这个结实坚固的象征物,如今在我们脚下移动,就像只是一层蒙在液体上的薄膜。"总之,一切皆流,一切皆变。除了物质、能量和信息的运动外,没有任何永恒的事物。

二、《物种起源》的源头

《乘小猎犬号环球航行》中涉及了自然进化史,包括动物、植物、地理,记录着生物的进化,地形地貌的变迁,以及生物与地形地貌的关系;也涉及了人类的进化史,或者说人类文明的进化,如南美洲遇到的各种人的群落,观察人类进化史,对比原始与文明,更是提醒我们要用一种发展的眼光来看待生物。

本书可以让我们静下心来,思考《物种起源》的源头,洞察一位博物天才的独特视角,体味一个博物学家在看到新鲜事物时而产生的激动,同时本书也可以引领我们从细微处观察事物,激励我们的主动精神,体验从相对孤立的事物出发,分析比较,概括研究的乐趣。

五年的游历以及各种现象的观察、分析、经验积累,在酝酿二十年后,打开了 19 世纪,乃至往后数个世纪的生物大门,影响了人类对自己的重新认识,意义及影响不言而喻。

三、达尔文进化论的不足

在达尔文之前,也有其他人提出过进化论的类似观点: (1) 法国生物学家拉马克。他在 1809 年就提出了进化论,但认为生物的进化是主观愿望造成的,这显然是唯心主义的。(2) 英国自然科学家华莱士。他根据自己的研究也提出了与达尔文相同的进化论观点,但他承认完整的进化论体系是达尔文建立的。

尽管达尔文的进化论被马克思和恩格斯看做是马克思主义哲学的自然科学基础,但是也有不足之处:(1) 强调渐变在物种形成中的作用,忽视了突变。后来孟德尔的经典遗传学和摩尔根的基因学说弥补了这一缺点。(2) 不够重视气候对物种进化的作用。(3) 达尔文偶然读到了马尔萨斯的《人口论》,误认为进化论是在其启发下提出的,而忽视了拉马克的进化论思想。(4) 近亲受害者:达尔文娶表姐埃玛为妻,两人一生恩爱。当时英国时兴大家庭,他们共生了十个孩子,但夭折三个,其余七个都有不同程度的疾病,三人绝后,而达尔文研究植物繁殖得出的结论是"自然厌恶近亲"。他的婚姻正好违背了这一客观规律,给他一生带来了不少烦恼。

乘小猎犬号环球航行

序

　　我在本书第一版及《小猎犬号航海动物志》一书的前言中说明：由于菲茨·罗伊船长的提议，希望有位科学工作者同行，并提供住宿，我便自告奋勇担当此任。因水文地理学家博福特船长的善意，此行获得了海军部长的批准。我有此机会访问不同国家去研究自然历史，全赖菲茨·罗伊船长的恩惠，我愿借此机会再次向他表示感激；再者，我们相处的五年间，我得到了他的热心关爱与坚强支持。对于菲茨·罗伊船长与小猎犬号上各位官员在长期航海期间对我无微不至的照顾，我万分感谢，永志不忘。

　　本书以日记的形式记载此次航海过程，其中部分内容曾摘要刊载于《自然历史》与《地质学》两书，以便于一般非专业读者阅读。本版曾作大量压缩，若干部分作了修正，并增加了少许篇幅，以期使本书更通俗；但我相信博物学家将可能从此次科学考察产生出大量的专业著作。《小猎犬号航海动物志》一书包含有欧文教授所撰的《哺乳动物化石》，沃特豪斯先生所撰的《现存哺乳动物》，高尔德先生所撰的《禽鸟》，L. 杰恩斯牧师所撰写的《鱼类》，贝尔先生所撰的《爬虫》。对于各种动物的生活习性与分布范围等，我曾附加了若干描述。上述各位卓越作家以其高超才能与非凡热忱所写的著作，如果没有女王陛下财政委员会诸位阁下尤其是尊贵的财政大臣代表该委员会拨出一千英镑以支付部分出版费用，这些著作是不可能面世的。

　　我本人还出版了若干著作，包括《珊瑚礁的构成与分布》《乘小猎犬号航行探访火山岛》《南美洲的地质学》。《地质学学报》第六卷刊有我写的有关《漂移性巨砾》以及《南美洲火山现象》的两篇论文。沃特豪斯、沃克、纽曼及怀特诸位先生曾出版了若干有关我搜集到的昆虫的优秀论文,我相信,还会有此类论文产生。有关南美洲的植物,胡克博士在他的杰作《南半球植物志》中亦有记载。他在《林奈学报》中,曾忆述加拉帕戈斯群岛的花卉。教授亨斯洛牧师曾出版一份我在基林群岛收集到的植物的名单;J. M.伯克利牧师曾描述过我讲到的隐花植物。

我十分愉快地深深感谢其他数位博物学家给以我写作此书及其他著作的帮助。务请允许我在此再次诚挚感谢教授亨斯洛牧师。当我还在剑桥求学时,主要是他引导我对自然历史产生了兴趣;在我出国航海期间,又是他为我照管我所搜集到的标本,他写给我的信起到显著指导作用,在我回国后,他又不断向我提供一位最亲切的友人所能提供的一切帮助。

于唐·布罗姆莱,肯特郡

1845 年 6 月

(附注:我必须利用此机会诚挚感谢小猎犬号上的外科医生拜伊先生,当我在瓦尔帕莱索病倒时他给我精心的照顾。)

第一章　佛得角群岛的圣杰各岛

1831 年 12 月 27 日,由英国海军上校菲茨·罗伊为船长的皇家海军勘探船小猎犬号从德文郡(英国英格兰西南部的一个郡)的港口起航。这艘舰船装备着十门火炮,此前曾两次被强烈的西南季风所阻而未能启航。此次远征的目的在于继续完成由金上校领导的、从 1826 至 1830 年对巴塔哥尼亚高原与火地岛(巴塔哥尼亚高原与火地岛均属于阿根廷)的探测,实际上包括对智利与秘鲁沿海与太平洋若干岛屿的探测;并将运用精确的计时手段进行环球一系列的测量。

普雷亚港

1832 年 1 月 6 日,我们到达特内里费(特内里费岛,属于西班牙),但当地人害怕我们带去霍乱病,不准我们上岸。次日早晨,我们见到太阳从加那利岛(加那利群岛属于西班牙)错落有致的山峰上升起,瞬间照亮了特内里费岛的峰巅,而岛的下半身还笼罩在朵朵轻云里。这一天,是那一段永远不会忘记的美好日子的头一天。1832 年 1 月 16 日,我们在圣杰各岛的普雷亚港抛锚,该岛是佛得角群岛中的主岛。

从海上望去,普雷亚港一片荒凉。由于早年的火山喷发与常年的炙热日晒,使大部分地区不适于耕种。地面呈台阶形逐级上升,穿插着一些平顶的圆锥形小山,地平线上则有一群高山环绕着,形成一条不规则的锁链。在这炎热季节令人眩晕的气氛下望去,倒也别有滋味。真的,如果一个对海洋很陌生的人,头一次在海岛上的椰树林中漫步,他可以鉴赏一切,只是感觉不到有任何的乐趣。这个岛屿常被认为十分无趣,但对于一个习惯于英国风景的人,倒会认为这片全然荒芜的大地具有一种粗犷的壮丽之色,增加一些草木反倒会损害了它。熔岩地层上鲜见绿色的草叶,然而却能见到一些羊群及很少量的母牛勉强地活着。下雨次数极少,然而一年之中有一段时间却经常大雨倾盆,过后,每一条裂缝都会钻出一些绿草来。绿草很快枯萎,枯草便成了牛羊的食物。此时,几乎全年未曾下雨。这个岛屿刚被发现时,<u>普雷亚港附近还都有茂密的森林</u>(据德国迪芬巴哈博士的资料),但经不住人们的无情砍伐,终于几近于彻底荒芜。同样,在圣赫勒拿岛(英属圣赫勒拿岛位于南大西洋。1815—1821年,拿破仑一世被放逐至此,病死于此)以及加那利群岛中的某些岛屿也莫不如此。宽阔、平坦的谷底,许多地方仅在雨季中的数日内可作为排水之用,如今全是光秃秃的灌木丛。山谷中只生活着很少几种生物。最常见的是翠鸟(中型水鸟,嘴粗直,长而坚硬,背部和面部的羽毛翠蓝发亮,非常美丽,食性多样),它们驯顺地栖在蓖麻枝上,不时扑向蚱蜢。这种翠鸟色彩鲜亮,但不如欧洲翠鸟那么美丽。它们飞行的姿势以及通常在干燥山谷中栖息等习性,也与欧洲翠鸟大不相同。

里贝拉—格兰德

一天,我同两位军官骑马去普雷亚港以东数英里(1英里约为1609.344米)一个名叫里贝拉—格兰德的小村子。当我们到达圣马丁山口时,就见到了小村的灰暗景色。但却有一股小溪使附近草木茂盛,给人以清新的感觉。不到一个小时,我们抵达里贝拉—格兰德村,惊讶地见到有一座倾圮(pǐ,毁坏,倒塌)的堡垒和教堂。在港口堵塞以前,这个小镇曾是该岛的中心,如今只剩下一片凄凉而十分幽美的景色。我们雇了一位黑人教士做向导,还雇了一位曾参与半岛战争(指拿破仑于 1808 年—1814 年在伊比利亚半岛上的战争)的西班牙人。我们寻访了一组建筑群,一座古老的教堂成为其核心。此处有该岛的几任总督与将领们的坟墓。有些墓碑上的日期可远溯至 16 世纪(这一描述有误。佛得角群岛是 1449 年发现的。有一块当地一位主教的墓碑说明是 1571 年埋葬的,另一座有头像与短剑的顶饰上标明是 1497 年)。唯有墓碑上的纹章图饰方使我们联想到欧洲。小教堂位于方院的一头,方院中央是一大丛香蕉。另一头则是一座医院,医院内有十来个面容憔悴的人。

我们回到温达去吃午饭。一大群男人、女人、小孩儿,都像煤那么黑,围拢来看我们。我们极其友好地同他们相处,我们每说一句话,每做一件事,都会引发他们一阵笑声。离开小镇前,我们去参观了大教堂。它不像那个较小的教堂那么富丽,但它有一台小风琴足以自傲,其实这台风琴奏出来的只有不和谐的音。我们给了黑人教士几个先令(英国货币。20 先令为一镑,12 便士为一先令)。那位西班牙人很坦然地拍拍他的脑袋说,他认为他的肤色同我们的肤色没有多大区别。然后,我们骑着小马尽快回到了普雷亚港。

另一天,我们骑马去到圣多明戈村,这个村镇坐落在岛中央。我们穿过一块小小的平原,这里生长着一些矮矮的洋槐,树顶被信风吹弯,有些甚至吹成 90 度。树枝折弯的方向,都是朝东北偏北,或是朝东南偏南,自然是由于强劲的信风所致。荒瘠的土地上无踪可寻,以致我们迷失了路途,稀里糊涂地来到了富恩特斯。在此以前,我们还不知有这个村镇。来到之后,才发现是歪打正着了。富恩特斯是个美丽的小镇,有一条小溪穿镇而过。任何东西都长得很好,唯独最主要的居民,发育甚差。黑人小孩儿全身赤裸,面容憔悴,抱着的一捆烧火用的柴火都有其半身高。

在富恩特斯附近,我们见到有一群珍珠鸡(野生禽类,头较小,喙下方左右各有一个红色肉髯,羽毛上有无数细小白色斑点,就像全身披满晶莹剔透的珍珠一样),大约五六十只。它们警惕性特高,人们根本无法接近。它们远远地躲着我们,就像斑翅山鹑(体形略小,灰褐色鹑类,善于奔跑,也善于匿藏,平时静止不动,左右张望,在紧急情况时才起飞,飞翔时两翅扇动快而有力,发出很大的声音。鹑,chún)在 9 月的雨天中昂首猛跑,一有人追赶便立即振翅高飞。

圣多明戈村的景色同该岛其余各地的阴暗色调全然不同。村镇坐落在一个谷底,周边由高大的、锯齿状的冲积熔岩围着。黑色的岩石同明亮的绿色植物形成鲜明的对比,这些植物都是生长在清澈溪水的岸边的。那天正好是集市日,村镇上挤满了人。回来的路上,我们遇上一个黑人姑娘的聚会,大约有二十位,她们的穿着相当鲜艳,雪白的亚麻布裙,彩色的头巾与披巾,同她们的黑皮肤相映成趣。当我们走近时,她们立刻转过头来,并把自己的大披巾铺在路上,唱起一支很狂放的歌曲,双手拍大腿打着拍子。我们扔给她们一些钱币,她们接过钱,尖声大笑。我们走远了还能听见她们的笑声。

大风刮来的纤毛虫微尘

一天早晨,景色异常清新。在一大片深蓝色云层的衬托下,远处的群山轮廓分明。以在英国的经验来判断,今天的空气必然是湿润的。然而,恰恰相反。湿度计表明,气温与雨露凝结点之间竟相差 29.6 度。这样的差距同我前几日的测量相比,几乎高出一倍。大气中异常的干燥还伴随着不时出现的闪电,在这样的天气条件下,空气竟如此清澈,这种景象实在太不平常。

渐渐地,空气不再清澈了,变得朦胧起来,这是由于人们感触不到的纤细难察的尘埃降落所致,这种尘埃对天文观测仪器会造成轻微的损害。我们在普雷亚港停泊的一天,我搜集到一小撮这种褐色的微尘,看来是大风吹过桅顶风向标的薄纱时留下来的。莱尔先生也给了我四袋微尘,这些微尘是在这些岛屿北面数百英里的一条船上搜集到的。埃伦伯格教授(我要借此机会感谢这位著名的博物学家,他曾以极大的诚意为我检测样品。1845年6月,我曾向地理学会送去大量此类微尘)发现这类微尘含有大量有硅质壳的纤毛虫,以及植物中的含硅物质。他在我送去的五小袋微尘中,竟发现其中含有不少于六十七种不同的有机结构。这种纤毛虫,除有两种例外,全部生活在淡水中。自从深入大西洋以来,我发现过不少于十五种落在船上的此类微尘。从撒落微尘的风向来看,从旱季哈麦丹风(即非洲旱季时从撒哈拉沙漠吹向非洲西海岸的干燥带沙的风)总要带来大量尘埃的规律来看,我们可以确知,这些微尘正是从非洲刮来的。然而,一个异常的事实是,尽管埃伦伯格教授知道许多非洲的纤毛虫,他从我送去的样品中却找不出这类纤毛虫。另一方面,他找出两种纤毛虫,据他所知,这两种纤毛虫从来都是生活在南美洲的。撒落下来的微尘如此之多,以致把甲板弄脏,并可伤害人们的眼睛,甚至船只有时不得不快速驶离岸边以躲避这种朦胧空气。这种微尘常常撒落到离非洲海岸数百甚至一千多英里以外的船上来,最远可达以北或以南1600英里之遥。一次在距离大陆300英里的一条船上,我在搜集到的微尘中,惊奇地发现在1/1000英寸的面积中,竟然有石子的微粒,还有更纤细的其他物质。基于这一事实,人们见到比这更轻更小得多的隐花植物小孢子(隐花植物即无花植物,小孢子是无花植物繁殖后代的微小有机体,就像花粉一样)能四处散播,就不足为奇了。

此岛的地质情况是该岛自然史中最有趣的部分。一进港口,就可以见到沿岸一条绵延数英里、高约45英尺的断崖;崖壁有一条极其平直的白色夹层。经过检验,这一白色夹层系由石灰质物质组成,其中夹有无数的贝壳,其中大多数或全部如今在附近海岸都可找到。这个白色夹层是镶嵌在古代火山岩上的,曾被玄武岩流所覆盖,这股玄武岩流必定曾延伸入海,海底正好有着白色的贝壳床。追踪熔岩产生的炽热所引起的变化,是很有趣的：熔岩流压在易碎的物质上，一部分转化为晶莹的石灰岩，另一部分成为质地紧密的斑点石。石灰碰上了熔岩流表面上的火山渣，便出现一簇簇辐射形的美丽条纹。在缓缓倾斜的平原上，熔岩的床底朝岛的内陆方向逐渐升高，同像洪水般的原先已熔化的岩石相融合。我认为，有史以来，圣杰各岛从未有火山活动的迹象。甚至在许多红色的由灰渣堆成的山丘顶上，也很难发现火山口的形状。然而，在岸边倒可以明显见到较晚些的岩流，形成一串不太高的断崖，延伸到古代的岩流系，因此，从断崖的高度倒可以粗略测算出岩流的年纪。

海蛞蝓与墨斗鱼的生活习性

在我们逗留期间，我观察到某些水生动物的生活习性。一种体形较大的海兔是很常见到的。这种海生蛞蝓(属于软体生物。是浅海生活的贝类。和贝类不同的是它们的贝壳已经退化为内壳，背面仅有透明的薄薄的壳皮，黏糊糊的，就像鼻涕虫一样。蛞蝓, kuòyú) 约 5 英寸长，浑身呈灰黄色，带有紫色条纹。下半身的两侧，或可称之为脚的部位，有一层宽宽的膜，遇到水流漫过背部的腮或肺时，这张膜便可起到通气的作用。它靠吃长在石缝的污泥中或浅水中的嫩嫩的海草为生。我还在它的胃中发现有些细砾(lì, 小石块)，就像鸟胗(zhēn, 鸟类的胃)中的情形一样。这种蛞蝓，当遇到干扰时，便释放出一条很好看的紫红色液体，足可染红四周一英尺以内的水面。除了这种自我保护的手段外，它的全身还有一种辛辣的分泌物，其他动物接触到它便有被螫(shì, 书面语, 蜇)刺的痛感，同滴螺属或葡萄牙僧帽水母相类似。

有几次，我饶有兴味地观察一条章鱼亦即墨斗鱼的生活习性。这种动物尽管在池塘里常见，或退潮时搁浅在海滩上，其实是很难捕捉到的。它们利用长长的手臂与吸盘，能将身体缩进极狭的缝隙中去，一旦缩了进去，需要强大的力量才能把它们拽出来。有时候，它们把尾部朝前，从池子的这边像箭一样冲到另一边，同时分泌出深褐色的墨汁将水染浑。这些动物还具有像变色龙那样的特殊本事，用改变身体颜色来免遭发现。它们根据经过的环境来改变颜色：在深水中，它们变成紫褐色；在浅水中或被置于陆地上时，便变为黄绿色。如更仔细地观察，它又成了浅灰色，并带有无数鲜黄的斑点。浅黄色是较持久的，斑点则忽隐忽现，轮番变化。这样，其结果便见有一种介于紫蓝又带红色的颜色与栗棕色之间的云状色彩不断地漂过它们的身体。任何部位如遇轻微的电流震动，便几乎变成黑色；用针轻刺它的皮肤，也会有同样的效果。这些云状物，或可称之为红晕，据说是由于一些盛有不同颜色的液体的微小泡囊交替扩张与收缩的结果。

墨斗鱼无论在游动时还是在海底蛰伏(指动物为了躲避外界不良环境而进入不食不动的时期。蛰, zhé) 时，都能显示出变色龙那样的本领。我观察到有一条墨斗鱼显然觉察到我在观察它，因此使出种种手段来进行规避，实在是有趣极了：它先是一动不动地待在那里，过了一会儿，偷偷儿地前进一两英寸，就像猫在追捕老鼠。有时，它改变肤色。如此这般地前进着，直到进入深水区，便猛蹿过去，留下一股墨汁，不让你发现它钻进了哪个洞穴。

我在观测海洋动物时，我的头部只比岸边的岩石高出约两英尺。因此，不止一次受到海水的溅泼，同时听到轻轻的摩擦声。最初，我猜不出是什么声音；后来，我发现这正是墨斗鱼发出的声音，循此声响就可发现它的踪迹。无疑它具有喷水的能力，它还可以利用身体下部的吸盘与呼吸管来校正游动方向。这些动物是很难把头抬起来的，因此被放到地上时，便会感到不适。我还观察到一条养在船舱里的墨斗鱼，它在黑暗中还能发出微弱的磷光。

圣保罗岛并非火山岩

在穿越大西洋的航程中,我们于 2 月 16 日早晨接近了圣保罗岛。此岛位于北纬 0 度 58 分、西经 29 度 15 分。距离美洲海岸 540 英里,距离费尔南多—迪诺罗尼亚岛 350 英里。岛的最高点仅海拔 50 英尺,周长不超过 3/4 英里。这个小岛是从大西洋深处突然冒出来的。它的矿物构造很不简单。某些部分是燧石(岩石,主要成分是二氧化硅,灰黑色或黄褐色,断口呈贝壳状,坚硬致密,敲击时能迸发火星。燧, suì),某些部分具有长石性质,并有蜿蜒的细纹。许许多多远离大陆、位于太平洋及大西洋中的小岛,除了塞舌尔群岛和这个岩石小岛外,我认为都是由珊瑚或火山喷发出的物质形成的。这是一个值得注意的事实。海洋小岛具有火山的本质,正是那个规律的延伸。基于同样的原因——无论从化学方面还是力学方面——造成这样一个结果,即大多数的活火山,不是靠近海岸就是海洋中的岛屿。

独特的岩石表层

从远处看去,圣保罗岩石岛呈现出耀眼的白色。部分原因是它覆盖着大量海鸟的粪便,部分原因是有一层具有珍珠光泽的光滑物质紧紧地附着在岩石表面。通过透镜观察,可见到其中有无数薄层,合起来的厚度大约只有 1/10 英寸。其中有许多动物的排泄物,追根溯源,这无疑是由于雨水或浪花溅在鸟粪上所致。在阿森松岛与阿勃罗霍斯小群岛上,在某些鸟粪结成的小块物质中,我发现有一些钟乳石状的枝形体,形成的原因大约同岩石上的白色外表的形成原因相同。枝形体在外形上同某些珊瑚藻(属于坚硬石灰质海生植物一族)极其相似,几乎没有多大区别。每条枝形体的顶端呈球状，有近于珍珠的质地，就像牙齿表面的珐琅质，坚硬得可以去刮擦厚玻璃板。我在此提一下：在阿森松岛的部分海岸，有大量的贝壳砂，被海水带到随着潮汐涨落时隐时现的岩石上，久而久之成了一层沉积物，就像木刻画。常见在潮湿的堡垒地墙上附着某些隐花植物（地钱属）。苔藓的表面是光滑的，充分暴露在亮光下的部分乌黑发亮，暗礁部分则呈灰色。我曾经将这种沉积物的样品送给几位地质学家，他们都认为这原先是火山喷发出来的岩浆，或说这是火成岩！而从它的坚硬度，从它的半透明度，从它的光滑度（与最精美的榧螺相同），从它散发出来的臭味，以及用吹管一吹便会改变颜色等特点来看，它们同现有的海洋贝壳十分相似。再者，人们已知道，海洋中的贝类动物常常产生于其他的海洋动物或受到它们的遮盖与荫蔽。这类贝类动物较之充分暴露在光亮下的贝类动物颜色较浅，正同那些沉积物一样。我们还记得那些石灰质，或属于磷酸盐，或属于碳酸盐，在组成现存动物的骨头或贝壳等坚硬物质时，一个有趣的生理学事实（霍纳先生与戴维·布鲁斯特爵士曾描述一种独特的"类似贝壳的人造物质"。它是一种精美的、透明的、十分光滑的褐色薄层，具有可透视的性能。这种薄层凝结在一个容器内，这个容器内首先注入由动物的皮、蹄、骨等熬制成的胶液，然后再注入石灰，使之在水中迅速旋转。比起阿森松的天然岩层来，它柔软得多，更透明，含有更多的动物物质。不过，我们由此可以再次见到这种明显的习性：石灰中的钙质与动物物质是完全可以结合成类似贝壳那样的坚固物质的）是：它们的坚硬度超过了牙齿珐琅质，并呈现出新鲜贝壳的光泽。这些物质，是由死亡的有机物质通过无机的方式重新形成。颇为滑稽的是，某些低等植物也有同样情形。

昆虫与第一位殖民者

我们在圣保罗岛上只发现两种鸟类：鲣鸟(大型海鸟,形如海鸥,身羽洁白无瑕,仅有部分飞羽为黑色。头部和颈部有黄色的光泽,头顶上缀有少许红色,嘴又长又尖,颜色为淡蓝色。尾部成楔形,腿和脚的颜色鲜艳。鲣,jiān) 与黑燕鸥。前者属于鲱(fēi)鱼种 [动物分类系统由大到小分为：界(Kingdom)、门(Phylum)、纲(Class)、目(Order)、科(Family)、属(Genus)、种(Species)7 个等级]，后者属于燕鸥种。两者都很温顺,且颇呆笨,总是在旅客面前茫然失措,以至我们用地质勘察锤想锤死多少就能锤死多少。鲣鸟的卵搁在光秃秃的岩石上,黑燕鸥会用海草筑一个很简陋的巢。许多这类鸟巢的旁边,都有一条小小的文鳐鱼(飞鱼。体较短粗,具有优美流线型体形,体色一般背部较暗,腹侧银白色,吻短钝,鼻孔两对,较大,胸鳍长且特别发达,像鸟类的翅膀一样,一直延伸到尾部,臀鳍位于体后部,约与背鳍相对。鳐,yáo)，我估计是由雄性黑燕鸥带给它的伴侣的。一旦我们将巢中的燕鸥赶走,就会见到一只栖在石缝中的大螃蟹(Graspus)迅速爬过来把巢旁的文鳐鱼偷走,这是很有趣的。W·西蒙兹爵士是曾登上此岛的少数人之一,他告诉我,他甚至曾见到大螃蟹把巢中的雏鸟叼出来吃掉。这座小岛上看不到有任何植物,连地衣都没有,然而却生长着数种昆虫与蜘蛛。我相信,以下所列的,足可数尽该岛陆生的动物志：生活在鲣鸟身上的苍蝇(Olfersia)；一种必定是寄生在鸟类身上的扁虱；一种褐色的小囊虫,属于吞食羽毛为生的物种；一种钻在鸟粪下面的甲虫(Quedius)与一种土鳖(身体扁,卵圆形,棕黑色,常生活在土内的昆虫的通称。雄的有翅,雌的无翅)；再就是无数的蜘蛛,我估计是以捕食这些小动物以及海鸟的腐败尸体为生的。据传统的说法,占领这些太平洋中的珊瑚岛的,最早是高大的棕榈树(常绿乔木,树干圆柱形,包以暗褐色纤维的叶鞘。叶具长柄,两侧具细齿。叶近圆形,叶上有掌状分裂深达中下部,裂片线形。开花,花小,黄白色。核果肾状球形,熟时青黑色)与其他珍贵的热带植物,然后是鸟类,最后是人类。这种说法可能是不正确的。我以为,以羽毛与脏物为生的寄生性甲虫与蜘蛛,才是这些岛屿最早的居民。当然,这样说可能破坏了上述传说的诗意了。

热带海洋中即使是最小的岛屿,也成为无数海洋与各种海洋生物赖以生存的基础;同时也支持了大量鱼类的生存。鲨鱼群和渔夫们不断地在竞争,看鲨鱼捕食的鱼多,还是渔夫们用系钓钩的钓线捕捞得更多。我听说百慕大群岛附近的一个小岛,离海岸很远,海底极深,正是由于在附近观察到鱼群,人们才发现此岛的。

费尔南多—迪诺罗尼亚岛①、巴伊亚

2月20日,我们在此只停留数小时。就我所能观察到的,此岛是火山结构,但形成时间大概不算很近。最显著的特征是它有一个圆锥形的小山丘,大约1000英尺高,上半部分极其陡峭,而一侧是缓坡,直连向基部。岩体属于响岩,分割成若干不规则的柱形体。如果单独观察其中某个柱形体,最初你准以为那是在半液态状况下熔岩流猛然拱起所致。然而,据我在圣赫勒拿岛的观察和研究,某些在形态与结构上都与费尔南多—迪诺罗尼亚岛近似的山峰,都是由熔化的岩石在喷射进较松软的岩层所形成的巨大方尖塔形的山峰。岛上长满树木,但因天气干旱,树叶并不茂盛。半山腰处,一些柱形的大岩石受到一些像月桂树那样的大树的荫蔽,还有一些树则有粉红色的花朵装点其上,可是没有树叶陪衬,但这种景色也足以使人为之愉悦了。

2月29日——这是十分愉快的一天。对于一位博物学家来说,愉悦

---

① 此岛属巴西。

一词还不足以说明他的感觉。因为，这是他头一次漫步在巴西的森林之中。优美的草地，寄生性植物给人的新奇感，美丽的鲜花，碧绿的树叶，尤其是各种植物都是那样的生气勃勃，真使我赞叹不已。在林中多荫处，有声与无声竟然奇妙地结合在一起。昆虫的叫声响亮，即使停泊在数百码(1码等于3英尺)以外的船上也能听到；然而，在森林的深处，却被一片幽静统治着。作为一个热爱自然的人，这样的境遇能带给你内心的快乐，简直不敢奢望能再遇上这样的日子。漫步数小时后，我回到登岸的地方，但在尚未到达之前，遇上了一场热带暴雨。我躲到一棵大树下面，在英国，在这样的大树下绝不会淋到雨的，但在此地，几分钟内，树干上就淌下一股雨水。正由于这种暴雨，才能使密林底部出现一片翠绿。如果在较冷的地方，大部分雨水还未到达地面就蒸发或被吸收了。此时，我不愿再多描绘，因为我们回程时还将再来此地，还有机会描述。

烧过的岩石

巴西全长至少2000英里的全部海岸以及大部分的内陆，所见到的岩石都属于花岗岩。大多数地质学家认为，此种地质结构乃是由于地热并受压后结晶的结果，这让人产生许多好奇的反应。这种变化产生于深深海底吗？还是早先有的一层覆盖物褪去了？难道会有什么力量能在有限的时间内把数万平方里格 (1里格等于3英里) 的花岗岩裸露出来？

离城市不远处，有一条小河流入大海。我注意到一个与洪堡教授Humboldt，1767—1835，德国语言学家、教育改革家，曾任普鲁士教育大臣) 研究的课题相关的事实。在奥里诺科河(奥里诺科河流经委内瑞拉与哥伦比亚)、尼罗河、刚果河等大河的入口处与大瀑布处，岩石的外表都有一层黑色物质，看起来似乎曾被石墨冲刷过。这层物质非常薄，据柏济力阿斯 (Berzelius，1779—1848，瑞典化学家,提出现代化学符号,测定原子量,并排出原子量表,建立二元电化基因学说,发现硒、钍与铈等多种元素) 的分析,其中含有锰、铁的氧化物。奥里诺科河的情况是:岩石被周期性的急流所冲刷,正如印度谚语所说:"哪里有黑石,哪里就有白水。"此处的岩石外表呈深褐色而非黑色,看来是由含铁的物质单独构成的。我手头的样品对那些在日光中闪闪发亮的有光泽的岩石的本质还不能加以准确的说明。它们只限于出现在潮汐波中,当河水缓缓地朝下游流淌时,这种岩石表层一定是起着和大河瀑布同样的冲刷作用。与此类似,潮汐的涨落可能回答了周期性的淹没。为此,在看起来不同而实际上相同的环境下产生出同样的效果。然而,这种有金属氧化物作表层的岩石,像是用水泥涂在岩石上,其原因仍未搞清。而且,我认为,我们也没有理由来对于为何形成这样的厚度做出任意的解释。

刺鲀的生活习性

一天,我饶有兴味地观察到有触角的刺鲀(tún,河豚) 的生活习性。它是在它游近岸边时被捉到的。这种鱼有松弛的皮肤,具有独特的本事把自身膨胀成几近球形。把它从水中捞出一会儿,再送回去,便会有大量的水与空气吸进它的嘴里,也许同时还从鳃孔吸入。它有特有的途径完成这一过程:空气被吸入,进入体腔,而回程却被肌肉的收缩所阻,这是完全可以看清楚的。水是从张得很大、一动不动的嘴巴缓缓流进去的,想必是一种吮吸的动作。腹部的皮肤比背部松弛得多,因此,在膨胀过程中,腹部比背部胀得更厉害,鱼身自然就腹背颠倒地漂起来。居维叶 (Cuvier,1769—1832,法国动物学家,创建比较解剖学与古生物学,著有《动物界》、《地球表面灾变论》) 曾怀疑刺鲀在这种状况还能不能游动。实际上,它不但能以这种姿势向前直线游动,它还可以转向任何一边。转弯的行动是靠胸部的鳍来实现的,尾部则已萎缩,不再起舵的作用。鱼身既因充满空气而浮在水面,鳃孔便在水面以上,但由鱼嘴吸入的水仍不断地流经鳃孔。

这种鱼,通常保持膨胀姿态时间不长,便会用鳃孔与嘴用力将空气与水排出体内。它可以随意喷出一部分水,保留一部分水,可能是以此来调节身体的重心。这种有触角的刺鲀还具有数种自我防御的办法。它能狠狠地啃咬对方,可以在一定的距离内从嘴巴喷出水来进行攻击,同时,用颚部的动作发出奇怪的响声以惊吓对方。身体膨胀起来后,布满皮肤的乳头状小突起物便直竖起来。更奇特的是,当它被触动时,会从腹部的皮肤里分泌出一种美丽的胭脂红的纤维物质。如用它来染象牙或纸张,鲜艳的红色永不褪色。我对这种分泌物性质与用途一无所知。我曾听艾伦博士说,他常见到有活的、身体膨胀的刺鲀在鲨鱼腹腔内,有几次他曾观察到刺鲀不但啃啮鲨鱼的胃壁,而且还能钻透鲨鱼的侧体,从而将鲨鱼杀死。谁能想像到: 这么一条小小的、软软的鱼竟能摧毁一条巨大、凶猛的鲨鱼?

海藻与纤毛虫

3月18日,我们从巴伊亚起锚。经数日航程,到离阿勃罗霍斯群岛不远处,海上的一大片红褐色引起了我的注意。用低倍望远镜看去,整片水面像是盖上一层铡碎的稻草,末端跷起,高低不齐。原来这些是细小的圆柱形的黄绿藻(水生生物,海藻的一类。所含色素体中包括叶绿素 a、c, β - 胡萝卜素及叶黄素,故呈现黄绿色),成堆地漂浮着,每堆从二十条到六十条不等。伯克利先生告诉我,这种黄绿藻同红海(位于阿拉伯半岛和非洲大陆之间的狭长海域) 中见到的大量的黄绿藻属于同一种类,红海的名称正是由此而来。这些黄绿藻的数量必是十分巨大的,船只从它们当中穿过,向泥一样的污水看去,其中的一条竟有 10 码宽,至少 2.5 英里长。后来在每一次长期的航程中,几乎都遇到大量的黄绿藻。在澳大利亚近海处尤其常见。离吕温角不远处,我见到过较小的、也许是不同种的黄绿藻。库克船长在他的第三次远航中曾说到,他手下的海员给这种藻类起名叫"海锯屑"。

在印度洋上的基林环礁附近,我观察到许多小黄绿藻,麇（qún，成群）集的水面约几英寸见方,其中有一些长长的、极细的、两端呈圆锥形的圆柱体(肉眼几乎看不见),混杂在体积较大的黄绿藻中。它们的长度从 0.04 英寸到 0.06 英寸不等,直径则从 0.006 英寸到 0.008 英寸不等。圆柱体的一端常可见到一种绿色的隔膜,由颗粒状的物质构成,中腰部最粗。我认为,这是最娇嫩的、无色的囊袋的底部,这一囊袋系由肉质的物质构成,它只附着在外部,并不延伸到圆锥体的两端。从某些样本来看,小而圆的棕色颗粒状物质取代了隔膜的作用。我观察到这一稀奇的过程:内壁的多肉层突然把它自己皱缩成多条细条,有些细条组成由一个中心发出的辐射形,这个过程以不规则的迅速的动作继续,以使自己收缩;接下来,整个腔体便缩成小球形,占据了圆柱体一端隔膜的位置。颗粒状球体的形成会因偶然的伤害而加快变化的过程。这种物质成对地相互挨挤到一起,隔膜所在的一端,则是锥体靠着锥体。

海水有颜色的原因

在此,我想再讲述一些有关有机物体使海洋污染的情形。在智利沿海,有一天,小猎犬号在离康塞普西翁以北数里格处,穿过一片片混沌的海洋——它们就像从河床暴涨出来的河水那样污浊。后来,离瓦尔帕莱索以南 1 度处,距大陆约 50 英里,遇到同样的情形,而且面积更广。用玻璃杯舀些海水,杯中水呈现浅红色,通过显微镜观测,发现水中麇集着许多细小的微生物,正在那里窜来窜去,还常常破裂。它们的形体是椭圆形的,中腰部有一圈跳动的弯曲的纤毛起收缩作用。然而,要仔细地去观察它们是非常困难的,因为,几乎当你扫视镜片时,它们的身体就已经炸裂了。有时是两头同时炸裂,有时仅一端炸裂,此时便从大量尸体中喷射出棕色的颗粒状物质。这些微生物在破裂前的瞬刻间,曾膨胀得比正常状态粗 50%,当这种快速膨胀动作停止后 15 秒,便发生破裂。少数例子,还见有短暂的间歇,此时便有沿横轴翻滚的现象。大约两分钟后,从一滴水中便可数出它们的数量,此时它们已经死亡。这些微生物借助多动的纤毛朝前游动,通常都是迅速前蹿。它们的体形极其微小,肉眼几乎看不见,其体积大约只有 1/1000 平方英寸。它们在数量上是无穷的,一小滴水中就有许许多多。有一天我们曾两次经过这类被染上颜色的海域,其中一处足有数平方英里宽广。这种微生物真是数之不尽的!从一定距离外望去,所见到的就像是一条河从一个红色泥土坑中泛滥出来,而在船身的阴影下,它们又像是深褐色的巧克力。红色的海水 [莱森先生(见《科基尔航行记》)曾提到利马附近的红水,形成原因大约与此相同。还有八种资料都记述了类似的经历],同蓝色的海水,界线分明。此前数天,天气是晴朗的,而海洋上面,则异乎寻常地布满着海洋生物。

在火地岛附近的海域,离陆地不远处,我见到海水中有些鲜红色的狭长条,那是成群的甲壳纲(无脊椎动物。体分节,胸部同头部合成头胸部,上被坚硬的头胸甲。每个体节几乎都有一对足,多数种类人类可食用,如各种虾、蟹等) 水生动物,其形状有点像大对虾。捕海豹的人称它们为“鲸食”。它们是不是鲸鱼的食物,我不清楚,不过,在某些沿海地区,燕鸥、鸬鹚(lúcí,又称鱼鹰,鸟类,身体比鸭狭长,羽毛颜色较深,有金属光泽,嘴坚硬,锥状,较长,尖端具锐钩,适于啄鱼。下喉有小囊,善潜水捕鱼) 以及多种笨拙的海豹,确实是把那些游动的蟹类当做它们的食物的。渔夫一致地认为把水污染的是鱼卵,但我以为即便是鱼卵,这也是罕见的。距加拉帕戈斯群岛(即科隆岛,属厄瓜多尔) 数里格处,船只曾穿越三条深黄色的、像泥水那样的狭长海域,这些长条海域约有数英里长,但宽仅数码,同海水之间有蜿蜒弯曲然而轮廓分明的界线。形成这种颜色,乃是由于一些凝胶状的小球,小球的直径约有 1/5 英寸,其中含有无数微细的球状小卵,有两种不同情况,一种带有微红色,另一种则在形状上有所不同。我不想推测这两种动物属于什么种类。据科尔奈特船长说,在加拉帕戈斯群岛附近,常见这种景象,这些长条前进的方向正指明了潮流的走势,看来是风把它们吹成这样子的。另一次我所见到水面上一层薄薄的油腻兮兮的东西,显示出彩虹的颜色。我曾在巴西沿海见到过一大片,渔夫们认为是鲸鱼死亡后,留下的腐烂尸体中的油脂漂到近处造成的。这里我说的不是微细的凝胶状的颗粒(后面还将述及),这些颗粒经常从海水中散开来,但它们在数量上还不足以改变海水的颜色。

上述事例中,有两点值得注意:首先,形成带状的不同物体如何能聚到一起并有清晰的边缘?如果是类似大对虾的蟹,它们的行动是可以如一队士兵那样整齐划一的;但是,鱼卵或黄绿藻的行动就不可能如此整齐,纤毛虫纲的水生动物也不可能。其次,什么原因使带状物成为狭长形的?类似的现象在激流中倒可以见到,那时的水流卷成长长的条纹,旋涡卷起白沫,但那是由于空气气流或水流造成的。在这样的推测下,我们只有相信那些不同的有机物体是在特定的场所产生,然后被风吹成条状移送过来的。然而,我承认,极难想像会有某个地方产生出数以百万计的微生物与黄绿藻,因为,大洋上,父体母体被大风与海浪分散开了,胚胎从何而来呢?可是,又没有其他假设可解释它们何以能集合成条带形状。我可以再提一下:斯科比先生曾说过,在北冰洋的某个区域,总能见到绿色海水中充满着浮游成带状的海洋生物。

第二章　里约热内卢市

里约热内卢

1832年4月4日到7月5日，我到达几天后，结识一位英国同胞，他要去当地他所购置的一座庄园，庄园坐落在弗里奥角北边，距首都一百多公里。我愉快地接受了他要我做伴的邀请。

4月8日，我们一行增至七人。最初的阶段十分有趣。那天骄阳似火，我们穿越一座树林，林中寂静无声，只有大而美艳的蝴蝶，懒散地扑翅飞舞。穿越普拉亚格兰德后面的小山时，蝶群最美，色彩十分强烈。数量最多的是深蓝色的，再加蓝蓝的天空，蓝蓝的海水，相映成趣。经过一段耕地，又进入一座森林，林中景色优美无比。中午抵达伊萨卡，这是平原上的小村，村中心的房屋四周都是黑人居住的小茅屋。一座座茅屋都是相同的样式，相同的坐向，使我联想到南非霍屯督居民 [霍屯督人(Houentot)，系西南非洲的一个民族] 的形象。月亮升起得很早，我们决定连夜赶到拉戈亚—玛丽卡的下榻处。天暗了下来，我们穿过几座光秃秃的、陡峭的花岗岩石山，这地方到处都是这样的小山。长期以来，此处因有不少逃跑的黑奴来此居住而声名狼藉。逃来的黑奴在山丘高处开垦小片土地，勉强为生。他们最终被发现了，开来一队士兵，将他们全部抓获，只有一位老妇人幸免，但她很快又沦为奴隶，最终从山顶上跳下来粉身碎骨。如果她是罗马时代的妇女，将被认为是因争取自由而光荣献身，而作为一名黑人妇女，这只能被看作是野蛮的天性(达尔文时代的英国奉行殖民扩张的国策，这深深影响了达尔文，这一段对黑人妇女反抗压迫的看法是不正义的)。我们继续策马而行。最后数小时,道路错综多变,有时要穿越沙漠,有时要越过沼泽湿地。在朦胧的月光下,景色单调。一些萤火虫被我们惊起,一些鹬鸟(水滨鸟类,体形中小,毛茶褐色,尾和体侧具有横斑,头形多浑圆,嘴细长,脚也很长,常在水边捕吃小鱼、贝类等。鹬,yù)被惊醒后发出呱呱的单调声。远处海水闷声闷气的浪声也很难打破黑夜的沉静。

4月9日,天亮前,我们离开破旧的下榻处。道路又变成窄窄的一条沙路,一侧是海,另一侧是内陆的咸水湖。一些美丽的捕鱼鸟,例如白鹭(鸟类,体形中大,羽毛全白,背及胸体羽像蓑衣一样,嘴和腿黑色,趾黄色,颈背体羽较细长)与白鹤,还有一些仙人掌类的肉质植物,组成奇妙的图画,是别处所少见的。少数矮树,被一些寄生性植物缠绕着,在这些寄生性植物中,要数香气幽雅的兰花最为赏心悦目。太阳一升起,天气便热不可当,白沙子反射出来的光与热更使人沮丧。我们在曼迪蒂巴吃午饭,即使在遮荫处,气温也高达华氏(华氏温度,德国人制定。1华氏度大约相当于摄氏温度的5/9加上32)84度。远处一些树林茂密的山丘,倒映在此地的一座水波不兴的咸水湖内,倒给了我们一些乐趣。此处的"凡达"(葡萄牙人对小旅馆的称呼)极佳,那顿午餐也吃得很愉快,但有哪些菜肴已记不清了,唯独对"凡达"印象深刻,值得一说。这些小旅馆的房间通常很宽敞,都有粗粗的大树干做的柱子,柱子上还留着树枝的疤痕,当然上面都用石膏涂刷过。房间内很少铺地板,从来不装玻璃窗,而屋顶搞得很好。旅店的前半部是没有墙的,就像一个走廊,廊里置放着饭桌与板凳。一间挨一间的卧室围成三壁,床上铺一张薄薄的草垫,旅客们倒都睡得很舒服。"凡达"处于院落之中,旁边有喂马的地方。在刚到达的时候,我们按照习惯把马鞍卸下来,用印第安玉米喂它们。然后,向"凡达"主人深深一鞠躬,称他先生(用葡萄牙语),问他能不能给我们搞点吃的。他说:"随您点好了。"我暗自高兴这回遇上善心人了。接下来的对话是这样进行的:"麻烦您给我们弄点鱼来吃好吗?""噢,没有鱼,先生！""有汤吗？""没有，先生。""有面包吧？""噢，没有面包，先生。""有肉干吗？""噢，没有，先生。"如果我们还算幸运的话，等两个多小时后，会送来家禽、米饭和谷粉。如果晚饭想吃些鸡鸭，我们必须自己动手，用石头把鸡鸭砸死。我们实在太困太饿了，怯生生地暗自说，只要有一顿饭吃就好了，对方以一种神气十足（我毫不夸张）、极其令人不快的语气说："什么时候准备好了也就什么时候准备好。"如果我们竟敢作进一步的表示，人家便会命令我们上路。店主人的态度太恶劣、太无礼。房子、衣着都极其肮脏，餐桌上根本不摆好刀、叉、匙。我敢肯定，在英国绝找不出一家旅馆会让客人这么不舒服。幸好到了坎普斯—诺弗斯，我们美美地饱餐一顿，午饭有家禽、饼干、葡萄酒、烈性酒，晚饭有咖啡，次日早晨还有鱼肉和咖啡，马也喂了好料。所有这些，每人仅花费两先令六便士。然而，我们问这家"凡达"的主人，有没有捡到我们丢失的一根马鞭？他十分生硬地回答："我怎么会知道？你们怎么不收好呢？——我想是让狗吃了吧。"

离开曼迪蒂巴，我们穿过一片多湖泊的地区，其中有些是淡水湖，有些是咸水湖。在淡水湖里，我发现有大量椎实螺(软体动物,体形较小,圆锥形,有一个尖的螺旋部和一个膨大的体螺层。壳薄,色暗,体柔软,能缩入壳内)。当地居民告诉我，每年海水都要冲上来一次，有时多次，使淡水湖带上咸味。我相信，巴西沿海的一连串环礁湖内，会有许多有关海洋动物与淡水动物的趣事。M. 盖曾声明(见 1833 年的《自然科学年报》)，他在里约热内卢市附近曾发现海洋贝属的竹蛏(贝类,外形像竹子,表面光滑。蛏,zhì)与壳莱蛤属，同淡水属的瓶螺属共同生活在含盐的略咸的水中。我在博物园附近的环礁湖中也常常观察到，这里的湖水比海水的咸味稍淡些，这里有一种水生植物，同在英国的水沟里常见到的水生甲虫很相似，也同一种通常只在港湾中才有的贝类动物生活在同一个湖中。

离开海岸一段时间后，我们又进入一座森林。树木都很高大，同欧洲的大树相比,这些树的显著特点是树干呈白色。我在记事本上写着"奇异、美丽、开花的寄生植物",这些是四周美景中最吸引我的新鲜事物。继续前进,我们走过一些牧场的遗迹,地面上已被巨大的圆锥形的蚂蚁窝搞得千疮百孔,这些蚂蚁窝几乎有 12 英尺高。正如洪堡教授所描绘的,它们就像在平原上矗立起一些泥做的火山。骑马十小时后,我们抵达英琴霍多。一路上,我一直在注意这些马匹的惊人耐力,它们受伤后也比英国马复原得快。吸血蝙蝠是个大麻烦,它们总是叮咬马肩隆(马肩骨间隆起部分)。被咬后,流血并不多,倒是马鞍的压力引起马肩发炎对马的伤害更重。后来,回到英国,人们不相信有吸血蝙蝠咬马的事。而我有幸亲眼见到一只从马背上捉到的蝙蝠。那是一个夜晚,我们在靠近智利的科金博的地方露营。我的仆人发现有一匹马躁动不安,他走过去,灵机一动,迅速伸手出去捂马肩隆处,捉住了一只吸血蝙蝠。次日早晨,马肩隆被咬处轻微肿胀并流血,显然是受了感染。三天后,这匹马的受伤处已经完全痊愈。

弗里奥角

4 月 13 日,经过三天旅程,我们抵达索塞戈,我们同伴中的一位有个亲戚名叫曼纽尔·菲格雷达在此地有座庄园。房屋结构很简单,外形像座谷仓,却很适合现在的气候。起居室内,有很华丽的椅子与沙发,但与刷白灰的墙、茅草屋顶与不安玻璃的窗似乎很不相称。房子、粮仓、马厩以及黑人的工作间(黑人被教授各种手艺),组成一个近似四合院的院子,院子的中央晾晒着一大堆咖啡豆。这些建筑都筑在小山丘上,俯视着山下的耕地,建筑群的四周则被深绿色的茂盛的树丛包围着。这个地区的主要农作物便是咖啡。每棵咖啡树每年平均出产 2 磅(1 磅约合 0.454 公斤)咖啡,有些树可以产到 8 磅。木薯也有大量种植。木薯全身都有用:叶和茎可喂马,肉质的根部既大又粗,晒干压碎烘烤后便成为淀粉,巴西人以此为主食。奇怪的是,这种富有营养的植物的新鲜汁水却是剧毒的。数年前,一头母牛喝了些木薯汁水后便被毒死了。菲格雷达先生告诉我,他前年曾播种了一袋黄豆种子、三袋水稻种子,前者收获 80 倍,后者收获 320 倍。牧场上畜养着家畜,森林中则有飞禽走兽,前些时日每三天就可捕获一头鹿。这么丰富多样的食品把餐桌压得轧轧响,主人要求客人们把每一种菜肴都吃干净。一天,我还以为主人该仔细算算客人的胃容量了,却不料又有烤火鸡与烤乳猪整只地端了上来,实在令人尴尬。进餐期间,有个仆人专门负责把屋里多条年老的猎狗轰赶出去,还有十多个黑人小孩儿,他们一有机会就聚到一起。蓄奴制的观念当然也会破除,但这种单纯的、家长式的生活方式倒也有它的迷人之处,就像是隐居山林的世外桃源。

每当一位陌生客人到达,一座大钟便敲响起来,甚至还放礼炮。其实,这些声响只能送进群山与森林。一天清晨,太阳出来前一个小时,我独自一人出去散步欣赏静谧的美景。但不久,静谧便被打破,原来是一大群黑人清早起来做工,发出一阵喧闹声,每一天的生活都是这样开始的。我毫不怀疑,黑奴们对生活是满意的,他们是快乐的。星期六和星期日,他们可以不为主人服务,干自己的家务活;由于气候适宜、土地肥沃,一个人干两天活便足可供应全家一周的食用。

大　蒸　发

4 月 14 日,我们离开索塞戈,骑马去菲格雷达先生位于里约玛卡的另一处庄园,那里是耕地的尽头。庄园长两英里半,庄园主自己也忘了有多宽。只有一小块土地利用上了,其余的大片土地都是适于种植的富饶热带土地,却未开发。巴西国土广袤,已开发的土地比例极小,大片大片的土地撂荒不用。将来开发出来，可以供养多少人口啊！第二天的旅程中，有些地方几乎无路可走，必须有人在前面用剑砍断藤藤蔓蔓，开出路来。森林中有许许多多美丽的东西。其中有些蕨类植物，虽然并不粗壮，但绿叶鲜亮，弯弯的树干十分漂亮。到了夜晚，雨下得很大，气温计标明华氏 65 度。我感到很冷。雨一停，奇妙地见到整个森林蒸发出一团团雾气。数百英尺高的小山群湮没在蒸汽中，这些蒸汽都是从树木最密集处，尤其是山谷中一股股地升起来的。我曾有几次机会见到这种现象。我估计是由于众多的大树叶先前受到阳光照射，遇到一场急雨后就会散发水蒸气所致。

蓄 奴 制

在这座庄园逗留期间，我亲眼目睹了只有在蓄奴的国家才会发生的残暴行为。起因只是一场争吵，后来引起诉讼。奴隶主竟然打算拆散许多黑人家庭，把妇女和小孩儿都送到里约热内卢去拍卖，只留下男人。只是由于利益的衡量而决非出于同情心，才没有这样做。这三十个家庭已共同生活多年，我相信，奴隶主并不认为拆散这些家庭是不人道的残暴行为。然而，我深信，这位庄园主在人道精神方面也许比其他一般的奴隶主还要好些。可以这样说，奴隶主在追求利益、满足利益方面是无止境的。我可以讲一桩很小的琐事，当时让我深受震动。那天，我正带着一名黑奴穿越一处渡口，这个黑人实在太笨。为了让他明白我的意思，我不得不大声说话，还要做手势。在做手势的时候，我的手挨近他的脸，他以为我发火了，要打他。片刻间，他惊惶失措，半闭眼睛，双手下垂。我永远不会忘记我当时的心情：既吃惊又厌恶，又羞愧。这么一个强壮的男人，竟不敢躲开一记巴掌，其实我只是挥手而已。此人已被驯服得比最哀哀无告的动物还更加奴性十足。

托波弗戈湾

4月18日。归来途中,我们又在索塞戈逗留两日。我雇用数名黑人为我在森林中捕昆虫。为数极多的大树,尽管树身不是很高,但树围却有三四英尺。当然,有些直径大得多。曼努尔先生用整根大树挖出一条独木船,船身有70英尺长,原来的树干有110英尺长,当然树围也极粗。棕榈树枝叶伸展着,整整齐齐的,立刻显现出热带特色。此处的森林中,也有一些菜棕(Cabbage Palm,顶芽可作为蔬菜食用),它们在棕榈树家族里是最漂亮的。这种棕榈树树干很细,合起双手就可以围住,身长40或50英尺,树冠常常在作优美的摆动。木本的攀藤植物,又被其他的攀藤植物所缠绕,都是很粗的,其中一些我测量过,茎的圆周足有2英尺长。许多老一些的树木,大树枝上挂满像女人长发那样的藤本植物,又像一束束稻草,形状十分奇特。如果从树冠看起,一路看下来,你就会被这非常优美的蕨类与含羞草属植物的绿叶所吸引。林中某些地方,地面上覆盖着只有几英寸高的小树丛,它们就是含羞草属的植物。跨越这些小树丛,可见到由于树阴的变化,敏感的叶柄下垂,形成宽宽的印迹。在这些壮丽的景色面前,指认出一些美丽的个别物体,是容易做到的;但要从惊奇、震惊与热爱的感受(它们使你的头脑得以充实与升华)得出一个适当的概念,那是不可能的。

4月19日,离开索塞戈,最初的两天仍按原路走,这可受了苦了。这是一块离海岸不远的沙砾平原,炽热的太阳把沙路晒得滚烫。我注意到马蹄每次踏上白色的硅沙就发出轻轻的喊喊喳喳的声响。第三天,我们换了一条路,这条路穿过一座名叫玛德里德迪奥斯的小村庄。这条路在巴西就算是条大路,然而路况极差,带轮子的车子根本无法在这种路上行驶,除了笨重的牛车。整个旅程,没有遇到石桥,只有大圆木搭成的木桥,常常也是年久失修，必须紧靠桥的一边过去，以免踩空。问起路来，距离都是谁也说不准的。路边本该放置里程石的地方，往往竖着些十字架，标明曾有人在此流血牺牲。23日晚，我们抵达里约热内卢，结束了此次愉快的短途旅行。

在里约热内卢逗留期间，我住在波托弗戈港湾的小村庄。在这样一个宏伟的国家里只住上几个星期，要看尽美景是不可能的。在英国，任何喜欢自然历史的人走在路上总会发现一些吸引他注意的东西，因此觉得行走大有益处，但在这种丰饶的地区，处处洋溢着生命，引人注目的事物比比皆是，连漫步都几乎不可能了。

陆生的涡虫

我观察的几个事例几乎仅限于无脊椎动物。一种生活在干土地上的涡虫属一个分支引起我很大兴趣。这些动物的结构极其简单，居维尔曾把它们列入肠虫一类。其他动物体内从未发现过此种情况。有许多种涡虫生活在咸水中或淡水中，而我发现的这一种却是生活在林中干燥地区的，一般在腐烂木头的下面，我相信它们正是以吃食腐木屑为生的。通常情况下，它们有点像蛞蝓，但比蛞蝓要瘦得多，其中有些种类身上带有美丽的直条纹。它们的结构很简单：靠近中腰的身体下侧卷曲的外皮处，有两个横断的裂口，前面的裂口呈漏斗形可以突出来成为一张高度敏感的嘴。有时，因咸水或其他的影响，身体的其他部分死去，唯独这一器官还可以存活一段时间。

我在南半球的不同地区发现过不下十二种不同类的陆栖的涡虫。我在范迪门地得到的数种涡虫有些竟被养活了几近两个月，就是喂它们腐木。我把一条涡虫从中腰部切成两半截，经过两个星期，两个半截重新长成两只完整的涡虫。当时，我在分割它时，其中一段具有那些低劣的通气口,另一段自然就没有那些通气孔。切割后的二十五天,较完整的那一段长成一条完整的、与其他涡虫没有区别的虫。不完整的另一段虽然也长成整虫,但在体形上缩小了许多,靠近身体末端,出现一个空间,显然是一个杯状的退化了的嘴;然而,身体下侧的外皮则不见有相应的裂口。鉴于我们已经接近赤道,要不是炽热的阳光把涡虫杀死,毫无疑问,涡虫还会走出最后一步,把身体结构长完整。尽管此类实验已经为人们知晓,但观察一种极简单的生物如何自己逐步长出至关重要的器官,仍是很有趣的事情。这些涡虫很难长时间养活,一旦不可违抗的死亡规律来到时,这些虫子的身子就变软,变滑,变化之快,实属罕见。

当我头一次在森林中发现这些涡虫时,正值一位年长的葡萄牙牧师邀我做伴去打猎。我们还带了几条猎犬,耐心等待着一有动物出现就立即开火。还有一位邻居的农家孩子——一个标准的狂放的巴西青年人——和我们做伴。这位青年穿一件撕着大口子的旧衬衣和旧裤子,光头不戴帽子。他带着一支老式的枪和一把刀子。当地带刀的习惯极普遍,尤其穿越密林时刀几乎是必需的,用以砍断藤蔓。经常发生谋杀案也是形成带刀习惯的部分原因。巴西人运用刀子十分熟练,他们可以在较远距离扔出刀去,百发百中;并有足够力气捅死人。我曾见到一些男孩子把练习飞刀作为游戏,他们能让飞出去的刀子插进一根直立的木棍。同我们做伴的小伙子,在头一天就射中两头长胡子的老猴。这些猴子长着长长的能卷缠的尾巴,即使猴子死了,尾巴还能卷在树枝上吊着尸体。有一只猴子就是这样牢牢地挂在树枝上,必须把树砍倒才能搞到这只猴子。树砍倒了,猴子也压扁了。我们当天的行猎,除了猎杀一只猴子外,仅猎到几只小小的绿鹦鹉和几只巨嘴鸟(喙巨大,较长,形似一把短刀,喙颜色非常漂亮,上半部黄色,或夹杂淡绿色,下半部呈蔚蓝色,喙尖点缀着一点殷红。身上的羽毛非常漂亮,一般是黑色配以鲜艳的其他颜色,眼睛四周镶嵌着天蓝色羽毛眼圈)。由于我认识了这位葡萄牙教士,后来他送给我一只雅瓜隆迪种的猫。

科克瓦多山上的云

大家都听说过波多弗戈附近风景之美。我所下榻的屋子靠近知名的科克瓦多山的山脚。洪堡教授指出这些拔地而起的圆锥形山丘系属于典型的片麻状花岗岩。在最茂盛的绿色大地上突出冒起这些圆圆的光秃秃的岩石大家伙,给人的印象再深不过了。

我常常喜欢观察云彩,白云从海上升起,形成带状,飘在科克瓦多山顶峰略低处。这座山,同其他的山一样,如有云彩半掩,这就显得比它真实的高度更高,其实,这座山的海拔只有 2300 英尺。丹尼尔先生在他的气象学论文中曾说到,尽管有风,有时白云像是固定在山顶上一样不为所动。此处的现象与之相类似但略有不同。近巅峰处的白云被卷起来,迅速越过巅峰,白云的面积既不吹散也不增多。太阳正在下落,一股温和的南风吹向山岩的南侧,气流与上面的冷空气融合,从而凝结成雾气,此时,团团白云越过巅峰,受到背坡较暖气候的影响,便立刻融化了。

懂音乐的青蛙

5 月、6 月以及初冬的天气,是令人愉快的。上午 9 时与晚上 9 时的平均温度只有华氏 72 度。常有大雨,雨后不久,就会有干燥的南风,使行人感到舒爽。一天上午,大约 6 个小时内下雨 1.6 英寸。暴风雨停后,科克瓦多四周的森林中,雨水从叶上落下的声音依然很清楚,在 1/4 英里以外都能听见,那声音就像是一股大水哗哗地流。较热日子过后,静静地坐在公园里,眼看着夜色渐渐浓起来,也是一种很开心的事。在这些地方,大自然的表现似乎比在欧洲较谦逊一些。有一种小青蛙,属于雨蛙属,它坐在一张叶片上,离水面只有一英寸,发出的声音十分悦耳;几只小蛙聚集到一起,便发出高低不同然而却很和谐的歌声。我没能捉到几只作样本。雨蛙属的特征之一是脚趾尖有小吸盘。我发现它们能蜷伏在叶面上,而叶面是绝对垂直的。多种雨蛙与蟋蟀同时无休无止地鸣叫着,只因距离较远,噪声才不那么大,听起来倒也还不怎么烦人。每晚夜色一深,这种大合唱便开始了。我总在倾听这种大合唱,直到我的注意力被其他路过的奇特的甲虫所吸引。

发磷光的昆虫

在这种情形下,往往见到不少萤火虫(身形长而扁平,头较小,被平坦的前胸盖板盖住,体壁和鞘翅较柔软,腹部末端有发光器,可发出荧光,一般夜间活动)在树篱上飞来飞去,闪闪发光。如果夜色极黑,两百步以外也能见到它们发出的光亮。值得注意的是,所有那些各种各样的萤火虫、会发光的叩头虫(又叫磕头虫,体细长且略扁平,头也扁平,前胸后方有角状突起,嵌合在中胸里。两对翅,鞘翅上有纵沟。当它腹面朝上时,常有类似磕头动作)与海洋动物(如甲壳纲、水母、沙蚕科动物、美螅属的珊瑚藻、梨浆虫等),我都观察到它们有明显的绿颜色。我在此地捉到的萤火虫,属于萤科昆虫(英国的萤火虫也属于这一科),更多的样本则属于"西方萤科昆虫"(我非常感谢沃特豪斯先生,他为我取了这个学名,还给其他多种昆虫取了学名,给了我非常宝贵的帮助)。我发现这种昆虫在受到刺激后,放射出最明亮的光来,在间歇的时候,腹部的环形纹便模糊不清了。闪光与两个环形纹的变化几乎是同时发生的,但实际上,它是在位置靠前的一个环形纹变化时发出光亮的。发光的物质是一种液体,很黏,皮肤裂开时,流出小滴液体,继之发出微弱的光亮,而未裂开的部分则被遮掩起来。当萤火虫头被掐掉后，环形纹仍保留明亮，但不像从前那样亮；用一根针去刺激昆虫身体，总能增强萤光的亮度。即使在萤火虫死去 24 小时后，也不会消失。这些事实也许可以说明，这些昆虫只具有在短暂的间歇中隐藏或熄灭光亮的本能，而发光的表演其实并非是有意的。在泥泞潮湿的砾石路上，我发现大量此种萤火虫幼体，它们在外表上就像英国的雌性萤火虫。这些幼体具有微弱的发光能力。同它们的父母很不同的是，只要轻轻一碰，它们的光就变得极弱，并停止发光；刺激也不能激发它们的发光能力。我曾养活它们一段时间，它们的尾巴非常独特。尾巴所起的作用，一方面类似吸盘或有附着力的器官，同时又像是贮藏唾液或其他液体的贮液囊。我一再用生肉喂它们，不断地观察到它们不时地把尾巴末端送到嘴巴边上，此时，便有一滴液体滴到肉上，于是，再把肉吞食进去加以消化(这是萤火虫的体外消化过程：萤火虫的幼虫主要捕食蜗牛和小昆虫，取食前，先把唾液注射到动植物体内，唾液里面的唾液酶把体内的组织分解成简单的成分后才用口器把它吸入体内来取食)。尾巴尽管有这么多用处，但看起来它们自己不知道怎么把末端送到嘴边去，而是靠颈部的动作，至少，颈部起着引导的作用。

叩头虫的弹跳力

当我们在巴伊亚的时候，有一种叩头虫或甲虫(发荧光的)看来是最常见的发光昆虫。这些虫当遇到刺激时，发光更强。一天，我观察到这类昆虫有弹跳的能力，觉得很好玩。这种现象似乎没有人正确描述过。把叩头虫翻过来，背部着地，它打算弹跳时，先把头部和胸部别转过来，这样，胸部的脊骨便被拉出来，置于兜边上。向后别转的运动继续下去，由于肌肉的作用，脊骨弯曲犹如一根弹簧。此时，甲虫把全身倚在头部与鞘翅的顶部。绷紧的动作突然停止，头部与胸部猛弹起来，结果，鞘翅的底部撞到了支撑面,甲虫的身体因反作用弹跳起来高约一二英寸。在弹跳过程中,是胸部的弹跳点与脊骨的兜,对整个身体起了稳定作用。从我读到的描述来说,绷紧的力量并非来自脊骨的弹性,但如果没有某些机械性的作用,仅仅靠肌肉收缩的力量,是不可能使身体突然弹起的。

蓝色的雾

我有数次在附近村庄度过虽然短暂但十分有趣的时光。一天,我去到植物园,那里有许多有名的、有很大利用价值的树木。樟脑树、胡椒树、丁香树的叶子香气扑鼻;面包果树(即面包树,常绿乔木,树皮灰褐色,粗厚。叶大,互生,革质较厚,卵形,花黄色。核果椭圆形,表面具圆形瘤状凸起,里面为乳白色肉质,面包果营养丰富,烹煮后味道与面包味道相近)、黄檀树(乔木,树皮暗灰色,羽状复叶,长椭圆形,圆锥花序,淡紫色或白色)、芒果树,相互竞争看谁的树叶更茂密。在巴伊亚地区,黄檀树与芒果树可算是典型树种。在此以前,我不曾想到这两种树的树冠竟有如此之大,能给大地这么大的阴影。这两种树在这一地区可以常年碧绿。它们在英国的近属——月桂树与冬青树,在同样的英国的气候条件下,它们的绿叶不像落叶树的树叶那么绿。可以观察到,热带地区的房屋,四周都围绕着最美丽的植物,因为许多植物都是对人类很有用处的。众多的香蕉树、椰子树,多种多样的棕榈树、橘子树、面包树,无疑地都可以说明这一点。

有一天,我忽然想起洪堡教授的一段话,他说:"薄薄的水蒸气,并未改变空气的透明度,反使它的色彩更加和谐,并软化了环境。"我在温带地区从未见到此种现象。在 0.5 英里到 0.75 英里的短距离内,大气是清澈的,但在较远的距离处,各种色彩便搅成一团漂亮的朦胧,呈现出一种浅灰色,又掺杂着一些浅蓝色。从早晨到近午之间,大气状况的变化很小,除非空气过于干燥。在此期间,结露点与气温都增加 7.5 度到 17 度 (华氏)。

另一个场合,我一早起来,步行去了加维亚。空气凉爽清新,硕大的丁香紫树的树叶上露水滴还在闪闪发光,叶丛覆盖在一小股清水上,形成一片阴凉。我坐在一块花岗岩石上,欣喜地看着从此经过的各种各样的昆虫与飞鸟。看来蜜蜂最喜欢这样的有阴影的地方。每当我见到这些小蜜蜂围着花朵嗡嗡叫,双翅振动得如此迅速以致几乎看不见振动,我就联想到天蛾(昆虫,全身密披短毛,体粗壮,腹部纺锤形,喙较长,触角末端成钩状。前翅狭长,后翅较小),蜜蜂与天蛾在动作与生活习性方面有许多相近之处。

我沿着一条小径,进入一座壮丽的森林。只要登上 500 到 600 英尺的高度,你就可以见到里约热内卢市的四周都有这样的宏伟森林。从这样的高处看去,景物的色彩最为鲜明,有各种各样的形态,各种各样的阴影,它们完美地组合在一起,我在自己的祖国英国是从未见到过的,因此也无法表达出自己对此的感受。这些景象使我常常想到伦敦歌剧院、大剧院的宏伟景象。我从那些地方回来总是浮想联翩。这一天,我发现了一种奇特的真菌,名叫 **Hymenophallus**(此词的前半截 Hymeno 意为"膜",后半截 Phallus 意为阴茎。故此,只能暂译为"英国阴茎花")。不少人都知道这种"英国阴茎花",秋季的空气中常有它的臭味,然而,正如昆虫学家都知道的,这种臭味对于某些甲虫来说则是它们所喜欢的香味。这里的情况也一样:我见到一条圆线虫(虫体长圆柱形,半透明,体表具细横纹,尾尖细)被这种臭味所吸引,爬到握在我手中的霉菌上。从中我们见到在两个相距很远的国度里,同科的昆虫与植物之间有相似的关系,尽管两种昆虫属于不同的种。人们有意把新种引进某个国家,这种关系往往消失。我可以举一个例子:在英国,圆白菜与莴苣的叶片是众多蛞蝓与毛虫的食物,然而,里约热内卢附近花园里的蛞蝓与毛虫,从不碰这些蔬菜。

蝴蝶发出的噪音

在巴西逗留期间,我搞到大量昆虫标本。我对不同目的比较重要性的总体观测,可能会引起英国昆虫学家的兴趣。身体较大、色彩鲜艳的鳞翅目昆虫(虹吸式口器,有长长的喙用来取食,翅二对,膜质,体和翅密被鳞片),总在它们习惯生活的地带生活,而在吃食上,远比他种动物的吃食随便得多。我所指的,正是蝴蝶。至于蛾类,同预计的情形相反,它们并不追逐腐臭的植物,在数量上也比温带地区少得多。我对凤蝶(为大型鳞翅目昆虫,翅两对,较大,密生各色鳞片,形成多种绚丽有光泽的花斑,颜色多以闪光的黑、蓝、绿等色为底色,配以红、黄、白色等色彩的斑纹,其形态优美,许多种类的后翅有修长的尾突,非常美丽)的生活习惯很感兴趣。这种蝴蝶很少见,通常在柑橘丛中活动。尽管属于高飞种类,然而它们常常只栖息在树干上。在这种情况下,它们的头部都是朝下的,双翅则张开成水平姿态,而不是夹起来垂直于地面。这是我所见到用腿来奔跑的唯一一种蝴蝶。以前由于不了解这一特点,每当我拿着镊子小心翼翼地靠近它们时,刚要合起镊子,凤蝶就窜到一边逃掉了。还有一个更独特的地方是它们有能力发出声音。[道布尔迪(Doubleday)先生后来曾记述过(在1845年3月3日的昆虫学家协会上),这种蝴蝶的双翅具有特殊构造,看来是由此发出响声。他说:"它们的前翼的根部显然有像鼓的构造,位于翅脉缘与肋下翅脉缘之间。再者,这两处翅脉缘的内部,有一种独特的螺旋形的横隔板或脉管。我发现兰斯道夫的旅行记(旅行时间为1803至1807年)中说,巴西沿海的圣凯瑟琳岛上,有一种名叫霍夫曼塞吉的蝴蝶,飞走时能发出格格的响声。"]曾有几次,一双(可能是一雌一雄)凤蝶上上下下、曲曲折折地在追逐游戏,经过我身旁相隔数码,我清晰地听到有"咔哒"声响,近似齿轮通过弹簧扣发出来的声音。这种声响可在30码以外清晰听到，但有短暂间隔。我确信我的观察正确无误。

昆虫学研究

我对鞘翅目甲虫(就是生活中常见的甲虫。体形大小不一，体壁坚硬。前翅强角质化、坚硬，起保护作用；后翅膜质，折叠于前翅内。前胸发达，三角形的中胸小盾片外露，常见种类有天牛、瓢虫、金龟子等)概况的观察相当失望。体形细小、色彩暗淡的甲虫为数极多。[我可以提到其中普通一天(6月23日)的采集，我并未专注于鞘翅目甲虫，但当时捕获到68种属于该目的甲虫。其中只有2只步行虫、4只短鞘翅、15只象甲、14只叶虫。我把37种蛛形纲昆虫带回英国，足以证明我对鞘翅目昆虫的十分关注不是没有理由的]从热带地区带回这么多的昆虫，足够英国博物馆引以为荣的了。它足以震动昆虫学家的头脑，去进一步完善他们的昆虫分类目录。食肉的甲虫或步行虫，在热带是很少见的，相反，食肉的爬行动物在热带国家数量极多。进入巴西后，我同时观察到这两种截然不同的现象。我曾见到许多漂亮的、活跃的竖琴螺又重新出现在拉普拉塔的气候温和的平原上。是否为数众多的蜘蛛和贪吃的膜翅目昆虫(翅膀膜质，透明，翅脉清晰，常见种类有蜜蜂、蚂蚁、叶蜂等)为食肉的甲虫提供了地方？食腐肉的甲虫与短鞘翅是很少见到的；另一方面，吃蔬菜为生的象甲、叶虫的数量则十分惊人。我并不强调各个不同种类的昆虫的数量，而是关注个别的昆虫，它们的最吸引人的特性才是不同国家昆虫学所最感兴趣的。直翅目昆虫(体形不一，前翅为革质，多不透明或半透明，起保护后翅的作用，后翅扇状折叠，后足发达善跳。主要包括蝗虫、螽斯、蟋蟀等)与半翅目昆虫(身体扁平，前翅为半鞘翅，基部角质化，端部膜质，后翅也为膜质，背板大，中胸小盾片发达。许多种类有发达臭腺，用于防卫，其开口在胸部腹面两侧和腹部背面等处。如蝽类)数量特大，也许膜翅目螫刺部的蜜蜂除外。一个初次踏进热带森林的人一定会对蚂蚁的劳动十分惊讶：

被蚂蚁踏出来的小径伸向四面八方，小径上成群结队的蚂蚁来来往往，背上背着的绿叶往往比自己的身体还大，它们是永不失败的粮食征集员。

有一种黑色的小蚂蚁有时掺进来，为数甚众。一天，在巴伊亚，我的注意力被吸引在许多蜘蛛、蟑螂和其他某些昆虫，还有一些小蜥蜴上，它们都在一块空旷的地上非常惶恐地奔跑。在它们后面隔一段路，每一根叶柄、每一张叶片都因有黑蚂蚁而被染成一片黑色。这一大群蚂蚁正在跨越这片空旷地带，它们队伍整齐，像一堵墙压了过来。这意味着许多昆虫被它们围住。那些小动物纷纷逃命的景象真是难得一见。当蚂蚁群走上大路时，便变换队形成为窄窄的纵列，又组成一道墙。我拿一块石头搁在一条行列的中间，此时，整队蚂蚁立即围攻这块石头，然后又立即散开。过了一会儿，另一群蚂蚁又冲上来围攻石头，还是无功而返，于是这一队蚂蚁便彻底放弃进攻了。如果原先就有一块石头在路上，蚂蚁队伍就会躲开这块石头，绕一段路。这些雄心勃勃的战士是很耻于退让的。

马蜂杀死蜘蛛

里约热内卢市近郊，有数不清的马蜂（黄蜂），在房屋走廊上角构筑泥巢以抚育幼仔。它们在巢中塞满了半死未死的蜘蛛与毛虫，真奇怪，它们怎么会知道螫刺螫得多深，就可以让那些牺牲品瘫痪但不死，一直活到马蜂的卵孵出来。这样，马蜂的幼体就可以大嚼那些令人厌恶的、半死不活、毫无反抗之力的牺牲品了。这一景象曾被一位热心的博物学家描写成一个奇妙的、有趣的过程。有一次，我倒是见到一只马蜂同一只狼蛛属的大蜘蛛之间的生死搏斗，非常有趣。马蜂突然扑到蜘蛛身上，又迅速飞走，蜘蛛显然已受了伤，因为它试图逃走，滚下来滑了一段，然而仍有力量爬进一堆密密的草丛。马蜂很快飞回来，似乎对一下子找不到它的牺牲品而略感惊奇。然后,它的动作就像是一头猎犬在追踪狐狸:它作了几次半圆形的俯冲,不断地振动双翅与触角。蜘蛛尽管掩藏得很好,还是被发现了。而马蜂显然还怵于对手的利口,做了多次演习,才把两根刺螫进蜘蛛的胸部。最后,经过用触角慎重地检查已不再动弹的蜘蛛,马蜂便将蜘蛛的尸体拖走。可是,我出来把暴君与牺牲者都拦阻住了。(堂菲力克斯·阿扎拉提到过一只膜翅目昆虫,也许是和这种马蜂同属,他说他见到它把一只死蜘蛛从草丛中拖出来,然后笔直飞回它的巢中,距离大约有一百六十三步远。)

圆蛛的诡计

同英国相比,此地的蜘蛛在数量上在所有昆虫的总量中所占的比例要大得多;或许比环节动物(身体由许多形态相似的环形体节组成,常见种类有蚯蚓、水蛭、沙蚕等)所占的相对比例更大。能跳跃的蜘蛛,分属许多种,在数量上几乎是无穷的。有一种名为圆蛛的一个属(也许称为科更适当些)有许多独特的形体:有些具有斑点的像皮革似的壳,有些蜘蛛的胫节(昆虫的足,一般分为六节。由基部向末端依次为基节、转节、腿节、胫节、跗节和前跗节。胫节一般细长,稍短于腿节,常具刺)特粗而且多刺。森林中每一条小径上处处遇到黄色的、牢固的蜘蛛网,正如斯隆曾描述过的,他在西印度群岛上见过这种蜘蛛网足可以捕捉住飞鸟。一种很美的小蜘蛛,有很长的前足,是寄生在这种网上的,它们的属性还未确定学名。我估计它们的身子很小,巨大的圆蛛根本未注意到,因此允许它们寄生在网上捕食细小的昆虫,否则,这些小昆虫也会白白送命了。当受到惊吓时,这些小蜘蛛不是被吓死,就是从网上掉落下来。一种有结节与圆锥节的圆蛛很常见,尤其在干燥的环境下。它们的网,通常结在龙舌兰(多年生常绿植物,叶片坚挺,肉质,倒披针状线形,莲座式排列,叶缘具有疏刺,顶端有一硬尖刺,刺暗褐色,圆锥黄绿色花序) 的大叶片间,有时靠近网中心处有两组或四组锯齿形的带,连结两个放射形的网络。当一只大昆虫,例如蚱蜢或马蜂粘到了网上,蜘蛛十分敏捷地把牺牲品的身子迅速转动,同时由体内抽出丝来把昆虫团团缚住,就像蚕吐丝做成一个茧。然后,蜘蛛再把无力反抗的牺牲品审察一遍,再在昆虫的后胸部给以致命的一咬;然后又退回来,耐心地等待毒性发作。毒汁的毒性可由这一事实来判断,即我在半分钟内从蛛网上打开丝结,见到一只大马蜂已经死亡。这种圆蛛总是站在网中心附近,头部朝下。网被干扰时,蜘蛛依据不同情况行事:如果受到重重一击,它就立刻从网上落下来,我清楚地见到它把蛛丝拉得长长的,做好了跌落的准备。如果网下的地是光亮的,圆蛛很少蹦下来,而是迅速通过一条中央通道从这边躲到那边。如果再遇到干扰,它具有一种最奇特的伪装本领:站在网中央,猛烈地摇晃蛛网 (网是结在有弹性的细枝间的),直到整个网都在迅速剧烈晃动,以至蜘蛛身体的轮廓都模糊不清了。

众所周知,大多数英国蜘蛛当蛛网粘住一只大昆虫时,它是努力去切断丝线,释放昆虫,以保全它的网。然而,有一次,我在什罗普郡的一座温室里,见到一只雌性马蜂被粘在一只体形相当小的蜘蛛所结的不规则的网上,这只蜘蛛并未切断丝线,而是极其沉着地继续把牺牲品的身子尤其是双翼紧紧缠裹起来。马蜂最初用刺去螫这一小小的敌对者,但无效果。我观察马蜂搏斗了一个多小时,出于怜悯,我把它弄死后,放回到蛛网上。蜘蛛很快回到马蜂身边,一个小时后,我惊奇地发现蜘蛛的嘴深埋进马蜂射刺的小孔中。我把蜘蛛赶开两三次,但在此后的二十四小时内,我数次发现它仍在吮吸那个小孔,马蜂的肉汁已使蜘蛛的身子膨胀起来,要知道马蜂的身子可是比蜘蛛要大许多倍啊。

群居的蜘蛛

我要在此提及，我在圣菲—巴加达，发现许多大黑蜘蛛，背部有宝石红色的图形，具有群居的特性。它们的网也是垂直于地面的，同圆蛛一样。相互之间有一个大约 2 英尺的空间来隔离，但都有蛛丝互相连结起来，这些蛛丝可以延伸得极长，组成一个集体。在这种情况下，一些大灌木丛顶端被这些相连的蛛网缠绕起来了。阿扎拉先生描述过一种巴拉圭的群居蜘蛛，沃尔康奈尔先生认为必是兽亚纲蜘蛛，但我以为可能就是一种圆蛛，也许同我发现的正是同一个种，然而，我回忆不起来是否见到过网中心有大如一顶礼帽的。阿扎拉先生说他见过这种大蛛网，秋天当蜘蛛死后，网上还保留着一些卵。我所见过的蜘蛛，体形大小都差不多，它们的年龄必定也相差不多。在昆虫中，像圆蛛那样有群居习性的，是很典型的，也是很独特的，因为，一般的蜘蛛是彼此孤立的，是嗜血成性的，即使在雌雄之间也会彼此攻击。

结的网很独特的蜘蛛

在科迪勒拉一个高海拔的山谷中，靠近门多萨，我发现另一种蜘蛛，它们结的网很独特。它们从驻扎的中心放射出一些坚固的直线，形成一个与地面垂直的平面，在此平面，每两根蛛丝之间有对称的网状物将它们连结。因此，这种网与一般的平面蛛网不同，而是圆筒形的，其中有一个上尖下宽的楔形空间。所有的网都是同样的结构。

第三章　马尔多纳多 ①

1832 年 7 月 5 日,一早我们就出发,告别了华丽的里约热内卢港。在前往普拉塔的航程中,没有见到多少特别的东西,只有一天见到一大群海豚,有数千头之多。海面上因此起了一大片皱纹。最为壮观的镜头是当成群结队的海豚在大海中跳跃,露出全身,分割水面的场景。船速在一小时 9 节 (1 节等于每小时 1 海里,一小时 9 节也就是每小时行驶 9.852 公里) 的情况下,海豚群可以悠闲地在船首前头蹿过来蹿过去,然后朝前蹿出老远。我们抵达普拉塔河的港湾时,天气令人十分难受。一天夜里,我们四周围着无数海豹与企鹅,它们发出的喧闹声如此之大,以致守望的军官报告说他听到了公牛群在岸上怒吼。第二天晚上,我们见到一场天然礼花,景象壮观:桅杆的顶端与船帆桁端的末端被暴风雨到来前的天电光球 [原文是圣埃尔莫的光亮 (St. Elmo's Light)。圣埃尔莫是公元 4 世纪意大利主教、殉道者,被地中海水手尊为保护神,说这种电光是他发出来的] 所照亮,闪电的形状清晰可辨,就像是磷光体相互摩擦。大海被照亮,企鹅被惊醒,黑暗的夜空在一瞬间被强烈的闪电照亮。

蒙得维的亚

进入河口,我饶有兴味地观察海水同河水如何缓缓地混合。河水带泥并且受到过污染,但仍比海水轻,因此浮在面上。从船尾看去,尾流呈现出

---

① 马尔多纳多是巴拉圭的一个省,省会与此同名。

的现象更奇特：一股蓝水同另一股水卷到一起成为一个个旋涡。

7月26日，我们在蒙得维的亚(乌拉圭首都)下锚。在此后的两年中，小猎犬号的任务是考察南美洲东海岸的最南端，普拉塔河以南。为了避免无意义的重复，我将不再沿着路线去逐一讲述。

马尔多纳多

马尔多纳多市坐落在普拉塔河的北岸，离河口不很远。这是一个非常安静的、孤寂的小镇。与在这些地区常见到的一样，街道的建筑都是垂直交叉的，中间有个方场或大广场，这种建筑形式越发显出人口的稀少。几乎看不到商品交易，出口仅限于少数皮革与家畜。居民主要是一些土地拥有者，以及少数商店店主与必需的手工艺匠人如铁匠、木匠，他们在方圆50英里内几乎承担各种各样的活。小镇同河流之间，隔着一条沙丘带，约有一英里宽。沙丘带的两侧，都有地形略有起伏的地区，地上覆盖着一层相当好的绿草皮，无数牛马与羊群在那里吃草。耕种的土地很少，即使镇子附近也一样。一些由龙舌兰与仙人掌组成的篱笆隔出几块耕地种上了小麦或印第安玉米。整个普拉塔河北岸地区，模样几乎都一样。唯一不同的是，此地的花岗石山相当光秃。景色单调，很少见到房屋或被圈起来的土地，甚至也没有树，实在无法使人高兴起来。然而，在船上封闭久了，能在无边无沿的草地上散步也会给人以被释放的舒适感。再者，如果你集中注意力观察一小块地方，也会发现许多东西蕴含着美。有些小鸟色彩鲜艳；草皮虽已被家畜啃短，但也点缀着一些矮秆的草本花，其中一种花看起来像雏菊。如果一个花匠看到整片地上厚厚地盖着一层马鞭草，即使从稍远处看去，也可见到一片艳丽的红色，他会如何评价？

去波兰科河的旅行

我在马尔多纳多逗留十周,使我有充分时间收集动物、鸟类与爬虫的样品。在叙述这方面的考察之前,我将略略谈及一次去波兰科河的短途旅行,该河在马尔多纳多北面约 70 英里处。我雇了两个人,还有五六匹马,每天只需两个美元或八个先令,由此可见这个国家物价的便宜。为我做旅伴的人都佩戴了手枪与马刀。我们听到的头一条新闻是:前天,一位从蒙得维的亚来的旅客死在了路上,喉管被切断。地点正好在一个十字架的附近,那是对前次谋杀的记录。不过,我倒觉得这一警告并非必要。

头一天晚上,我们在一所小农舍住宿。我的两三件物品,尤其是那个袖珍指南针,引起人们很大兴趣——每到一个房间,人们都要求我拿出来让他们瞧瞧——指南针加上一张地图,我可以指认出许多地方的方位。我,一个真正的陌生人,居然知道我从未去过的地方的道路,使他们大为惊讶,非常羡慕。在一间屋子里,一位妇女病在床上起不来,她一定要让人来请我去让她瞧瞧指南针。如果说他们真的很惊讶,那么,我的惊讶更甚:这么多拥有数千头家畜与广袤地产的人,居然是那样的无知。这只能归咎于环境闭塞,极少有外国人来访游。一些人问我,太阳为什么会有起落? 大地是不是在转动? 往北去是更热还是更冷? 西班牙在什么地方? 以及其他许多类似的问题。本地的大量居民模模糊糊地以为英格兰、伦敦、北美洲,都是同一个地方的不同称呼。一些较有知识的人认为伦敦和北美洲是两个不同的、靠得很近的国家,而英格兰是伦敦国的一个大城市! 我随身带着一些易燃火柴,我是用牙齿来咬燃火柴的。这件事被认为十分神奇:一个人竟会用牙齿来点火! 通常都会有全家人来看这种"奇迹";有一次,有人要出一个美元来买我一根火柴。在拉斯米纳斯小村中,早上起来洗脸也会引起猜疑。一位高级商人问了我许多问题。他问我，为什么我们在船上留蓄胡子，因为他听到我们雇用的向导说我们是这样的。他用十分怀疑的目光看着我，估计我是个异教徒，可能他得出的结论是所有的异教徒都是土耳其人。在这个国度内，有一个通常的习惯，即：旅客应在遇到头一家旅店中住上一宿。指南针引起的惊奇，以及其他灵巧的"把戏"，再加上我的向导向他们述说我如何敲碎岩石，如何会分辨毒蛇与无毒蛇，如何搜集昆虫等等故事，在一定程度上促使他们更好地招待我，我也给了他们优厚的回报。我写这些居民，有点像是在描写中非洲的居民。有人会不喜欢这样的比较，但那确是我在当时的感觉。

　　第二天，我们骑马到拉斯米纳斯镇。这里多山丘，其他方面同前者没有多大差别。如有一个潘帕斯草原上的居民，来此登山，无疑将被认为是登山运动家。村中人烟稀少，我们走了一整天连一个人都没有见到。拉斯米纳斯镇比马尔多纳多镇更小。它坐落在一块小平原上，四周是低矮的石山。村里的建筑都是对称的，村中心有座粉刷成白色的教堂，外表还比较好看。一座座房子像是从平地上冒出来，既没有房屋四周的花园，也没有宽敞的场院——在这个国度里，通常都是这样的——建筑的外貌让人看起来很不舒服。晚上，我们借宿在一家酒店。夜间有许多"高乔"(Gaucho，对南美洲草原上的牧人的专称) 来喝酒、抽雪茄。他们的外表给人以深刻印象：他们通常都是高大、英俊的，但有点桀骜不驯。多数人留着髭须，长长的黑发披在肩上，服装的颜色丰富多彩，靴跟上绑着大马刺(一种较短的尖状物或者带刺的轮，骑马时用皮带系在脚踝上，踢马腹时使马感到刺痛而让马全速前进) 常常叮当作响，腰间别着刀或匕首。他们看起来既不符合"牧人"这个名称，也不像普通的村民，倒像是来自另一个种族的人。他们的礼貌有些过分，喝酒时一定要你也来尝一尝。但是，当他们在向你优雅地鞠躬的时候，看来已随时准备好(假如有机会的话)来切断你的喉咙。

第三天，我们把旅程做了些改动，因为我有任务去探测大理石矿脉。路经一片大草原，我们见到许多成群的鸵鸟。有的群体多达二三十只。在蔚蓝的天空下，见鸵鸟群站立在草原上，显出一副雍容华贵的气派。我在这个国家的其他地方从未见到过有如此驯顺的鸵鸟，人们可以在离它们相当短的距离内策马奔驰，但是，过一阵子，它们就会张开双翼，乘风而去，不久就超越了奔马。

当晚，我们来到堂·胡安·芬特斯的宅院，他是一位富有的大地主，但我的向导们从未听说过此人。作为一个陌生人走近前去，必须遵从一些小规矩：要缓缓地策马抵达大门口，高呼圣玛丽亚的颂词，直到有人出来请你下马你方可下马。出来的人回答你说："此处清静无邪！"进到屋内，通常要用数分钟时间相互说一番客套话，直到允许你借宿。这是一套常规。此后，客人同主人家一同进餐，主人指派一个房间供客人住宿，这个房间里什么家具也没有，我只有拿马鞍、马衣来做床。近似的环境造成近似的习俗。在南非好望角，就有同样的习俗与规矩。然而，也存在着西班牙人与荷兰人不同特性的区别。(南美洲各国早先都是西班牙与葡萄牙的殖民地；南非则是荷兰人的殖民地。)西班牙人出于严格的礼貌规定，从不向客人询问任何问题；而朴实的荷兰人则向客人问长问短，问他从哪里来，要往哪里去，是做什么生意的，甚至也许还会问他有多少兄弟姐妹，有多少子女等等。

我们刚到堂·胡安的宅子不久，有一大群家畜被赶到宅前来，其中有三头将被宰杀待客。这些半野半驯的家畜十分活跃，常常乱跑一气，需要牧人骑马追赶一大段路程。堂·胡安拥有一大群家畜、家奴与马匹，但他的住房却相当寒酸，令人不解。这些房子没有地板，房内的地是夯结实的泥土地；窗子都不安玻璃；客厅里最阔气的家具也只有几张最粗糙的木椅和板凳，还有两张桌子。有数位客人与主人共进晚餐，吃的是两大盘肉：一大盘烤牛肉、一大盘煮牛肉，再有几块南瓜，没有蔬菜，也没有面包。喝的呢,只有一只泥土烧制成的大瓶,盛满了水,供大家喝。而主人拥有数平方英里的土地,几乎每一亩地都适宜种植玉米,稍费点事就完全可以种植蔬菜。晚上的活动主要是吸烟,有人唱一些不谐调的小曲,用吉他来伴奏。妇女们都挤坐在屋子的一个角落里,从不同男人掺和。

"拉佐"与"波拉"

已有许多文章描述过这些乡村,再来说几句关于"拉佐"与"波拉"的事情也许是多余的了。"拉佐"主要是一个非常结实但很细的由皮革编成的套圈,一端连着宽宽的系在马上的肚带——这条肚带把复杂的马鞍、马具紧系到一起——另一端有一个铁制或铜制的小圈,靠它才能形成一副套索。"高乔"使用"拉佐"的时候,执缰绳的手(通常是左手)中握着一小盘绳,另一只手拿着那个套索,套索形成的圈很大,直径约有 8 英尺。"高乔"把套索在头顶上抡起来,运用技巧保持套索始终敞开,然后,用力甩出去,想套在什么地方就套在什么地方。"拉佐"不用的时候,就缠成一小卷,置于鞍子的后部。"波拉",也就是"球",有两种,最简单的一种主要是用来捉鸵鸟的,由两个圆石组成,石头外裹着皮革,一条细细的皮条大约有 8 英尺长,一头拴一个圆球。另一种所不同的仅仅是多了一个圆球,共三个圆球。"高乔"把最小的球握在手中,另两个圆球在头顶上抡,然后,瞄准目标,把它甩出去,击中目标后,两头有球的绳子立即把目的物捆绕起来,牢牢地绑住了。球的大小与重量根据不同的用途而各不相同。如果是石制的圆球,尽管不比一只苹果大多少,扔出去也足可打断一条马腿。我见到的球是木制的,大如萝卜,木球的好处在于捉到动物时不至于使它们受伤。有时,球是铁制的,可以甩到很远的地方去。使用"拉佐"或"波拉"的主要难点在于把它们抡起来,抡得很用劲,才能快速甩出去,甩在目的物身上恰好缠住它的头颈。如果不骑马，任何人都能学会。有一次，我也来抢着玩玩，结果出了意外，一个球飞出去击中一棵灌木，由于球体转动的力量，迅速落到地上，又像是玩魔术，皮条缠住了我的坐骑的一条后腿，另一个球从我手中蹦了出去。幸亏那是一匹有经验的老马，相当沉着；否则，它很可能乱踢一气，以致摔倒。旁观的"高乔"哈哈大笑，他们大喊道，他们见过各种各样的动物被套住，从没见过一个人把自己套住的。

斑翅山鹑

接下来的两天，我已到了需要考察的最远处。该地乡村的面貌毫无特别之处。最后是一片青绿的草原，走在上面却比走在尘土飞扬的公路上还累人。到处都有一群群的斑翅山鹑。这些斑翅山鹑从不躲进窝里去，也不像英国的斑翅山鹑那样藏进草丛里。看来都是些极笨的鸟。如果一个人骑着马兜圈子，或者兜圈子越圈越小呈螺旋形，那么，在这个圈子里，你想打死多少就有多少（敲击山鹑的头部）。更普遍的办法是用套索去捕捉它们。这种套索用鸵鸟羽毛的羽茎做成，拴在一根长长的棍子末端。一个骑一匹老马的男孩子，用这种工具在一天之内常常可以逮住三四十只斑翅山鹑。居住在北极圈内的美洲印第安人抓野兔就是用走螺旋形的办法，逐步缩小包围圈。这样做以正午时间为最宜，这时太阳在头顶上老高老高，而猎人的身影很短。

回返马尔多纳多时，我们选了一条不曾走过的路。一天，我们在一位年长好客的西班牙人家中借宿，次日清晨，我们登上阿尼玛山，太阳正在升起，景色无比美丽。朝西看，一片平原一直伸展至蒙得维的亚的一座大山脚下；朝东看，可眺望到马尔多纳多的乳头状突起的乡村。在山顶，有一处见到几小堆石头，显然是许多年前有人放置在那里的。一位同伴言之凿凿地告诉我,那是古代印第安人的作品。石堆的形状同威尔士山上发现的石堆相似,但要小得多。为了突出某桩事情,在附近地区的最高点上做出某些标志,看来是人类的共同情感表达方式。现在,此地已找不到一个已开化的或未开化的印第安人了。除了阿尼玛山顶上的这些石堆以外,我再也没有见到其他有关印第安人的历史记录。

不见树木

东班达最显著的特色是几乎见不到一棵树。有些岩石山上有一些灌木丛,在一些小河的岸边,尤其是拉斯米纳斯以北,河边常见有柳树。靠近阿罗约—泰普斯,我听说有一种棕榈树,在潘迪阿佐卡附近,南纬 35 度处,我见过一棵特大的棕榈树。这些由西班牙人种植下的树,成为当地一片荒秃的唯一例外。可以列举出的西班牙人引进的植物:白杨树、橄榄树、桃树及其他果树。桃树长得很成功,桃木成为向布宜诺斯艾利斯(阿根廷首都)提供劈柴的主要材料。极端平坦的地区,如潘帕斯大草原,对树木成长很不利。这可能要归因于风力猛烈,以及排水过速。然而从当地的自然因素来看,在马尔多纳多周围,这些原因并不明显。多岩石的山丘提供了避风处,也有多样的土壤,几乎每个山谷的谷底都有溪泉,泥层颇厚的土地适于保墒(保持土壤的一定水分,从而有利于植物生长发育。墒,shāng)。一般的说法,认为森林的保持有赖于每年的雨水量。然而,在这个区域,冬天有大量的雨水;夏天尽管干燥,也并不过热。我们在澳大利亚见到几乎整个国家都覆盖着高大的树木,虽然那里的气候比这里干旱得多。

仅就南美洲来说,我们相信,只有在非常潮湿的气候下,树木才能茂盛地生长,很明显,只有常刮带有湿气的风的地方才会出现森林地带。在南美大陆的南部,从太平洋上吹过来的西风,扫过西岸的诸多岛屿,使这些地方生长着十分茂密的森林。在科迪勒拉山脉(纵贯南北美洲大陆西部,北起阿拉斯加,南到火地岛,由一系列褶皱断层组成)的东侧,在同样的纬度区域,则是一片蓝天,天气晴朗,说明空气中的湿度在西风越过群山时失去了,因此出现了植物稀少的巴塔哥尼亚干旱高原。大陆的北部,因有不断吹来东南贸易风(古代商船都是帆船,它们靠着方向常年不变的风航行于海上,故名贸易风)的影响,东岸点缀着不少广阔的森林;而西岸,从南纬4度到南纬32度,则可称之为沙漠;而西岸南纬4度以北,由于贸易风变成了无规则,要么干旱无雨,要么倾盆大雨,因此,太平洋沿岸,直至秘鲁,便成了荒芜之地,圭亚那(位于南美洲东北部,原为英国殖民地,后独立)与巴拿马也同茂盛的植被无缘。因此,南美大陆的南部与北部,就科迪勒拉山脉而言,森林地域与沙漠地域互易了位置,其决定性因素便是流行的风向。大陆中心区有一条宽宽的地带,包括智利中部与拉普拉塔省,这些地区的风还没有越过高山,那里的土地既不是沙漠也没有覆盖着森林。虽然南美洲有这样的规律——带雨的风带来潮湿的地区才能有森林——那么,在福克兰群岛(福克兰群岛在主权归属上有争议。英国称之为福克兰群岛,阿根廷称之为马尔维纳斯群岛。英、阿曾为此岛兴起战争,据英国《卫报》2016年3月29日报道,联合国大陆架界限委员会判定,此群岛位于阿根廷领海内。本书采用达尔文1839年原著原文"Falkland Islands"音译名)可就是明显的例外:这些岛屿与火地岛处于同样的纬度,距火地岛只有二三百英里远,气候相近,地质结构也几乎相同,环境优越,同样的泥炭土壤,福克兰群岛可夸口的只有勉强称之为灌木丛的少数植物,而火地岛则遍地都是茂密的丛林。倾盆大雨的方向、风向、海水的流向,都有利于从火地岛把种子传播到福克兰群岛来——许多独木舟与砍伐下的树干从火地岛漂流到福克兰群岛西岸便是明证。因此,也许是火地岛的树种不适合移植到福克兰群岛。

鹿

在马尔多纳多逗留期间,我搜集了几种四足动物的样本、80 种飞鸟的样本以及许多爬行动物的样本,其中包括 9 种蛇。当地的哺乳动物中,如今还留存很多形体有大有小的动物,便是野生的鹿科动物,这种情形很普遍。这种鹿数量很大,常常组成小群在乡村出没,尤其在普拉塔边缘地带与北巴塔哥尼亚为最多。假如有人弯腰悄悄向一群野鹿靠近,这些野鹿往往出于好奇心,反倒迎上来侦察这个人。我就用这种办法,在一个地点从同一群中猎杀了三头。尽管它们是驯顺的、有好奇心的,但当我骑马接近它们时,它们还是非常警惕的。在这个国家,没有人步行赶路,鹿群只把骑马的人与带着"波拉"的人视作敌人。在巴伊亚一布兰卡(北部巴塔哥尼亚新建的村镇),我惊奇地发现野鹿对枪声并不那么在意。一天我从 80 码外向一头鹿开枪十次,鹿对子弹射到地上溅起泥土相当惊吓,而对来复枪的回声倒不怎么在乎。我把子弹打光了,不得不让那头鹿逃掉(我算是个猎手吧,尽管我能射中飞鸟的翅膀,但这次却射不中一头鹿,说来惭愧)。

这种动物一个最奇怪的特点是雄鹿的身体发出一种极强烈的、让人受不了的气味。有几次我剥雄鹿的皮做标本(如今放在动物博物馆内),臭味几乎要把我熏倒。我拿一块丝织的手帕来扎拴雄鹿皮以便带回来,这块手帕洗干净后我还继续用,但在此后一年零七个月期间,我每次打开这方手帕,就能清晰地闻到那种气味。这个惊人的例子可说明某些物质具有特别的持久性,它的本质难以捉摸。我曾经过一个地方,当时半英里外有一群野鹿,我正站在下风处,立即闻到空气中有这种气味。如果在雄鹿的叉角还完整的时期被剥皮,这种气味特别强烈。在这种情况下,它的肉当然没法吃。但牧人们很肯定地告诉我:如果把这些肉埋在新鲜的泥土中一段时间,它就没有气味了。我曾读到过某种资料,说苏格兰北部的某些岛民,也用这种方法来去除食鱼的禽类肉上的臭味。

水 豚

此地啮齿目(属哺乳纲生物,体形一般较小,上下颌各有一对门齿,由于这对门牙不断增长,啮齿目动物必须通过咀嚼来控制两对门牙的生长,故喜食坚硬的物体,其繁殖能力很强。啮,niè)的动物品种极多。光说老鼠,我就找到不下于八种。(在南美洲,我总共找到二十七种不同属的老鼠,有十三种已在阿扎拉的著作和其他作者的著作中提到过。我所搜集到的样本,曾由沃特豪斯先生在动物学学会上介绍并惠予命名。我要利用这个机会,向沃特豪斯先生表示衷心的感谢,并感谢其他几位学会成员,他们也曾给了我许多帮助。)世界上最大的啮齿动物——水豚,在此地也常见。我在蒙得维的亚射杀过一头,体重98磅,从鼻尖到尾尖,共长3英尺2英寸,身围3英尺8英寸。这些庞大的啮齿动物,偶尔会游到普拉塔河的河口来,这里的河水相当咸;在淡水的河湖中,它们数量就多了。在马尔多纳多附近,常见三四头水豚生活在一起。白天,它们或是在一些水生植物间躺卧,或者公然在草原上(我曾剖开一条水豚的胃和十二指肠,发现内中有大量浅黄色的液体,其中几乎检测不到任何的纤维。欧文先生告诉我,这种动物的食道有一节是连乌鸦羽毛管那么粗细的东西都通不过去的。那么,一定是它厉害的牙齿与颚部适于把水生植物磨成了肉浆。)觅食。隔一段距离望去,水豚的行走姿势与肤色像猪;但当它们利用它们的腰腿坐着,用一只眼睛注视某个目标时,它们又像同属的动物——如豚鼠与兔子。它们的颚部凹进去很深,从正面或侧面去看,它们的头部显得十分滑稽可笑。马尔多纳多的水豚都很温顺,我曾小心翼翼地走近3码以外的四头老水豚,它们之所以那么温顺,也许是因为这些年来,该地区美洲虎已被消灭了,当地牧人也认为不值得去猎取它们。当我慢慢向它们走近时,总会听到它们发出的特殊的响声,那是一种低音的、不连贯的咕哝声,实际上不是真正的发声,而是鼻孔出气声,有点像一头大狗那样从鼻子发出来的嘶嘶声。我观察这四头水豚有数分钟之久,我同它们相距仅一臂之遥,但不久,它们便争先恐后地奔回水中去。潜入水中不久,它们又浮到水面上来,但只露出上半个头来。雌性水豚在水中游动时,她的幼子都骑在她的背上。要猎杀这些幼豚很容易,它们的皮只能派点小用场,而水豚肉是人类极不感兴趣的。在巴拉那群岛,水豚肉很多,只是用来喂美洲虎的。

栉 鼠

南美洲特有的栉(zhì)鼠,是一种体形很小的奇特动物,也许可以简单地把它们称之为"咬啮者",它们的生活习性近似于鼹鼠(体矮胖,外形似鼠,但头尖,吻长,耳廓退化,眼也小,被细密的黑褐色皮毛掩盖,前肢发达,掌心外翻,有利爪,适于掘土。鼹,yǎn)。在这个国家的某些地区,栉鼠的数量极多,但很难捉,我相信它们从不钻到地面上来。它们像鼹鼠那样在地穴间蹿来蹿去,体形比鼹鼠还小。乡间的许多道路底下都藏有栉鼠,马在路上奔驰时往往会把马蹄陷进栉鼠的洞穴中去。栉鼠在某种程度上可说是群居动物。有个人为我搜集样本,一次抓到了六只,他说它们通常都是群居的。栉鼠是夜间活动的动物,以植物的根为主要的食物。它们在地下会发出一种非常奇特的声响。人们头一次听到这种声音会非常惊讶,因为不知道声音是从哪里来的,也猜不出是什么样的动物发出来的声音。这种声音是一种短促的、并不粗糙刺耳的鼻音,单调地连续发出四声。(在北巴塔哥尼亚高原上的内格罗河区域,有一种老鼠具有相似的习性,可能是属于同一属的,但我从来未见过。它们发出的声音，与马尔多纳多的栉鼠不同，它们只连续发两声而不是三声或四声，声音则更加清晰、更加响亮。从远处听去，很像有人用斧子在砍一棵小树。）栉鼠的命名"Tucutuco"正是来源于它的发声。什么地方有大量的栉鼠，什么地方就整天都能听到这种声音，有时直接从你站的地方的地底下发出来。放到屋子里，栉鼠只会笨拙地、缓缓地移动，它们是用后腿的外侧着地来走路的。由于股骨窝没有韧带，它们不会跳。想逃跑时表现得极其愚笨，在受惊吓时只会"吐库吐库"地发声。我养过几只，头一天就很温顺，既不啃咬也不想逃跑，有的稍野一些。

捉到栉鼠的人告诉我，许多栉鼠是瞎眼的。我的一只浸泡在酒精里的标本正是如此。里德先生估计是瞬膜发炎的结果，我曾伸出一根手指挡在距离一只栉鼠的头部半英寸处，它毫无反应。由于栉鼠是完全在地底下生活的，所以尽管许多栉鼠是瞎眼的，也不碍事。然而，某种动物的一个器官在不断地受到伤害，以至失去功能，总是一种奇怪的事。拉马克要是知道这一实例，他肯定会很高兴。他曾研究一种生活在地下的啮齿动物 Asphalax 以及一种生活在黑暗的水下洞穴中的名叫盲鳚(亦称洞鳚，身长不到30厘米，由于常年生活在水下阴暗的洞穴里，眼退化，没有视力，身上几乎透明，皮肤特别柔软，四肢细小，羽状鳃红色。头狭小，头骨多软骨质。鳚，yuán)的爬行动物是如何逐渐变瞎的。这两种动物的眼睛处于几乎退化的状态，眼睑上遮着一层腱质的膜与皮。普通的鼹鼠，眼睛极小但功能完整，虽然许多解剖学家怀疑它们的眼睛同真正的视神经是否相连；它们的视觉肯定是不完善的，但也可能在从地下走到地面上来时，眼睛还是有一定作用的。至于栉鼠，我相信它们从不走到地面上来，眼睛相当大，却是瞎的，无用的，尽管这也没有使它们感到不方便。拉马克无疑会说，栉鼠正在走向 Asphalax 与盲鳚的境地。

贪食鸟有类似杜鹃的习性

马尔多纳多周围起伏不平的草原上，有大量的、多样的飞鸟。有几种在身体结构与生活习性上与欧椋鸟（小型鸟类，羽毛蓝色，有光泽，带乳白色斑点，略带黄色小嘴，眼靠近嘴根，翅较尖，尾短而呈平尾状。常群居，吃植物的果实或种子。椋，liáng）相近，属于同一科，名叫贪食鸟，其中有一种经常三五成群地蹲在一头母牛或一匹马的背上。当它们歇在树篱上时，它们会在阳光下梳理自己的羽毛，有时还试图唱歌，至少是发出嘶嘶声，这种嘶嘶声很特别，像是空气迅速通过水中的一个小孔时发出来的声音。据阿扎拉说，这种鸟同杜鹃一样，把自己下的蛋放在别的鸟的巢里。村里的人对我讲过几次，说曾见到过这种情形。我有一位帮我搜集标本的助手，工作极其认真，他在一个村子里发现有个燕子窝，里面有一枚鸟蛋比其余的鸟蛋大，形状与颜色也不相同。北美洲有另一种贪食鸟，也有类似杜鹃的生活习性，同普拉塔流域的欧椋鸟各方面都很相像，包括蹲在牛马背上等习惯；所不同的只是体形较小，羽毛与鸟蛋的颜色不尽相同。一个大陆的南北两部，同一科的动物在身体结构与生活习性上大致相似，这种情况尽管屡见不鲜，也总给人留下深刻印象。

斯旺森先生在这方面曾说得很详细，他说，除了贪食鸟，杜鹃是唯一可称之为寄生的鸟，它们"紧紧依靠别的鸟类，让别的鸟替它们孵小鸟、喂小鸟，而抚养的鸟一死，它们的小鸟也就夭折了"。但需要指出的是，无论杜鹃或贪食鸟，同族中有不同属的几种鸟虽然在寄生性上相同但是在其他一些生活习性上并不相同。贪食鸟中的一种，如英国欧椋鸟，明显的是喜欢结群的，在开阔的平原上生活，从不伪装。众所周知，杜鹃是独来独往不喜欢"交往"的。杜鹃经常在不起眼的荒木丛中，靠吃果实与毛虫为生。在身体结构上，二者也大不相同。有多种理论——甚至包括颅相学理论(一种认为人的心理与特质能够根据头颅形状确定的心理学假说。由德国解剖学家弗朗兹·约瑟夫·加尔于1796年提出。目前这种假说已被证实是伪科学) 解释说，杜鹃之所以如此，正是因为它们自己不孵蛋、不抚养幼雏。我认为，只有普雷沃斯特先生依据他的观察所下的结论近乎真理。他发现，雌杜鹃下蛋一窝至少四至六枚(大多数观察者也这么说)，但下一两枚蛋后，必须再同雄杜鹃交尾一次。如果一定要让雌杜鹃自己孵自己的蛋，那么，先下的蛋因时间过长可能变质。或者下一个蛋或两个蛋就先孵，可是杜鹃停留一个地方的时间比其他鸟类都短，自然没有足够时间来一窝一窝地孵。因此，我们见到的是，杜鹃交配若干次，雌杜鹃在交配的间歇中产卵，迫使她把下的蛋放到别的鸟窝中去，把小鸟交给养父母去照顾。在我观察到南美洲的鸵鸟的生活习性后，我十分同意他的观点，认为这个理论是正确的。南美洲的雌性鸵鸟，也有这种相互寄生的习惯。每只雌鸵鸟都把自己下的蛋放到别的雌鸵鸟的窝里，由雄鸵鸟来担当起孵化责任，就同杜鹃的养父母一样。

大葵花鹦鹉

我想再提到另外两种鸟，很普通，但生活习性很突出。一是以蜥蜴为食的，学名叫 Saurephagus，是一种典型的美洲鹟科食虫鸟。在身体结构方面，接近伯劳(重要的食虫鸟类。喙比较强壮，上端具钩，略似鹰嘴。脚强健，趾有利钩。性凶猛，爱吃小型兽类、鸟类。有时将猎物挂在带刺的树上，将其杀死撕碎并吃掉它)，但生活习性不同。我经常观察到它们在耕地中觅食，或像鹰那样俯冲下来。它们在空中飞翔时，很可能被误认为是猛禽目的鸟。然而，当它俯冲时，从力度与速度来说都大大逊于鹰隼(鹰和隼都是猛禽，捕食其他鸟类和小动物。隼，sǔn)。有些时候，大葵花鹦鹉在附近水中逡巡，就像翠鸟，静静地等候着，一有小鱼游到水边,就一下叼住。这些鸟也常被笼养或养在院子里,但须把双翅截去一些。这样,它们便很快变得十分温顺,那种跳来跳去的滑稽样子颇能娱人,使人联想到喜鹊。它们的飞行是高低起伏的,因为它们的头与喙同身体相比过大。在夜晚,大葵花鹦鹉常常栖息在灌木丛上,往往是路边的灌木丛,连续地、重复地发出同一种叫声,还相当好听,很像在说一句什么话,西班牙人认为它们在说:"我见到你不错啊!"

模 仿 鸟

另一种鸟即嘲鸫鸟(雀形目,嘲鸫科鸟类,是几种善模仿的鸣禽的统称。鸫,dōng),是一种"模仿鸟",当地居民称它们"卡拉德里亚",它的"歌声"胜过该地其他任何一种鸟。的确,这是我在南美洲所见到的唯一一种有意在唱歌的鸟。它的歌声近似蓑衣草丛中的鸣禽,但声音更响亮,有时声音有点粗糙刺耳,有时声调很高,并掺和着很好听的鸟鸣声。只有春季才能听到这种歌声。其他季节里,歌声嘶哑、很不谐调。靠近马尔多纳多,这类鸟很温顺,也很大胆,总是成群地来到农舍,啄取农人挂在柱上、墙上的肉。如果还有别的小鸟也想参加进来享受一番,卡拉德里亚就会把它们赶走。巴塔哥尼亚空旷无人的高原上,有一种相近的同属的鸟,习性上较狂放,歌声也略有不同。原来我以为这种鸟同马尔多纳多见到的鸟是两种不同的鸟,直到我抓到一只样品,做了比较,才发现它们极其相似,从而改变了我的观点。但如今古尔德先生仍说这两种鸟有着显著的区别,其实,它们只是在细小的生活习惯方面有所不同。

食 腐 鹰

对于只熟悉北欧的鸟类的人来说,南美洲为数甚多、相当温顺、有叫人恶心的吃腐肉习惯的鹰,一定会给他深刻的印象。在此行列中有〔也许可以包括卡拉卡拉鹰(又称为尸鹰,西半球的猛禽,主要吃腐肉、鸟类、爬虫类。集群,具侵略性。体较小,但觅食时可压倒秃鹫。长腿,颊和喉有红色裸露皮肤)〕四个种:卡拉鹰(一种猛禽,产于拉丁美洲,体形比隼略大,腿长而擅长奔跑)、土耳其鹈鹕(一种秃鹰)、鹑鸡类的鸟、神鹰(南美洲秃鹰)。卡拉卡拉鹰是由于它们的身体结构列入鹰类的。我们很快就会清楚,把它们列在如此高的级别实在大错特错。从它们的生活习性来说,它们相当于欧洲食腐肉的乌鸦、喜鹊与渡鸦,这些鸟类遍布世界各地,唯独南美洲没有。先从巴西产的卡拉鹰说吧:这是一种普通的鸟,地理上分布得很广,尤其在普拉塔流域的热带大草原上数量极大,当地称它们为"加兰查",在巴塔哥尼亚贫瘠高原上也并不少见。在内格罗河与科罗拉多河之间的沙漠地,这些鸟常常沿着路边寻觅因饥渴或羸弱(瘦弱。羸,léi)而死的动物尸体。虽然在这些干燥开阔的乡村地区,以及太平洋沿岸的干旱地区是主要的栖息地,但在西巴塔哥尼亚与火地岛的潮湿森林中也有它们的栖息地。这种卡兰查鸟,以及奇曼戈鸟,成群结队地在大牧场尤其是屠宰场附近逡巡。动物在平原上死去,便成为野吐绶鸡(即野火鸡,体形比家鸡大三四倍,头颈几乎裸出,仅有稀疏羽毛,生有红珊瑚状红色肉瘤,喉下有肉垂,颜色由红到紫,可以变化,背稍隆起)的大餐,然后由两种卡拉鹰来把骨头啃干净。这些鸟虽然常常在一起"进餐",彼此之间却不能和睦相处。当卡兰查鸟静静地栖息在树枝上或地上时,往往有奇曼戈鸟在空中前前后后上上下下来回盘旋,等待时机俯冲下来袭击比它体形更大的亲属。尽管卡兰查鸟常常集群,但它们并非群居性动物。在沙漠中常见它们孤独地行动,更常见的是它们成双成对地活动。

　　据说卡兰查鸟是很狡猾的，会把大量鸟蛋偷过来。它们还同奇曼戈鸟一道，试图到马背、骡背上去啄疥癣。受疥癣折磨的骡或马，耷拉着双耳，背脊拱起；而这些在盘旋着的鸟则在瞄准相距一码之隔的令人恶心的"佳肴"，它们组成一幅令人厌恶的图画，黑德船长就曾以他自己特有的经历，精确地描述过这样的图画。这些其实不能称之为鹰的鹰种，几乎从不猎杀活的鸟类或其他动物。如果有人在巴塔哥尼亚荒原上睡着了，等他醒来，就会见到他四周的小丘上就有这些鸟正在用一种邪恶的目光耐心地注视着他，将那种专吃腐肉的恶劣习性暴露无遗。这正是这些乡村有典型意义的风景之一，只要人们漫步经过就能一眼认出。如果有一群人骑着马，带着猎狗去行猎，那些鸟能整日追随其后。吃饱后，它们光秃无毛的嗉囊(鸟类的食管后段暂时贮存食物的膨大部分)便鼓起来，在这种时候，卡兰查鸟便成为一只不爱活动的、温顺的、怯懦的鸟。它们飞起来时，显得笨重、缓慢，就像英国的秃鼻乌鸦。它们很少高飞，不过我曾两次见到有只卡兰查鸟飞得很高，自由自在地在翱翔。它们会"跑"(相对于跳跃而言)，但不如它们的同属那么快。有些时候，卡兰查鸟唧唧喳喳叫个不停，但通常不会如此。它们的叫声很响、很刺耳，也很特别，也许可以用西班牙人发一个"g"声再接连发两个"r"声来类比。发声时，头部一再抬高，直到鸟嘴完全张开，鸟冠几乎碰上后背的后部。有人对此有过怀疑，但这却是事实，我曾数次见到它们叫喊时，脖颈往后扳过去完全倒转了过来。除我观察到的以外，还可以补充一点阿扎拉先生的权威性资料，他曾见到卡兰查捕食蚯蚓、贝类、蛞蝓、蚱蜢、青蛙等；还会把小羊羔的脐带扯断，吃掉这只小羊羔；还会追逐野吐绶鸡，直到野吐绶鸡被迫把不久前咽下去的腐肉吐出来让给卡兰查鸟吃。阿扎拉先生还说，数只卡兰查鸟——五只或六只，会联合起来追逐较大的鸟，甚至像苍鹰那样的大鸟。所有这些事实都说明了这种鸟具有多方面的特性,并且足智多谋。

　　奇曼戈卡拉鹰比上述的鸟体形小得多。它们是真正杂食性的鸟类,甚至连面包也吃。人们告诉我,在奇洛埃岛(属智利),这种鸟毁坏大片的土豆地,带芽的土豆块刚栽下去不久就被它们叨出来了。在所有的食腐肉的鸟类中,唯独它们不啃已死动物的骨骼,常见它们蹲在一头死牛或死马的肋骨架下,就像鸟在笼子里。其中有一种名叫新西兰卡拉鹰,在福克兰群岛十分普遍。这种鸟在习性方面十分类似卡兰查鸟。它们靠吃死动物的肉和水生动物为生,在拉米雷兹群岛上,它们肯定是靠吃水生动物为生的。它们特别温顺、大胆,经常在村落附近逡巡,寻觅腐肉、下水。如果有一群猎人猎杀一头动物,就会招来一群鸟,耐心地等着。吃完残余的食物后,它们的光秃没有羽毛的嗉囊就大大地凸了出来,样子十分难看。它们随时准备攻击受伤的同类。有一只受伤的鸬鹚蹒跚到岸边,几只新西兰卡拉鹰立刻扑了上去,加快了鸬鹚的死亡。

　　小猎犬号只在夏季停泊在福克兰群岛。考察队的官员们是在那里过冬的。他们向我介绍了这些鸟的大胆与掠夺成性的例子:有一只猎犬在一些猎人身旁睡着了,几只新西兰卡拉鹰以为狗死了,就扑到狗的身上。有几名猎手眼睁睁地看着两头受伤的鹅被它们叨走,无法阻拦。据说,几只鸟联合起来(这方面同卡兰查鸟也很相似),守候在兔窝口,一等兔子窜出就立即扑了上去。船只停泊在港内,它们竟敢飞到甲板上来,船员必须十分当心看好索具上的皮革,不然会被它们扯走,船尾的肉或野味也会被它们夺走。这些鸟作恶多端,好奇心重。它们见到地上有什么东西就会把它叨起来。有个人的一顶黑色丝绸大礼帽被它们叨走了 1 英里远。用来套捉家畜的重重的双球也会被它们叨走。厄斯本先生遭遇过更严重的损失:它们叨走一只用摩洛哥羊皮制作的盒子,盒中是贵重的指南针,此后再未找回。这些鸟还有爱吵架的毛病,极易动感情,发起火来甚至会用嘴去掀翻草皮。它们并不是真正的群居，也不高飞。它们的飞行是沉重的、笨拙的。到了地上，它们倒能跑得飞快，就像野鸡。它们呱呱乱叫，声音刺耳，十分烦人，其中有一种，叫声像英国的秃鼻乌鸦，因此捕猎海豹的人都把它们叫做秃鼻乌鸦。它们喊叫的时候，把头使劲伸出去，朝后扳，同卡兰查鸟一样。它们把巢筑在海边断崖上，但只限于相互连接的小岛，不在大岛上。猎捕海豹的人们说，这些鸟的肉可以煮来吃，肉色很白，肉味很香，不过，愿意去尝一尝的人必须要有足够的勇气。

现在我们要说说土耳其鹲鹲与鹑鸡了。前者，从霍恩角到北美洲，只要是较湿润的地方就会发现它们的踪迹。与巴西卡拉鹰和奇曼戈卡拉鹰不同，它们能找到去福克兰群岛的路。土耳其鹲鹲是单独行动的，至多是成双配对的。它们冲向高处时姿势优雅，从远处就可以认出来。众所周知，它们主要依靠食腐肉为生。沿巴塔哥尼亚高原的西海岸，在森林茂密的小岛上，它们完全依靠海洋漂上来的食物，包括死海豹的尸体过活。哪里的小岛岩石上有它们的踪影，哪里就会有秃鹫。至于鹑鸡，与鹲鹲的生活区不尽相同。南纬 41 度以南，从未发现过鹑鸡。据阿扎拉说，有一个传统的说法，说在西班牙人征服南美大陆时期，蒙得维的亚附近是没有鹑鸡的；说它们是跟随当地居民从更北的地区迁移过来的。如今，科罗拉多山脉（在蒙得维的亚以南 300 英里）的山谷中，鹑鸡为数极多。也许在阿扎拉以后的年代里，又有一次新的迁移潮。鹑鸡通常喜欢潮湿天气，最好附近有新鲜淡水。因此，巴西、拉普拉塔完全见不到它们的踪影，北部巴塔哥尼亚高原上的沙漠与干旱平原上也找不到它们，除了一些小泉眼旁边。这些鸟常常来到潘帕斯草原直到科迪勒拉山脚下。我从未见到或听说过智利有这种鸟。在秘鲁，它们是被当做"清除垃圾者"来对待的。这些秃鹫当然可以被称为群居动物，它们看起来很喜欢扎堆，不仅仅是因为有了共同的食物（腐肉）被吸引过来。天气晴朗时，往往可以见到一群鹑鸡在高空飞翔,它们大张双翼,不停地盘旋,姿态十分优美。这当然很明显是为了活动筋骨,或者也许同它们的婚姻生活有关。

现在我已将食腐肉的鸟类讲完了,只剩下神鹰未说。我认为留到后面去讲更合适些,在我们以后要去访问的国家,比起拉普拉塔平原来,神鹰的生活习性更加典型。

闪电击成的管状物

在波特雷罗湖同普拉塔海岸之间,有一条由沙丘组成的宽带。在距马尔多纳多数英里处,我见到一堆类似玻璃的、含硅的管状物,那是由于雷电轰击沙丘形成的。这些管状物非常像《地理学报》中所描述的德里格在坎伯兰所发现的例子。[见《地理学报》第 2 卷 528 页,及《哲学学报》(1790年卷第 294 页)普雷斯特利博士曾描述某些不完全硅化的管状物,一片成为石英的被融化的贝壳。这些东西是在一棵树下挖掘出来的,此处曾有一人被雷电击死]马尔多纳多的沙丘上没有植被,因此地形常有变动。由此来看,管状物是被抛到面上来的,许多碎片散在附近,说明它们原先是埋在沙丘中的。有四片垂直地插在沙里。我用双手挖出一片来,埋在 2 英尺深处。有些碎片明显是从同一个管状物散落下来的。我又挖出另一片,量了一下,埋在 3 英尺 3 英寸深处。管状物的直径几乎是相等的。因此,我们估计原先管状物必然埋得更深。然而,同德里格发掘的管状物相比较,这样的深度还算是小的。那里的深度竟不下 30 英尺。

管状物的内壁是完全玻璃化的,有光泽,很平滑。用显微镜来观测一个碎片,可以见到有许多细小的空气泡(或者也许是水蒸气)气泡,就像用玻璃吹管试吹出来凝结后的样品。沙地全部或大部分硅质化了,有些地方呈现出黑色,它们光亮的外表具有一种金属光泽。管状物的壁厚,从 1/30 英寸到 1/20 英寸不等，偶尔有 1/10 英寸的，外壁由沙粒围起来，微微发亮，我认为与结晶化(在物体是热的时候，溶质是完全溶解的，而当温度降低的时候，溶质以晶体的形式析出来)迹象并无区别。《地理学报》中也有类似的描述，文中说管状物一般都是受压的，具有纵向皱缩纹，很像一根抽缩的蔬菜茎，或像榆树或栓皮槠的树皮。管状物的圆周长约 2 英寸，但有些碎片呈圆柱形，并无皱缩纹，圆周长 4 英寸。压力来自四周松散的沙粒因极高温度融软，从而形成折痕或皱纹。从未受压的部分来判断，雷电的口径(如果可以用这个词的话)必定是 5/4 英寸左右。在巴黎，阿歇特先生与本达先生成功地用模拟闪电的方法制造出管状物。他们使极强的电流穿透磨得很细的玻璃粉末，加上盐，以增加其可熔性，但做出来的管状物较粗大。他们两人都曾用长石(是长石族矿物的总称，一类常见的含钙、钠和钾的铝硅酸盐类造岩矿物，地壳中的含量很高，达到 60%)与石英来试验都未成功。其中一根由玻璃细末制作出来的管子接近 1 英寸长，确切讲是 0.982 英寸，内圆直径 0.019 英寸。当我们听说巴黎使用了威力这么强大的蓄电池，作用于可熔性很高的玻璃，制造出的管子如此细小，必定会对闪电的威力十分震惊，它能击穿沙地，形成一个个的管状物，其中一例的长度至少有 30 英尺，它的口径在未经压缩的情况下，直径足有 1.5 英寸，而材质的极端耐熔性竟等同于石英！

我已述及，管状物插在沙丘中接近垂直姿势。然而，其中有一根管子分出了两个小枝，相距大约 1 英尺，一枝朝下指，一枝朝上指。这一例子值得注意，电流必定转了回来，成一个 26 度的角。除了我发现的四组垂直的管状物外，我又追踪下去，发现另外几组碎片，最初的位置无疑是同上述的管状物很靠近的。所有这些管状物都分布在一块较平坦的沙地上，长 60 码，宽 20 码，挨着一些较高的沙丘，半英里以外，则有一串小山，高度由 400 英尺到 500 英尺不等。至少对我来说，我认为最可注意的是，从我的经验、德里格的经验与一位德国学者里宾特洛甫先生的经验来看,所见到的管状物都集中在一个很有限的范围内。德里格发现的是在 15 码的范围内,德国的例子也一样。我发现的区域,长 60 码,宽 20 码。看来不可能是连续雷击的结果,想必是一次闪电击落到沙地上时,分成了几段。

房屋被闪电击倒

普拉塔河地区看来是研究电现象的一个好地方。1793 年,在布宜诺斯艾利斯(阿根廷首都)发生过一次摧毁力极强的雷击,该城共有 37 处遭雷击,19 人被击死。根据一些旅行者所写的书籍,我倾向于大河口附近多雷电的说法。是否因为大量淡水与咸水的混合可能干扰了电流的平衡? 在我们偶尔访问南美洲的这一特殊地区时期,就听说一条船、两座教堂、一座房屋遭到雷击。不久之后我就见到了被击的教堂与房屋。房屋的主人是驻蒙得维的亚的总领事胡德先生。有些现象很奇特:电话线两侧近一英尺处的墙体变黑了。电线中的金属熔化了,尽管房间有约 15 英尺高,一滴一滴的熔液还是滴到了一些椅子和家具上,烧成一个一个的小圆洞。一部分墙被击碎,就像被炮弹击中那样,一些碎片被强烈的气浪推到了对面的墙上。一面镜子的镀金镜框变黑,镀金必定是受到电击后发散出去了,因为壁炉架上的一个嗅盐瓶上盖上了一层发亮的金属颗粒,粘得很牢,就像是上了一层瓷釉。

第四章　从内格罗河到布兰卡港

内 格 罗 河

1833 年 7 月 24 日，小猎犬号从马尔多纳多起航，8 月 3 日抵达内格罗河的河口。内格罗河是南美洲东海岸从普拉塔河到麦哲伦海峡之间最大的一条河。此河在普拉塔河入海口以南约 300 英里处入海。大约五十年前，还在西班牙政府统治时期，在此设立一块小殖民地，至今仍是东海岸最南端的一个开化的居民点，地处南纬 41 度。

河口附近的地区，环境极其恶劣。河的南岸，是长长的一排悬崖断壁，倒也提供了一个地质原貌的纵断面。地层属于砂岩，其中有一层显然是由细砾紧密地压成的砾岩，它从安第斯山脉(属于科迪勒拉山系，纵贯南美大陆西部，范围从巴拿马一直到智利) 开始，足足延长到 400 英里以外。表层由一厚层砾石覆盖着，一直伸展到很远、很宽的开阔平原上去。水非常稀少，即使找到几处水池，也几乎都是含有盐分的。植物贫乏，只有多种灌木丛，这些灌木都长着刺，似乎在警告陌生人不得进入这些不受欢迎的地区。

庄园受印第安人袭击

村落位于河口以上 18 英里处。道路在悬崖脚下，贴着悬崖伸展出去。悬崖成为内格罗河河谷的北界。我们一路经过几处荒芜的庄园，那是几年前被印第安人摧毁的。这些庄园经受过好几次攻击。有人向我做了生动的描述——当时,当地居民先把家畜和马匹都牵回厩棚去,这些厩棚设在房屋的周围;然后架上了一些小炮。那些印第安人是来自智利南部的阿劳干人(Araucanian,是南美印第安人,分布在智利与阿根廷),有数百人之多,并且训练有素。先是有两群印第安人出现在附近的小山上,在山头下的马,脱掉他们的羽毛斗篷,光裸着身子往山下冲锋。他们唯一的武器是一根长长的竹竿即"秋佐"(Chuzo),竿上饰有鸵鸟羽毛,尖端有一个十分锐利的矛头。讲述人对印第安人走近时抖动"秋佐"所引起的恐惧仍记忆犹新。靠近后,酋长平切里阿大声喊叫,要受围困者放下武器,否则要切断他们的喉咙。如果他们真能攻人,很可能发生这样的事。但回答他们的是一阵滑膛枪声。印第安人极其沉着,前进到厩棚的篱笆前。但他们惊讶地发现,柱间拴的是铁链而非皮绳,无法用刀砍断。这一措施救了基督徒的命。许多印第安人拖着受伤的同伴跑走了。最后,一名副酋长受了伤,他们便吹响了退却号。他们回到早先下马的地点,似乎开了一次战事会议。短暂的间歇使西班牙人心惊胆战。因为,他们的弹药,除了还有一些子弹外,几乎都要用尽了。一瞬间,印第安人都上了马,奔驰回去不见踪影。另外一次印第安人的攻击,撤退更快——一位沉着冷静的法国人率领枪队。他命令停止射击,直到印第安人走近,然后,命令枪队发出连珠炮式的一阵齐射,三十九名印第安人躺倒在地上,这样,就立即击溃了来犯的印第安人。

村镇名叫埃尔—卡门或帕塔戈尼斯。它背靠悬崖,面对大河,许多住房是从砂岩上凿挖出来的。此处的河面宽二三百码,水深流急。青绿河谷的北侧,有许多小岛,长着柳树,再加明亮阳光的照射,组成一幅几乎可以称之为美丽的图画。居民的数目约数百人。与英国的殖民地不同,这些西班牙殖民地并未注意改进他们的生活环境。许多纯血统的印第安人也住在那里,以酋长卢肯尼为首的部落在村镇的外缘地带一直有着自己的茅舍。当地政府向印第安人提供一些羸弱的老马,作为部分补助;同时,印第安人靠制造马毯与其他马具获得少量收入。这些印第安人被认为是已开化的,但他们的性格仍有些凶恶、不道德。有些年轻人正在进步,愿意劳动,他们有一时期曾结队去捕海豹,干得很好。现在,他们正在享受自己的劳动成果,穿得很干净很漂亮,四处闲逛。从服饰来看,他们还是挺有品位的,如果你为一位印第安青年塑一尊铜像,那么,他的衣饰是极其优美的。

盐　湖

一天,我骑马来到一座距村镇有 15 英里远的大盐湖。冬季,它是一个浅浅的咸水湖;夏季,它就变成一座雪白的盐池。靠近湖的边缘处,盐层厚达四五英寸,越往湖中心,盐层越高。这座湖 2.5 英里长,1 英里宽。附近还有一些湖比它大许多倍,即使在冬天,凝结的盐层也高达 2 至 3 英尺。有一条白花花的盐带镶嵌在棕色荒芜平原的中央,景色独特。这些盐湖每年出产大量的盐,堆成许多盐堆,有些盐堆重达数百吨,等待着出口。这是巴塔哥尼亚人的主要收获物,该地的繁荣依赖于此。在工作季节,几乎所有的居民都驻扎在河岸上,他们受雇来用牛车把盐运出来。这些盐结晶成大颗粒的立方体,纯度甚高。特伦汉姆·里克先生好意地为我做过分析,结果发现其中只掺杂 0.26% 的石膏、0.22% 的泥土。但一个异常的事实是:用这种盐来腌肉,不如佛得角群岛的海盐好。一位布宜诺斯艾利斯的商人告诉我,他认为,这种盐的价值只相当于佛得角海盐的一半。因此,进口的佛得角海盐中,常常掺有这些咸水湖产的盐。巴塔哥尼亚盐的纯度高,或者说它没有海盐所具有的杂质,大家都一致认为,它们适合于储存奶酪,因奶酪含有大量易于吸收潮气的氯化物。

火 烈 鸟

这些咸水湖的湖岸是泥土。在大量结晶成大块的石膏中,有些有 3 英寸长,躺在湖底;湖面上有硫酸盐与碳酸钠散布着。"高乔"(牧民)们把前者称为"父盐",称后者为"母盐"。据他们称,湖水一蒸发,湖面四周就有"父盐""母盐"了。湖岸的泥土是黑色的,并有恶臭。开头我不知道是什么原因造成的。后来我才看到,风把湖水吹上岸边的泡沫是带绿色的,像是由丝状绿藻(细胞中的色素以叶绿素 α 和 b 最多,还有叶黄素和胡萝卜素,故呈绿色)染绿的。我曾试过把这些绿色泡沫带回家去研究,但因遇到事故未能成功。从不远处望这种湖,有的区域略带红色,恐怕是因有纤毛虫纲的微生物之故。岸边的泥土有许多处被翻起来,估计是某种蚯蚓所为,或是其他环节动物。竟有动物生存在盐水中,它们必须蜷伏在碳酸钠与硫酸盐的结晶体与石灰之间,真是不可思议!当长夏来临,湖面结成硬硬的一片盐层时,这些蚯蚓或其他环节动物又怎么办呢?这种湖中,还生活着大量的火烈鸟(体形似鹤,趾间有蹼,有粉红色、深红色和黑色羽毛),在智利北部的巴塔哥尼亚高原,在加拉帕戈斯群岛(属厄瓜多尔)有很多火烈鸟,只要有咸水湖的地方就有它们的踪影。此刻,我见到火烈鸟在此地的咸水湖中涉水觅食——可能就是觅食钻在泥岸中的蚯蚓,而蚯蚓则是以丝状绿藻与纤毛虫为食的。这样,我们便知道了生存于内陆咸水湖中的一些生物的状况了。据说,一种体形微小的甲壳纲动物(黄道蟹)生活在莱明顿的盐水池中,数量极多。(奇怪的是,俄罗斯的西伯利亚的盐湖同南美洲巴塔哥尼亚高原的盐湖在各方面都很相似。同巴塔哥尼亚一样,西伯利亚看来也是较晚从海洋中升起来的。在这两个国家,盐湖都在平原上的凹洼处。湖岸的泥土都是黑色的,有臭味的。所产盐粒的表层下,都有硫酸盐、碳酸钠或有镁,都是不完全的结晶；掺泥的沙土中，都有一粒粒的石音。西伯利亚盐湖中生存着甲壳纲动物，并也有火烈鸟经常光顾。这两个国家相距这么远，却有着相同的自然环境。由此我们可以确切地认识到，必然有相同的原因才有必然的结果。) 但它们所在的盐水池，都是由于水气蒸发，湖水浓度很高，也就是说，1 品脱的水中含 1/4 磅的盐。现在我们可以确信：地球上任何部分都可以有生物居住！无论是盐湖，或火山口下面隐藏着的地下水——温暖的矿泉水中，无论是海洋深处还是大气的高层，甚至四季降雪的地方，都能让某些有机物生存。

从内格罗河到科罗拉多河

内格罗河往北去，在河流与靠近阿根廷首都布宜诺斯艾利斯的农村之间，西班牙人只是不久前在布兰卡港建立一块殖民地。距离布宜诺斯艾利斯的直线距离将近 500 英里。骑在马背上的印第安游牧民族，经常占领此地的大部分区域，近来，他们常常受到附近一些大庄园以及阿根廷政府的威胁。阿根廷将军罗萨斯建立了一支军队，其目的就是要灭绝这些印第安人。如今，这支军队驻扎在科罗拉多河的岸上。科罗拉多河位于内格罗河以北约 80 英里处。罗萨斯将军从布宜诺斯艾利斯出发，笔直穿越未开垦的平原。鉴于此地的印第安人已被消灭相当干净了，他只留下一些小分队，让他们同首都保持联系。小猎犬号将去访问布兰卡港，我决定走陆路，最后又修改了部分计划，沿着那些小分队的驻扎地，去布宜诺斯艾利斯。

8 月 11 日，一位居住在巴塔哥尼亚高原的英国人哈里斯先生、一名向导、五名"高乔"(他们要去同军队做生意) 作为我的同伴一道上路。我已说过，距科罗拉多只有约 80 英里，但我们走得很慢，路上走了两天半。整个地区还不如说沙漠更确切些。只在两口井中找到了水。目前是多雨季节，但这些所谓的新鲜井水都是相当咸的。夏季,走这段路程必定使人很痛苦;即使现在也够孤寂、凄凉的了。内格罗河河谷很宽,但属于沙砾平原,到处都是单调的贫瘠景象,干燥的沙土上稀稀落落地生长着一些棕色的枯草和一些有刺的灌木丛。

圣　树

离开第一口水井不久,我们见到一棵著名的树。印第安人把它尊为"瓦里楚的祭坛"。此树位于平原的高处,因此从很远处都能见到,成为陆上的明显标志。任何一个印第安部落见到这棵树,便会大声喊叫,以示对神树的尊敬。此树树身不高,枝杈茂盛,而且多刺。近树根处的树干直径约三英尺。它的四周再无其他树木,我们也是进入此地来所看到的第一棵树。此后,我们又见到几棵同样的树。这些树确实非同寻常。现值冬季,树上无叶,但枝干上系着许多绳,绳上挂着许许多多的贡物,如雪茄、面包、肉干、布料等等。贫穷的印第安人拿不出更好的贡物,只能从他们的斗篷上抽出一根线来挂在树上。较富的印第安人则在地上挖一个洞,把一些酒倒进洞后,把它点燃,使烟升起来,认为这样就可以把感恩之心献给瓦里楚神。为了完整地描述这幅图像,还需提到树的周围散布着一些晒得发白的马骨,马是杀死来作为敬神的牺牲品的。老老少少、男男女女,每一个印第安人都要贡献,他们认为杀马是值得的,他们将因此而获得丰厚的回报。告诉我这些事的"高乔"说,在和平时期,他和他的同伴们曾在附近隐藏,等印第安人走了以后,他们就走近神树去偷那些贡物。

"高乔"认为,印第安人把这棵树当做神本人,不过,据我看来,印第安人可能把树当做了祭坛。我之所以这样猜测,是因为这棵树——陆上的明显标志,正好位于一个危险通道之中。此处可以望见在极远处的文塔纳山。

一名"高乔"告诉我,他曾有一次同一名印第安人一道骑马到科罗拉多河北数英里处,那个印第安人一望见这棵树,便大声喊叫起来,一只手放在头顶上,然后再伸手指着文塔纳山的方向。他问印第安人为什么要这么做,印第安人用结结巴巴的西班牙语回答说:"第一次望见了山。"我们在距离神树 2 里格(里格是英美长度名,1 里格约为 3 英里或 3 海里)处过夜。此时,正有一条不幸的母牛被有山猫一样的眼睛的印第安人瞥见了,他立即起身追赶,只数分钟就把它宰了。现在,我们已具备了生活的四个要素:草料喂马、水(只有水坑里带泥的混水)、肉、取暖用的木柴。找到这些东西,"高乔"们高兴极了。这是我头一次在露天过夜,拿马具来作我的床。平原上一片寂静,有几只狗在守望着,像吉普赛人的"高乔"们围着火堆横躺竖卧,这幅图像给我留下极深的印象,永生难忘。

巴塔哥尼亚野兔

第二天经过的地区同头一天同样荒芜。只见到一些飞鸟与走兽。偶尔见到一头鹿或一头南美野生羊驼。但最常见的四足动物则是刺豚鼠(身体一般长 40～60 厘米,耳、尾短,腿细长,每个趾上有一个钩状长爪。毛很粗很硬,每根毛上都有一种带状纹路。体色为淡橙色、棕色或黑色、黄色,天生胆小,因此特别敏感),见到这种动物使我们想起英国的野兔。南美野生羊驼在许多方面与它的同属不同。例如,它的后脚只有三个脚趾。在体形上,它们要大得多(大出将近一倍),体重 20 磅至 25 磅。它们是沙漠的挚友,常常见到它们在沙漠上互相嬉戏追逐。远到塔帕根山(南纬 37 度 30 分)还能见到它们的踪迹,那里沙漠突然变成绿地,空气也湿润得多。南面的界限在迪扎尔港与圣胡安港之间,此处的自然环境没有变化。奇怪的是,尽管南到圣胡利安港如今见不到这种南美野生羊驼,可是伍德船长在他 1670 年的航行记录中曾谈到在那里发现有无数的南美野生羊驼。什么因素促成这么大的变化？伍德船长有一天在迪扎尔港还射杀过不少羊驼，可见当时确有大量南美野生羊驼存在。哪里有 bizchacha，有它们打的地洞，就有南美野生羊驼去利用它们的洞。但如在布兰卡港，从未发现过 bizchacha，南美野生羊驼是自己挖地洞。潘帕斯草原上的小猫头鹰也有同样的情形，曾有过多种资料说人们常见这种小猫头鹰像哨兵那样站在一些地洞的洞口。然而在东班达，由于没有 bizchacha，便见不到南美野生羊驼了。

第二天上午，我们抵达科罗拉多河，景色大为改观。我们来到一块平原，平原上覆盖着草皮，有一些野花，有长得颇高的三叶草，还见有小猫头鹰，这些景色却同潘帕斯草原相似。我们还路过一个面积极大的泥淖，夏天泥淖干掉后，表面上出现多种不同的盐，因此也被称为盐湖。现在，泥淖面上长着许多肉质植物，同海岸上长的属于同种。我们渡过科罗拉多河的渡口，它约有 60 码宽，平常情况下，一定会宽一倍。渡口路线曲折，依据柳树与芦苇滩才能认出来。此地到河口，按直线计算据说只有 9 里格，但走水路就有 25 里格长。我们乘一只独木舟渡河，由于成群结队的野兔的干扰，行进缓慢。我从未见过成百上千只野兔都朝着一个方向游泳，双耳竖起，鼻孔露出水面，就像某些两栖动物。野兔肉是士兵行军途中的唯一食物，为他们的进军提供了极大方便。在这种平原上骑马，速度惊人。我确信一匹空载的马，一天可走一百英里，而且可以以这样的速度连续行进许多天。

印第安家庭

罗萨斯将军的扎营地紧靠河边。营盘呈方形，包括大车、火炮、茅草屋等等。兵士几乎都是骑兵。我想这么一支卑鄙可耻的、同强盗不相上下的军队，必定是乌合之众。这些兵士中的大多数人属于混血儿——黑人、印第安人与西班牙人的混血儿，不知出于何种原因，来自这些血统的人，很少有拥有好看的相貌的。我去见了一位秘书，拿出了我的护照。他用一种装模作样的、神秘兮兮的态度来盘问我。幸好我有一份布宜诺斯艾利斯政府当局的介绍信。[我必须用强烈的词句来感谢布宜诺斯艾利斯政府，我的护照可以在全国（阿根廷全国）适用，它确认我是小猎犬号上的博物学家。]秘书把介绍信拿去给罗萨斯将军看，捎回来将军客气的口信，秘书也变得满面笑容了。当夜，我们住在一位西班牙老人的牧场，这位老人曾参加过拿破仑入侵俄罗斯的战役。

我们在科罗拉多河边逗留两天。四周都是沼泽，我无事可做。夏天（12月），科迪勒拉山上的积雪融化，科罗拉多河便会泛滥。唯一的娱乐是看看印第安人来到我们所住的牧场来购买一些小物件。据说，罗萨斯将军拥有六百名印第安盟军。这些混血人种，男人都长得高高大大，然而以后我们在火地岛就可以见到那些印第安蛮族人的面部表情中就隐藏着冷酷与未开化的成分。某些作家在描述人类的原始种族时，把印第安人分为两等，但这是不确切的。在年轻妇女或有中国血统的妇女中间，有一些人可说是相当漂亮的。她们的头发是卷曲的，乌黑发亮，梳成两根辫子垂到双肩。她们的肤色较深，眼睛闪闪发光；她们的腿脚手臂比较细小，形状优美；脚踝上，有时在腕上，有蓝珠子做的大手镯作为装饰。有些家庭看来非常有趣。有一位中年妇女常常领着一两个女儿骑马到牧场来。女人就像男人那样骑马，但双膝比男人抬得高得多。也许，这种习惯来自于她们在旅途中常常骑在载物的马匹上。妇女的责任是把物品装上马背或从马背上把物品卸下来，并支好准备过夜的帐篷；总之，就像蛮族人的妻子或能干的奴隶。男人们负责作战，狩猎，照管马匹，制作马具。他们还有一项户内的工作是把两块石头互相撞击直到成为两个圆球，以便制作"波拉"。印第安人用这种重要武器去套捉猎物,或去套马,因为他们的马是在平原上散放着的。在战斗中,他们最早的步骤正是用手中的"波拉"去把对手拖下马来,然后再用匕首将他杀死。如果石球只套住猎物的颈部或身体而不是头部,猎物往往带着石球逃跑了。做成两个石球需用两天时间,制造石球成为一种很普遍的职业。有些人还在自己的脸上涂上红色。火地岛上的印第安人,常常在脸上涂上横向的红条,此地的印第安人我未见到有涂成横条的。当地印第安人最喜欢的、引以为荣的东西就是银器。我见到一位印第安酋长,他的靴刺、马镫、刀把、马勒,都是银制品,马笼头和缰绳是银丝做成的,比鞭绳还细——一匹烈马在这条细缰绳的约束下打转,这构成一幅优美的骑士图画。

罗萨斯将军

罗萨斯将军亲切地表达了要同我见面的愿望。后来我才发现这是一个很令人愉快的经历。他有很强的个性,在国内很有威望,他也很善于利用这种威望。(我的这一预言实在是大错特错了。)据说,他拥有74平方里格的土地,拥有大约三十万头家畜。他把土地管理得井井有条,比其他地主生产出多得多的玉米。他有权在自己的庄园中制定法律,他训练出数百名士兵,成功地挫败了印第安人的数次进攻。有关他的严峻立法,流传着不少故事。其中一则故事说,任何人在星期日佩带刀子便须受到惩罚,关进一个囚笼中去。因为星期日这一天是喝酒、赌博的日子,常常发生争吵,打架斗殴,以至伤人性命,因此将军定下法律,禁止那天佩刀。有一天正好是星期日,总督穿着盛装来庄园拜访。罗萨斯将军慌忙出去迎接,匆忙间忘了把平时习惯插在腰带上的刀子摘下来。侍从碰碰他的胳膊,提醒他规定的法律。将军对总督说他非常抱歉,但他必须被关进囚笼接受惩罚；在走出囚笼以前，他不能行使庄园主的权力了。过了一阵子，总督让侍从去把主人从囚笼中释放出来。一等囚笼打开，将军就对侍从说："现在你违背了法律，所以你必须被关进囚笼去代替我。"这种做法使"高乔"们大为悦服，他们很看重平等与尊严。

罗萨斯将军骑术极精，这种技能有重大意义。在这个国度里，军队挑选将军须通过以下考验：把一群未经驯服的马赶进厩棚，然后让它们从一个口子出来，口子上方盖着一个方格子木栅，谁要是能在野马向外奔的时候，从方格子木栅跳下来，跳到一匹既无马具，又无缰绳的野马背上，而且不但能骑出去，还能把马带回到厩棚来，他就有资格成为将军。通过这种试验获得成功的人，便循例当选；无疑，这样的人来率领军队再合适不过。罗萨斯将军就曾表演过如此出众的武艺。

由于这些原因，由于他的服饰与习惯都同"高乔"相一致，他在当地威望极高，因此也拥有专横的权力。有位英国商人告诉我，有个人谋杀了另一个人，凶手被逮捕，审讯他杀人的动机时，凶手回答说："他说了不尊重罗萨斯将军的话，所以我杀了他。"结果只关押了一个星期，凶手便获释了。这无疑是支持将军的一帮人干的，并非出于将军本人的意愿。

我同将军交谈，发现他热情、理智，很庄重。他像旧时代的男爵那样，养着两个插科打诨的小丑，其中一个对我讲了下述的一则轶事："我非常想听一段音乐，我跟将军求了两次。他对我说：'你要是再来烦我，我要惩罚你。'第三次我去求他，他笑了。我奔到帐篷外边去，可是已经太迟了。他已布置好两名兵士把我逮住，给我上刑。我祈祷天上的圣人们，让他放我走，可是没用。将军放声大笑，不肯饶了我。"这个可怜的有些疯疯癫癫的人想起那种刑罚依然挺伤心。这是一种很严厉的惩罚：四根柱子插在地上，被罚的人伸开双臂双腿仰卧在地上，手脚绑在木桩上，就这么撑上几小时。这种刑罚显然是从晒兽皮办法启发而来的。会晤结束了，没有人露出笑容，我得到一份通行证和一份给官方驿站的命令。此时，将军表现出乐于助人的样子。

前往布兰卡港

早晨，我们出发去布兰卡港，经两天时间抵达。我们曾经经过印第安人的棚屋。这些棚屋是圆形的，像炉灶，用兽皮作材料，进出人的洞口外的地上插一根绑着带子的长矛。一堆棚屋合聚到一起，数堆棚屋分别属于不同的部落。

我们沿着科罗拉多河谷走了数英里，一边是冲积平原，看来很肥沃，估计适宜于种植玉米。离河转向北去，不久就进入一个地区，这里同河的南岸明显不同——土地既干旱又贫瘠，但却长着多种植物，草尽管已枯黄，但面积很大，有刺的灌木丛不多。再往前走，连草皮都不见了，只有光秃秃的一片。这种植被的变化，标志着由此开始是一大片石灰质陶土沉积层，形成广阔的潘帕斯草原，一直覆盖到东班达的花岗石岩层。从麦哲伦海峡到科罗拉多河，有 800 英里左右的距离，其间到处都是铺满圆卵石的海滩，这些鹅卵石主要都属于斑岩，也许最早是从科迪勒拉来的。科罗拉多河的北岸，这种岩层变薄，卵石变得非常小，此地不再有巴塔哥尼亚高原的植被特点。

沙丘和黑人中尉

骑了 25 英里的路，来到一处呈宽带状的沙丘，向东向西伸展开去，一望无际。沙丘下面有黏土，因此才能出现一些水洼，为这种干旱的地区提供了宝贵的淡水。人们不考虑如何去改良土壤。从内格罗河到科罗拉多河之间长长的一段，只有两个可怜兮兮的小水泉，除去这两处泉水，其他地方连一滴水都找不到。这条沙丘带约有 8 英里宽，以前某个时期，可能是一个大河湾的边缘，今天科罗拉多河正在此处入海。这个地区完全证明了较晚时期发生过陆地抬升运动，这尽管仅仅是从地文学来考虑的，但任何人也无法忽略这个推论。穿过沙丘，我们于傍晚抵达一所驿站，由于要更换的马还在远处吃草，我们决定在此过夜。驿站建在一座约一二百英尺高的山脊下，是乡村中最显眼的建筑。驿站由一位非洲出生的黑人中尉管理，据他说，从科罗拉多到布宜诺斯艾利斯之间，再也没有一处牧场能有他这个驿站收拾得那样干干净净，井井有条了。驿站有一间小房间供客人住，有一个小厩棚供马憩息。房间和厩棚都是由木桩和芦苇盖起来的。他在驿站四周挖一道沟，以阻隔来犯的敌人。但如果印第安人来攻，这道沟是毫无用处的，只能聊以自慰。不久前，有一群印第安人夜间在此经过，如果他们留意到这个驿站，我们这位黑人朋友及其四名士兵可能早就没命了。我们没遇到过这么有教养、乐于助人的黑人，因此，他不肯坐下来和我们共同进餐，是一件叫人很不舒服的事。

次晨，我们很早出发，一路疾驰。我们经过卡尔扎—德—布侬，这是一大片湿地尽头的村落的旧名称，这片湿地一直延伸到布兰卡港。我们在此处换了马，又经过数里格长的沼泽地与咸水湿地的旅程，最后一次换了马，再次穿过泥地。其间我的坐骑滑倒了，我沾了一身淤泥。在没有替换衣服的情况下遇上这样的事故是最让人不舒服的了。距要塞数英里处，我们遇到一人，他告诉我们，他听到有放炮声，这是个信号，说明印第安人靠近了。我们立即放弃大路，沿着湿地边缘走一条小路，就像在逃亡。我们抵达要塞，发现那个警告毫无必要，因为这一批印第安人原来是对我们很友好的，他们想去加入罗萨斯将军的军队。

布兰卡港

布兰卡港连一个村落也算不上。一条深沟和一道围墙围着几座房子与军营。这个移民地是新近才建立的(1828 年),它的成长是个麻烦。布宜诺斯艾利斯政府当局是用武力来征服此地的,不像那些西班牙总督是用钱来向印第安人购买内格罗河附近的土地。因此,布宜诺斯艾利斯政府不得不在此设立要塞,房屋也建得少,土地也开垦得少,家畜也不安全,因为印第安人就在平原的那一边。

小猎犬号打算停泊的港口离此还有 25 英里的距离。我从司令官那里借来向导与马匹,要去看看船舰到达了没有。离开了草原,我们进入一片既有沙地又有咸水湿地和泥地的一片荒原。有些地方长着些低矮的灌木,有些地方长着些肉质植物,这类植物在含盐的成分多的地方才长得茂盛。尽管环境很恶劣,但鸵鸟、野鹿、刺豚鼠与犰狳(qiúyú,哺乳动物,身体分前、中、后三段,中段的鳞片有筋肉相连接,可以伸缩,腹部多毛,趾有锐利的爪,善于掘土。昼伏夜出,吃昆虫、蚂蚁、鸟卵等)的数量还是很多。向导告诉我,两个月前,他有一次险些丢了命。他同两个人一起出去打猎,距此地不太远,突然遇到一群印第安人,印第安人立即开始追赶他们三个人,那两个人被印第安人捉住杀死了,他侥幸逃脱。他的坐骑已经被"波拉"套住,他跳下马来用刀子把"波拉"的绳索割断。那时,他必须把身子蹲下来,用马身子做掩护。就是这样,他也被印第安人用"秋佐"(长矛)扎伤了两处。他跳上马,拼命奔驰,追赶者的矛头紧紧追随在后,直到能见到要塞的地方,印第安人才拨转马头撤了回去。从此以后,要塞发出命令,不许任何人走出离居民地较远的地方去。我出发时不知道这段故事。可是这位向导并不像受过惊吓的样子,此刻他又在十分渴望地盯看着一头鹿,这头鹿显然被远处传来的声响惊呆了。

　　小猎犬号尚未到达。为此，我们便往回走了。但很快发现马太疲劳了，于是不得不在荒原上露宿。次晨，我们逮到一只犰狳，虽然带壳烤熟后它的肉很美味，但对于两个饥饿的人来说，要拿它当早饭和午饭是不够的。我们露宿的地方，地面有一层硫酸盐，可见此处严重缺水。然而，有许多较小的啮齿动物都能在此生存。半夜时分，我们头底下的地下就有栉鼠发出来的古怪的咕哝声。我们的坐骑相当的瘦，由于饮不到水，到了早晨它们很快就精疲力竭了。我们不得不下马来牵马步行。近午时分，猎犬捉到一只小山羊，我们把小山羊烤熟吃了。我吃了些羊肉后，觉得口渴难忍。虽然不久前下过雨，路上有不少水坑积着水，然而这些水是不能饮用的。我极少有过 24 小时喝不上水的遭遇，这一次又是在毒太阳的照晒下，即使不到 24 小时，也让人渴得非常难受了。我无法想像，在这样的条件下，一个人能不能存活两三天。但我必须承认，我的向导并无不适的反应，他对我的强烈反应大为惊奇。

地面覆盖着的盐层

　　我已数次提到，地面上覆盖着一层盐。这种现象同盐湖的情况是相当不同的，而是更加特别一些。南美洲有许多天气比较干燥的地方，会有这种现象出现，其中以靠近布兰卡港的地方最为突出。布兰卡港的盐，以及巴塔哥尼亚高原上某些地方的盐，主要成分是硫酸盐、碳酸钠，再就是一些普通的盐。只要是大地处于潮湿状态，只见广阔无垠的平原上一层黑色泥土，长着稀稀拉拉的肉质植物。我们在回来的路上就经过这种地段。经过一个星期的炎热天气，只见数平方公里的平原上一片雪白，就像是覆盖着一层雪花，令人大为惊讶。一些地方还有一些大风卷起来的小盐堆。这主要是由于潮气的逐渐蒸发，盐分裸露出来，盖到了枯叶、碎枝与土块上面。

在海拔仅数英尺高的平地上，或河边的冲积地上，都可见到这种盐。帕恰普先生发现：平原上有咸味的表层，距海岸数英里的地方，主要含有的盐为硫酸盐与碳酸钠，普通盐的比例只占 7%；远离海岸的地方，普通盐所占的比例上升到 37%。这一情形不由得不使人相信：硫酸盐与碳酸钠是由土壤中的氯化物产生的，因天气干燥，逐渐蒸发，便显露在土地的表层上。这整个现象很值得博物学家去注意和研究。喜欢盐分的肉质植物饱含着碳酸钠，它们有没有分解氯化物的能力？黑色的恶臭的泥土，富有有机物质，是否会产生出硫酸盐，最终成为硫酸？

蓬 塔 阿 塔

两天以后，我再次骑马到海港。离目的地不远，我的同伴（也就是上次的向导）窥见有三个骑马的人在狩猎。他立即跳下马来，注视着这三个人，对我说他们不像是基督教徒，要塞是不许人随便出来的。这时那三个人也都下了马，过了一会儿，其中一人上了马，翻过小山去了。我的同伴说："我们得快点上马，你的枪要上好子弹。"他看看自己所佩带的剑。我问他："这些是印第安人吗？"他说谁知道呢？只有三个人，没多大关系。"我忽然想到：那个骑马翻山走了的人会不会去招来更多他的同部落的人？我把这想法说了出来，可是他的回答仍是一句："谁知道呢？"他目不转睛地注视着远处的地平线，头部慢慢转动，有如扫描。我觉得他这种沉着镇静的态度很不简单，不像是在做作。我问他，为什么不回家。他回答说："我们是要回去的，不过不要两马并行，要走进沼泽地里得尽量鞭马快走，走过沼泽，下马步行，这样就没有危险了。"对他的这番话，我不太信服，我只想加快步伐。可是他说："他们快走，我们也快走。"我们就这样奔驰一段，又缓行一段，终于来到山谷，向左转弯，策马飞奔到一座小山脚下。他让我牵着他的马。他要几只猎犬躺下来,他自己双手双膝着地,进行侦察。他保持这个姿势,过了一会儿,突发出一阵哈哈大笑。他高声喊道:"女人!"原来他听说过,少校的儿子要娶媳妇。一些人出来找鸵鸟蛋,他误以为是印第安人了。然而,一旦搞清是一场误会,他倒又找出一百条理由对我解释他们为什么不会是印第安人,不过事发当时他可是把这些理由都忘掉了。此后,我们平静地骑马来到一个叫蓬塔阿塔的小地方,从这里,我们几乎可以见到巴依亚—布兰卡这个大港的全景。

宽阔的水面被无数浅滩梗塞住了。这些浅滩都是软泥,当地居民称它们为"蟹滩",因为滩上有许多小蟹。浅滩的泥土极软,人不能在上行走,即使最短的距离也不行。许多浅滩上生长着灯心草(多年生草本水生植物,高40~100cm。茎秆簇生直立,圆筒形,穗状花序,淡绿色,具短柄,种子黄色呈倒卵形。"灯心"即为植物干燥茎髓,有药用价值),水位高的时候,只能见到灯心草的顶端。有一次,我们坐在船上,在浅滩阵中转来转去,几乎找不到绕出来的路。除了浅滩,找不到其他任何东西。那天天气晴朗,有很多水光的折射,水手们的形容是:"东西突然显高了。"我们目光所及,只有高低不平的地平线,灯心草像是浮在空中,也分不清哪里是浅滩,哪里是水。

臭　鼬

我们在蓬塔阿塔过夜。我专心寻找骨化石,这个地方是已灭绝动物的理想的地下墓穴。夜晚非常平静,景色极端单调,偶尔见到几只鸥鸟或猛禽也就算是乐趣了。次日早晨我们骑马回来的路上,见到有美洲狮的新鲜脚印,可惜没能找到它。我们还见到一对臭鼬(一种食肉的鼬科哺乳动物。长着一身醒目的黑白相间的毛皮,栖息地区多种多样,包括平原、树林和沙漠地区,它们白天在地洞中休息,黄昏和夜晚出来活动。臭鼬在遇到威胁时放出奇臭的气味)同其他地方的臭鼬没什么不同。总体上臭鼬有点像鸡貂(胆小谨慎,体形较小,视力很差,但是嗅觉挺好,个体间通过雄嗅腺就能知道对方的身体状况。当它们受到外界刺激时,就会从体内排出一种臭气。貂,diāo),但体形比鸡貂大,也更粗壮。它有恃无恐,白天也敢在平原上走来走去,既不怕人也不怕狗。如果有一条狗去攻击臭鼬,臭鼬只需放出几滴臭油,狗就会立即勇气全无。这种臭味十分强烈,是直冲你的鼻子来的。无论什么地方沾到这种臭油,无论用什么办法都消除不掉的。阿扎拉说,在一里格以外,也能闻到这种臭味。不止一次,我们进入蒙得维的亚港时,风从岸上刮过来,小猎犬号的甲板上就有这种臭味。确定无疑的是,任何动物遇上臭鼬都得让路。

第五章 布兰卡港

布 兰 卡 港

小猎犬号是 8 月 24 日到的布兰卡港,一个星期后,驶往普拉塔河。经菲茨·罗伊船长的同意,我没有随舰去普拉塔河,而是从陆路去布宜诺斯艾利斯。我要在此地开展一些观测,以补充上次的观测,当时乘的也是小猎犬号。

地 质 结 构

这块平原距海岸数英里,属于南美大草原,一部分地层是红土,一部分是含钙程度很高的泥灰岩。靠近海岸部分,由泥土、沙砾与沙子构成,是因海下陆地缓慢升高形成的,明显的证据是该地区遍布着贝壳与轻石(浮石)构成的圆卵石。在蓬塔阿塔,我们已见到一个断面,说明是较晚形成的平原,其中有许多巨型陆地动物的骨化石引起我们的巨大兴趣。欧文教授已在《动物学》一书中对此作了充分描述,一些骨化石存放在军医学院中。在此我仅作些简要的介绍。

无数已灭绝的大型四足动物

第一种,我们发掘到古生物中的大懒兽(又名大地懒,已经灭绝,属于哺乳动物,是最大的地懒,体形巨大,相当于一头现代象,身高可达6米,体重约5吨,四肢具有强壮且尖锐的爪子,可用来挖掘食物,可用双足行走)的三具头骨与其他骨化石,从它的名字可见其体形的庞大。第二种,大地懒,是与大懒兽同科的另一种巨型动物。第三种,肋兽属,是又一种与大懒兽同科的古动物,我有一具几乎完整的骨骼。它一定同犀牛一样大。据欧文教授说,从它的头骨结构来看,必定是来源于安蒂特角的大懒兽,但从其他结构方面来看,又接近于犰狳。第四种,达尔文磨齿兽,与大懒兽很接近的同一属,但体形较小。第五种,另一种巨型无齿四足动物。第六种巨型动物,有骨质的方格子皮毛,很像犰狳。第七种,已灭绝的古马,以后我会具体讲述。第八种,一种非反刍(俗称倒嚼,就是某些动物吃进去食物,过一段时间后把其返回到嘴里继续咀嚼。这种现象主要出现在哺乳纲偶蹄目的部分草食性动物身上,例如羊、牛,这些动物被统称为反刍动物。刍,chú)的、有蹄的厚皮动物的一颗牙化石,可能就是一种后弓兽(一种有蹄动物,最明显也最奇怪的特征是在它的头上方长有鼻孔),这种巨型动物有一个像骆驼那样的长脖子,以后我还会讲到。第九种,箭齿兽(哺乳动物,食草,体形很大,体高可超过1.8米,非常健硕),也许是已发现的古生物中最奇特的一种动物。它的体形相同于大象或大懒兽,但从它的牙齿的构造来看据欧文教授所说,毫无疑义地很接近于啮齿动物，今天把它归到最小的四足动物目中。它在许多细节方面接近厚皮动物；从眼睛、耳朵与鼻孔的位置来看，可能是一种水生动物，如儒艮（一种海生哺乳动物。艮，gèn）、海牛，至少与它们同源。

这九种巨型四足动物的骨骼是埋在沙滩里的，范围约有 200 码见方。这是一个极有意义的地方，居然有这么多不同种的动物在一起，足以证明这个地区曾有过无数种的古代动物。距离蓬塔阿塔大约 30 英里，有一座红土悬崖，我在那里发现过一些碎骨，有的是很大的。其中有啮齿类动物的牙齿，像是水豚的牙齿，（水豚的生活习性前已描述。）因此很可能也是一种水生动物。有一个不完整的栉齿动物的头盖骨，与栉鼠不是同一个属，但外表很相像。这座红土悬崖，与潘帕斯草原的红土一样，埋着许多动物遗骸，据埃伦伯格教授说，其中有八种淡水纤毛虫，一种咸水纤毛虫，因此，这里很可能是一处河湾沉积层。

最近的灭绝

蓬塔阿塔发现的遗骸，系埋在冲积成层的沙砾与红土层中，海水常把这些土层冲到浅岸上来。这些砂土中有二十三种贝壳，其中十三种是近代的，四种很接近于近代的（此书脱稿后，阿尔赛德·奥尔宾吉先生曾检测这些贝壳，宣称它们都是近代的）。从肋兽属的骨骼，甚至包括它的膝盖骨，都是原样的位置，从那个有方格子骨状外皮、类似犰狳的巨型动物的骨骼（包括有一条腿的腿骨），也保持得很完整来看，我们可以确信：当它们与许多贝类一起被冲进沙砾时：韧带还在起着作用 [（在一本西班牙文的著作（《地理观察》，1857 年）中，奥古斯特·布拉凡德先生曾描述这个地区，他认为，这些已灭绝的哺乳动物原先是埋在南美大草原冲积层中被海水冲刷出来的，因此会同现代的贝壳混到一起。我认为他的论点不足信凭。布拉凡德先生认为，整个南美大草原冲积层是接近地面的地层，就像沙丘。我认为这个论点也是站不住脚的)〕。因此，可以得出明显的结论：上述列举的巨型四足动物，不同于地质年代第三纪时代的欧洲四足动物，更与今天的四足动物有重大的区别，但它们生存时期的海洋中，却有许多现代的水生动物。赖尔先生[查尔斯·赖尔爵士(1797—1875)，英国地质学家，认为地球表面特征是在不断缓慢变化的自然过程中形成的，反对灾变论]坚信一条重要规律，他说："哺乳纲的寿命在总体上比不上有壳虫。"我很同意他的观点。

　　大懒兽科动物，包括大懒兽、大地懒、肋兽属与磨齿兽，其骨骼之大，确实惊人。这些动物的生活习性，对博物学家来说，是个不解之谜。直到欧文教授[理查德·欧文爵士(1804—1892)，英国古生物学家]出来以他非凡的独创性解开了这个谜(他的理论首先发表在《小猎犬号航程中的动物学》一文中，后又见于欧文教授有关磨齿兽的回忆录)。鉴于这些动物的牙齿结构的简单，说明它们是以吃植物为生的，可能是树上的叶片与嫩枝。它们的臃肿的体形，粗壮弯曲的爪子，很不适宜行动。一些著名博物学家认为，这类动物就像树懒，背卧在大树干上，靠吃树叶为生。一个大胆的但并非荒谬的设想是，甚至可能是《圣经》中所说的大洪水时代以前的古老树种，它的树枝粗大得足可承受大象那样的动物。欧文教授以为有这样的可能性，即：它们不是爬到树上去的，而是把树枝拖下来，或把小树连根拔起，再吃树叶。它们下半身太宽太重，可以设想：它们利用这样的身体条件来为自己服务，不让这种体形成为它们的累赘。它们用大尾巴和大后腿牢牢地蹲在地上，像个三脚架，因此可以自由地发挥坚强的双臂与大爪的作用。只有扎根最牢的大树(一定会有这样的树)才能抗拒它们的威力！再者，磨齿兽有一条长舌头，就像长颈鹿，天赐良机，长颈加长舌，完全可以够着它们的粮食——树叶。我可以指出，据布鲁斯称，在阿比西尼亚，大象要是用象鼻够不到树枝，就会用它的獠牙到树身上深深地刻划，上上下下，周身划遍，直到树身折断。

大型动物并不需要茂盛的植被

埋藏上述骨化石的土层,距高水位仅 15 英尺至 20 英尺,可断定陆地的上升幅度不大(除非某个时期又插入一次下沉,对此尚无证据)。有这么多巨型四足动物在附近平原上存活,说明此处古代的植被很接近于今天的模样。当然会有这样的提问:当时的植被有哪些特点?当时的土地也像现在这么贫瘠吗?鉴于同骨化石混在一起的贝壳同现在的贝壳一样,我一开始就倾向于认为当时的植被可能近似今天的植被;不过,这个推断也可能不正确,因为一些同样的贝类动物是生活在森林茂密的巴西的沿海的。并且,一般说来,海洋生活的特点也不足以用来判断陆上的动物。尽管如此,我不认为,单单从许多巨型动物曾在布兰卡港周围生活,就能断定此处在古代曾有茂密的植被。我不怀疑,稍南一些,靠近内格罗河,仅有的稀稀拉拉的带刺的树,就能支持许多巨型四足动物的生存。

在一系列的著作中都承认一个通常的假设:巨型动物必须有一个植被茂密的生存环境。但我要毫不犹豫地说,这种说法是完全靠不住的。这个问题曾激发了地质学家对古代历史的某些方面发生极大兴趣。一些偏见可能来自印度及印度洋群岛,人们提到这些地方就联想起一群群的大象,宏伟的森林,无法穿越的莽原。然而,如果我们参阅任何有关非洲南部的旅行札记,我们就会发现几乎每一页上都提到有关沙漠以及沙漠中有不少巨型动物生活其间的记述。许多已出版的版画也足以证明。小猎犬号停泊在开普敦时,我用了几天时间在该地区作短期旅行,所见所闻比那些著作中的记述更加丰富。

一个探险队队长安德鲁·史密斯先生,不久前曾率队成功地穿越南回归线,他告诉我,整个非洲南部,无疑是一片不毛之地。在南部与东南沿海,有一些很像样的森林,除此以外,旅行者也许在开阔平原上行走数日也见不到树林,只能见到一些稀疏矮小的植物。当然,要说出准确的土地肥沃程度是难以做到的,但是,要说在某个时期,英国国土上的植被比南部非洲同样面积上的植被多十倍,那是肯定不会错的。牛车可以向任何方向走(沿海除外),极少遇到必须下车来用上半个小时的时间来砍断藤蔓的情况。由此可见树木的稀少。但是,如果我们注意到这片荒野上生活着的动物,我们会发现它们的数量极大,而且体形也很大。例如:大象;三种不同的犀牛,据史密斯博士的说法,还有两个异种;河马;长颈鹿;像公牛那么粗壮的非洲旋角大羚羊;两种斑马;卡非牛;两种牛羚,也叫角马(生活在草原上的大型羚羊。脸黑色,全身从蓝灰到暗褐色。角马的头粗大,肩宽,很像水牛,雌雄两性都有弯角。身体后部纤细,比较像马,颈部有长长的黑色鬣毛) 以及数种羚羊,体形甚至比斑马、角马还大。我推测,动物的种类极多,但每一种动物的数量不大。由于史密斯博士的好意,使我可以来说明有些情形是很不相同的。史密斯博士告诉我,有一次,在南纬 24 度处,他坐着牛车旅行,见到一群群犀牛,总数约在一百头至一百五十头之间,分别属于三个不同的种。同一天,他还见到数群长颈鹿,加起来接近一百头,尽管未见到大象,然而这个区域里是确实有大象的。距离他们前夜宿营地前进一个多小时,他的同伴猎杀了八头河马,见到的更是多得多。在同一条河中,还有鳄鱼。当然,见到这么多巨型动物聚集在一起的机会是很难得的,但这可以有力地证明,生存在这一地区的同类动物的数量必然比见到的多得多。史密斯博士形容那天穿越过的地区说:"地上稀疏的草皮,灌木丛只有 4 英尺高,还有更稀少的含羞草属的植物。"牛车可以毫无阻挡地直线行进。

　　除了这些巨型动物外,知道一点好望角自然史的人,都听说过成群结队的羚羊,足可以用成群结队的候鸟相比。真的,狮子、黑豹、鬣狗(中等体形的哺乳动物,外形略像狼,但头比狼的头短而圆,毛棕黄色或棕褐色,有许多不规则的黑褐色斑点。咬合能力强,吃兽类尸体腐烂的肉为生,有时也会行围猎。鬣,liè),以及多种猛禽的数量,清楚地说明了必定有较小的四足动物的大量存在。有一个夜晚,有七头狮子在史密斯博士的营帐外刨地。这位有才干的博物学家告诉我,在南部非洲,每天出现的动物尸体十分惊人! 我应当承认,我真正感到惊讶,在一个出产食物很少的地区,竟能养活这么多的动物。较大的四足动物无疑会在宽阔的土地上漫步,以搜寻较小的四足动物;而较小的四足动物的食物可能以下层树木为主,这些树木可能营养很丰富。史密斯博士还告诉我,当地的植物生长很快,一个地方的植物被吃掉后,很快又生长出新的植物来。然而,毫无疑问,我们有关巨型四足动物必须有大量食物来支持的观念是被大大地夸大了。我们该记得,骆驼这种体形不小的动物总是被认为是沙漠的标志。

南 美 洲

哪里有巨型四足动物,哪里的植被就必然茂盛,这是一个卓越的论点;但是,把它逆转过来,就远非正确的了。伯切尔先生对我说,他到了巴西,让他最吃惊的是:南美洲比较南部非洲来,植被要茂盛得多,然而却不见有巨型四足动物。在他的旅行日记中,他提出:把每个地区同等数量的食草类四足动物的体重来做比较(如果有足够的资料的话),会得出非常奇怪的结果。如果我们在非洲这边选择大象、河马、长颈鹿、卡非牛、非洲旋角大羚羊,至少三种也许五种犀牛;在南美洲这边选择两种貘(mò,属于原始的奇蹄目哺乳动物,保持前肢四趾后肢三趾等原始特征,体形像猪,有可以伸缩的短鼻,善于游泳和潜水)、南美野生羊驼、三头鹿、一头骆马、一头西貒(一种野猪,外形像豹猫,全身有形状不规则的斑纹。体形健壮,身体较长,胸幅宽广,骨骼坚硬,肌肉强韧,四肢有力。毛质细而有光泽,紧贴身体)、一头水豚(此外还将一只猴子包括在内以凑够数目),然后将这两组动物各置一边进行比较,就会看出它们在体重上不成比例。[在埃克塞特(英国德文郡首府)交易所宰了一头象估计重 5.5 吨(一部分一部分地称出的)。马戏团的大象演员据说重近 1 吨。因此我们可以估计一头成年象的体重为平均 5 吨。有人告诉我,萨里(英国郡名)游乐园的一头河马重 3.5 吨(也是切成几部分再秤的),我们就算它 3 吨吧。以此测估,五头犀牛各重 3.5 吨,也许长颈鹿重 1 吨,卡非牛与大羚羊各重 0.5 吨(一头大母牛重 1200 磅至 1500 磅)。这样估算下来,上述南部非洲的十头最大的食草动物平均重 2.7 吨。而在南美洲,两头貘算它合重 1200 磅吧,南美野生羊驼和骆马重 550 镑,三头鹿重 500 磅,水豚、西貒和一只猴子合重 300 磅,平均为 250 磅。我以为已看得很清楚了。两洲最大的食草四足动物体重的比例是 6048∶250,亦即 24∶1。]基于上述事实,我们必然得出结论,同先前的估计完全不同,两个地区所生存的哺乳动物,其体形大小与植被量的大小之间,并无紧密联系[我们假设一个例子:在格陵兰发现一具海鲸骨骼化石,该地过去不知道有任何鲸目动物(如鲸、海豚等)生存,博物学家又该怎样把如此巨大的动物却依靠北极冻海中的微小的甲壳纲水生动物与软体动物为生这种关系相连起来呢?]。

　　说到巨型四足动物的数量,地球上任何地区都无法同南部非洲相比。曾经有过许多说法,但是,极端的沙漠特征是无需争辩的。至于欧洲地区,我们必须回溯到地质年代第三纪(距今 6500 万年~距今 180 万年,第三纪的重要生物类别是被子植物、哺乳动物、鸟类等,标志着"现代生物时代"的来临),寻找一些哺乳动物生长的条件,必定与好望角现存的情况相似。我们在欧洲的某些地点发现许多巨型动物遗骸,其体形之庞大令人吃惊,但也比不上今日南部非洲的巨型四足动物。如果要推测一下地质第三纪时代的植被情况,至少要参照目前的情况,不必匆忙做出植被必定茂盛的结论;因为,我们见到今天的好望角完全不是这种样子。

我们知道,南美洲的末端地区,在纬度上比冻土带(地下数英尺深的地层为永久冻结层)还要超出许多,但地面上却覆盖着满是高大树种的森林(参见理查森博士:《评贝克船长探险》,他说南纬 56 度以北地区,下层土是永久冻结的,沿岸只能融化约 3 英尺。在南纬 64 度的熊湖,融化层不超过 20 英寸。地下的冻土层不会摧毁植被,因为距离海岸一定范围内,地面上仍会有茂密的森林。")。与此相似,西伯利亚在北纬 64 度的地方还能生长着白桦、冷杉、白杨与落叶松等树木,那里的平均气温在冰点以下,土地完全冻结,地下埋着的动物尸体可以完整地保存(参见洪堡、巴顿、布龙等人的著作。布龙说,在西伯利亚,树木生长的极限在北纬 70 度)。基于以上事实,我们必须同意:仅从植物的数量来说,地质年代第三纪后期的巨型四足动物,在北欧与亚洲的大部分地区,可能就生活在发现他们的骨化石的地方。这里我不谈这些巨型动物所依靠的植物的种类。因为,历史已有明显证明,发生过自然界的变化,有些古动物已经灭绝,因此,我们所能推知的植物种类也有变化。

西伯利亚动物化石

我再补充一句:上述这些说法,是以西伯利亚冻土层存有动物化石的实例为依据的。有些理论认为,养活这么大的动物必须有像热带地区那样的茂盛的植被,认为永久冻结的地带不可能有大型动物存在,因此,他们以此为理由,认为古代巨型动物的灭绝是由于地球上气候的突然变化或其他毁灭性的自然灾难。我绝无意否认自从那些动物存活的时代以来,气候发生过变化。目前我只想说明,如果能讲到支持动物的食物数量的话,那么,古犀牛也许在中部西伯利亚仅有旱生植物的干燥平原上漫步觅食(北部有可能还在水下），就如今天的犀牛与大象在"卡洛南非干旱台地上生活着一样。

两 种 鸵 鸟

现在，我要来叙述一下北部巴塔哥尼亚高原上某些常见的有趣的禽鸟的生活习性。首先谈谈一种最大的禽鸟——南美鸵鸟。鸵鸟通常的生活习性，大家已很熟悉了：它们是以食草为生的，如草根、青草；但在布兰卡港，我确实几次见到在水面较低、河岸较干时，有三四只鸵鸟在那里捉小鱼吃。当地的"高乔"曾跟我讲过这样的事。虽然鸵鸟是很怕人，小心翼翼的，独来独往的，跑起来是很快的，但对印第安人或有"波拉"作武器的"高乔"来说，它们不难被逮到。当数名骑手围成一个半圆形时，鸵鸟就怕得不知所措，不知该往何处逃跑。通常它们喜欢迎风跑，首先张开双翅，像一只船那样扯足风帆。一个晴朗炎热的日子，我见到数只鸵鸟钻进高高的灯心草丛中去，蹲下身子把自己藏起来。一般人不大知道的是，鸵鸟是会游水的。金先生告诉我，在桑布拉斯湾与瓦尔德斯港（巴塔哥尼亚），他曾数次见到鸵鸟在小岛间的水中游来游去。它们跑到水里去，或是由于被追赶无奈下水的，或是自愿去的，游泳的距离可达到大约 200 码。它们在游水时，露出水面的身体很少，脖子向前探，行进速度相当慢。有两次，我见到几只鸵鸟游过圣克鲁兹河，河面宽约 400 码，水流相当急。斯特尔斯船长在澳大利亚沿着马兰比吉河（位于澳大利亚东南部，是墨累河重要支流）下来，曾见两只鸸鹋（érmiáo，体高 150～185 厘米，嘴短而扁，羽毛灰褐色或黑色，颈部无肉垂，裸露的皮肤呈蓝色，翅膀退化，无法飞翔。足三趾，腿长善走）在河里游泳。

即使距离较远，人们也可以很容易把公鸵鸟与母鸵鸟区别开来。公鸵鸟体形较大，羽毛颜色较深（一位牧民告诉我，他曾见到过一头羽毛雪白的公鸵鸟,非常漂亮,有可能是白化病变种),头较大。鸵鸟(我认为是公鸵鸟)发出一种独特的深沉、嘶哑的声音,我头一次在一个沙丘群中间听见这种声音,以为是某种野兽的吼声。当时不知道这声音是从哪里来的,也听不出来自多远的地方。9月和10月间我们在布兰卡港时,在那个地区找到许多鸵鸟蛋,到处都是。鸵鸟蛋也许是成窝的,也许是单个的,单个的蛋是不会再有鸵鸟去孵化的,西班牙裔的当地人把这种单个的蛋叫做“霍乔”。也许有人把这些“霍乔”拣到一个洼处,形成一个窝,有窝才会有鸵鸟来孵化。我见到的四个窝,其中的三个窝内各有22个蛋,另一个窝内有27个蛋。有一天,我一共找到64枚鸵鸟蛋,其中44枚蛋平均分在两个窝内,另一个窝内有20枚,看来是由分散的“霍乔”集拢来的。“高乔”们一致对我说,只有公鸵鸟才去孵卵——他们一再说,此事无可怀疑——此后,也是公鸵鸟与小鸵鸟相伴为生。公鸵鸟在孵卵时,相互靠得很近,有一次我几乎踩在一个窝上。牧民们说,公鸵鸟在孵卵时期,变得很凶猛,很危险;据说鸵鸟甚至会攻击骑在马上的人,试图用脚踢人,或蹦到人的身上去。对我讲这事的人向我指点一位老人,这位老人曾受到鸵鸟的追赶而吓坏了。伯切尔的南非旅行记中也讲到:“我猎杀了一头公鸵鸟,它的羽毛很脏,霍屯督人(西南非洲的一个民族)说,这是一头孵卵的鸵鸟。”据我了解,动物园里的鸸鹋也是公的负责孵化,看来,这一科的动物都有此特点。

“高乔”们众口一词地告诉我:数只鸵鸟住在一个窝里。有人言之凿凿地对我说,他曾在中午时分见到四五只母鸵鸟一个跟着一个走进同一个窝。我可以补充说明此事:在非洲,也是两只(或更多)母鸵鸟住一个窝的。尽管这种习性初听起来觉得很奇怪,其实道理是比较简单的。一个窝里的鸟蛋从20枚至40枚不等,甚至还会多至50枚。据阿扎拉说,有时可见到一窝70枚至80枚。从一个地区来看,鸟蛋的数目比之成年鸟的数目大得不成比例;同时,从母鸵鸟的卵巢结构来看,它在产卵季节里,要产下一大堆卵来,并且需要一个很长的时间。据阿扎拉说,一头母鸵鸟一个产卵季节产卵 17 枚,但在产两枚鸟蛋之间须隔三天。如果由母鸵鸟自己来孵卵,那么,母鸵鸟产最末一枚鸟蛋时,那最先产的第一枚蛋可能已经发臭变质了。如果陆陆续续分几批来集中数头母鸵鸟产的卵,归拢到一起来孵,那么,同一窝的卵的生产时间是差不多的。如果一个窝里的蛋的总数与每头鸵鸟在一个产卵季节所生产的蛋的平均数差不多(我相信如此),那么,孵卵窝的总数必定与母鸵鸟的总数相同,这样,公鸵鸟的孵化责任也就公平分担了。母鸵鸟在未产完蛋以前,无法来孵卵,这也是要由公鸵鸟来孵的原因(然而,利希滕斯坦说:母鸵鸟下了 10 个或 12 个蛋后,由自己来孵。那么,我想,它们再继续下蛋的话就要下到别的窝里去了。我认为这是不大可能的。但他确信:四头或五头母鸵鸟同一头公鸵鸟合伙来孵卵,公鸵鸟只在夜间来孵)。刚才我已提到过,“霍乔”以及被丢弃的鸵鸟蛋为数很多,一天可以拣到 20 枚。为什么这么多的蛋被浪费掉? 这是件怪事。是否由于数头母鸵鸟合在一起产卵,要找到一头愿意担当孵卵责任的公鸵鸟相当困难之故? 很明显,开头必定是至少两头母鸵鸟在某种程度上合到一起产卵;否则,野地里四散着鸟蛋,无法让公鸵鸟把它们归拢到一个窝里。某些博物学家认为,四散的鸟蛋是让孵出来的小鸵鸟作为食物之用的。但在南美洲不会是因为此种理由,因为,那些蛋尽管常常在发现时已发臭或变质,但蛋通常都是完整的,并未被啄破。

我在巴塔哥尼亚高原北部的内格罗河附近,常听“高乔”们讲到一种很罕见的鸟,他们管它们叫 Avestruz Petise,他们形容这种鸟的体形比普通的鸵鸟(这在当地很多)小,外表和鸵鸟很相像。他们说,它的羽毛是黑色、有斑点的,双腿比鸵鸟短些,腿上长羽毛的部分要比鸵鸟更多、更靠下。用“波拉”来捕捉它们,比捕捉其他动物更容易。凡见过鸵鸟与这种鸟的人都说,从远处看就能很容易把它们分辨开来。这种鸟下的蛋要比美洲鸵鸟的蛋略小,蛋壳上有浅蓝色。内格罗河环绕的平原上很少见到这种禽鸟,但往南相隔约 1.5 度 (纬度) 处,为数极多。在迪扎尔港 (巴塔哥尼亚),马腾斯先生猎杀了一头鸵鸟,我去看了看,正是一只 Petise,看来是还未成年的。这只鸟被煮来吃了。所幸的是,鸟头、颈、双腿、双翅、许多较大的羽毛以及大部分鸟皮,都保留下来了,合起来便成为一个非常接近于完整的标本,目前陈列在动物学会的博物馆内。古尔德先生用我的名字来命名这种新发现的鸟。

在麦哲伦海峡的巴塔哥尼亚印第安人中,有一个印第安混血儿,他出生于北部的省份,但在此地的部族中已生活了若干年。我问他有没有听说过 Avestruz Petise,他回答说:"怎么没听过,南方没有别的鸟。"他告诉我,Petise 的窝里的鸟蛋比别的鸵鸟都要少,平均不超过 15 枚。他确信,产卵的母鸟绝不止一只。在圣克鲁兹,我们见到几只这类鸟。它们极其警惕。我相信它们在一个向它们接近的人还未见到它们时,它们已经发现这个人。我们沿河上溯,又见到数只,在快速顺流而下时见到许多只,它们成双成对或四五头聚在一起。据说,这种鸟受惊吓而拼命往前跑时,不会张翅,这点同北方的同类一样。据我的观察,可以得出结论:美洲鸵鸟居住在拉普拉塔地区,内格罗河以南一点点,即南纬 41 度;达尔文鸵鸟居住在南部巴塔哥尼亚高原;内格罗河地区则是个中立地带。M.A. 奥尔毕格尼 (我们在内格罗河区时,常常听闻这位博物学家不懈的努力。M.A. 奥尔毕格尼从 1825 至 1833 年,穿越南美洲的许多地方,收集很多样本,现在正在出版一部内容极丰富的专著,这使他成为著名的美洲旅行家,地位仅次于洪堡。) 在内格罗河费尽力气想捕捉一头这种鸟,但未成功。多勃里佐夫很早以前就注意到该地区有两种不同的鸵鸟。他说你必须明白,鹅鹕在不同地区就有不同的体形与生活习性。在布宜诺斯艾利斯平原与图库曼平原的鹅鹕体形较大,羽毛有黑、白、灰三种颜色。那些靠近麦哲伦海峡的鸵鸟身体较小，羽毛更美丽，白羽毛的尖端是黑色的，黑羽毛的尖端是白色的。

　　一种非常独特的小禽鸟——Tinochorus rumicivorus（替诺丘鸟）在此地很常见。从总的外形与生活习性来看，它同鹌鹑（ānchún，体小而滚圆，额部栗黄色，眉间白色，体羽褐色，并且其间夹杂有明显黄色的矛状条纹和不规则的斑纹）与鹑很相似。整个南美洲，无论是干燥的平原或开阔的干旱放牧地，都能找到这种Tinochorus。它们常常成双成对或三五集群，生活在最荒芜的地方，极少见有其他动物生活在这种地方的。发现有人走近时，它们聚到一起，蹲下来相互紧靠，形成同土地一样的掩护色，人们分不清是土地还是这些鸟。喂它们食物时，它们前进的速度非常缓慢，两腿岔得很开。它们在沙堆里用沙洗澡，常到某个固定的地点去。就像斑翅山鹑，它们的翅膀也是束起来的。它们具有肌肉较厚的嗉囊，适于以草为食，有弯拱的喙与多肉的鼻孔、短腿等等特点都说明它同鹌鹑有密切关系。但当这种鸟飞起来，外表就变样了。它们的长长尖尖的双翅与鹑鸡目的鸟类不同。它们这种不规则的飞行和起飞时发出哀鸣的叫声，使人想起了鹬。小猎犬号上的猎人都把它们叫"短嘴鹬"。从它们的骨骼来看，非常接近于涉水禽鸟科。

　　同 Tinochorus 相近的还有几种南美洲禽鸟。Attagis 属的两个种，在生活习性上几乎同雷鸟（松鸡类）一模一样。其中一种生活在火地岛的森林尽头，另一种生活在智利中部的科迪勒拉山山区，在雪线以下。还有一种邻近属的鸟——Chionis alba（白鞘嘴鸥，体长40厘米左右，体羽白色，多吃腐肉），生活在南极区，靠食海藻以及潮水送到岩石上来的贝类为生。尽管它们没有脚蹼，但不可思议的是，常常在离岸很远的海中见到它们。这种小科的禽鸟，同其他科的禽鸟都有些不同，尽管目前使分类博物学家为难，但最终将有助于看清有机生物如何产生的整个系统。

灶鸟的习性

　　小灶鸟属的几个种都是小型鸟,生活在陆地上开阔的干燥地区。在身体结构方面,不能同英国的同类相比。禽鸟学家通常把它们包括进爬行鸟类,尽管生活习性完全不同。人们最熟悉的是拉普拉塔地区的灶鸟,西班牙人称之为"卡萨拉"或"营造匠"。它们的巢(如果可以用这个词的话)筑在最暴露的地方,例如一根木柱的顶头,或光秃秃的岩石上,或一棵仙人掌上。巢由泥和稻草筑成,壁极厚,外形像只灶或凹陷的蜂房。进出口很大,呈弧形,直截了当地开在正面。巢内有一个隔断,几乎连到顶部,形成一个进到真正的巢的通道,或可称它为前厅。

　　小灶鸟属的另一个更小的种,在某些方面同灶鸟很相似,它们羽毛上一般都有些红颜色,都有特殊的重复的尖叫声,受到惊吓逃跑时都有那种古怪的模样。西班牙人从它的这些特点称它们为"小卡萨拉"("小营造者"),尽管它们筑的巢同"卡萨拉"的巢是相当不同的。小卡萨拉的巢筑在一个圆柱形窄洞的洞底,据说是离地面 6 英尺深处,由此洞再向水平方向扩展。有几位当地人告诉我,一些男孩子想把鸟巢挖出来,但很少能成功地挖到这个通道的尽头处。小卡萨拉选择筑巢的地方主要是路边结实的沙土地或小溪岸。在此地(布兰卡港),房屋四周的墙都是夯结实的泥土。我注意到,我所借宿的房子,房前有一个场院,四周的泥墙上钻了不少圆形的洞。我问房屋主人是怎么回事,他苦笑着向我抱怨说"小卡萨拉干的"。后来,我见到过几只小卡萨拉。奇怪的是,我发现这些鸟缺乏厚度的观念,它们在矮墙上空不断飞过来飞过去,却不去钻透这座墙,只把它看做是筑巢的理想的边。

犰　狳

我几乎已经介绍遍了这个地区所有的哺乳动物。关于犰狳,此地有三种,即:小袋鼬或铠鼹、绒毛袋鼬或六绊犰狳以及三绊犰狳。第一种——小袋鼬,居住在比其他几种要更南一些向南约 10 度(纬度)。还有第四种:七绊犰狳,朝南最远不越过布兰卡港。这四种动物都有相似的生活习性。其中,绒毛袋鼬是夜间活动的,其余三种都是白天出来在平原上活动,它们以吃甲虫、幼虫、草根甚至小蛇为生。Apar,通常被称为三绊犰狳,它的显著特点是只有三个能活动的带状物,其余部分呈棋盘格形,几乎是不能弯折的。它有能力把自己卷成一个圆球,就像英国的一种土鳖。这样一来,它就不怕狗来攻击了,因为狗没法把它一口吞下去,只能从一侧去咬,这样,这个"球"就滚开了。三绊犰狳光滑坚硬的外皮比刺猬的尖刺更利于自卫。铠鼹喜欢极干的土壤,喜欢岸边的沙丘,它可以数月不喝水,它常常贴近地面蹲在那里,以避免被发现。在约一天的骑程中,靠近布兰卡港,总可以见到几只。一旦见到这种动物,为了捉住它,骑马的人必须立即翻滚下马,因为这种动物在沙地上钻得特别快,不等你下马,它的屁股就几乎不见了。猎杀这么好看的小动物实在于心不忍,一位"高乔"说他在它的背上蹭刀把刀磨快时,"它是那样的安静"。

三角头蛇、蟾蜍、蜥蜴

爬虫类动物有好多种:一种蛇("三角头",或叫"科菲阿斯")从它的毒牙的毒囊的大小来看,它必定是剧毒的毒蛇。居维尔的看法与其他博物学家不同,他认为这是响尾蛇的一个亚属,在响尾蛇与蝰蛇(全长 1 米左右,头呈宽阔的三角形,毒腺位于头部,体背棕灰色,具有三纵行的大圆斑,斑纹外围颜色深) 之间。我同意他的意见,我曾观察到,尽管三角头蛇同响尾蛇在身体结构上有所不同,但某些特点相似。它的尾巴末端很尖,略粗一点,当它在地上滑行时,不断摆动尾尖的最末一段 (约 1 英寸长),这一段在同枯草或灌木丛摩擦时,便发出嘶嘶的声音,即使在六英尺以外也能听得很清楚。当它受惊吓或被激怒时,它就摆动尾巴,摆动的速度很快。三角头蛇在身体结构的某些方面像蝰蛇,而生活习性像响尾蛇,响声是从一个很简单的器官中发出来的。它的面部表情阴险恐怖;瞳孔有斑点的黄铜色的虹膜(属于眼球的中层,位于睫状环的前方,被晶状体覆盖,可以调节瞳孔的大小) 上,有一道垂直的裂缝;下颚底部较宽,鼻尖有个三角形突出物。我想不出来我见过比这更丑陋的东西,也许除了某些吸血蝙蝠之外。我猜想,这种可憎的外观像是有毒的特征,用人脸来对比的话,大概存在着相同的比例关系,这样,我们就有了一个衡量恶毒本性的尺度了。

在无尾两栖类动物方面,我只发现一种小蟾 (Phryniscus nigricans),它的肤色很独特。我们不妨这样想像一下:首先,它是浸在最黑最黑的黑墨水中,后来晒干了,又爬过一块红色木板,于是,脚底和肚皮印上了新鲜的明亮的朱砂色,就可以得出它的外表色彩了。如果它还没有被赋予名字,那么,应该把它叫作"恶魔",因为这种蟾蜍正适合到夏娃耳根边去唠叨(基督教《圣经》中的故事:在伊甸乐园中的夏娃听了一只青蛙的诱说,才同亚当犯下"原罪")。这种蟾蜍不像别的蟾蜍那样夜间出来活动,而是生活在潮湿、昏暗的幽深处,在大热天,它们在干旱的沙丘与平原上爬行,那种地方找不到一滴水。它们必定依赖潮气形成的露水,并且可能是由皮肤来吸收的,这类爬行动物具有很强的由皮肤吸收的能力。在马尔多纳多,我在一处像布兰卡港那样干燥的地方发现一只"恶魔"蟾蜍。为了优待它,我把它带到一个水池。结果发现这只蟾蜍不仅不会游水,而且,要不是我帮忙,它会很快被淹死。

至于蟾蜍，也有许多种，只有其中的一种（Proctotretus multimatulatus）生活习性较特别，值得一说。它们生活在近海岸处的沙地上，皮肤斑斑点点，棕色的鳞片上有白色的、黄色的、灰蓝色的斑点，形成保护色，很难把它从四周的环境认出来。当它受到惊吓时，它会装死——两腿伸直，身子扁平，双目紧闭；如果再去戏耍它，它就迅速钻进松松的沙堆中去。这种蟾蜍体胖腿短，因此跑不快。

动物的冬眠

我要再说说南美洲这个地区的冬眠动物。我们于 1832 年 9 月 7 日初到布兰卡港，我们本以为在这样干旱的沙地上，不会有什么生命了。然而，挖地数尺，就发现一些昆虫与大蜘蛛，处于一种半麻痹的状态。15 日，开始出现一些动物；到了 18 日（春分后第三天），万物进入了春天。平原上点缀着粉红色的酢浆草、野豌豆与天竺葵。禽鸟开始下蛋。无数的鳃角类甲虫（鳃状触角类甲虫）与异态的甲虫（后者的身体有深深的刺纹），或慢慢地爬出来，或从沙地里向四面八方蹦了出来。在最初的十一天内，动物还在蛰伏期，在小猎犬号甲板上每两小时测定的气温平均为华氏 51 度；中午时分，气温很少超过华氏 55 度。此后的十一天，动物都活跃起来，平均气温是华氏 58 度，第七天的中午气温高达华氏 60 度至 70 度。在这个地方，平均气温增高 7 度，便足以激活生命的功能。在我们刚刚航行到过的蒙得维的亚，从 7 月 26 日到 8 月 19 日，经 276 次测量，平均气温为华氏 58.4 度，最热的几天平均气温华氏 65.5 度，最凉的几天平均华氏 46 度。最低的一天为华氏 41.5 度，偶尔，中午升高到华氏 69 度或 70 度。尽管气温这么高，几乎所有的甲虫、数种蜘蛛、蜗牛、有壳的陆上软体动物、蟾蜍，都还蛰伏在石头下面。然而在布兰卡港，仅距此偏南 4 个纬度，气候还要稍凉一点点，同样的气温,最高温还略低,便足以使所有的冬眠动物活跃起来。由此可见,刺激冬眠动物使它们惊醒过来只取决于本地区的常温而非绝对的热度。众所周知,在热带,动物的冬眠,或更确切地说是夏眠,并不决定于气温,而是干旱的次数。靠近里约热内卢,我第一次惊讶地见到在几处存了水的洼地里,有非常多成年的有壳软体动物与甲虫,它们必定原先是在此处蛰伏的。洪堡曾讲述过一次奇遇,有一天,他见到一个地方搭着一个茅草棚,而这个地点的硬土下面藏着一头年幼的鳄鱼。他记述道:"印第安人常常找到一些大蟒蛇(他们管它们叫水蛇),处于昏睡状态。要让它们活跃起来,他们必须激怒它们,或者用水泼湿它们,把它们激起来。"

海笔的生活习性

我只想再讲一种动物,一种既是动物又是植物的苔藓虫(我相信是巴塔哥尼亚的嫩枝海绵属),很像是海鳃(也叫海笔)。它只有一根细细的、直立的肉质主干,每侧有一排排交错的息肉,围着一个有弹性的坚硬如石的中轴,长度由8英寸到2英尺不等。主干的一端是平头的,另一端则有一个肉质的阑尾状的尖端。坚硬如石的中轴之所以能使主干有劲,也许是因为这个阑尾状的尖端长有一个肉囊,其中满是颗粒状的物质。水位低时,可以见到数以百计的苔藓虫,像玉米茬那样竖立着,平头的一端朝上,超出泥沙底数英寸。当触碰它们或想把它们拉出来时,它们便使劲抽缩身子,差不多能一下子消失。从这种动作来看,有弹性的中轴必定要大大弯曲,碰到下面的端口,我猜想正是这种弹性能使苔藓虫再从泥中长出来。每一个息肉都有明显的嘴、身体、触角。肉也都有一个中轴,连接一个模糊不清的循环系统,然而,生产卵子的器官则各不相同(端口的肉质腔体内充满着一种黄色的肉质物体,用显微镜来观测,呈现出很特殊的外形。这种物体是圆形的,半透明的形状不规则的颗粒粘聚在一起,成为不同形状块状物。所有这些块状物以及颗粒,都具有迅速动作的能力。它们通常围绕着一些不同的轴心,有时往前移动。行动的力量很弱,几乎看不出来。我在解剖某些水生动物时,也见到类似的颗粒状的肉质物体。我不能十分肯定,但我猜想这些颗粒将转化为卵。这种苔藓虫情况正是如此)。发现从前的探险家所说的稀奇古怪的故事确实存在的证据,总是一件很有趣的事。毫无疑问,嫩枝海绵的生活习性就是一个例子。兰开斯特船长在他 1601 年的航行中,曾讲到,他在东印度群岛的索姆勃累洛岛的沙地上"发现一种小小的树枝成长起来像棵小树。用手去拔它,它就缩进沙地里去了,除非你握得很紧。把它拔起来,就见它的根部有只大蠕虫,树长得越大,蠕虫越变小,直到蠕虫完全消失,成为树根长牢在地里。这是我在航行中所见到的最奇特的事。这种树在年轻时被拔出来,叶子和树皮都扒掉,晒干以后,变成坚硬的石头,很像白珊瑚。这样,蠕虫就两次转变成不同的性质的东西。我们收集了许多这种标本把它们带回家来"。

对印第安人的战争与屠杀

我在布兰卡港逗留以等候小猎犬号来到的期间,传来不少有关罗萨斯的军队同未开化的印第安人作战的流言,引起人们的不安。有一天传来这样一件事——在去布宜诺斯艾利斯的邮船上,发现一船人都被杀害了。第二天,一支三百人的军队从科罗拉多开过来,指挥官姓米兰达。这支军队中的大部分是印第安人,属于伯纳蒂奥酋长的部落。那天晚上,他们在此过夜。他们的所作所为竟那样的野蛮,使人难以相信。他们有些人不断酗酒,直至酩酊大醉,有些人生吮刚刚宰杀的家畜还在冒热气的血。喝醉后,把带血的兽皮扔来扔去,人人都搞得一身血污。

　　次日早晨，他们出发去谋杀现场，给他们的命令是追寻踪迹，即使追到智利也在所不计。后来我们接连听到一些消息，说这批野蛮的印第安人在潘帕斯大草原上逃散了，因某种原因，踪迹也找不到了。这些人只要看一眼路上的踪迹就可以猜出许多故事来。假设他们发现有一千匹马的足印，他们就能从马匹慢跑的足印猜出有多少骑马的人；从马蹄印的深度测算出有多少重载的马；从不规则的马蹄印知道马匹的疲乏程度；从烤制食品的情况，知道追赶是否急促；综合各种状况可以了解他们经过此地已有多长时间了。如果时间只相隔十天到十四天，他们就很容易侦查出来。我们还听说米兰达率军从文塔纳山的西边进攻，笔直地攻向焦利奇岛，该岛距离内格罗河 70 里格，即大约 200 英里至 300 英里，中间要穿过一个无人知晓的蛮荒之地。世界上哪里还有这种敢于拼命的军队？他们以太阳为向导，以野兔肉为食品，以马具马衣为床铺……只要有一点水作支撑，他们能穿越到世界的那头去。

　　数天后，我又见到另一支像强盗似的军队，出发去攻打一个居住在小盐碱滩上的印第安部落，这个部落的酋长曾经把情报出卖给西班牙人。领队的西班牙人是个非常聪明的人，他向我讲述了他的一次亲身经历——一些被俘的印第安人供出了一个位于科罗拉多以北的部落的情况，西班牙人派出一支两百人的军队。这支军队从尘土飞扬的状况判断出印第安人出动了。这个地区多山、荒芜，处于内陆腹地，远处可望见科迪勒拉山。最后一百多个印第安男人、女人、小孩几乎全部被掳或被杀，士兵用马刀乱砍，见人就杀。印第安人惊恐已极，无力反抗，只有拼命逃跑，顾不上妻儿老小。但当他们被捉后，他们就像野兽那样，死拼到最后一分钟。一个濒死的印第安人用牙齿咬住对手的大拇指，宁可自己的眼珠被对方挖出来。另一个受伤的印第安人快要断气了，手里还紧握着一把刀随时准备砍杀近前来的敌人。讲这段经历的西班牙人对我说，他追赶一名印第安人时，这人喊叫求饶，与此同时，印第安人把腰间的"波拉"解下来，打算抢起来套住他："我用马刀把他砍倒在地，然后跳下马来，用刀子割断他的喉咙。"这真是一场令人不快的情景。但更令人震惊的是，所有二十多岁的印第安人妇女都被冷酷地屠杀了。我说这太不人道了。他回答说："怎么？有什么办法？她们生来就该死。"

此地每一个人都认为这是一场最公道的战争，因为对方是野蛮人。在今天的时代，有谁会对一个基督教文明的国家里发生如此残暴的行为认定是犯罪呢？印第安人的小孩不被杀死，但却被作为仆人出卖，甚至被当做奴隶来出卖，只要买主能使他们相信自己就是奴隶。我相信他们对自己得到的待遇没什么好抱怨的。

在这场战斗中，四名印第安人结伙逃跑了。军队去追赶他们，一人被杀，三人被活捉。这三个人原来是另一个印第安人大部族派来的信使或使节。两个部落之间有联盟关系。他们被差遣来到这个部落，这个部落正为他们准备盛宴，准备丰盛的野兔肉，准备好了舞蹈。次日早晨，信使们就该回科迪勒拉复命去了。这三人都是一表人才，皮肤白皙，身高 6 英尺以上，年纪不到三十岁。从这三人身上能得到极有价值的情报。首先依次询问两个人，都回答说"不知道"，依次被枪杀。问到第三个人，还是回答："不知道。"并且还说："开枪吧，我是个男人，我不怕死！"他们一个字都不吐露出来，以免伤害两个部落间的联盟关系。刚才提到的那个酋长可就大不一样了。他为了活命，出卖了军事计划，透露了在安第斯山结盟的事。据说已联合了六七百人，到夏天，人数还会增加一倍。结盟部落的地区从科迪勒拉山一直延伸到大西洋沿海。

罗萨斯将军的计划是把那些掉队的人都杀死，把剩下来的人轰赶集中到一个地方去，等到了夏天，再在智利人的帮助下把印第安人一网打尽。这一计划连续执行了三个年头。我猜想他们之所以选择夏天作战，是因为夏季高原上缺水,印第安人为了找水只能往一个特定的方向转移。印第安人逃到内格罗河以南一个人迹罕至的地方就安全多了。但这样做有障碍,因为罗萨斯有一个同德卫尔彻人(是居住在阿根廷南部的印第安人,以身躯高大闻名,被西班牙殖民者所灭)签订的条约——谁要是杀死一个敢于渡过内格罗河到南岸去的人,罗萨斯将给以重赏;如果放过印第安人不杀,那么,他自己将被消灭。罗萨斯攻打的对象主要是靠近科迪勒拉山的印第安人,而东边的许多印第安部落却同罗萨斯合伙。这位将军学切斯特菲尔德勋爵[切斯特菲尔德(1694—1773),英国外交家、作家]的样,认为今天的朋友也许就是明天的敌人,为此总让来投靠的印第安部落打头阵,因此,这些部落的人数越来越少。我们离开南美洲后,听说西班牙人发动的这场种族灭绝的战争彻底失败了。

在被俘的女孩子中间,有两名非常漂亮的西班牙少女,她们是从小被印第安人掳去的,现在只会说印第安语已经不会说西班牙语了。从她们所记忆的情况来看,必定来自萨尔塔,按直线距离说,也接近1000英里。由此可见印第安人游动范围之广。然而,我认为,再过半个世纪,内格罗河以北再也不会有什么印第安人了。战事太血腥了。基督教徒杀死每一个印第安人,印第安人也这样对待基督教徒。去追述印第安人如何在西班牙人侵者面前放弃家园,实在令人伤感。希尔德说,1535年,布宜诺斯艾利斯初建时,还有一些印第安人村庄居民人数达到两三千人。甚至到了福尔克纳的时代(1750年),卢克桑、阿雷科与阿雷西费一带还有印第安人居住,而如今,印第安人都被赶到萨拉多河对岸去了。不仅整个部落被灭绝,而且剩下来的印第安人更野蛮了。他们不再居住在村庄里,不再被雇用来捕鱼,如今只在高原上游荡,没有家,没有固定的职业。

我还听说过在焦利奇发生的另一次交战,比上面提到的那次交战要早几个星期。焦利奇是一个很重要的驿站,后来成为一支军队的司令部。军队初到此地，发现一个印第安部落，就把整个部落消灭，共杀死二三十人。酋长逃脱，其经过令人惊叹。印第安人的首领总是准备好一两匹马，以备不时之需。酋长逃跑时，抱着他的儿子跳上一匹年岁已大的白马。马背上既无马鞍，又无缰绳。为了躲避敌人的子弹，酋长显示出本民族惊人的骑术：他用一只手臂搂住马脖，一条腿跨在马背上。人挂在马的一侧，似乎还在用手拍拍白马的头，正在跟它说话呢。追赶的人穷追猛赶，司令官接连换了三匹马，还是毫无用处。两个印第安人父子终于脱离险境。人们可以想像这是一幅多么奇妙的图画——裸露出青铜色身躯的父子两人，骑在一匹白马上，把追赶的敌人远远地抛在后边。

古老的箭头

有一天，我见到一名士兵用燧石（俗称火石，是用来点火的工具。燧，suì）打火，我立即认出那是一个不完整的箭头。他告诉我，是在焦利奇岛上捡到的，不少人常在那里捡到这类东西。这个破损的箭头有 2 英寸至 3 英寸长，比火地岛现在还在用的箭头长出一倍。它是由不透明的奶油色燧石制成，尖端与倒钩已经没有了。众所周知，潘帕斯大草原上的印第安人如今都不用弓箭了。我相信，东班达的一个部落应是例外，他们同潘帕斯的印第安人隔得很远，同一些住在森林里、不大骑马的印第安部落较近。看来这名士兵捡到的残破箭头是古代印第安人遗留下来的文物（阿扎拉甚至怀疑潘帕斯大草原上的印第安人是否用过弓箭），是在把马引进南美洲引起生活习惯大变以前的东西了。

第六章　从布兰卡港到布宜诺斯艾利斯

出发去布宜诺斯艾利斯

9 月 18 日，经过一番周折，我雇到一名"高乔"给我做伴，骑马去布宜诺斯艾利斯。先找了一个人，可惜他父亲不让他去。后找到一个人倒是愿意去，但表现得非常恐惧，我简直不敢带他去了。这个人要是远远地见到一头鸵鸟，也一定会以为是遇上了印第安人，会立刻飞奔逃逸。

到布宜诺斯艾利斯约 400 英里，几乎一路都是无人居住的地区。我们一早出发，从布兰卡港所在的绿草如茵的盆地往上爬二三百英尺的高度，进入一个贫瘠的高原。这片高原的土质是碎裂的陶土与钙质土岩石，又加上气候干燥，地面上只有稀稀拉拉的枯草，没有灌木或一棵树来打破这种千篇一律的单调。天气是好的，然而空中明显雾蒙蒙的。我以为是预示有 8 级大风来临，而"高乔"说是远处有山林大火的缘故。快马奔驰了一大段路，换过两次马，我们来到了绍司河。这是一条深涧，水流很急，河宽不超过 25 英尺。去布宜诺斯艾利斯的第二个驿站就在这条河的河岸上。上游不远处，有个马匹涉水的津口，水深仅在马腹以下。但由此往下游直到入海口，是无法涉水过河的，因此也成为阻挡印第安人的一道天然屏障。

绍　司　河

这条山涧毫不起眼，然而杰苏伊特·福尔克纳（他的信息通常十分准确)却把它形容为一条从科迪勒拉山脚下伸展出来的大河。牧民们曾向我证实，干旱炎夏的中期，这条山涧和科罗拉多河时有泛滥，原因只能是安第斯山脉的融雪。本来，像绍司这样的小河是绝不可能穿越大陆的；而且，如果它是一条大河的"剩余"的话，那么，它的水应是有咸味的。在冬季，必定是文塔纳山四周的小泉水向这条小河提供了纯净、清澈的水源。我怀疑，巴塔哥尼亚高原，也如同澳大利亚高原一样，有许多河流在高原上穿越，但都只是在一定时间内有水的季节性河流。官方雇用来观测的人，发现这些河的河岸上堆着高高的凝结成蜂窝状的火山渣。

文塔纳山脊

中午刚过，我们就到达了。换了马，找了一名士兵作向导，我们就出发去文塔纳山。从布兰卡港的锚地就能望见这座山。菲茨·罗伊船长估算山的高度为 3340 英尺。这样的高度在南美大陆的东部已经是很高的了。我不知道在我以前有没有外国人来攀登过此山。连许多驻扎在布兰卡港的士兵，对它也一无所知。我们只听说山中有煤矿、金矿、银矿，有许多洞穴和许多森林。所有这些更引起我的好奇，但这种好奇心只能使人失望。从驿站到山脚的距离大约 6 里格，平坦的平原没有任何特色。不过，骑在马上慢慢地见到此山的真面目，也是很有意思的。我们到了山脚下，却找不到任何水源，估计要在此过夜，口渴难忍。最后，走近山脚，发现了水。距离数百码处，有一股细泉，泉水渗进松散的石灰岩中就消失了踪影。这座山十分陡峭，崎岖不平，不长一棵树，连灌木丛也没有。我们搜集一些荆棘（在没有正确命名以前，我只好把它们叫做荆棘。我认为，它是一种刺芹属植物）来生火，却找不到木棍来串肉烧烤。这座山的奇特外观，同四周作陪衬的像海面那样平坦的平原对比十分强烈。平原不仅紧靠着陡峭的山壁,而且还隔断了平行的山脊。单调的色彩产生一种绝对的宁静。石英岩的浅灰色,枯草的浅棕色,此外再也没有更明亮些的颜色。从习惯来说,在一座光秃的大山旁边,应当能见到一些星星点点的大岩石露出地面。然而,此处的大自然显示:较近一次海底上升成为陆地的造山运动有时会创造出这么一个宁静和谐的景色来。在这样的环境下,我倒很好奇,也不知在多远的地方能找到卵石。在布兰卡港的岸上,靠近居民点,有些石英石,一定是从这座山延伸过去的,其间的距离是45英里。

蒙在我们身上的马衣,上半夜就出现了露水,到早晨就结成了冰。平原虽然看上去是和地平面一样平,实际上已高出海面800英尺至900英尺。清晨(9月9日),向导建议我登上最近的一座山脊,他认为由此可抵达山顶上的四座巅峰。要攀上这么陡峭的山脊,是十分累人的。山坡是锯齿形的。第一个五分钟也许顺利攀过去了,下一个五分钟又困难重重。最终,攀到了山脊顶,却使我大失所望。因为,山脊后面竟是一个险峻的极深的山谷,这个山谷把这座山脉切成两半,四个巅峰在对面的山上,遥遥相望。这个山谷极窄,但谷底十分平整,正好为印第安人提供了一条很好的马道,连接南北两块平原。下得山来,穿过山谷,我见有两匹马在吃草,便立即躲藏起来,过了一会儿不见有印第安人,才小心翼翼地再次攀登第二座大山。这座山同先前那座山一样陡峭、荒凉。我爬上第二个高峰已是两点钟,确实不易,常常要手脚并用。我担心还能不能从顶峰上下来。因此,我放弃了攀登第三和第四个巅峰的念头。这两座巅峰的高度只略微高一点,地质方面也没有多少值得研究的问题了,不值得再去费劲。看来,爬行使肌肉的动作大大改变,艰苦的爬行比艰苦的骑马更加累人,这是一个值得汲取的教训。

我已经说过,这山的构成成分是白色的石英石,其中有一些有光泽的泥板岩。从山脚往上数百英尺处,有光泽的泥板岩聚成球形,像打补丁那样贴在坚硬的岩石上。这些圆球在硬度上与石英石相似，但本质上像水泥，在某些海岸常能见到。我不怀疑，在某个时期，在海底沉积成巨大的钙质岩层的同时，也聚集形成这些卵石。也许可以设想，是海浪的作用造成这样的结果。

总体来说，我对这次爬山是失望的。景色平平常常，既无美丽的色彩，又无奇特的造型。然而，它是新颖的，再加一点危险感，就像肉里放了盐，就有滋有味了。危险不常遇到却是确实的。我的两名同伴点了一堆火，如果附近有印第安人，那将是致命的错误。日落时分，走了一段路后，我们准备露营了。我饮了许多巴拉圭茶，抽了几支雪茄。风很大，夜很冷，然而我觉得从来没有睡得那么舒服过。

驿　　站

9 月 10 日。一清早乘暴风雨还未来临，我们一路疾奔，中午时分来到了绍司驿站。路上，我们见到大量的野鹿，山边还有一头南美野生羊驼。平原上常遇到一些奇怪的溪谷，有一条溪谷有约 20 英尺宽，至少有 30 英尺深。因此我们必须绕弯又去找另一个渡口。当晚我们在驿站住宿。像往常一样，谈话的主题是印第安人。文塔纳山从前是一个有名的休闲之地。但三四年前，发生多次战斗。我的向导亲眼目睹许多印第安人被杀；妇女们逃到山脊上，用大石头砸下来对抗敌人，许多人才得以保住了性命。

9 月 11 日，我同一位中尉一道来到第三座驿站，中尉正是管理此驿站的负责人。据说距离是 15 里格，不过，这是随便一说的，通常是夸大的。路上枯燥无味。穿过一个满是枯草的平原，左手边有些小山。后来，翻过小山，来到驿站。到达驿站以前，我们遇上一群家畜和马群，由十五名士兵押送，据说有许多家畜和马半途跑散了。把马匹和家畜赶过平原不是件容易的事。到了夜里,只要出现一只美洲虎或一只狐狸,谁也挡不住马群向四处逃散,来一场暴风雨也会有同样结果。前不久,一名官员带着五百匹马从布宜诺斯艾利斯出发,等他到达军营,剩下的马还不到二十匹。

赶　马

此后不久,我们见到尘土飞扬,一群骑马的人向我们奔来。我的同伴老远就看出是印第安人,因为见到他们的长发在后背飘扬。印第安人从不戴帽子,通常有个束发带箍在头上。黑发有时挡住部分黑脸,显得相当凶恶。这一群人来自同伯纳蒂奥友好的部落,是去盐湖运盐的。印第安人吃盐吃得多,有些印第安小孩添盐块就像添糖块一样。这种习性与西班牙"高乔"大相径庭。"高乔"吃盐极少。根据门戈·派克的说法,只有以吃蔬菜为主的人,才对盐有一种无法克服的爱好。印第安人在我们面前疾驰而过,朝我们友善地点头,队伍前部是一群马,队伍后部是一群瘦得难看的狗。

"波　拉"

9月12日、13日。我在驿站逗留两天,等待一支军队的来到。罗萨斯将军好意派人来告诉我,这支军队要开到布宜诺斯艾利斯去,建议我加入进去,以便得到军队的保护。早晨,我们骑马到附近小山去看看周围的风景,研究一下此地的地质情况,午饭后,士兵们分成两组,比赛使用"波拉"的技术。两根长矛插在地上相隔25码。结果四次或五次中才有一次打中长矛或缠住它们。球从50码或60码以外扔过来,扔准的不多。当然,这种比赛方法不适于骑在马上的人。因为,马跑起来以后,人的臂力也会加大,据说,他们可以在80码以外有效地击中目标。我在福克兰群岛时,西班牙人正在杀害他们本民族的一些人和全部英国人,一次有一名年轻、友善的西班牙人逃走,一个名叫卢奇阿诺的大高个骑着快马去追他,大声喊叫要他站住,说他只想跟他说说话。逃跑的西班牙人刚刚跑到船边,卢奇阿诺把"波拉"扔出去,狠狠地打在年轻人的腿上,把他击倒在地,有一阵子失去知觉。卢奇阿诺同他谈话后,允许他走了。后来这个人告诉我们,他的双腿还留着深深的印痕,"波拉"的皮绳留下的伤痕就像被皮鞭抽过一样。这个例子可以证明他们的力气有多大。中午时分,来了两个人,他们带着一个包裹要送给罗萨斯将军。于是,除了这两名士兵外,还包括我的向导和我自己,中尉,他的四名士兵,组成一小队人。这四名士兵很有意思:一个是长得很漂亮的黑人青年,一个是印第安人和黑人的混血儿,另两个人中,一个是智利的老矿工,皮肤赤褐色,另一个是黑白混血儿。后两个人面部表情十分难看,我从未见过这么丑的脸。到了夜晚,他们围坐在火边玩牌,我溜到外面去看那队士兵。士兵们坐在一座低矮的断崖脚下,周围躺着狗,搁放着武器,有些野鹿和鸵鸟的残骸,长矛插在草地上。在夜幕下,他们的马匹拴在桩上,以备不时之需。静静的平原有时被狗吠声打破。此时,一名士兵立刻从火边走开,跪下来,耳贴在地面,侦听远处的声音。即便是虫鸣鸟叫,谈话立即中止,每一颗脑袋都会略低下来,警觉地倾听是否有异常情况。

从我们来看,这些人过的生活多么悲惨——他们原先距离绍司驿站至少已有 10 里格远,在发生印第安人的屠杀之后,又往远处移动 20 里格。据说,印第安人是午夜来袭的,所有的士兵带着马匹家畜各自逃命,幸好次日一清早就逃到了这个驿站。

士兵所宿的小棚屋,既不能挡风,也不能遮雨,说实在的,如果遇上下雨的话,棚屋的作用只能把小雨点聚集成大雨点。他们没有军粮,只能靠自己射猎,诸如鸵鸟、野鹿、犰狳等等。唯一的燃料是一些小植物的枯秆,有点像芦苇。这些人唯一的奢侈享受只是抽一点极次的雪茄烟,喝巴拉圭茶。我不免想到那些栖落在附近悬崖上的食肉类猛禽,它们准在那里颇有耐心地说:"啊!印第安人来了,我们就有盛宴可吃啦!"

次日早晨,我们出发去打猎,也追逐过几次野兽,但收获不大。此后,一伙人便分开了。按照他们的计划,过了一定时间,再到某个地方集合,再来合力追猎野兽。我有一次在布兰卡港打猎,人们散布成月牙形,相互隔离 1/4 英里,跑在最前面的一名骑手追赶一只很漂亮的公鸵鸟。"高乔"们猛力追赶,每个人都高举"波拉"在头顶上甩圈。最后,跑在最前面的人把"波拉"甩出去,一瞬间,这只鸵鸟打一个滚又一个滚,翻倒在地,双腿被"波拉"的绳紧紧绑住。

斑翅山鹑与狐狸

平原上有三种斑翅山鹑,其中两种体形大如雌野鸡。它们的天敌是一种体形小、很美丽的狐狸,为数极多,但白天只能见到不足 40 或 50 只。它们通常待在洞口,最怕狗来扑杀。我们回到驿站,见到两个自行去打猎已回来的人,他们猎杀了一头美洲狮,找到一个鸵鸟窝取回来 27 枚鸵鸟蛋。每枚鸵鸟蛋的重量据说相当于 11 枚鸡蛋,这样算起来,这一窝鸵鸟蛋相当于 297 枚鸡蛋,可供我们大吃一顿了。

9 月 14 日。这批士兵是隶属于下一个驿站的,他们应当回去了。我们又成了 5 个人,都有武装,我决定不再等待原说要来的军队。驿站主人——那位中尉,一再要我留下再等。他的态度极为诚恳,他不仅提供食物,而且把他私人的马借给我骑。我想给他一些报酬。我问向导,我能否这样做,他说绝不能这样做,我猜测他的回答应当是:"在乡村里,我们还拿肉喂狗呢,对一个基督徒更不应吝惜了。"不要以为一名中尉绝不会接受报酬,只是因为在这些省份都有好客的风气,旅行者都会受到款待。

一路奔驰,我们来到一块低洼的沼泽地。这块沼泽地向北一直延伸将近 80 英里,直到塔帕根山。这片沼泽地的某些部分是湿土,长着青草,其他的大部分是软软的、黑色的泥炭地。这个地区总的来看,就像剑桥郡沼泽地较好的地区。夜晚来临,我们费了不少功夫才找到一个比较干燥适合露营的地点。

9 月 15 日。很早起来,走了不一会儿,就来到印第安人杀死 5 个人的那个驿站。驿站的主管官员被印第安人长矛刺伤了 18 处。经过一段艰难跋涉,我们到达第五个驿站。由于买不到马,只能在此过夜。这个地点最为暴露,因此有 21 名士兵驻扎。日落后,他们打猎回来,带回 7 头野鹿、3 只鸵鸟、许多犰狳与斑翅山鹑。我们在穿越这个地区时,夜间常见到平原上有几处人为的野火,点野火的部分原因能对印第安人形成一种警戒;另一个更重要的原因是烧掉枯草后利于新鲜牧草的生长。平原上青草虽多,却不见有巨大的反刍类四足动物。

此地的棚屋连个屋顶都没有,仅仅有一圈荆棘枝,以减低风力。它坐落在一个水面宽阔但很浅的大湖岸上,湖中有不少野鸭、野鹅,其中有一头黑脖天鹅最惹人注目。

长腿鸻科鸟

此地有大群鸻科鸟(体形较小。嘴短而直,前端略膨大,翅膀的羽毛长。只有前趾,没有后趾。多生活在水边、沼泽和海岸。鸻, héng),这种鸟像是踩在高跷上。说它们不雅观可是大错特错了。当它们在湖中涉水时,它们的步态绝不笨拙。这些禽鸟扎成堆时,便发出一种嘈杂声,很像一小群小狗在猛追什么东西时发出的叫声。我不止一次因远处传来的这种声音被惊醒过来。

刺翼麦鸡(特里特罗)是另一种禽鸟,经常打扰夜间的安静。在外形与生活习性上很像英国的田凫(也叫凤头麦鸡,头顶有细长而稍向前弯的黑色冠羽。凫,fú),然而,"特里特罗"的双翼有尖距,很像公鸡腿上的距。英国的田凫是从它们叫声命名的,"特里特罗"也一样。人们骑马穿越草原时,常见这种禽鸟在后面追赶,看来对人类有敌意。我讨厌它们永无止歇、永无变化的刺耳叫声,也该得到它们的敌意。对猎人来说,这些禽鸟是最讨厌的,因为它们的叫声在告诉别的禽鸟别的动物:猎人来了。对在荒野里行走的旅客来说,叫声提醒他让他警惕半夜可能遇上的盗匪。在繁育季节,它们就像英国的田凫那样,会假装成受伤的样子,以便把狗或其他敌人从它们的窝边引开。据说,这种禽鸟的蛋是非常美味的。

大 冰 雹

9月16日。到塔帕根山山脚下的第七个驿站。此处相当平坦,软软的泥炭地上长着一些粗劣的草本植物。茅舍很洁净。房柱和椽子(传统的木质建筑物的结构,固定在屋顶,用来放置屋面盖顶材料的木条。椽,chuán)是由晒干的荆条用兽皮做成的绳子捆扎起来的。房顶与四周的墙则由芦苇、芦秆组成。这儿的人告诉我一件事,要不是见到证据,我是不会相信的:头天夜晚,下了一场冰雹,大如小苹果,非常坚硬,砸下来的力量极猛,以致砸死了许多野生动物。有人找到了13头野鹿的尸体,我也亲眼见到这些还挺新鲜的尸体。我到后只数分钟,另外一个人又找到7头被砸死的野鹿。我很清楚,如果没有猎犬的帮助,一个人很难在一个星期内猎杀7头野鹿。这两个人说,他们还见到大约15只鸵鸟被砸死;还有几只在乱奔,显然是眼睛被砸瞎了。许多较小的鸟如野鸭、鹰、斑翅山鹑都被砸死了。我见到一只斑翅山鹑的尸体,后背有一黑斑,像是被一块铺路石砸的。茅舍周围用荆条编的墙几乎被砸倒,告诉我此事的人当时探出头去想看个究竟,被重重地砸了一下,至今裹着绷带。据说冰雹的范围很有限。我们头天晚上露营期间确实见到一块很厚的乌云与闪电在这个方向发作。像野鹿那样强壮的动物竟会被冰雹砸死,真是不可思议。但我亲眼见到证据,因此不致怀疑事实是否被夸大。我高兴的是,有杰苏伊特·多布里佐芬曾为此种灾变作证。他所讲的地点要比这里更远更靠北,他说冰雹很大,砸死了许多家畜。印第安人从此把这个地方叫做"拉勒格拉卡瓦尔卡"意思是"白色的小东西"。马尔科姆森博士也告诉我,1831 年,他在印度亲眼目睹一场冰雹,砸死许多飞鸟,砸死许多家畜。这些冰雹是扁平的,有一块冰雹的周长有 10 英寸长,另一块重 2 盎司(即英两,1 盎司为 1/16 磅)。它们能像滑膛枪的枪弹那样,能把沙砾小路打出沟来,穿过玻璃窗时,只留下圆洞,不震碎整块玻璃。

塔帕根山天然围场

吃过午饭(冰雹砸死的动物肉),我们就去穿越塔帕根山。那是一串山脊不高的小山,高度约有数百英尺,山脉的源头在科连特斯角。这一段山脉的岩石是纯石英岩,往东一点是花岗岩。山丘的形状很特别:一个台地上有一些平坦的"补丁",四周是矮矮的垂直的悬崖,像是成层沉积的外露圈。我攀登的山很小,直径不超过二三百码,旁边有较大的山。有座山的名字叫"畜栏",据说直径有二三百英里,四周都是垂直的峭壁,约 30 英尺至 40 英尺高,只有进山口较低。福尔克纳讲述过一件轶事:印第安人曾把数群野马赶进山去,然后把守好进口,使马群得保安全。我从未听说过由石英构成的台地,在这里我勘察了一下,既不见劈理,也不见层理("劈理""层理"均为地质学名词)。人家告诉我,"畜栏"的石头是白色的,碰击可起火星。

晚餐上的美洲狮的肉

天黑后我们才抵达塔帕根河河岸的驿站。晚餐有一道肉食,我忽然害怕我一定是在吃当地人最喜欢的菜——胚胎牛。结果不是胚胎牛,而是美洲狮的肉。肉色极白,味道极似小牛肉。肖博士则说:"狮子肉之所以贵重,正因为在颜色与味道方面同小牛肉毫无相同之处。"大家取笑他的这一说法。牧民们的看法也不一致,有的认为美洲狮的肉好吃,有的认为美洲虎的肉好吃,而他们一致认为山猫的肉最好吃。

塔 帕 根 镇

9 月 17 日。我们沿着塔帕根河,穿过一块非常肥沃的土地,来到第九个驿站。塔帕根镇(如果能称之为镇的话)是一个非常平整的地方,极目所见,远处散布着印第安人的灶形茅屋。这些印第安人都是站在罗萨斯一边的。我们路过茅屋群,见到许多年轻的印第安妇女,两个人或三个人合骑一匹马,这些妇女同许多印第安青年男子一样,十分英俊。她们的肤色红润,显得非常健康。茅屋旁边,有三座牧场房舍,其中一座住着指挥官,另两座住着西班牙人,开着小商店。

我们在这里能买到一些饼干。这些日子以来,除了肉,我没有品尝过别的食物。我绝不是不喜欢这种摄生法,不过我觉得吃肉对我的好处只在于这是一种锻炼。我听说,英国的病人为求早日康复不得不多吃肉食,但他们也很少能忍受下去。然而,潘帕斯大草原上的"高乔"可以连续数月只吃牛肉不吃别的。据我观察,他们吃的牛肉大部分是肥肉,肥肉中含较少的动物性质,他们特别不喜欢风干肉如风干的刺豚鼠肉。理查森博士也曾指出:“如果人们长期吃瘦肉,就会渴望吃肥肉,他们可以吃一大块肥肉甚至板油,并不会恶心。”这对我来说是前所未闻的事情,也许“高乔”们正是由于肉食的习惯,正如其他食肉动物一样,能长期忍饥挨饿。据说,在坦迪尔,有支军队追赶一伙印第安人,三天三夜不吃不喝。

我们见到商店里货物不少。如马衣、皮带、印第安妇女手工织成的吊袜带。吊袜带的图案非常美丽,色彩十分鲜艳,手工如此精细,以致一位在布宜诺斯艾利斯的英国商人坚持认为这些吊袜带是英国生产的,直到他发现吊袜带的流苏是用劈细的筋腱做的,才相信是当地产品。

9 月 18 日。这一天骑马时间极长,最终来到距萨拉多河以南 7 里格的第 12 个驿站。在这里,我头一次见到大牧场,见到家畜和白种女人。此后,我们骑马穿过一片泛水的洼地,水深及于马膝,长达十多英里。为了避免衣裤弄湿,我们不得不把腿盘在马背上。抵达萨拉多河时天快黑了。这条河水很深,河面约宽 40 码。在夏天,河床几乎干掉,剩下一点点水是咸的,同海水一样。我们借宿在罗萨斯将军的一个牧场屋舍。屋舍是加固的,有许多房间。我们在暮色苍茫中抵达此地,我还以为是进了一座小镇或者城堡。次晨,我们见到无数家畜。这位将军拥有 74 平方里格的土地,从前有近 300 名工人受雇在庄园内服务,他们蔑视印第安人,认为他们不敢来攻。

加迪亚

9 月 19 日,经过加迪亚蒙特。这是一个漂亮的松散的小镇,有许多花园,满是桃树、榅桲树。从这里望去,望见布宜诺斯艾利斯坐落在一块大平原的中央。草地的草不高,但青翠碧绿,有三叶草、蓟属植物(直立草本,叶互生,叶缘有针刺。常见种类有刺儿菜、大蓟、小蓟等。蓟,jì),还有一些 bizcacha 打的洞。跨过萨拉多河以后,两岸景色截然不同,这给我的印象很深。河那边是粗劣的草本植物,而河这边则是绿草如茵。最初,我把这归因于土壤不同。但是,当地居民告诉我,这里的情形与东班达的情形一样,蒙得维的亚四周的乡村,同人口稀少的科洛尼亚热带大草原景色也大不一样,原因是一边有家畜吃草、排粪,另一边则没有家畜牧放。北美大草原上也可以见到同样情形。原来是 5 英尺至 6 英尺高的粗劣草地,一旦放牧家畜,就会变成牧场。我于植物学并不很在行,不明白这种变化是否要归因于引进某些新品种,还是要归因于同一品种起了变化,还是要归因于几个品种所占比例发生的变化。阿扎拉也观察到这种惊人的变化,他也感到困惑不解。

刺 菜 蓟

靠近加迪亚,我们发现有两种欧洲植物本来在南半球是很少见的,此地却极普遍。布宜诺斯艾利斯、蒙得维的亚及其他城镇的郊区的河沟旁长满了茴香(属于伞形科植物,常在烹饪中用作香料物质)。刺菜蓟(M.A. 道比格尼说,刺菜蓟与朝鲜蓟都是野生的。胡克博士曾推述在南美洲发现的一个菜蓟属的变种,名叫"依纳米斯"。他说,植物学家们如今一致认为刺菜蓟与朝鲜蓟系同一植物的不同变种。我还可以补充,一位聪明的农场主告诉我,他曾观察到在一个废弃的花园里一些朝鲜蓟变成了刺菜蓟。胡克博士相信,海德有关潘帕斯大草原的蓟属植物的生动描述也适用于刺菜蓟,但我认为这是错误的。海德船长把这种植物称之为大蓟。它是否真的是蓟属植物我不知道,但它同刺菜蓟是相当不同的,只是很像蓟属植物而已)分布更广。我曾在智利、恩特里奥斯与东班达等地偶尔见到。东班达地区方圆数百英里长满这种带刺的植物,人兽都无法穿越。在这片高低起伏的平原上,如今什么东西也无法生存。然而,在先前,地面必然有多种蓟属植物。我弄不清是什么情况使得一种植物能在如此大规模地压倒了土生的植物。我已说过,在萨拉多河以南,我见不到刺菜蓟,但可能随着该地区人口的增多,刺菜蓟会超出它原来的范围向南扩展。这种情形会随潘帕斯大草原的大蓟的情况而变。我曾在绍司山谷中见到刺菜蓟。根据莱尔先生确定的原则,从 1535 年以前,很少有地区发生过显著的变化。1535 年,拉普拉塔地区的殖民者,首次带着 72 匹马登岸。无数的马匹、牛羊等家畜不仅改变了植被的总的面貌,而且几乎使南美野生羊驼、野鹿与鸵鸟灭绝。同时还有其他无数的变化——有些地区,野猪可能取代了西貒;一群群野狗可能在人迹罕至的泉水边嚎叫;普通的猫可能变成体形相当大的凶猛的野兽,居住在山丘上。正如 M. 道比格尼所说,由于驯养动物的引进,食肉猛禽的数量必然极大地增多,我们有理由相信,这些猛禽必然会朝更南的地区扩展。无疑,除了刺菜蓟与茴香,有许多植物被人工栽培。这样,巴拉纳河口附近的岛屿便覆盖着桃树与橘子树,这些树籽都是由河水带来的。

在加迪亚换马的时候,许多人前来向我们询问有关军队的情况。我没有为罗萨斯讲好话,从不说什么"这场战争是最公道的,因为是对付野蛮人的"。但必须承认,这种说法是很自然的,因为,直到最近,印第安人仍在不断进攻,当地的男人、女人、马匹都没有安全感。我们在绿色平原上骑了一整天的马,傍晚遇上一场大雨。到达一个驿站时,主管人要看验我们的护照,如果没有正式护照,就不能住下。因为此地强盗太多,没有护照他就不能相信是好人。当他在查看我的护照,发现上面有"博物学家先生"的字样,立刻换上一副尊敬和顺从的模样,正与刚才的怀疑神情形成强烈对比。我猜想,什么是博物学家,大概这位先生与当地居民都是一无所知的。不过,我这头衔在这种场合还是有它的用处的。

布宜诺斯艾利斯

9月20日。中午时分抵达布宜诺斯艾利斯。城市的边缘看来相当漂亮。龙舌兰树篱,橄榄树、桃树、柳树,都刚刚吐出嫩叶。我骑马来到英国商人卢姆先生的住宅,我十分感谢他的好意,因他的慷慨好客,我在这里渡过了一段愉快的日子。

布宜诺斯艾利斯 [布宜诺斯艾利斯据说有60000居民。阿根廷的第二大城市蒙得维的亚(在普拉塔河河岸)有15000居民。] 是个大城市。我估计是世界上最规则的城市,街道都是垂直交叉,平行的街道相隔距离相同。房屋都是四四方方,都是同样面积。每座房子都有一个小小的精致的庭院。一般都没有楼,屋顶是平的,上面安着座椅,夏天就在此乘凉。城市的中心有个广场。政府机关、军事堡垒、教堂就在广场周围。革命以前的总督衙门也在这里。这个建筑群的外表具有建筑艺术的美,但个别地来看,就不敢恭维了。

屠宰牛羊的"大畜栏"

"大畜栏"值得一观。这里存有许多动物供屠宰,来供应这个惯吃牛肉的城市的居民。马的力气比起小公牛来,大得惊人。一个骑马的人把"拉佐"扔出去,套住一头小公牛的牛角,想把小公牛往哪个方向拉就能往哪个方向拉。正在耕地的小公牛挣脱不了"拉佐",通常要往一边奔跑,但马能立即稳稳地站住,小公牛几乎摔倒,奇怪的是它的脖子没有扭断。这种较量不仅仅在力气的大小,还要靠马的肚带能敌过小公牛抻长的脖子。小公牛被拉到屠宰场后,"斗牛士"首先切断牛的后腿腱。然后,对着牛头给以致命的一击,小公牛发出一声凄厉的叫声。我从远处就能听见这种叫声,知道一场较量就要结束了。整个场面既十分恐怖，又令人厌恶——几乎满地都是牛骨。马匹和马背上的人浑身沾满了鲜血。

第七章　布宜诺斯艾利斯与圣菲 ①

去圣菲的旅行

9 月 27 日。傍晚我出发去圣菲做一短途旅行。圣菲位于巴拉那河河岸，距离布宜诺斯艾利斯将近 300 英里。在多雨天气之后，城郊的道路槽透了。我本以为牛车是无法通行的了。事实上，牛车确实行进很慢，一小时只能前进一英里。我还派出一个人到前面去探查哪条路比较好走。牛车倾斜得很厉害。如果以为路况得以改进，车速加快，会使牛的负担按同样的比例增重，那可是错误的。我们见到一队要去门多萨(阿根廷的一个省，省会与省同名) 的运货车。去门多萨的地理英里(一地理英里相当于赤道上经度一分的长度) 大约为 580 地理英里，整个旅程通常要用 50 天。这些运货车很长、很窄，顶上盖着芦苇。只有两个车轮，车轮的直径有 10 英尺！每辆车由 6 头小牛拉着，有一根至少长 20 英尺的刺棒来刺它们快走。

大　蓟

9 月 28 日。我们经过一个名叫卢克桑的小镇，有一座木桥通往小镇。

---

① 圣菲：阿根廷的一个省，省会与此同名。

在这地区,木桥是很常见的。我们还经过了阿里科。平原看起来很平坦,事实并非如此,因为从不同的地点望去,地平线显得很远。房舍分得很散,牧场不佳,既有许多辛辣的三叶草,又有许多大蓟。F. 黑德爵士曾对大蓟作过细致入微的描写。在这个季节,大蓟还只长成 2/3,有些地方已高及马背。有一丛丛大蓟的地方,碧绿碧绿,给人一种见到小森林的愉快感觉。大蓟充分长大后,人畜都无法穿越,只有十分曲折的小径,就像走进了迷宫。当地的强盗很熟悉这些小径,他们昼伏夜出,无情地抢劫杀人。我问路上一个人家,强盗多不多? 那人回答我说:"大蓟还没有长高。"开头,这话是什么意义我还不很清楚。没有多少人有兴趣去穿越大蓟丛,因为里面很少有动物或禽鸟,除了 bizcacha（bizcacha 有点像一种大兔子,但有较大的啮齿,有一条长尾巴,脚上只有三个脚趾,就像刺豚鼠。最近三四年内,bizcacha 的皮被运到英国去制成商品）和它的朋友猫头鹰。

bizcacha的习性

bizcacha 在潘帕斯大草原的动物群中可算是佼佼者。它的踪迹最南可到内格罗河,即南纬41度,不会再往南去了。它不能像刺豚鼠那样生活在巴塔哥尼亚高原的沙砾地、沙漠地,它喜欢黏土与沙地,这些地方生长多种多样的植物。在科迪勒拉山的山脚下,靠近门多萨,它们与同源的高山动物相邻而居。这里有一个很特殊的地理环境,不幸的是,东班达的居民从未见过乌拉圭河以东的这一特殊环境。然而,在这个省内,这些地方却是很适宜居住的。乌拉圭有个难以逾越的障碍以阻挡外来移民: 首先,巴拉那河成为一个宽阔的障碍,然后又有 bizcacha 十分普遍的恩特雷里奥斯省,这个省夹在两条大河中间。靠近布宜诺斯艾利斯,bizcacha 数量极大。它们最喜爱的休憩地莫过于一年之中有半年都长满大蓟的平原地区,而其他植物均被排斥。"高乔"们说它们有坚硬的牙齿,是靠吃蓟根为生的,看来不无根据。到了傍晚,bizcacha 三五成群地出来,以腰部代替大腿,坐在洞口。它们此刻显得十分温驯,见过一个骑马的人在附近经过,只是默默地注视。它们跑起来的样子十分古怪,逃脱危险之后,从它们竖起的尾巴与短短的前腿来看,很像是大老鼠。它们的肉色很白,味道很美,不过很少有人吃它的肉。

bizcacha 的生活习性十分特殊。它们把许多硬物拖回洞来安放在洞口,包括家畜的骨骼、石头、大蓟杆、硬土块、干粪等等,这些东西堆成堆,一堆足能放满一辆手推车。有人告诉我:一位绅士在黑夜里骑马,掉了怀表。他第二天早晨回来,沿路寻找每一个 bizcacha 的洞穴,居然如愿找到。从生活区内把坚硬的东西拖回洞里来,必然是件大费周折的事。为什么要这么做,我实在难以猜测。不会是出于防御,因为这些废物只是放在洞口的上面,从洞口进去,是一条很窄的斜道。必然还有别的理由。但当地居民从不去研究这一问题。我们知道的类似的事是:一种很特别的澳大利亚鸟名叫卡洛德拉斑纹鸟,会用细枝筑一个拱顶似的通道,只为了在里面玩耍。这些细枝包括附近地方搜集到的贝壳、骨头与羽毛等等,越明亮颜色的越受欢迎。高尔德先生曾讲到过类似实例,他告诉我,当地的土著居民,只要丢了什么硬东西,就到那些"游戏通道"中去找,据他所知,有个烟斗就是这么找到的。

小 猫 头 鹰

小猫头鹰在布宜诺斯艾利斯的平原地区,毫无例外地住在 bizcacha 的洞穴里面,而东班达的小猫头鹰是自己筑的巢。夜晚,常常可见到小猫头鹰成双成对地站在洞穴附近的小山丘上。受到惊扰时,不是逃进洞穴,便是发出尖锐刺耳的叫声,稍作移动,然后回转头来,注视着企图近前来的追赶者。夜间偶尔能听见它们的叫声。我曾在两只猫头鹰的胃里发现有老鼠,有一次还见到过一条小蛇咬死一只猫头鹰把它拖了回去。据说,在白天,小猫头鹰是蛇的天敌。我还可指出,在乔诺斯群岛发现的一种小猫头鹰,它们所依赖的食物,主要是蟹。印度有一种以吃鱼为生的猫头鹰,有时也捕食螃蟹。

傍晚,我们渡过阿雷西费河,乘的是一个筏,由一些木桶绑扎而成。渡过河后我们宿在驿站。这一天,我付了 31 里格路程的雇马费。尽管阳光炽热,我并未感到疲乏。黑德船长曾说,他一天骑马 50 里格,我想不会是相当于 150 英里吧?不论怎样,31 里格从直线来说,只有 76 英里。但在野外,必须要把许多弯路计算在内。

9 月 29 日与 30 日。继续在同样景色的平原上驰骋。在圣尼古拉斯,我初次见到壮丽的巴拉那河。在城镇所在的断崖脚下,一些大船在河上停泊。在到达罗扎里奥前,我们渡过萨拉迪洛河,河水清澈,但河水是咸的不能饮用。罗扎里奥是个大镇,位于极平坦的平原上,对于下面流淌的巴拉那河来说,则是一座高达约 60 英尺的断崖。此处河面极宽,河心有许多小岛,岛不高,且多树,对岸也多树。整个风景看起来就像是一座大湖,水也是流动的。断崖的景色特佳,有些地方是完全垂直的,崖壁呈红色,有些地方生长着仙人掌与含羞草属的丛林。这条大河除了提供商业与交通的便利外,其重要性还在于它是两个国家间的界河。

圣尼古拉斯与罗扎里奥以北、以南很大区域,都是一马平川的平原。旅行者所描述的该地区的极端平坦,决非夸大之词。在海上,一个人的眼睛的位置大约高出海面 6 英尺,他所能见到的地平线距离为 2.8 英里远。同样的,平原越是平坦,地平线越接近这样的距离。所以,依我看来,一望无边实际上是做不到的。

"盐河"和乳齿象

10月1日,我们在月光下出发,黎明时抵达特塞罗河。这条河也叫萨拉迪洛河(意为"盐河"),这倒是名副其实,因为河水是略咸的。这天的大半天我都在此地逗留,以寻找骨化石。除了找到一颗箭齿兽的齿化石与许多破碎的骨化石外,我发现在巴拉那断崖上有两具相互靠近的骨骼,戳在崖壁上清晰可见。它们埋在地里十分完整,我只能挖出一个大臼齿。这些齿化石足以说明这两副遗骸属于乳齿象,或是属于同一种的古象,这种古象从前在秘鲁北部的科迪勒拉山脉中必然为数甚众。划独木舟的人对我说,他们早就发现这些骨骼了,他们一直在纳闷,这些古代动物是怎么跑上去的,他们以为,乳齿象也像 bizcacha 那样,是钻地洞的。傍晚,我们渡过另一条咸水小河名叫蒙奇河,不得不继续忍受潘帕斯大草原给我们的折磨。

10月2日。我们走过科伦达。此地果园内树木茂盛,花团锦簇,是我所见过的最漂亮的村镇之一。从此地到圣菲,路上不是很安全。巴拉那河北段的西岸,不再有居民,因为印第安人有时在此出没,拦路抢劫行人。这个地区的特点也有利于这类活动:这里不再是长草的平原,而是开阔的林地,由低矮的有刺的含羞草属植物组成。我们经过几座房子,因遭掠夺已人去屋空,我们还见到一桩奇景:一副印第安人骨骼还带着干皮,吊在一棵树上,向导见此竟欣喜若狂。

圣　菲

上午抵达圣菲。此地距布宜诺斯艾利斯只差纬度3度,而气候竟有偌大差别,令人惊讶。其证据是男人的穿着与肤色,商陆树(高大的草本植物,叶互生,卵状椭圆形,花白色,后转为淡红色)树干的变粗和新品种的仙人掌与其他植物的数量,尤其是禽鸟种类的不同。在一个小时的旅程中,我见到六七种禽鸟是我从未见过的。考虑到这两个地方并没有天然的界限,地理特点也颇相似,而差别如此之大,实在出乎我的预料。

10月3日与4日。因头痛不得不卧床休息。一位好心肠的妇女照顾我,希望我试服几种怪异的药。一种常用的治疗方法是把一片橘树叶或黑膏药贴在左右太阳穴。一种更通用的办法是把黄豆剁成两半,泡湿后贴在太阳穴,黄豆能粘牢在那里。不能把黄豆或膏药摘下来,一定要让它们自己掉下来。有时候,遇到一个男人太阳穴贴着膏药,问他怎么啦,他也许回答说:"前天我脑袋疼。"当地居民使用的药千奇百怪,荒谬可笑,描述起来简直令人恶心。一种最恶心的做法是当某个人手脚折断时,把两只小狗杀死,剖开,绑在折断的部位——两只毛发全无的小狗就这样白白牺牲。

圣菲是一个安静的小镇,清洁整齐。地方主管洛佩斯在革命年代是个普通兵士,如今已在此掌权17年了。这个城镇之所以能保持稳定,得力于他的专制统治。看来,在这些国家,专制比共和制更适合。这位长官的一项喜爱的活动便是杀戮印第安人。他在短时间内屠杀了48名印第安人,然后把印第安人的孩子以每名3英镑到4英镑的价格出售为奴。

10月5日。我们渡过巴拉那河来到圣菲巴加达,这是河对岸的一个镇。渡河费了数小时,因为河里净是一个个低矮的、长着树木的小岛,航道复杂得像个迷宫。因为我携带着介绍信,一位西班牙加泰罗尼亚省的老人以非同寻常的好客态度来接待我。巴加达是恩特雷里奥斯省的省会。1825年,该镇有6000名居民,全省则有30000人。但由于该省比其他省份遭受血腥革命的更多破坏,居民人口大大减少。此地产生了许多议员,大臣,有一支军队,难怪会有革命。将来,此地将会是拉普拉塔地区最富庶的城镇之

————土壤肥沃,并有巴拉那河与乌拉圭河两条河,交通便利,这些都是有利条件。

沉 积 层

我在此地停留了五天时间。我研究了周围地区的地质状况,那是很有趣的。我们见到断岩脚下的岩床里埋着鲨鱼牙齿与已灭绝的海贝的贝壳。这一地层往上延伸到一个坚硬的泥灰层,由此又延伸到潘帕斯大草原的红色黏土层,这一地层中埋有碳质的结核与陆生四足动物的骨化石。这一纵剖面清楚地告诉我们,此地原先是一个咸水的大海湾,逐渐被蚕食,最终变为泥床,许多漂浮的动物尸体也被埋进了泥床。在东班达的蓬塔戈达,我也曾发现过一个潘帕斯河湾的沉积层,在石灰岩中埋有一些与此地所发现的同样的已灭绝海贝的贝壳。这说明,也许是水流发生了变化,或者更可能的是古代河湾的底部发生了振动。直到最近,我认为潘帕斯大草原的形成是河湾沉积而成的理由是:它的总的外貌;它处于现存普拉塔大河的河口;有这么多的陆生四足动物的骨头。埃伦伯格教授为我化验了一块从沉积层中取出的红土,查出有乳齿象的骨骼,还发现有许多纤毛虫,其中一部分是产于咸水的,一部分是产于淡水的,咸水产的要多得多。他因此认为,当时的水一定是有咸味的。M.A. 道比格尼在巴拉那河岸上发现,在100英尺高度处,有许多河湾贝壳层,这些贝类如今还生活在靠近入海口的大河里。我在乌拉圭河河岸将近100英尺高处发现同样的贝壳层。这说明,在潘帕斯草原缓缓地从海底升高变成陆地以前,覆盖其上的水是有咸味的。布宜诺斯艾利斯南边,也有升高的贝壳层,贝壳的品种与现存的贝壳相同,说明潘帕斯大草原的形成是较晚的事情。

古马的齿化石

在巴加达的潘帕斯沉积草原上,我发现一种古动物的防护器官化石,这种动物像犰狳而体形大得多,这个保护器官像个大锅。我还发现了箭齿兽与乳齿象的齿化石,还有一颗古代马的牙齿。这颗马牙使我产生很大兴趣(我不需要一再阐明:不断出现证据,足以反驳哥伦布时代的南美洲有马匹的说法),我可以审慎地确定这颗马牙是同骨骼的其他部分同时期埋进土层的,当时我还不知道布兰卡港发掘的骨化石中也有一颗马牙藏在脉石中间。当时也不确切知道,在北美洲,马遗留下来的骨骼是很普遍的。莱尔先生最近从美国带来一颗马牙,有趣的是欧文教授发现的马牙化石弄不清属于哪一个"种",直到他拿来与我在此地发现的马牙化石作对比,他才把这种美洲马命名为 Equus。在哺乳动物的发展史上,一件奇妙的事情是:在南美洲,曾生存过一种本地的马,后来消失了,直到西班牙殖民者又引进了新的品种,马才繁育起来。

北美南美现存四足动物与化石的关系

M.M. 伦德和克劳森在巴西洞穴中发现的南美洲马化石、乳齿象化石,以及一种空角的反刍动物化石,对于研究动物的地理分布是极有意义的事。今天,如果我们区分南北美洲不以巴拿马地峡为分界线,而以墨西哥南部南纬 20 度为分界线,那么南北美洲的动物种类差别十分明显。因为墨西哥南部南纬 20 度正是一块大台地,阻碍了动物种类的交流;大台地对气候也有影响,因此形成了宽阔的屏障。只有很少的几种动物越过这一屏障,也多半是由南向北移入,如美洲狮、负鼠(属于一类比较原始的有袋哺乳动物,体形粗短,鼻子长而尖,有一条强壮有力的尾巴,能卷住树枝做短时间的悬挂)、蜜熊以及西貒等等。南美洲动物的特点是拥有许多特殊的啮齿类动物,如某一个科的猴子、南美野生羊驼、西貒、貘、负鼠,尤其是有数个不同属的贫齿动物 (这类动物没有牙齿或者具有简单的牙齿,牙齿的类别也没有门齿和犬齿,后足有明显的五个趾。常见的种类有树懒、食蚁兽、犰狳等),按目来划分则包括:树懒、食蚁兽以及犰狳。另一方面,北美洲具有特征性的动物则是:无数特殊的啮齿动物,四个属的空角反刍动物(牛、绵羊、山羊、羚羊),这些在北美洲分布极广而南美洲连一种都没有。从前,大部分现存贝类还存活的时期,北美洲除了空角反刍动物外,还有象、乳齿象、马,以及三个属的贫齿动物即:大懒兽、大地懒、磨齿兽。差不多在那个同一时期(布兰卡港的贝壳可以证明),我们刚刚发现,南美洲也拥有乳齿象、马、空角反刍动物,以及同样的三个属的贫齿动物。因此,证据说明,北美洲与南美洲在较近的一个地质时期中,有数个属的动物是共同的,这同陆地动物的特点很接近有密切关系。我越研究这一情况,越感到有趣。因为,除此以外,我不知道还有其他实例能表明这个大地区在某个时期一分为二,分成两个各有不同的代表性动物的区域。不少地质学家强调在较近时期内地平面的剧烈震动影响了地球的表面,他们也不怀疑,墨西哥台地的升高,或者更可能的是西印度群岛以前的陆地的沉没,是形成南北美洲现有动物种群不同的原因。西印度群岛哺乳动物的特征说明,这些群岛从前是同南美洲大陆相连的,后来陆地下沉了。

美洲,尤其是北美洲,有象、乳齿象、马,以及空角反刍动物,同当时欧洲与亚洲气候较温和地带有密切关联。这些"属"的动物,在白令海峡(位于亚洲的最东点和美洲大陆最西点之间,连通着太平洋和北冰洋)的两边、在西伯利亚大平原上,都可以找到,由此可以说明,北美洲的西北角,正是连接旧世界与所谓的新世界的连接点。既然这些属的动物无论已灭绝的或现存的,都在旧世界生存或生存过,那么,北美洲的象、乳齿象、马、空角反刍动物极大可能是当白令海峡尚未下沉为海峡时由西伯利亚迁来北美洲的。西印度群岛（是北美洲的岛群，位于大西洋及其属海墨西哥湾、加勒比海之间）也是因陆地沉没、与南美洲脱离后，那些古动物才逐渐灭绝的。

大旱灾的后果

我在此地区考察期间，获悉有关最近一次大旱灾的生动描述。也许可以由此找到为何多种动物埋到一起的线索。1827 年到 1830 年这一时期大旱，雨水稀少，植被甚至蓟类植物也难以生存。溪河干枯，整个地区就像是一条尘土飞扬的公路。布宜诺斯艾利斯省的北部以及圣菲的南部尤为严重。大量的禽鸟、野兽、家禽与马匹因缺水缺食物而死亡。有人告诉我，他在庭院内挖一口井以供一家人饮用，而野鹿常光顾此处寻找水源；人们追逐斑翅山鹑时，它们也没有力量逃跑。布宜诺斯艾利斯一省，最低估计损失家畜 100 万头。圣佩德罗一位牧场主曾有两万头家畜，大旱灾之后，连一头也没剩下，而圣佩德罗还位于最好地区的中心位置。大旱灾的后期，还活着的家畜，便成了居民的食物。牧场内的动物都跑了出来往南奔去，混到了一起，布宜诺斯艾利斯不得不派一个委员会来专门解决牧场主之间发生的争执。伍德拜因·帕里什爵士向我讲到过发生纠纷的一个原因是：土地因极端干旱，大量风沙四处乱刮，从而湮没了土地界标，牧场主弄不清自己的牧场界址所在。

有位目击者告诉我，他亲眼见到数以千计的家畜往巴拉那河奔去，但因饥饿乏力，无法爬上泥岸，结果都淹死在河里了。河里塞满动物尸体因而臭气冲天。一位船主告诉我，当时的臭味简直无法忍受。毫无疑问，数十万头动物淹死在河里，腐烂后随着流水漂流而下，其中许多很可能沉积在普拉塔的河湾。许多小河的河水中盐的成分大大增高，动物饮了这样的水,更无法康复。阿扎拉曾描写过一群野马,因不耐干旱而狂奔,前面的马奔进沼泽地,后面的马又奔上来相互碰撞、践踏。他说,他不止一次见到上千头马正是这样死去的,马的上半身是立起来的。我注意到,潘帕斯草原上,一些较小的河里,河底都有一层埋有动物骨骼的角砾岩。不过,这可能是逐渐积累起来而非一个时期内的突变。1827年至1832年大旱灾结束后,紧接着一个淫雨季节,造成河水泛滥。因此,几乎可以确定,数以千计的动物骨骼是在第二年埋入沉积层的。地质学家见到如此众多的各种不同年龄的动物尸骨堆在一个厚厚的土层里面,会有什么想法? 难道他们不会归因于一次河水大泛滥而不是常规的积累吗?

美洲虎的习性

10月12日。本想延长旅程,但身体略感不适,不得不乘一条单桅船(载重100吨)回布宜诺斯艾利斯。起锚不久,天气不好,便把船停泊在一个小岛边。巴拉那河中小岛极多,经常地被淹没在水下后又重新露出水面。船主回忆说,有些大岛已经不见了,又有一些新的小岛出现。小岛都由泥沙形成,找不到一块卵石。当时,小岛高出水面约4英尺,但在周期性的泛滥时节,这些小岛便被淹没。小岛的特征都是一样的:无数的柳树,很少有别的树种,都被藤蔓植物缠绕着,形成密密的丛林。这些丛林为水豚与美洲虎提供了休息之所。由于害怕遇上美洲虎,很少有人敢于穿越这些丛林。这天傍晚,我试走了100码,仍不见虎的踪迹,便回来了。每个岛上都有美洲虎的踪迹。前一段,人们谈话的内容都是有关印第安人的,现在,谈话的中心便是美洲虎了。大河两岸与河中心小岛上的丛林地带,是美洲虎钟情的地方,但据说普拉塔以南,美洲虎常到芦苇围绕的湖区,总之,它们喜欢水。它们通常以捕食水豚为生,所以人们说,什么地方水豚数量多,那里美洲虎必定少。福尔克纳曾说，普拉塔河口的南岸，有众多美洲虎，它们是主要以吃鱼为生的。这种说法我听到过多次。在巴拉那河上，美洲虎咬死过许多伐木工，它们甚至在夜间窜上船来。现住在巴加达的人，一次夜航中曾被美洲虎在甲板上扑倒，他虽逃脱了，保住性命，可是一条胳膊没了，成了残疾。河水上涨时，这些猛兽受到水的驱赶变得特别凶恶。据说，数年前，一只很大的美洲虎闯进圣菲的一座教堂，两名教士先后进来都被美洲虎咬死，第三个教士进来想看个究竟，不是逃得快，也险些丧命。最后，这头老虎被开枪打死。美洲虎还会向家畜与马匹施行报复。据说美洲虎杀死家畜首先是咬断它们的脖颈。如果把它们从家畜的尸体旁赶开，它们极少有回头来吃的。据牧民们说，美洲虎在黑夜行走时，最讨厌尾随它们身后嗥叫着的狐狸。这倒同东印度虎怕豺不无巧合。美洲虎是一种吵闹的野兽，夜间吼叫不止，尤其是在天气变坏以前。

一天，我们在乌拉圭河岸上打猎，人家指给我看一些树，据说，美洲虎常常到这些树上来磨它的爪子。我见到三棵树的正面树皮都被扒掉了，像是被美洲虎用前胸蹭掉的，树身的两侧有深深的抓痕，已成了沟，斜伸出去几乎有1码长。抓痕不是一次形成的。要想识别附近有无美洲虎出没的一个常用办法，就是去查看这里的树有无此类伤痕。我猜想，美洲虎的这种习惯，其实同我们常见的家猫是一样的。猫正是伸长后腿，用前爪去抓挠椅腿。据说，在英国的某些果园里，一些幼树被猫抓挠后便受了伤。美洲狮想必也有此类习惯。在巴塔哥尼亚的硬土地上，我常见到有些很深的抓痕，其他动物是做不到的。我认为，这种行动的目的，是要撕掉它们掌上乱蓬蓬的粗糙不平的部分，而非牧民们所说的为了磨尖爪子。要杀死一头美洲虎并不很难。只要用狗群包围它，追赶它，把它赶到树上去，就很容易用猎枪把它打下来。

由于天气仍未好转，我们又逗留两天。唯一的娱乐是捉鱼来当午饭。

有几种鱼都很好吃。一种鱼叫"阿梅多",被钓钩或钩线钓上时会发出刺耳的声音,它在水下发出这种声音岸上也能清楚听到。这种鱼还有本事用强壮的脊骨、胸鳍与背鳍抓住任何目标例如木桨或钓线。傍晚,天气很热,气温计表明华氏 79 度。不少萤火虫在四周盘旋,蚊子更多得烦人。我把手摊开,仅五分钟手就变成黑的了。我估计至少有 50 只蚊子在拼命吮我的血。

"剪 刀 嘴"

10 月 15 日。开始上路,途经蓬塔戈达,这是属于密西隆省一块安置驯服的印第安人的居民点。我们顺流而下,船速很快,但有人害怕天气变坏,便把船驶进一条很窄的支流。我划了一段,这条小河不仅很窄,而且弯弯曲曲,水还挺深。河的两边,高达 30 英尺至 40 英尺的大树形成了两堵墙。树丛中又缠绕着爬山虎一类的藤蔓,使周围的景色更加暗淡无光。我见到一种非常特殊的鸟,名叫"剪刀嘴"。它的腿短,爪上有蹼,双翼既长又尖,体形类似燕鸥。鸟嘴扁平有弹性,与其他鸟类不同,下喙比上喙长出1.5 英寸,就像一把象牙的剪纸刀。靠近马尔多纳多的一个湖,湖水几乎干涸,水中鱼苗极多,我就见过几只"剪刀嘴"在湖面上迅速游过来游过去。它们的嘴张得很开,下喙在水面以下,便于吞食小鱼。飞翔时,常常忽上忽下,就像燕子。偶尔离开水面时,飞得极快,忽东忽西,极不规则,同时发出刺耳的叫声。下水捕鱼时,显然是双翼的长长的羽毛使它们很快弄干。它们的尾巴在飞行中起着舵的作用。

巴拉那河上游常见这种鸟,据说它们在那里待上一年,在草原上休息,同河水保持一定距离。在蒙得维的亚,我见到大群"剪刀嘴"白天聚集在泥岸上,到了傍晚便朝大海方向飞去。我怀疑它们习惯在傍晚捕鱼,因为此时有许多鱼类游到水面上来,莱森先生说,他在智利曾见到这种鸟在沙滩上啄开一个海贝。

翠鸟、鹦鹉与"剪刀尾"

在巴拉那河,我还见到其他三种鸟,它们的生活习性值得一说。一种是小翠鸟,与欧洲的翠鸟不同的是,它有一条长尾巴,所以不能僵直地坐着。它们飞行时,不是像箭那样直射出去,而是有气无力,高低起伏,就像那些软嘴鸟。它们的叫声很低,像两块小石子碰撞。另一种是绿鹦鹉,胸上羽毛则是灰色的,喜欢在小岛的大树上筑巢。好几个鸟巢挨得很近。它们有结群的习惯。它们会严重地糟蹋玉米地。有人告诉我,靠近科隆尼亚,一年之内有 2500 头绿鹦鹉被猎杀。还有一种鸟,尾巴是分岔的,两尾尖各有一根长长的羽毛,西班牙人叫它们是"剪刀尾",在布宜诺斯艾利斯附近很常见。它们通常栖息在屋旁商陆树的树枝上,这样便于短距离内捕捉昆虫后又回到原来的位置。它们的飞行姿势像燕子,能利用尾巴的开合在空中急转弯,有时是水平方向,有时是垂直方向,尾巴就像一把剪子。

10 月 16 日。罗扎里奥往下数里格,巴拉那河的西岸是一面峭壁断崖,一直延伸到圣尼古拉斯。这更像是海岸而不是淡水河。这里的风景大大不如巴拉那河,由于河岸是软土,河水十分混浊。乌拉圭河是从花岗岩地区流过来的,因此河水清澈。这两条河在普拉塔口上交汇,在一段长长的距离内,两条河水一红一黑,界线分明。到了傍晚,风向不利,船又停泊了。次日,风向、水流都已经改善,但船主还不想起航。船主是个西班牙老人,在这个国家已有多年。他自称很喜欢英国人,但他坚决认为,英国人之所以在特拉法尔加(属于西班牙,在直布罗陀海峡西端,英国海军在此大败西班牙海军)得胜,只是因为英国收买了西班牙的舰长们,还认为这一战役是按西班牙海军上将的策略进行的。此人情愿把他的同胞说成是叛徒而不说他们胆怯或无能，实在令我吃惊。

18 日与 19 日。我们继续朝下游航行。水流对航行有利但帮助不大。航程中很少见到别的船只。这条河连接两个国家，一个国家气候温和，某些产品十分丰富，但其他方面相当贫乏；另一个国家属于热带气候，土地的肥沃是世界上任何地方都无法与之相比的。如果英国殖民者运气好，航行到普拉塔河来，这个区域该有多么的不同，会有多么神气的城镇在河岸上建立起来啊！在乌拉圭独裁者弗兰西亚死去以前，这两个国家必然是相互疏远的，像是各在地球的另一端。但，一旦这个血腥的暴君完蛋，乌拉圭便陷入革命的混乱，从前表面的平静现已处处是暴力活动。这个国家应当懂得，其他南美洲各国也应懂得，在一定数量的国民还没有树立起公正与荣誉的信念以前，共和制是无法继续下去的。

革　命

10 月 20 日，抵达巴拉那河河口。我很想早日到达布宜诺斯艾利斯，因此在拉斯孔查斯弃舟登岸。上得岸来，我大吃一惊，我发现在一定程度上我已成了囚犯。当地发生了暴烈的革命，各个港口都被封锁。我既不能由陆地骑马去目的地，又无法回到船上去。经过我同指挥官员长时间的交涉，才准我于次日去见罗洛尔将军，他是一部分叛军的司令。次晨，我骑马来到营地。将军和军官都出来了，依我看来这些人都是些暴徒恶棍。这个将军，头天晚上离开布宜诺斯艾利斯的时候，还主动去见总督，以手抚心，向总督表示忠心，说要成为撤离该城市的最后一人。将军告诉我，布宜诺斯艾利斯已经被彻底包围了。他能为我做的事，只是发给我一张通行证，让我去到基尔米斯去见造反派的总指挥。我们绕着城市兜了一大圈，费了好大劲才购买到马匹。造反派总指挥在营地接见我的态度是相当客气的。但他说根本不可能允许我进城。我表示出十分焦急,因为我预计小猎犬号将会提前离开普拉塔河。然而,当我提到在科罗拉多曾受过罗萨斯将军的优待时,处境有了魔术般的变化。他立刻告诉我,虽然他不能给我开通行证,但如果把向导与马匹留下来,可以让我独自一人通过他们的岗哨。我对此深表满意。一位官员又陪着我去,发出指令,免得我在桥上受阻。在大约 1 里格的路上,空空荡荡。我遇上一队士兵,严肃地查看了我的护照。最后,我进入市内,多少有点欣慰。

布宜诺斯艾利斯的政府境况

这场革命的发动,很难找出什么借口。但是,9 个月来 1820 年(原稿为 1820 年,疑有错,应为 1832 年)的 2 月到 10 月,政府已经改组十五次了,虽然,根据宪法,每位总督的任期为三年。由此可见,现还要找什么借口就太不理智了。在这种情况下,有七十个同罗萨斯有联系的人与总督巴尔卡斯交恶,便出城而去。在布宜诺斯艾利斯被围困以来,粮食、家畜、马匹都不准进城。此外,仅有一些小冲突,每天死亡的不过几个人。包围的一方深知,只要停止供应市内吃肉,他们准会获胜。罗萨斯也许不知道这个计划,但他的同党必定是同意的。一年前,罗萨斯曾当选为总督,但他拒绝上任,除非议会授予他全权。议会拒绝,他的同党便处处捣乱,没有一个其他当选的总督能保住职位的。作战双方都宣称打持久战,直到罗萨斯出来讲话。当我离开布宜诺斯艾利斯数日后,收到一个短信说罗萨斯将军不同意中断和谈,但他认为围城的一方是正义的。总督、部长以及一部分军队勉强接受这一判定,从该市逃亡,总数有数百人之多。造反派进了城,选举一位新总督,给五千五百个人发了酬金。很明显,这些发展态势将导致罗萨斯最终成为独裁者,其实也就是国王;同其他共和国的情况一样,人民当然是不会喜欢的。我离开南美洲以后,听说罗萨斯果然当选,他拥有广泛的权力,共和国的宪法原则被他抛在一边。

第八章　东班达与巴塔哥尼亚

在布宜诺斯艾利斯耽搁了将近两个星期,能逃出来登上艘邮船去蒙得维的亚,实在令人高兴。在一个被围困的城市中生活当然不会舒适。再者,还要担心强盗来犯。哨兵是最坏的,他们有了靠山,有了武器,因此抢劫起来更带有一点权威性,这是别的强盗所无法相比的。

普拉塔河和内格罗河

旅程既长又累人。从地图上看普拉塔,像是一个宏伟的河湾,但实际上可怜得很,宽宽的河面一片浑浊的泥水,既不壮观,也不美丽。河岸很矮,从甲板上看去,只能勉强同河水区别开来。到了蒙得维的亚,才知小猎犬号一时还不会起锚,因此我决定在东班达的这一地区作一次短途旅行。我说过的有关马尔多纳多附近的情况都适用于描述蒙得维的亚。此地除了有一座高 450 英尺名叫"绿山"的山以外,其余都是平地。起伏成波浪状的草地上很少有围栅。但近镇地区有一些用树篱相隔的院子,作篱笆用的植物有:仙人掌、龙舌兰与茴香树。

11 月 14 日。下午离开蒙得维的亚。我打算先到普拉塔河北岸,与布宜诺斯艾利斯遥遥相对的萨克拉门托,沿乌拉圭河上溯至内格罗河(南美洲有多条河都叫这个名字) 回到蒙得维的亚。我们在卡尼隆斯住在向导的家里。次晨一早起来,满心希望今天能多赶一大段路程,可是希望落空,因为每条河流都涨水泛滥,我们不得不乘小船在卡尼隆斯、圣卢西亚与圣何塞之间的小河间穿来穿去,损失了许多时间。上次旅行,我曾在卢西亚近河口渡河,惊讶地见到马匹虽然平时不游泳却能渡过宽度至少为 600 英尺的河。在蒙得维的亚,听说一条船上载着一些骑马的人与马匹,结果在普拉塔河中被撞沉,其中有匹马游了 7 英里后登上岸。这一天,我见到一幅身手敏捷的"图画",使人大饱眼福。一位"高乔"迫使一匹难驾驭的马游泳过河——这位"高乔"先把自己的衣服脱去,裸着全身,跳上赤裸无鞍的马背上去。他策马走进河去,到了一定的深度,便从马屁股溜下来,抓住马尾巴。每当马要转回头,他就掬水去泼马的脸,吓唬它,不让它转身回来。当马游到对岸踩到了河岸,"高乔"爬上了马背,坐得稳稳地,拉紧缰绳,让马顺从地上了岸。一个赤裸的男人骑在赤裸的马上,好一幅美妙的图画!我真弄不懂这一人一马怎么能配合得如此和谐。

罗扎里奥河

第二天,我们在库弗里的驿站留宿。傍晚,邮差抵达驿站。他晚到了一天,原因是罗扎里奥河泛滥了。然而,延搁的后果并不严重,因为,他历经东班达的好几座主要城镇,而邮袋内只有两封信!从驿站望出去的景色给人愉快的感觉:波浪般高低不平的草原,并可眺望到普拉塔。我这次到普拉塔,同第一次见到普拉塔,观感已明显不同。我记得第一次的印象是它极其平坦,而这一次,经过快马驰骋过潘帕斯大草原,我自己也奇怪,怎么会把这里称作平原呢? 这个地区全都是高低不平的丘陵地,也许只从当地来看不太明显,然而同圣非大平原来相比的话,这里简直就是山地了。

此地还有许多小溪,杂草茂盛,一片碧绿。

11 月 17 日,我们渡过罗扎里奥河,此河水深流急。经过一个名叫科拉的小村庄。中午时分来到萨克拉门托。行程是 20 里格,所经之处绿地如茵,但居民与家畜都极稀少。我受邀请借宿在殖民公署,第二天随一位绅士去参观他的牧场,该处有一些石灰岩小山。这个镇子建筑在一个岩石的岬角(指突入海洋的尖状陆地。岬,jiǎ)上,有点像蒙得维的亚。防御工程很坚固,但无论是防御性的碉堡或城镇本身,在巴西战争中都大受破坏。此镇年代久远,街道不规则,周围有橘树园、桃树园,给镇子增添了几分美丽。教堂损毁得很厉害,因为它曾被用来作为弹药库。普拉塔河地区是雷电暴风雨的多发区,其中一次闪电把弹药库击中了。建筑物的 2/3 彻底倒塌,其余部分也破败不堪。傍晚,我在半毁的城墙上漫步。这里是巴西战争的主要战场。这场战争使这个国家大受创伤。此地有许多的将军、官员。拉普拉塔联省的将军的数目(并无报酬)比大英帝国的将军还多。这些绅士受到的教育就是热爱权力,从不反对搞些小冲突、小摩擦。他们最喜欢闹起动乱来推翻政府,政府从无安宁之日。这里也同其他许多地方一样,人们很热衷于选举总统。也许这是一个将来能使城镇繁荣的好信号。居民对代表的文化程度要求不高。我听一些人在讨论代表人选,有的说:"虽然他们不是买卖人,可是他们都会签自己的名字。"似乎对那样的人选已感满意。

庄园的价值和牛群的计数

18 日。随主人骑马去他的牧场,地点在圣胡安。傍晚,我们骑马围着牧场转了一圈。牧场面积有 2.5 平方里格。一边是普拉塔河,另两边是无法跨越的小河。有能泊船的良好港口。小树极多,可作为燃料供应布宜诺斯艾利斯。牧场内有 3000 头家畜,实际上还可以多养三四倍。还有 800

匹母马、150 匹衰弱的马、600 只绵羊。有充分的水与石灰岩,一座简陋的房屋与极好的畜栏,一座桃园。所有这些,他只花了 2000 英镑,他愿意以 2500 磅出售,价再低些也可以。管理牧场的最大麻烦是每周两次要把家畜赶到一个中心地点接受驯服并清点数目。尤其是点数最难,因为它们的总数高达 1 万甚至 1.5 万头。家畜要分成若干群,每群从 40 至 100 头不等。每群有不同的记号,有编号。如果夜里遇到暴风雨,所有的家畜都混杂到一起,但第二天,它们又能各归各的队。

"妮亚塔牛"

我在这个省曾两次遇上一种品种很奇特的牛,名叫娜塔或妮亚塔。它们的前额很短但较宽,鼻尖上翘,上唇后缩,下腭(è,即口腔内上壁部分)突出,牙齿总暴露在外,鼻孔张得很开,两眼凸出。行走时,头下垂,脖子很短,后腿比前腿长。这种小头、露齿、鼻孔朝上的滑稽样子给人们十分可笑的感觉。

我回来的时候,在我的朋友——皇家海军上校苏利文的帮助下,购得一具这种母牛的骷髅,现放在外科医学院。卢克桑的 F. 慕尼兹先生好意为我搜集了有关的资料。据他说,在 80 或 90 年前,布宜诺斯艾利斯还少见这个品种,把它们当作宝贝。大家认为这个品种来源于普拉塔流域南部的印第安部族,在他们那里是一个普通的品种。即使今日普拉塔附近的一些省份里有着少量的同种牛,也显出野蛮的特性,比普通家畜凶猛。母牛产头胎时,如去看的人较多,或有人去抚摸它,它对产下的小犊常常弃之不顾。据福尔克纳博士说,这种特性同印度一种已灭绝的名叫西瓦特里姆的反刍动物很相近。这种品种是很纯的:一头妮亚塔公牛与妮亚塔母牛生出来的必定是妮亚塔小牛。一头妮亚塔公牛与一头普通公牛生下来的牛犊则具有混种的中间特性，但妮亚塔的特点较明显。据慕尼兹先生说，明显的证据证明，与农业家的观点相反，妮亚塔母牛同普通公牛交配所产的牛犊，继承的妮亚塔的特性要多于妮亚塔公牛同普通母牛交配所产的牛犊。在牧草够长的情况下，妮亚塔种的牛还可以同普通牛一样用舌头与腭来吃草，但到了大旱之年，许多动物会饿死，妮亚塔种的牛也不例外。因为普通家畜，如马，还可以用嘴唇去吃树上的嫩枝或芦苇，而妮亚塔牛却办不到，因它们的双唇不能合到一起，因此比普通家畜更容易饿死。这给了我很深的印象。说明某种动物何以在特定的生活习性下，经过很长时期，就会灭绝或变得极其稀少。（启发了达尔文提出"物竞天择""适者生存"的观点。）

11月19日。途经拉斯瓦卡斯山谷，当晚借宿在一位北美人的家中，他在维伏拉斯经营一座石灰窑。早晨，我们骑马来到河岸上的一个岬角名叫蓬塔戈达。路上，我们计划想找到一头美洲虎，因我们见有不少新鲜的足印。我们又去查看树，据说美洲虎为了磨爪子来抓挠树干。但结果未能找到抓痕。在这里，乌拉圭河水深河宽，显出气派。且河水清澈，水流湍急，比邻近的巴拉那河要优美得多。巴拉那河的几条支流流入乌拉圭河，在阳光照射的时候，两股不同的河水有不同的颜色，汇合处界线分明。

傍晚，我们朝内格罗河上的梅塞德斯进发。夜晚到达一个牧场，请求允许我们留宿。这是一个很大的牧场，有10里格见方，牧场主是该国最大的大地主。他让一个侄子管理牧场。牧场住着一名军队的上尉，刚从布宜诺斯艾利斯逃出来不久。他们谈话很逗人。他们对地球是圆的表示十分惊讶，不相信从这里挖一个洞深挖下去就会挖到地球的另一面。然而，他们倒听说过有个国家6个月是黑夜，6个月是白天，那个国家的居民十分高大、十分瘦削！他们对于英国饲养马匹与家畜的条件与售价也觉得难以理解。他们听说我们抓家畜不用"拉佐"时，惊呼道："啊！那么，你们只会用波拉！"最后，上尉说，他还有一个问题要问我，如果我讲实话，他将感激不尽。我估计必然是个科学上的难题。不料他的问题却是："布宜诺斯艾利斯的妇女是不是世上最漂亮的美人？"我作了违心的回答："她们真漂亮。"上尉说："我还有一个问题：世界上其他国家的妇女也在头发上插一把大梳子吗？"我严肃地向他保证说："别的地方的妇女不插梳子。"他们听了高兴极了。上尉大声说道："听！以前我们总是这么猜想的，现在证实了。"我对美丽与梳子的精彩评判使我获得慷慨的接待。上尉非要我睡他的床，他睡到椅子上去。

21日太阳升起时起床，整日缓缓前进。此地的地质结构与本省大多数的地方不同，倒与潘帕斯大草原相近。有大量的大蓟和刺菜蓟。这两种蓟从不混杂，各有各的生长范围。刺菜蓟高及马背，而潘帕斯大草原上的刺菜蓟还要高过骑手的帽顶。道路两边都是刺菜蓟，你想跨出大路一码都不行，有时，路的中心也长着刺菜蓟，把道路堵住了，当然，也长不了牧草。如果家畜和马匹走进蓟丛，就会迷路走不出来。因此，在这个季节是没法把它们赶过去的。在这些地方，很少见到牧场，仅有的几处牧场则都靠近有水草的山谷，这些地方不长蓟类植物。当天夜晚我们借宿最穷的穷人居住的棚屋里。根据他们的条件，男女主人对我们的接待已经使我们很高兴的了。

11月22日，抵达贝奎洛一位很好客的英国人的牧场，我的朋友卢姆先生曾为我写了一封给他的介绍信。我在此逗留了三天。一天上午，我同主人骑马去佩德罗—弗莱科山。整个地区几乎都长着颜色碧绿但质地低劣的草，高及马腹。然而，许多地方一头家畜都见不到。东班达省如果搞好饲养业，可以繁育出惊人数量的家畜。目前，每年出口到蒙得维的亚的家畜共有三十万头，本省省内消费方面，浪费极大。一位牧场主告诉我，他经常要派人驱赶畜群长途跋涉去到一家腌制工厂，一些精疲力竭的牲口不得不立即被宰杀、剥皮，但牧民们从不吃这些牲口的肉，每天晚上要宰杀一头新鲜的牲口来做晚饭。从山上远眺内格罗河，景色十分诱人，是我来此省份所见到的最美丽的图画。河水又宽、又深、又急，在一片峭壁断崖脚下蜿蜒流过，河边绿树成行，另一边则连接绿草成茵、高低起伏的大草原。

"念珠山"

在此逗留期间，数次听人说起昆塔斯山。这是北边很远处的一座小山，山名来自"念珠"——山上有大量圆形小石子，有各种颜色，每块圆石都有一个圆柱形小孔。从前，印第安人把它们收集起来，串成项链或手镯。我相信，这种嗜好，在所有野蛮民族中具有普遍性。我弄不清为什么会有这样的珠子。在好望角我向安德鲁·史密斯提及此事，他告诉我，他在非洲东南沿海，大约离圣约翰河以东 100 英里处，曾发现一些石英结晶体，边缘磨平了，混杂在海滩上的砾石中。每个结晶体的直径有 5 行（1"行"为 1/12 英寸）左右，长度为 1 英寸至 1.5 英寸。其中有许多的结晶体从一端到另一端有个孔道穿过，孔道呈完美的圆柱形，孔道粗细正好容一根细绳或者一根猫肠子通过。颜色有红的与暗白色两种。当地土著居民都知道有这种石头。截至目前，还弄不清这些石头是怎样形成的。我在此提出来，希望将来有人探索清楚这种石头的真相。

牧 羊 犬

在这个牧场逗留期间，所见所闻有关牧羊犬的故事十分有趣。骑马时，常见有一大群绵羊只有一两只狗在看守着，而羊群距离牧场已有数英里之遥。我常常纳闷它们之间的友谊是怎样建立起来的。原来，要从狗还很幼小时，就让它们离开狗妈妈，而同羊群生活在一起。一头母羊给小狗每日喂三四次奶,在羊圈里用羊毛堆一个狗窝供小狗睡觉。任何时候都不许小狗同别的狗接触,也不许它们接触家里的小孩。小狗稍长大些就把它阉割,这样,等它长大后,再也没有兴趣去找狗同伴。经过这样的训练,狗再也不愿离开羊群了。就像普通的狗会保护它的主人一样,牧羊犬只会保护羊群。你能观察到,人或野兽接近羊群时,牧羊犬就会吠叫,所有的绵羊都靠拢来跟在牧羊犬的后面,牧羊犬扮演了领头羊的角色。见到这种景象是很有趣的。牧羊犬受过训练后,能在傍晚时分准时把羊群带回牧场。它们小时候,最大的麻烦是它们爱同羊戏耍,有时,它们会毫不客气地压在绵羊的身上。

牧羊犬每天都要到主人那里要肉吃,主人一把肉扔给它,它就叼走,似乎有些害羞。在这种情况下,那些看家狗会大耍威风,但一般不会攻击或追赶牧羊犬。当看家狗接近羊群时,牧羊犬就吠叫,此时,所有的狗都会站起来倾听周围动静。只要有一只忠诚的牧羊犬在看守羊群,即使有一群饥饿的野狗也不敢近前来。总的来说,我觉得狗的感情中有一种顺从性或适应性,牧羊犬就是个很有趣的例子。看来,无论是受过训练或者未受训练的狗,都怕联合成群的动物。一头牧羊犬虽然领着的是一群羊,却能吓跑数只野狗,因为野狗见到一群动物就会感到迷惑,以为那群羊是一群和它们一样的野狗。F.居维尔曾经讲述:动物受到驯养后,把人看做是自己的同类,从而实现了它们的认同的本性。在我所说的上述例子可以看出:牧羊犬把绵羊认作是自己的同类,从而赢得了绵羊的信任;而野狗尽管知道个别的绵羊不是狗,而且吃起来味道很美,但见到在一群绵羊的前面是一条狗,也就半信半疑地认为这一群都是狗。

"高乔"驯野马

一天傍晚,一个"驯马人"打算驯服一些小马。我想描写一下驯服的过程，因为我相信还没有别的旅行家描写过这种事。一群年轻的野马被驱赶进牲口棚，棚门关上。我们假设是一个人单独来捉马、骑马。当然马还未装上马鞍、缰绳。有这样的本事的人，我相信除了"高乔"，一般人是做不到的。"高乔"选中一匹马驹，当马驹转着圈子跑的时候，"高乔"把"拉佐"抛出，套住马驹的前腿。马驹立刻翻倒，在地上挣扎。"高乔"收紧"拉佐"，绕一个圈子，捆住一条后腿，把这条后腿同一双前腿拉近，同时进一步收紧"拉佐"，这样，三条腿就紧紧地捆绑在一起了。然后"高乔"坐在马驹的脖子上，把一个马勒套在下腭上，但此时还不给马戴上嚼子(横放在马嘴里的铁制品，其两端连在缰绳上，便于控制马的行动方向)。他是这样做的：他把一根窄窄的皮条穿过缰绳末端的孔眼，然后围着下腭与舌头，绕上几圈。此时，两条前腿已被一条结实的皮绳紧紧捆住，但有活结。"拉佐"已松开，以便让马驹艰难地站起来。此刻，"高乔"拉紧缰绳，把马驹拉出马棚。如果当时有帮手(否则麻烦就更大)，他会抱住马头，让一个人在马背上放上鞍子、马衣、肚带等，挂好。这时候，马驹因背上、肚上捆上了许多东西，既惊又怕，便在地上打滚，不肯站起来。鞍子完全绑好之后，马驹害怕得喘不过气来，浑身出汗，口吐白沫。"高乔"跳上马背，猛蹬马刺，等马驹站稳，同时松开活结，放开马驹的前腿。有些驯马人是当马驹还躺在地下时就松开活结，他自己跨在鞍上，马站起来的同时，也就把他托起来了。此时，马驹仍怕得发狂，它会疯狂地蹿跳，蹿跳过后，便狂奔起来。骑在马身上的驯马人耐心地等待马驹跑得精疲力竭之后，才把它带回马棚，把它释放。现在，马驹不会再往外狂奔，但会躺倒在地上不肯起来，这是最麻烦的事。总的训练过程十分严厉，但经过两三次训练，马驹也就驯服了。不过，在数周内，还不能给马驹戴上嚼子，首先要使马通过缰绳了解骑者的意图，然后才能给它戴上全副笼头。

牧人对马的态度

这个地区的马匹极多,人道主义与个人利益未能紧密结合。一天,我同一位可敬的牧场主在潘帕斯大草原上驰骋,我的坐骑因疲乏落后了,牧场主不断喊我用马刺刺它。我解释说马已跑得太累、太可怜了。牧场主大声嚷嚷说:"怎么啦? 没关系的,刺它,这是我的马。"我很难向他解释清楚,我不是怜惜牧场主的财物,而是怜惜这头动物,所以才不用马刺。牧场主用一种十分惊讶的目光看着我,似乎他从未想到这一层。

"高乔"都是一流骑手。但是,他们也绝对不会让马匹任意行动以致使自己跌下马来。作为一个好骑手的准则是: 必须能制服一头未经驯服的马驹;如果马摔倒了,骑手必须能从马背上及时跳下来以免被压在马身下面。我曾听说有个骑手跟人打赌,说他能把他跨骑的马摔倒二十次,他自己摔下来一次。我回忆曾见到一名"高乔"骑一匹十分固执的马,这匹马曾连续三次用后腿站起来,想把骑者从马屁股上朝后摔下来。骑马的人极其冷静,一次一次地沉着应付,都能及时滑下马背,到时候再跃上马背,最终策马奔去。"高乔"从不使用蛮力。有一天我同一名骑手快马奔驰,我心想:"马跑起来,骑手要是漫不经心,一定会摔下马来。"这时,正好有只鸵鸟从巢里跑出来,就在马的鼻子底下穿过去。马驹像一头牡鹿那样,蹦到一旁,而骑手仅仅是吃了一惊,一点也不慌张。

智利和秘鲁比拉普拉塔地区更爱惜马匹,明显是因为该地区条件更加艰苦的缘故。在智利,如果一匹马在快跑途中突然摔倒后(例如踩上了遗弃在路上的一件外套)拉也拉不起来,如果不会用马蹄刨地,如果不敢向一面墙冲锋,如果不会用后腿站立,那就不算是一匹被完全驯服了的马。我曾经见到一匹马,劲头十足地跑跳,然后又快速奔驰穿过庭院,而骑手只用大拇指与食指夹着缰绳。后来,骑手又让马围着一根木柱跑圈圈,保持着等距离,就像轮子围着轴心转。在跑圈时,骑手伸出一只手臂,手臂摩擦木柱;一会儿,他来一个空中转身腾翻,倒骑马旋转,换了另一只手臂伸出来,手指摩擦着木柱。

　　这样的马才算是完美驯服的马。初看起来,似乎没有必要,实际上是很有用的。例如,骑手用"拉佐"套牛,有时牛会乱跳乱蹦,大兜圈子。此刻马便会吃惊。经熟练驯服的马,就会像轮子的轴心那样既不离开中心又跟着小牛打转;尚未驯服熟练的马,就会站着不动也不打转,结果套索会把骑手缠住,有时会把人绞成两截,许多人正是这样丧了命。同样道理,赛马的马也必须经过很好地训练。跑道只有两三百码长,马必须在短距离内猛跑。开跑前,马蹄必须踩在起跑线上,四条腿要绷紧,方能号令一起便运用屁股的力量弹跳出去。在智利时,有人跟我讲述过一桩轶闻,我相信是真的,这个例子可以充分说明完美驯服的马的用处——一位可敬的绅士一天骑马遇上两个骑马的人,其中一人所骑的马,正是从轶闻的主人公那里偷来的。他上前追问,这两个人拔出马刀,反向他追赶。主人公的马训练有素,跑在前面,经过一个树丛时,他拨转马头,绕到那两个人的身后,被追赶者立刻改变为追赶者,他猛冲上去,一刀刺进偷马人的后背,杀死了盗马人,收回了原属于他的马,另一人也中刀受了伤。这样的本事要依靠两样东西:一是很厉害的马嚼子,一是大而钝的马刺。运用这种马刺有时可以是轻轻一碰,但有时就可以成为真正的导致疼痛的工具。我相信,用英国的马刺,轻轻一戳马的皮肤,不可能产生南美洲方式驯马的效果。

　　在拉斯瓦加斯附近的一座牧场,每星期都要宰杀大量母马,只是为了取得马皮,尽管每张马皮只值5美元纸币或大约半个克朗。为了这么点钱就宰杀一头母马太不值得,但是,这个国家的人认为母马只能用来生育小马,没有别的用处,有人去训练一匹母马或骑母马,将被认为是可笑的事。

我所见过的唯一一件让母马来做的事,就是让它去踩下小麦的麦穗。为此目的,需把母马关在一间小屋里,地上是一捆一捆割下来的小麦,母马在屋里兜着圈子踩麦捆。被雇来宰杀母马的人有时要炫耀他的"拉佐"技术。他站在马棚大门以外12码的地方,跟人打赌,要是他把每一匹跑出来的马都用"拉佐"套住马的两条腿,没有一次失误,便算赢。另有一人说,他能不骑马,走进马棚去,抓住一匹母马,把两条前腿拴到一起,赶出来,把马摔倒,宰杀,剥皮,把皮撑起来晒干(这是件很乏味的事),他说,这样的整个过程,他能每天做二十二次。或者,他能一天宰杀并剥下55头母马的皮。这样的工作量是骇人听闻的,因为普通人一天只能宰杀并剥15头或16头母马的皮。

箭齿兽化石

11月26日。我出发直接回蒙得维的亚。听说沙朗蒂斯河(一条汇入内格罗河的小河)附近的一家农舍有一些大兽骨,我便在主人的陪同下骑马去到该地,只用18便士的代价就买到一个箭齿兽的头骨。这副头骨相当完整,只是曾有几个小男孩用石头砸掉了几颗牙齿,然后把这个头骨当作靶子扔石头玩。我运气好,发现一颗完整的牙齿,正好嵌进这副头骨,这副头骨是从特西罗河的河岸上发现的,距此约180英里。我还在其他两处发现这种动物的骨头,估计从前这一地区这种动物的数量必定不少。我还在此地发现一种巨型的犰狳类的动物的保护器官,以及一个磨齿兽的头骨残部。这个头骨还很新鲜,据分析家里克斯先生的鉴定,其中含有7%的动物物质,把它放在一个酒精灯上,还能燃起一点火焰。埋在形成潘帕斯大草原并覆盖东班达花岗岩石岩层的河湾沉积层内的动物遗骸必然为数极多。我相信,从潘帕斯向任何方向划一条直线,线下必然埋有骨骼或骸髅。除此以外，我在此次短途旅行期间还听说许多有关的情况，甚至有"动物河""巨人山"这样的名称，显然指的是这些地方出现过古生物的残骸。有的时候我还听说有些河流有奇妙的本事，能把小骨头变成大骨头，或者说，骨头自己会长大。我注意到，这些动物并不像过去估计的那样，是埋进现在的沼泽地或河床中去的，而是被一些小溪河冲刷出来的，我们可以得出结论：潘帕斯大草原是一个埋葬已灭绝的巨型四足动物的广大区域。

28 日中午，我们抵达蒙得维的亚，路上走了两天半。一路景色千篇一律，有些地方比靠近普拉塔的地方拥有较多小山与岩石。离蒙得维的亚不远，我们途经一个名叫拉斯彼特拉斯的村庄，这个村名来自一些颇大的圆形的正长岩。这些圆石外表很美。这个地区，有些无花果树，围着一些房屋。这个村落是一个台地，比周围高出 100 英尺，风景颇美。

南美人与政治

六个月以来，我有机会了解到这些省份的居民的性格。"高乔"或乡下人的性格比起城里人优秀得多。"高乔"们，无一例外地都很有礼貌，很好客，乐于助人。我从未遇到一个粗鲁、无礼、对人冷漠的人。他们讲到自己或家乡时都很谦虚，然而，同时又是活力十足、英勇过人。另一方面，由于盗贼很多，流血事件不断，因此人们必须常佩刀刃。听到不少人因琐事争执以至死伤是极遗憾的。在战斗中，双方都想砍掉对方的鼻子或弄瞎一只眼睛，以便留下一个记号，所以常能见到人们脸上可怕的深深伤痕。当强盗的往往是因赌债高筑、经常酗酒或极端懒惰。在默塞德斯，我问两人为什么不去工作。一个人说工作太累了，另一个回答说他太穷了。饲养大量马匹以及食品的浪费，抵消了勤劳的果实。再者，有许许多多的节日，甚至从初月到满月期间什么工作都停止了。由于这两个原因，一月只有半月时间能工作。

警察机关和司法机关毫无效率可言。如果是一个穷人杀了人被捕,他将被监禁,也许被枪毙,但如果是一个有钱人并在社会上有不少朋友,即使犯了同样的罪也不会受到严厉惩罚。奇怪的是本地区大多数受尊敬的居民总会帮助杀人凶手逃跑,看来他们认为那只是反对政府的个别罪恶,而不是反对人民大众。旅行者除自带武器外,别无保护。之所以要带武器,主要是防备强盗抢劫。那些受过较多教育的城里人,也许在较低程度上也具有较好的牧民们的性格,但恐怕或多或少都有过一些恶行而未受到惩处。耽于声色口腹之乐,嘲笑所有的宗教,腐化堕落等现象决非罕见。几乎所有的官员都接受贿赂。邮局的主管出卖伪造的免费邮寄邮戳。各州的总督与首席部长串通起来搜刮民脂民膏。没有人信任贿赂公行的司法机关。我认识一位英国同胞,他去到司法部(他告诉我,他因不了解当地的习惯,走进去的时候还战战兢兢),说:"长官,如果你在某个时间前把那个欺骗我的人抓起来,我就给你 200 元纸币(相当于 5 英镑)。我知道这是违法的,但是我的律师建议我采取这个步骤。"司法部长亲切地微笑,对他表示感谢,那个行骗的人当晚就关起来了。领导人毫无原则可讲,各级政府充斥着工资很低、三心二意的官员,人民怎能奢望有个民主政府?

进入这些国家,有两三种现象给人的印象最深:一是各阶层人民的彬彬有礼;二是妇女在衣着上的品位高雅;三是礼尚往来,人人平等。在里约科罗拉多,一些开小铺的人可以随便同罗萨斯将军一起进餐。布兰卡港一位少校的儿子靠卷纸烟为生,他想陪我去布宜诺斯艾利斯,当向导也行,当仆人也行,因他父亲怕遇上危险才作罢。军队里许多军官既不会读书更不会写字,但在社会上都一视同仁。其中一人开个普普通通的商店,但并未受到轻视。一个新建的国家大概也只能如此。当然,议会里缺乏有专业知识的绅士,在英国自然是咄咄怪事。

讲到这些国家,必然要想起它们的不自然的宗主国——西班牙带给它们的影响。也许,从总体来说,积极的影响是主要的;应予谴责的有缺陷的地方是次要的。不能怀疑,这些国家所存在的极端自由主义最终是会产生好结果的。这些国家对各种宗教都持宽容态度,重视教育,有新闻自由,各种设施都向外国人开放,特别是,我必须补充:每个人都尊重科学,凡是访问过西属南美各国的人,对此一定有深刻印象。

"蝴 蝶 雪"

12月6日,小猎犬号从普拉塔河启航,从此再也没有驶进那些浑浊的支流了。我们的航程是直接驶向迪扎尔港,此港在巴塔哥尼亚高原沿海的海岸上。现在我想在这里讲一讲在海上观察到的事物。

船航行到普拉塔河河口以外数英里处和离开北部巴塔哥尼亚海岸后,有好几次,我们受到了昆虫的包围。一天傍晚,我们在距圣布拉斯湾约10英里处,遇上无数的蝴蝶,一眼望不到边。甚至用了望远镜,除了蝴蝶还是见不到空白的地方。海员大叫:"天上下蝴蝶雪了!"确实像下雪那样。多个品种的蝴蝶都出现了,其中大部分属于一种非常近似英国的粉蝴蝶,但不是同一个品种。蝴蝶群中还有一些蛾与膜翅目的虫。有一种甲虫飞到甲板上,这种甲虫的有些品种在深海处捉到过,而这一种更有它的特点,它们很少或根本不张翅翼。这一天天气晴朗,风平浪静,头一天也这样,只有些微风。可见昆虫不是被大风从陆地上吹过来的。那么,它们必然是主动飞过来的。大群蝴蝶的出现,也许可以看做是像金翅丽蛱蝶那样有定期迁移的习惯,但其他昆虫的出现就难以解释了。日落前,从北边刮来一股强风,这股风必将导致数以万计的蝴蝶死去。另有一次,离科林特斯角17英里,我在水中抛了一张网打算捕捉远洋动物。拉网时,我惊奇地发现其中有大量甲虫,这些甲虫并未受到咸水的多大伤害。有几种损失掉了,保存起来的有:鹈鹕属、河麂(jǐ) 属、水生生物属(两个种)、Notaphus 属、Cynucus 属、Adimonia 属和金龟子属。最初,我以为这些昆虫是从陆地上吹过来的,但仔细研究后,发现 8 个种中有 4 个种都是水生动物,另两种在生活习性方面部分是水栖的。我想到,很可能是从科林特斯角附近某个湖流出的一条小河中游过来的。无论作何假设,5 种昆虫能在海中游 17 英里,就是一个有趣的发现。的确有相当数量的昆虫是从巴塔哥尼亚高原吹过来的。库克船长曾观察到此种现象;近来金船长也观察到过。原因可能是高原上昆虫缺少屏障之故,既少山又少树,来一股离岸的风,昆虫又正好张着翼翅,自然就吹到海上来了。我所知道的一个典型例子是在远离海岸处曾捉到过一只蚱蜢。那时小猎犬号正驶离佛得角群岛,这只蚱蜢飞到甲板上,这里离非洲海岸布兰科角有 370 英里远。

"飞行员"蜘蛛

有几次,当小猎犬号还在普拉塔河河口以内时,帆缆上结着鼓肚蜘蛛的蛛网。一天(1832 年 11 月 1 日),我特别注意此事。那天天气很好,早晨,空中满是毛絮状云团,就像英国的某一个秋天。此时船距岸 60 英里。有些微风。船上发现大量的小蜘蛛,大约 1/10 英寸长,暗红色,我估计有数千只之多。这些蜘蛛都属于同一个种,雌雄都有,大小都有。小蜘蛛身上的红色较暗些。

另一次(11 月 25 日),出现同样的情景。我反复观察到同一种小蜘蛛,把它放在某个稍高处或让它爬到某个稍高处,它便抬高腹部,放出一根丝来,然后向水平方向极快地爬过去,为什么这么快,还弄不清。

一天,在圣菲,我有更好的机会观察到相近的实例。一只蜘蛛,身长

3/10英寸,外表看像是敏蛛(因此与鼓肚蜘蛛相当不同),站在一个木桩的顶端,从丝囊中射出四五根丝来。在阳光照射下,蛛丝闪闪发光,近似分岔的光线。然而这些蛛丝不是笔直的,而是有高低起伏的,风吹细丝出现波纹。蛛丝长度超过一码,从囊口向上放出分岔的丝。然后,蜘蛛突然离开木桩,一下子就无踪无影了。那天,天气相当热,没什么风,在这样的环境下,精细的蛛网并没有受到任何影响。如果是一个温暖的日子,无论我们注视任何东西投在河岸的影子,或眺望平原上远处的某个较显著的目标,就会明显地感到热空气的气流在往上升。小孩在吹肥皂泡时,也能见到这种气流上升的现象,但在门窗封闭的屋子里,肥皂泡就不会上升。因此,我认为不难理解,蜘蛛何以能向上吐丝,随后蜘蛛本身也能向上爬行。至于吐丝何以会分岔,默里先生曾试图用电流现象来做解释。曾有数次在远离陆地的海上发现同一个种的蜘蛛(不同性别、不同年龄),结有大量的蛛网,说明这一种蜘蛛可能具有通过空气航行的习性。

在普拉塔以南航行期间,我常常在船尾拴一张拖网,从而捕捞许多稀奇的生物。在甲壳纲方面,有许多奇异的前人从未描述过的属。有一种,在某些方面近似疣足虫(或近似一种蟹,这种蟹的后腿几乎长在背上,因为它们是倒挂在岩石下面的)。它们倒数第二节的关节与通常尖端是一个简单的爪不同,而是三个长度不一、像鬃毛那样的附肢,最长的一条同腿一样长。这些爪很细,爪齿排列成锯齿状,向后翻。它们的弯曲的末端是扁平的,平面上有五个极小的杯状物,其作用与墨斗鱼臂端的吸盘一样。因为它们是生活在海上的,可能需要有地方休息,我估计这个美丽又奇特的结构是用来抓住浮游水生动物的。

在远离陆地的深水中,动物数量是极少的。南纬35度以南,除了某些瓜水母以及很少几种微小的甲壳纲动物外,我再也没有捕获到任何其他动物。离海岸数英里、有大量鱼群的海水里,甲壳纲动物与其他动物的数量是极多的,但通常只出现在夜晚。南纬56度与57度之间,霍恩角以南,我数次把网拴在船尾,然而,除了极少数两个很小的甲壳纲种的动物外,一无所获。但是,在此海域,鲸鱼、海豹、海燕与信天翁(一种海鸟,白色,翼尖深色,喙长且扁),则是大量的。信天翁远离海岸何以能存活,对我来说实在是个谜。我估计,正像秃鹰,能长期禁食,一旦饱吃一顿腐烂的鲸鱼尸体之后,可以长期不吃食物。大西洋的中部与南北回归线之间的地区,麇集着许多翼足目动物(属于软体动物,最主要的特征是腹部的足发育成一对翼状的鳍。常见种类有蝴蝶螺、马蹄琥螺等)、甲壳纲与放射虫纲动物(属于原生生物界的动物,在海中漂浮的单细胞生物,伪足和骨骼大都呈放射状),以及它们的捕食对象:飞鱼(体形较小,长梭形,胸鳍发达,就像鸟类的翅膀一样,其线型的优美体态使得它在水面运动速度很快)、东方狐鲣(身体纺锤形,头圆锥形,吻钝而长,内有锐齿,尾鳍新月形,背部有暗色条纹。行动迅速,性情凶猛。鲣,jiān)与长鳍金枪鱼(体纺锤形,肥大粗壮,体背有细小圆鳞覆盖,胸部鳞片较大,形成胸甲。尾柄每侧有隆起的突出物,两侧的胸鳍特别长,尾鳍新月形)。现已弄清根据埃伦伯格的研究,无数低等的远洋动物都以纤毛虫纲动物为食。但是,在清澈的蓝色海水中,那些纤毛虫纲动物又以什么为食呢?

海上的磷光

在普拉塔河口稍南,一个漆黑的夜晚,海上景色极美,微风爽人。白天,海上到处都有白沫,如今则是泛着微微的亮光。船首劈开的波浪磷光闪闪,船尾则拖出一条奶油色的尾流。极目所望,浪尖都是明亮的,远处的天空,由于这些亮光的反射,天际线十分清晰。

我们继续朝南前进,海面极少有磷光了。离开霍恩角以后,只有一次见到磷光也不那么亮。这种现象也许同此处海域缺少有机生物有密切关联。埃伦伯格曾有一篇辉煌论文讲到海上的磷光现象,我再来说这个问题简直就是多余的了。然而也许可以补充一点——埃伦伯格所描述的被撕碎的、形状不规则的凝胶状物质,看来北半球有,南半球也有,是发出磷光现象的共同原因。这些颗粒小得可以透过薄纱,但却是凭肉眼直观就能看见的。把这样的海水注入一只平底无脚的酒杯里,晃动它,水就会发出亮光,但如把这样的海水注入一只实验室中供盛放观察物的平面皿里,就不发光。埃伦伯格说,这些颗粒都具有一定程度的过敏性。我的观察(有几次是舀来海水立刻就做的)得出不同的结果。一天夜晚我用一张网去打捞那些颗粒,让它半干,十二小时后再把网放进海水,我发现海面又一次闪闪发亮,同上次捕捞时的水面同样光亮。这一例子并不能说明颗粒会存活这么长时间。有一次,海水里放进一条水母(海蜇),直到它死去,水面始终是有光亮的。当海浪闪耀着绿色的光亮时,我认为通常是有微小的甲壳纲动物。当然,毫无疑问,有许多其他的远洋动物活着的时候也是有磷光的。

有两次我观察到距海面很深处也有光亮。普拉塔河口附近,海面上有些圆形或椭圆形的图案,直径为 2 码至 4 码,边缘很清晰,发出稳定的灰白色,周围的海水只有些许光亮。样子就像是月亮在水中的倒影,或者某些发光的物体。在起伏不定的海面上,这些图案的边缘也在蜿蜒曲折地扭动。小猎犬号从这些"图案"上边驶过,它们也未受干扰。由此我们可以推测,正是海水深处有某些动物麇集,而不是在海面上聚结。

靠近费尔南多—迪诺罗尼亚,海上的光亮闪烁起来。这种样子很像一条大鱼很快穿过一种亮光液体的效果。我已指出,这种现象在较暖地区常出现,而较冷地区则甚少。我有时会联想到:也许大气中电流的干扰作用对此影响很大。当然,连续几天的好天气之后,海水显得更亮,因为这个时候,各种海洋动物更多地麇集在一起。海水中的凝胶质颗粒使海水变得浑浊,而在所有这些实例中,光亮的出现都是由于这种浑浊海水同大气的接触,因此我倾向于认为磷光的出现是那些有机物颗粒分解的结果(有人称之为呼吸）从而使海水纯洁了。

迪 扎 尔 港

12 月 23 日，我们抵达巴塔哥尼亚高原沿海的迪扎尔港，南纬47 度。港湾伸进大陆约 20 英里，时宽时窄。小猎犬号停泊在入口数英里处，此地有一个西班牙殖民地的废墟。

当晚我就上了岸。每次登上一个陌生的地方总是有趣的事情，尤其像这一次，这是一个很有特色的地区。在某种斑岩上的一个宽阔平原，高度在 200 英尺至 300 英尺之间，在你面前展开，最最具有巴塔哥尼亚高原的特色。高原的表面是相当平坦的，由很圆的海滩圆卵石混合一些发白的泥土组成。这里那里，散布着一片一片的褐黄色枯草地，偶尔有一些低矮的有刺灌木丛。天气干爽，天空湛蓝。当你站在一块荒凉的平地上向内陆深处望去，可见到更远处有一块更高的高原，有一个急斜面与之相连，远处的高原也是同样的平坦，同样的荒芜。无论从哪个方向望去，地平线都是模糊不清的。其原因大概是高原表面的热气上升的缘故。

在这样一个地区，西班牙殖民地的命运只能如此了。一年之中大半年天气干旱，印第安人频频来袭，迫使殖民主义者放弃了建了一半的建筑，而这些建筑的式样倒还是地道的西班牙风格。在处于南纬41 度的南美洲东岸的殖民活动的结局只能以悲剧告终。"饥饿港"（Port Famine）这一地名就说明了曾有数以百计的人民在此忍饥挨饿，遭受磨难。在圣约瑟夫湾（巴塔哥尼亚高原沿海），建有一小块殖民地，一个星期天，印第安人来袭击，屠杀了全镇的人，只留下两个男人当俘虏，这两人后来还活了多年。在内格罗河，我曾同其中一人谈过话，现在年纪已经很老了。

南美野生羊驼

巴塔哥尼亚高原的动物群落与植物群落同样很有限。干旱平原地区，也许能见到少数黑色甲虫(异附节类)在那里缓缓爬行，偶尔地，一只甲虫从这边蹦到那边。至于禽鸟，见到三种食腐肉的鹰，在一些山谷中，有少数金翅雀(小型雀，羽毛栗黑色，翅膀基部和尾巴下面金黄色，翅膀上下有一块大的金黄色块斑，嘴细直，基部较粗厚)。一种鹬(huán，鸟类，体形较大，喙细长而向下弯曲，腿较长，一般生活在水边)在最荒芜的地方也并不少见。我在鹬的胃里发现有蚱蜢、蝉、小蜥蜴，甚至蝎子。一年之中某段时间，这些鸟喜欢成群结队，另一段时间则成双配对。它们的鸣声响亮而独特，像是南美野生羊驼的嘶鸣。

南美野生羊驼是巴塔哥尼亚高原上最有代表性的四足动物。它的长相雍容华贵，长长的、苗条的脖子，造型很美的腿。南美大陆上只要是气候较温和的地方，直到大陆南端霍恩角附近的岛上，都能见到它们。通常情况下，它们是一小群、一小群的群居生活着的，每群有六七头至30头不等。但在圣克鲁兹河的河岸，我们见到一大群南美野生羊驼，至少有500头之多。

南美野生羊驼通常很狂野、很警觉。斯托克斯先生告诉我，一天他通过望远镜见到一群南美野生羊驼明显是受了惊，拼命狂奔。猎人们一听到远距离传来特殊的尖叫声就知道是美洲驼正在向它们的同伴发出警告。如果猎人注意去找，就可能见到一群美洲驼排列成行，站在某个小山的山坡上。猎人要是再走近些，美洲驼就会发出更多的叫声，转移到附近另一座小山。如果，猎人凑巧遇上一头独行的美洲驼，或只有几头美洲驼，它们就会站住不动，死死地盯着猎人；然后，也许走开几步，回过头来，再死死地盯着你看。它们为什么这么害怕人？是不是它们把人误认了它们的天敌美洲狮？还是好奇心而不是胆小？它们有好奇心，这是肯定的。如果一个人躺在地上，做出一些滑稽动作，譬如双脚朝天摆动，美洲驼就会走近一些，来侦察侦察。小猎犬号上的猎人常玩这种把戏，无不奏效。接下来的"表演"就是朝天放几枪，看着美洲驼惊惶失措地逃跑。在火地岛的山上，我不止一次见到过南美野生羊驼，我向它们靠拢，它们不仅发出尖叫声，而且还腾跃起来，样子非常可笑，大概它们是在向挑战者做出自卫的姿态。美洲驼极易驯养，我在北部巴塔哥尼亚一座农舍旁见到有人在驯养。这个地方的美洲驼十分大胆，随时都有可能去攻击人，攻击的方法是从你背后用它的双膝来顶撞你。据说，公驼为争夺母驼，就以这种方式去攻击对方。然而，有一种野驼，没有自卫的概念，一条狗就能吓住它不敢动弹，直等猎人来到。在许多方面，它们的习性就像绵羊，见到一些骑马的猎人从不同方向朝它们奔来，它们就不知道该往哪里逃跑。印第安人就用这种办法很容易猎到它们。

　　南美野生羊驼喜欢水。我在瓦尔德斯港曾数次见到美洲驼从一个岛游到另一个岛。拜伦(乔治·高尔登·拜伦，1778—1824，英国著名诗人。《恰尔德·哈罗尔德游记》是他著名的长诗)在他的游记中说，他曾见美洲驼饮咸水。某些英国官员也在布兰科角见过一群美洲驼在盐湖边上饮咸水。我估计，在这个地区的某些地方，如果不饮咸水的话，根本没有淡水可饮。中午时分，它们常在地上浅坑里打滚，公驼跟公驼打斗。有一天，两只公驼悄悄地靠近我，尖声喊叫，企图咬伤对方。在布兰卡港，离海岸 30 英里处，是很少见到美洲驼的。一天，我见到一群美洲驼的足印，估计有三十头至四十头，是走向一条泥泞的咸水小溪的。它们当时一定觉察到已接近大海了。美洲驼有一个特殊的习惯。它们会连续数天把粪拉在同一个粪堆上。我见过一个大粪堆，直径有 8 英尺，驼粪堆得高高地。据 M. A. 道比格尼的说法，这一属的数个种都有此习惯。这对秘鲁的印第安人大有益处，他们把干粪作燃料，不必自己费力去收集了。

南美野生羊驼还会自己选好地点，躺下来死去。在圣克鲁兹河的河岸上，在某些隐蔽处所，通常是些灌木丛，但都靠河较近，地上满是白骨。有一个地点，我数了一下，足有十头至二十头美洲驼的尸骨。我仔细察看这些骨头，它们并不是散得很开，并没有被咬的痕迹或折断的痕迹，可见不是野兽把它们作为牺牲品叼到这里来的。这些美洲驼在临死前必定是蜷伏的，或在树丛下边，或在灌木丛的中间。拜诺伊先生告诉我，他在上一次旅行中，在加勒戈斯河的河岸上也见到过同样的情形。我还弄不清究竟是什么原因，但我见到过，在圣克鲁兹河附近，凡是受伤的美洲驼都毫无例外地朝河边走去。我还记得，在佛得角群岛的圣杰各岛，在一个深谷中，一个隐蔽的处所，我见到堆满了山羊尸骨，当时我们认为这里是该岛上的山羊葬身之处。我讲述这些琐事，因为在一定程度上，可以解释为什么一个洞穴内会有许多未受伤的动物尸骨，或都埋在一个冲积层内。

一天，查弗斯先生派出小艇带够三天的给养，以便我们考察该港较深入的部分。早上，我们根据一张旧的西班牙人画的地图，去寻找一些可供应淡水的地方。我们找到一条小溪，小溪的源头是一条涓涓细流，可是水是带咸味的。由于涨潮，我们需等待数小时才能回船。我趁此机会，向内陆方向探查数英里。平原也是由常见的沙砾组成，其中掺有泥土，这种泥土外表上看似白垩(一种白色的微细的碳酸钙的沉积物。垩，è)，但与真正的白垩质地不同。这种土壤颇柔软，因此有许多沟纹。不见一棵树，只见一头美洲驼站在一座小山顶上，正为它们的同伙放哨呢。除此以外，不见任何动物或禽鸟。一片寂静，一片凄凉。然而，身临此境强烈的感受油然而生。人们会问：这样的荒原已经经历了多长时间，还会原封不动地持续下去吗？

"无人能回答。一切都像是永恒。旷野有一条神秘的舌头，它只会说出可怕的疑虑。"(雪莱的诗句。帕西·毕希·雪莱，1792—1822，英国浪漫主义诗人。)

傍晚,我们又前进数英里,然后搭帐篷准备过夜。第二天中午,小艇搁浅了,水道中浅滩太多,无法再向上游前进。找到的水有一部分是淡水。河水含泥,水流也不大,难以猜出它的来源,很可能是科迪勒拉山脉的融雪。我们露营的地方,四周都是光秃秃的峭壁,以及陡峭的斑岩山峰。在这么个开阔的平原上,有那么一个与世隔绝的角落,我在别处还未遇到过。

印第安古墓

次日,我们回到小猎犬号停泊地,几位官员和我去寻找一座印第安人的古墓,古墓坐落在附近一座小山的山顶上。墓前有一个石台,约 6 英尺高,两块巨石,每块至少重 20 吨,安放在这个石台的前面。墓底是岩石,在石上铺了一层约一英尺厚的土,想必是从山下的平原上取来的土。土上再铺上一层平整的石块。我们下到墓穴中去,未发现任何遗物或遗骨。遗骨可能因年代久远已腐烂了(如果是那样的话,那么这座墓就要算是古董了)。我在一个地方发现一些破碎的东西,但还可以明显地分辨出它们是属于一个男子的物件。据福尔克纳说,印第安人死了埋葬以后,过些时候再去把骨殖拣回来,埋到靠近海岸的地方。这种习惯,我想大概是在马匹引进到南美洲以前,此地的印第安人的生活习惯必然与现在的火地岛印第安人的生活习惯相近,通常都会居住在海边。人死后,能躺到祖先所埋葬的地方去,会使以游牧为生的印第安人有回到老家的荣耀感。

圣朱利安港

1834 年 1 月 9 日。天黑前小猎犬号停泊在宽阔美丽的圣朱利安港,该港在迪扎尔港以南大约 110 英里。我们在此地逗留 8 天。这个地区同迪扎尔港差不多，也许更荒凉些。一天，我们一伙人，在菲茨·罗伊船长的陪同下，围着港口走了一大圈。我们走了 11 个小时，喝不上一口水，同伴中有些实在吃不消了。站在小山（我们命名它为"渴山"）的山顶上，我们望见一座湖，有两人自告奋勇去查看它是不是淡水湖。结果大失所望。所见到的是雪白的盐，已结晶成大方块！我们把极渴的原因归罪为大气的干燥。管它是什么原因吧，傍晚回到船上，大伙儿可高兴死了。尽管在我们整个考察过程未发现一滴淡水，然而，必然还有些动物在此处存活。一个偶然的机会，我在港湾内的咸水水面上发现一只鸬鹚，快死还没有死。它必定生活在距此不远的池塘里。平原上还发现三种甲虫，包括：一只虎甲（中等体形，头大，复眼突出，体背有金属光泽，非常美丽，左右鞘翅上各有三个大斑，足细长，行进速度快）（像是变种的），一只 Cymindis（半猛步甲），一只竖琴螺，这些昆虫都是生活在泥淖里，偶尔会被海水淹没；另外还有一种昆虫已死去。这就是甲虫的全部名单了。一种体形较大的苍蝇（Tabanus），数量多得惊人，它们叮咬人很疼，我们大受其祸。英国林荫道上常见的烦人的马蝇（个头比一般的蝇要大，头较大，身体表面生有许多细毛，靠吸食哺乳动物的血液为生），与此种苍蝇系同一属。这些苍蝇也同蚊子一样是靠吮吸动物的血存活的，我们困惑的是，眼下这些苍蝇是靠什么存活的呢？看来只有美洲驼。美洲驼差不多是此地唯一的热血动物，数量极多，比苍蝇的数量还多。

巴塔哥尼亚的地质结构

巴塔哥尼亚高原的地质情况是很有趣的。此地与欧洲不同。欧洲在地质第三纪时期形成，是由海湾不断冲积而成。而巴塔哥尼亚高原有长达数百英里的海岸，我们只发现一处大的沉积，其中有许多地质第三纪时期的贝壳，看来已全部灭绝。最多的贝壳是一种体形很大的牡蛎，有的甚至直径有一英尺。贝壳层的海底上覆盖着一层奇特的柔软的白石,其中含有许多石膏,有些像白垩,而实际上是轻石(浮石)。值得注意的是:从它的成分来看,其中至少占 1/10 的是纤毛虫纲昆虫。埃伦伯格教授通过对 30 种海洋形态的研究,已查明这一情况。这片海底沿海岸延伸 500 英里,可能还要长得多。在圣朱利安港,它的厚度超过 800 英尺!这些白色的海底,到处都盖着沙砾,也许是全世界最大的一个圆卵石产地。这一地层从科罗拉多河附近起,朝南延伸 600 海里(1 海里相当于 1.852 公里)至 700 海里,在圣克普兹河(圣朱利安河稍南的一条河)与科迪勒拉山脚相连接。圣克鲁兹河的中上游,地层的厚度超过 200 英尺。滚圆的由斑岩形成的圆卵石形成一条长带。我估计它的平均宽度为 200 英里,平均厚度约 50 英尺。如此巨大的圆卵石地层,还包括它们摩擦下的泥土在内,如果堆积起来,足足可以堆成一座大山脉!我们设想一下,这么多像沙漠中无数沙粒似的圆卵石,本来是从古老的海岸或河岸的岩石慢慢塌下来的石头变成碎块以后,又慢慢地不断地滚动滚圆,变成一个个的圆卵石,最后达到如此庞大的数量,需要多少岁月?所有这些圆卵石又冲进了白色的沉积层,同地质第三纪的贝壳混到一起,构成了海底。

　　这个南方大陆上的所有东西都是庞大的。从普拉塔河到火地岛,长达 1200 英里,这一大块陆地是现今的海贝生存时期内升起来的,古老的与已蚀坏的贝壳遗留着原有的颜色。上升运动至少被打断 8 次,在间歇期间,海水又深深地侵入陆地,形成高度逐渐下降的一排排断崖或急斜面,同时也就形成了不同高度的一个个平原。在长长的海岸线上,上升运动与间歇期间的海水入侵进行得很平稳。我惊讶地发现,阶梯式的平原的高度的差别竟如此显著。最低的平原高 90 英尺,最高的有 950 英尺(从海岸算起)。圣克鲁兹平原的上部有个倾斜面直抵科迪勒拉山的山脚,长度为 3000 英尺。我已说过,在现有的海贝生存时期巴塔哥尼亚已上升 300 英尺至 400

英尺。我再补充一点：在冰山把巨砾推到圣克鲁兹平原的上部期间，上升运动至少升高了 1500 英尺。上升运动不仅使巴塔哥尼亚受到影响，而且，根据 E. 福布斯教授的观点，圣朱利安港与圣克鲁兹现已灭绝的地质第三纪时期的海贝只能存活于水下 40 英尺至 250 英尺的深度内，如今都已埋进海底沉积岩层中，厚度达 800 英尺至 1000 英尺。因此，已灭绝的海贝生存时期的海底必定已下沉数百英尺，才能腾出空间容纳现在盖在其上的厚厚的地层。巴塔哥尼亚高原的海岸结构简单，但由此呈现的地质变化是何等惊人！

大型动物化石

在圣朱利安港（最近听说皇家海军上校苏利文曾在此发现无数骨化石，均埋在南纬 51 度 4 分的加勒戈斯河河岸的规则的地层中。有些骨化石相当大，也有小的，看来是一头犰狳的化石。这是一个非常有趣的重大发现）在 90 英尺高的平原上，沙砾之上有一层红色泥土，其中挖掘出一头后弓兽的半副骨骼。这是一种巨大的四足动物，像骆驼那样大。它属于厚皮动物，与犀牛、貘、古兽马同属一个部。但从它的骨骼结构与长颈来看，明显地同骆驼较接近，或者说，同南美野生羊驼更接近。在两个较高的阶梯式的平原上可见到近代的海贝壳，这两个平原一定是在泥层内埋积后弓兽以前，上升起来的。因此可以确定，后弓兽这种奇异的四足动物在海洋已生存着现有的海贝以后很长一个时期还存活着。我最初很惊奇：如此庞大的四足动物如何能在南纬 49 度 15 分、植被稀少的、荒芜的沙砾平原上还能存活这么久，但从后弓兽同美洲驼的关系来看，能在如此艰难的环境存活下来也是可能的。

美洲动物分布变化

后弓兽同美洲驼的关系,箭齿兽同水豚的关系,许多已灭绝的无齿动物同现有的树懒、食蚁兽与犰狳的关系都有一个共同之处,即显著地反映了南美洲动物的特征;而 Ctenomys(一种栉鼠)与水鳖属的骨化石与近代种之间的关系更接近这一事实又是非常有趣的。这种关系显得很奇妙。最近,伦德与克劳森把从巴西山洞中找到的许多已灭绝的澳大利亚有袋动物的骨化石带到了欧洲。在这大量的采集品中,有已灭绝的 32 个属,其中有 4 个种的陆生四足动物除外,这 4 种动物现仍生存于发现骨化石的洞穴的所属省份。已灭绝的种比现存的要多得多:有食蚁兽、犰狳、貘、西貒、美洲驼、负鼠的骨化石,有无数南美洲特有的啮齿类动物与猴子以及其他动物的化石。我毫不怀疑在同一个大陆上,已灭绝的与现存的动物间的奇妙关系,将使我们更多地更好地认识我们这个地球上的有机生物是如何出现如何消失的。

生物灭绝的原因

回顾美洲大陆的变化不感到意外和惊奇是不可能的。从前,这个大陆上必然麇集着许多巨型动物,而今我们只能见到同它们的祖先相比只能算是侏儒的同属动物。设若布丰 (1707—1788,法国博物学家,曾任皇家博物馆馆长,与人合著《自然史》44卷)知道美洲有身躯庞大的树懒与近似犰狳的动物,知道有已消失的厚皮动物,他也许会信誓旦旦地说,南美洲已失去了它的创造力而并非它从未有过巨大的活力。即使不是全部,也是为数甚多的已灭绝的四足动物曾在近代生存过,大部分已灭绝的海贝也在同时期存活过。在它们存活期间，大陆没有发生极大的变化。那么，是什么原因使许多种甚至整属的动物灭绝了呢？人们的头脑里首先涌来的必定是发生了某种大灾大难；但是，南部巴塔哥尼亚高原、巴西、秘鲁的科迪勒拉山脉，北美洲直到白令海峡，无论体大体小的动物都被摧毁了，那么，岂不是整个地球的框架都动摇了吗？再来看看拉普拉塔与巴塔哥尼亚的地质情况，便可使人相信，所有那些陆地的变化都是缓慢、渐进的变迁的结果。从欧洲、亚洲、澳洲与南北美洲的动物骨化石的特征来看，说明，适宜巨型四足动物存活的条件与全球以前的状况是相适应的。动物灭绝的原因是什么至今还未有定论。不可能是气候的改变同时摧毁了全球热带、温带与极地的所有动物。我们确实已从莱尔先生那里知晓，北美洲在冰山还未出现前就有大圆卵石的地方，存活过巨型四足动物。我们可以肯定但缺乏直接证据的是，在南半球，后弓兽也在冰山推移圆卵石时期之后长期存活。是否像有人推测那样，人类最初到达南美洲后，便毁灭了笨拙的大懒兽与其他无齿动物？我们至少必去看看布兰卡港的小栉鼠被毁灭的原因，去看看巴西发现许多老鼠与其他小四足动物的骨化石的原因。没有人会想像一场大旱灾就能摧毁从南部巴塔哥尼亚直到白令海峡每一个种的每一头动物。对于马的灭绝，我们又能说些什么呢？难道是这些平原上缺乏牧草？事实上，自从西班牙人重新把马引进南美大陆以来，马匹在这些平原上已繁育了千千万万的后代。难道是后来引进的新种吃光了它们的老祖宗的食物？我们能否推论：水豚夺走了箭齿兽的食物，美洲驼夺走了后弓兽的食物，现存的小体形无齿动物夺走了它们无数的大个子原型的食物？确实，长长的世界历史中，再也没有比大范围的多次重复的动物灭绝更震动人心的了。

然而，如果我们从另一个观点来看，也并不太奇怪。我们不应当总以为我们自己对于每一种动物的生存条件是一无所知的。我们也不应当总想着有什么因素在不断地抑制每一种有机生物增长过快，让它们停留在本来的自然状态。食物供应,从平均来说,数量是固定的,然而每一种动物的繁殖趋势可是呈几何级数的。最惊人的后果莫过于欧洲的动物近数个世纪以来,已在美洲狂奔乱跑。每一种动物如果在自然状态下繁殖,却不能在数量上有很大增长,必须是由于有某种方法加以抑制的结果。然而,我们也不能确定地指出某个种的动物在生命的哪个阶段或一年中的哪个时期或是否只是在较长的间隔期内,抑制的因素失效。再者,我们也可能还未确切弄清那些抑制力量的本质。因此,很可能我们对于以下现象会感到有些诧异:即两个生活习性很近的种,其中一个种变得很稀少而在同一地区的另一个种却为数极多;或者说,一个种在这个地区为数甚多而另一个种在另一个邻近地区为数甚多,而环境并无多大不同。如果问为什么会这个样子,回答也许是因为气候、食物或天敌的数量有所差别。我们尚难以确切指出这种抑制力量的由来以及它发生作用的过程。为此,我们可以得出结论:决定某个种的动物能大量繁殖还是很少存活的原因,通常都是微不足道的。

有某些事例,可以追踪到动物的某个种的全部灭绝或在部分地区的灭绝,乃是人的作为。我们知道,灭绝的过程是先变得越来越少,然后是消失。但我们很难公正地判定,某个种的灭绝是人的原因还是天敌数量大增的结果。某些有才干的考察家指出:在地质第三纪的岩层中,能明显地看出某种动物由不断减少到全部灭绝。经常可以发现,地质第三纪岩层中常见的一种海贝目前还生存着,但很罕见,以至人们长期以来以为它们已经灭绝。如果说,某个种的动物开始变少然后灭绝;如果说,任何动物(包括最受人喜爱的动物)增长过速总会受到顽强的抑制(我们必须承认,还很难说出何时发生、怎样发生这样的抑制);如果说,我们毫不惊讶地见到一个种的动物繁多而同一地区的另一个相近的种稀少(尽管还不能说出最确切的原因);那么,我们对于稀少前进一步就是灭绝这一规律有什么可大惊小怪的呢？变化在我们四周进行,只是我们毫无察觉而已。谁要是听说大地懒从前比大懒兽少得多,或者听说已成化石的猴比现有的猴子少得多,难道还会有什么惊诧吗？这种相对稀少的现象,应当有最清楚的证据来说明环境不利于它们的生存。承认某种动物在灭绝以前通常都是逐渐减少,对我来说,正如承认某个人的死亡是由于患病那样,丝毫不需要感到惊奇。但如果病人死得可疑,那就有可能是遭遇了暴力。

第九章　圣克鲁兹、巴塔哥尼亚与福克兰群岛

圣克鲁兹河

1834 年 4 月 13 日。小猎犬号停泊在圣克鲁兹河河口。这条河位于圣朱利安港以南约 60 英里。上次旅行,斯托克斯船长曾上溯 30 英里,因缺乏给养被迫调头返回。对这条河,我们还几乎一无所知。菲茨·罗伊船长决定这次要尽可能上溯远一些。4 月 18 日,三条捕鲸船出发了,带了三个星期的给养。总共有 25 个人,足以抵挡一群印第安人了。这天天气很好,我们乘着涨潮,行驶了一大段,不久又饮到淡水,到了晚上,已避开了潮水的影响了。

一直到我们抵达最远点,这条河的宽窄与外表都没有什么改变。河面宽度通常为 300 码至 400 码,河心水深约 17 英尺。水流急促,流速为每小时 4 节至 6 节,也许这是这条河最突出的特点。河水是蓝色的,些微带有点牛奶色,透明度不像头一眼见到它时预期的那么高。河床满是圆卵石;河滩和河两旁的平原,都铺着圆卵石。河流在山谷中曲折地向西延伸。河

谷的宽度从 5 英里至 10 英里不等,河岸呈阶梯状,逐级上升,越往远处越高,直到 500 英尺的高度;两岸状况对称。

溯 流 而 上

4 月 19 日。水流太急,以致无法扬帆也无法划桨。于是,把三条小船头尾相连拴成一线,两船之间仅两手之隔,派人上岸去拉纤。菲茨·罗伊船长安排非常妥当,进展顺利。我们全体人员分成两班,轮流作业。每班拉一个半小时。船上的官员,与职工和水手们吃同样的食品,睡同一个帐篷,每只小船独立成一个组,三只小船分成三组。日落后,我们选择一个有灌木丛的地方露营,三个组轮流做饭。菲茨·罗伊号令一下,连在一起的小艇立即停泊,担任厨师的人立即升火,有人去找木柴,另两人开始搭帐篷。艇长把物件一一从艇中取出,有人在岸上接过来送进帐篷。如此紧张有序地工作了不到半小时就诸事妥当,可以过夜了。夜间始终保持三人(其中一人为官员)值班守望,他们的职责是:看好船只,看好篝火,防备印第安人来袭。担任守望的,也由三个班来轮流承担。

这一天拉纤时间不长,因为河中小岛太多,岛上又多是有刺的灌木,夹在小岛之间的航道太窄。

4 月 20 日。我们通过了多岛的河段,航行恢复正常。航行尽管艰难,通常一天平均直线前进仅 10 英里,实际航行了 15 或 20 英里。过了昨晚的露营地之后,来到一个地方,斯托克斯船长前次正是在此地打回票的。我们望见远处有一处在冒烟,而且见到一匹死马的骨骼,我们由此知道印第安人就在附近了。第二天(21 日)上午,我们见到地上有一群马经过留下的蹄印,地上还有印第安长矛触地拖出来的痕迹,大家普遍认为昨天夜里已有印第安人来侦察过我们。不久后我们更清楚地见到地上有大人、小孩、马匹的新鲜脚印,说明这一群人已渡河去了对岸。

4月22日。地区景物依旧,只是更加乏味。整个巴塔哥尼亚高原所能制造的一种最有代表性的产品就是"千篇一律"。满是圆卵石的干旱平原上,长着一些低矮的植物;山谷中生长的同样是有刺的灌木。任什么地方都是同样的禽鸟,同样的昆虫。即使是主河的河岸、支流的河岸,也只是偶尔地见到一点点明亮的绿色。陆地受诅咒般一片荒芜,河水受诅咒般永远在圆卵石河床上默默地流。河上极少见到水禽,因为这样的河流是既无水生动物也无水生植物的。

巴塔哥尼亚高原虽然在某些方面十分可怜,然而,它有大量的小啮齿动物(据伏尔尼说,叙利亚沙漠的特点是生存有较高的灌木以及大量的老鼠、瞪羚与野兔。而在巴塔哥尼亚高原,南美野生羊驼取代了瞪羚,刺豚鼠取代了野兔),也许比世界其他任何地方都多,值得自傲。有几种老鼠有共同的特点———一双大大的薄薄的耳朵,以及质地极佳的毛皮。这些小动物麇集在山谷中的灌木丛中,除了舔舔露水外,它们几个月都喝不到一滴水。看来它们都是吃同类的———一只老鼠刚刚被我的鼠夹夹住,别的老鼠就冲上来把它吃光。还有一种体小形美的狐狸,同样为数极多,可能正是靠吃老鼠为生的。某些地方生活着南美野生羊驼,50头一群到100头一群均属常见。我已说过,我曾见到过至少有500头的一大群。美洲狮,以及秃鹰与其他食腐肉的鹰类,则是以捕食狐狸为生。河岸上,美洲狮的足印随处可见;遗留下来的南美野生羊驼的破碎尸骨,这说明它们遇上了美洲狮便是死到临头了。

玄武岩熔岩流

4月24日。就像老航海家,到了一个陌生的地方,我们总想寻找出哪怕是很细小的、能反映变化的迹象。也许漂过来一段树干,也许见到一块原始的圆卵石,都会引起一阵欢呼,高兴的程度如同见到一座森林正在科迪勒拉山脉的侧翼升起。目前,山顶上有一大块厚厚的云层,几乎在固定的位置一动也不动。这是最可靠的迹象,最终将成为真正的天气变化的预兆。最初,我们把云层错当成山峰;后来才明白是山顶积雪的水汽凝结成了云层。

4月26日。这一天,我们见到了此地地质结构变化的一个标志。从一开始,我就仔细地观察河底的沙砾,最后两天注意到有一些小小的圆卵石系蜂窝状的玄武岩。后来又见到一些稍大的,但不超过人头大小。今天早晨,这种卵石的数量忽然大大增多。在半小时的航程中,我们见到,在五六英里以外,有一座巨大玄武岩平台露出了一只角。我们赶到那个地方,见有一股泉水从碎裂的石块间汩汩流出。接下来的28英里的航程内,到处可见这些玄武岩石块。一些碎块被激流冲下三四英里远。圣克鲁兹河水流大、流速高,任何时候也不会发生横向行驶现象,由此说明这条河在航运上是非常困难的。

山谷的形成

玄武岩属于熔岩,能在海下流动,说明从前火山喷发的规模必定是巨大的。我们初遇玄武岩层的地方,岩层的厚度有120英尺。沿河上溯,岩层的层面也随之升高,岩层也更厚。距头一站40英里处的岩层,厚达320英尺。这样的厚度是否接近科迪勒拉山,我无从知晓。但是,考虑到这个台地距海平面有3000英尺高,我们就应当把它看做是科迪勒拉山脉的余脉,因此有融雪的泉水经过缓坡流入大海,水流经过的路途长达100英里。从河谷的对面来看玄武岩地层,一眼就能看出这个台地曾经是同科迪勒拉山连在一起的。那么，是什么力量把一个非常坚硬的、平均厚度将近300英尺、宽度从2英里至4英里不等的岩层断开了呢？是这条河，它虽然威力很小，连无足轻重的物件都运输不了，然而，在悠长的岁月中，它也可能凭借渐进的侵蚀作用，把岩层断开，这种力量是难以估算的。以这个实例来说，不管这个"代理人"是如何的微不足道，我们有充分理由相信这条河谷早先是大海伸出来的一条手臂。在我这部著作中无需列举具体证据来支持这个结论，只要从以下几点就可以推导出这个结论：河谷两边形成阶梯状台地的自然力；河谷的谷底从安第斯山脉附近伸展到一个巨大的海湾状的平原，平原上净是小沙丘；河床里有着海贝的贝壳。如果篇幅允许的话，我还能证明，南美洲大陆从前正是在此地被一条海峡切开，这条海峡连通大西洋与太平洋，就像麦哲伦海峡。然而，有人会问：这么坚硬的玄武岩如何能断裂出一条海峡？地质学家从前会这么说：某次势不可挡的山崩发出了巨大的破坏力。但此种假设在此不适用。因为，巴塔哥尼亚高原沿海地区，以及圣克鲁兹河谷两岸，都是同样的阶梯状平原并且地上都有海贝。任何流水的作用都不可能形成这样的结构。还须看到，除了形成这种阶梯状平原或台地外，还冲出一个河谷来。尽管我们知道，在麦哲伦海峡的窄颈处有大潮，水流速度为每小时8节，但我们必须承认，当我们回想到此地的潮水并不借助于猛烈的冲击力，只凭年复一年、一个世纪又一个世纪的漫长的侵蚀作用，终于把这个坚硬的、厚厚的玄武岩熔岩层在如此广阔的范围内侵蚀成上述的地质结构，这些难道不令我们为之眩晕吗？正是这条远古时代的海峡，海水制服了岩层，岩层崩裂成一些大块，大块又分裂成小块，小块滚成圆卵石，最后，圆卵石又分化成泥土，潮水把这些泥土传送到东西两边的大洋去。

随着平原的地质结构的改变，陆上的环境也发生了变化。当我在那些窄窄的峡谷中漫步时，我仿佛又回到了圣杰各岛那些荒芜的山谷。在那些玄武岩悬崖上,我发现数种植物是在其他地方从未见过的;还有一些植物我认为是从火地岛转移过来的。这些多孔的、能透水的岩石对于十分稀少的雨水起了水库的作用,因此,在那些火成岩与沉积岩连接的地方,出现了一些小泉(巴塔哥尼亚高原很少有),水流汩汩向前。这些小泉从较远处也能识别出来,因为泉水流经的地方就有一小簇一小簇的鲜绿色的草本植物。

4 月 27 日。河床越来越窄,因此水流越来越急。流速为每小时 6 节。水流急,再加上有许多巨大的有棱角的石块,上岸去拉纤既危险又累人。

秃鹰的习性

这一天我射杀一头秃鹰。测量后发现从左翼的翼尖到右翼的翼尖,共长 8.5 英尺;从喙尖到尾尖则是 4 英尺。这种鹰的地理分布很广,南美洲的西海岸从麦哲伦海峡沿科迪勒拉山直到赤道以北 8 度,都有它们的踪迹。从巴塔哥尼亚高原海滨地区来说,内格罗河河口附近陡峭的断岸是秃鹰最北的极限;往南 400 英尺的安第斯山脉是它们的中心居住区。再往南,迪扎尔港的光秃秃的悬崖上,秃鹰并不少见,但只有少数迷路的偶尔会飞到海岸来。圣克鲁兹河口的峭壁上常见这种鹰,沿河上溯约 80 英里,河岸已是玄武岩岩层结构处,又出现了秃鹰。从这些实例来看,秃鹰喜欢陡峭的悬崖峭壁。一年之中有大半年,它们出没在智利南部靠近太平洋的地区,夜间三五成群地栖息在同一棵树上;到了初夏时节,它们便回到险峻难攀的科迪勒拉山去繁育后代。

关于它们的繁殖习惯,据智利的村民告诉我,秃鹰是不筑巢的,它们在 11 月、12 月间在光秃秃的石头台上下两个白色的大蛋。据说,小鹰一岁以内是不会飞的;在会飞以后相当长的时间内,白天随父母猎食,夜晚随父母栖息。较大的秃鹰通常是成双配对的,但我在圣克鲁兹内陆的玄武岩峭壁上，发现一个地方聚集成群秃鹰总有20头。看二三十只大鹰从悬崖上飞起，在天空盘旋，的确蔚为壮观。从悬崖顶上积累的鸟粪数量来看，它们必定常来此地栖息与繁殖。它们在崖下的平原上饱餐了腐肉之后，便退回到它们所喜爱的崖壁上来消化食物。从以上情况来看，秃鹰同鹑鸡类的动物一样，在某种程度上应看做是群居性的禽鸟。在这个地区，秃鹰是靠食美洲驼的尸体为生，它们或许是老病而死的美洲驼，更多的则是被美洲狮捕杀的美洲驼。从我在巴塔哥尼亚高原的观察来看，秃鹰在一般情况下不会飞离它们的栖居地到很远处去觅食。

人们常常见到秃鹰飞得很高，在天空翱翔的姿势十分优美。我确信，有些时候它们这么飞舞仅仅是为了娱乐，但智利的村民会告诉你，在多数情况下，它们这样做是在注视着一头将死的野兽或正在望着一头美洲狮大嚼它的猎物。智利人知道，如果见秃鹰俯冲下来，又突然成群升空，那必定是美洲狮在驱赶这群强盗。除了吃动物腐尸外，秃鹰还常常攻击小山羊、小绵羊。牧羊犬受过训练，只要秃鹰飞过，它们就会跑出来朝天空狂吠。智利人捕杀秃鹰有两种办法：第一种办法是在平地上放一些动物腐尸，四周有木棍围住，只留一个出入口，秃鹰进入圈套，智利人立即把圈套收拢，秃鹰没有足够的空间便不能起飞。第二种办法是找出秃鹰(通常是五六只)栖居的树，到了夜晚爬上树去套住它们。我自己观察到，秃鹰睡得很死，一一套住它们并非难事。在瓦尔帕莱索，我见到有人仅以6便士的低价出售一只秃鹰，而通常的价格是8先令至10先令。我见过有人拿来一只秃鹰，用绳子捆着，身上也有多处伤。然而绳子一旦割断，尽管四周还围着人，那只受伤的秃鹰立即跳起来撕咬一片腐肉。当地一个动物园里，饲养着二三十头秃鹰(我注意到，一头秃鹰在死前数小时，在它身上寄生的虱子或别的寄生虫就都从鹰羽根部爬出来，爬到羽毛的上面)，智利人告诉我，秃鹰可以五六个星期不进食，不仅能活着，还很有活力，我无法解答其中的道理,但是如果要做这样的实验也未免有点残酷。

　　某个地方死了一头动物,秃鹰(同其他食腐肉的猛禽一样)就会立即得到这个消息,集聚起来伺机获得一餐。不能忽略的是在多数情况下,秃鹰在发现目标后,是趁兽肉还没有开始腐烂以前把肉吃光的,连骨骼上的肉都啃得干干净净。我记得奥杜邦先生(奥杜邦,1785—1851,美国鸟类学家,美术家,擅长画鸟)做过有关食腐肉鹰类嗅觉的试验,因此我在上述动物园内也做了一个试验。我把几只秃鹰分别用绳子拴着,绳子的一端系在墙根下一段树干上。我拿着一块肉用白纸包好,沿着墙来回走动,同秃鹰保持约 3 码的距离,没有引起任何注意。然后,我把肉扔在地上,距一头年老的雄鹰约 1 码的距离,它注意地看了片刻,也弃之不顾。我用棍子把这个小包逐步向前推,直推到秃鹰跟前,秃鹰用它的喙碰到小包,它立刻愤怒地把纸扯开,与此同时,蹲成一排的秃鹰也立刻扑翅骚动起来。同样的情况是骗不了狗的。食腐肉的鹰的嗅觉究竟是灵敏还是不灵敏,两种相反的观点旗鼓相当。据欧文教授阐述,秃鹰的嗅觉神经高度发达。那天晚上在动物学会朗读欧文教授的论文时,一位学者证明说他在西印度群岛两次见到人死后因未及时埋葬,尸体发臭,食腐的鹰聚集在屋顶上,在这种情况下,凭眼睛是难以见到的。另一方面,除了奥杜邦的实验与我的实验外,巴克曼先生在美国做过各种各样的试验,结果说明秃鹰也好,鹊鸡也好,它们寻找食物都不是凭借嗅觉。他把一块臭味很浓的内脏裹在一层薄薄的帆布里,布包上面盖几片肉。那些食腐肉的鹰把帆布包上的肉吃掉了,就静静地站在那里,它们的喙离布包只有 1/8 英寸,但就是不去动那个包。把帆布包打开一条缝,鹰立刻发现腐肉,把它吃掉了。接着换一个新的帆布包,包上再放点肉;鹰还是只吃包上的肉,未发现包内的肉,它们只是在包上踩了几脚。这项试验报告由 6 位学者签名作证,当然巴克曼先生不在其内。

　　每当我躺在开阔的平原上休息时,眺望天空,常常见到食腐鹰在天上飞得很高。鉴于地势十分平坦,凡是远处有人行走或骑马,超过地平线 15 度角的,要注意看就能看得见。食腐鹰飞翔的高度是 3000 英尺至 4000 英尺,我能看到的飞翔的鹰和我之间的直线距离可能要超出 2 英里。难道我会被鹰轻易地忽视吗?当猎人在一个荒僻的山谷中杀死一头野兽时,难道他不会被头顶上高空中的锐眼大鹰瞧见吗?难道天空中的大鹰那种俯冲下来的姿态不会告诉所有食腐家庭的成员——"猎物已到手了"吗?

秃鹰三三两两地在兜圈翱翔时,它们的姿势是极优美的。它们从地上升起时,我从未见过有拍翅膀的。在利马(秘鲁首都。秘鲁有一个省,也叫利马)附近,我用了将近半小时来观察几只秃鹰,目不转睛。它们在我头顶附近轻轻滑过时,我从一个倾斜的角度注意地观察它们翅尖张开的大羽毛。这些大羽毛初看是互不关联的,但只要有最微小的动作,羽毛就像是绑到了一起。它们的头部与颈部,不断摆动,看来是很用力的。伸开的双翼看来是为脖颈、身体与尾部的动作起着支点的作用。在它打算下降时,双翼会折叠起来一小会儿;再次变换倾斜度升空时,动量正来自先前俯冲的反弹,正像风筝一样。任何鸟类高飞时,动作必须足够快速,如此方能使倾斜的身体表面在空气中的作用足以抵消地球引力。保持身体在空中水平移动,鉴于摩擦力很小,并不需要多大力气,秃鹰摆动头部与颈部就能提供这样的力量。见到这么一只大鸟,一小时又一小时地不停地翱翔,飞过高山,飞过大河,似乎毫不觉得累,确实是奇妙而美丽的景观。

科迪勒拉山的大圆卵石

4 月 29 日。在一些高地上,见到偶尔从暗云遮挡中露出脸来的科迪勒拉山顶的积雪,往往引起人们一阵欢呼。接下来的几天,我们继续缓慢前进。因河流弯曲极多,河床中便遗留下来许多古老的大石块。连接河谷的平原,已高出河面约 1100 英尺,各地区有它们各自不同的特点。圆圆的由斑岩形成的圆卵石,同有棱角的玄武岩与原生岩的大石块掺杂在一起。我最初见到巨石的地方离最近的大山有 67 英里远。有一次我量了一下,一个大圆石足有五码见方,戳在沙砾堆上,有 5 英尺高,边缘多角。此处地面不如近海处平坦,而且也看不出曾有什么外来的巨力。我以为,这些大石块能从原生处转移这么长的路程到此地来,除了冰川的力量外,别无其他理论可以解释。

印第安遗迹

最后两天,我们见到了马匹的足迹,还有一些印第安人的物件,如一块斗篷残片,一束鸵鸟羽毛等等,已长时间散落在地上了。此地距印第安人最近渡河的地方已相隔很远,看来印第安人很少到这个地区来。

5 月 4 日。菲茨·罗伊船长决定小船不再上溯。河道弯弯曲曲,并且水流很急。这个地区也没有什么诱人的特色了。到处都是同样的地貌,同样的单调无味的景色。此时,我们距离大西洋已有 140 英里,距太平洋最近的海湾约 60 英里。上游河谷在此地已扩展为一个盆地,南北各有玄武岩平台,另一面则是山顶长年积雪的科迪勒拉山。遗憾的是,我们只能去猜测这些山峰的自然面貌,而不是如同我们希望的那样,站到峰顶上去考察。面包的供应已见紧张,每人只能领到半份口粮。这份口粮对普通人来说已够,但对于进行全天考察的人来说就相当不足了。希望肚子轻松点,消化好一点,说起来不错,可实行起来是很不愉快的。

5 日,日出前开始返程,顺流而下,船如箭飞,速度为每小时 10 节。这一天我们充分体会到我们为 5 天半的艰苦上溯付出了什么样的代价。5 月 8 日,回到小猎犬号,结束了为期21 天的探险活动。所有的人,除我以外,其他人都觉得不满足。而对我来说,此次探险给我提供了一个地质第三纪形成巴塔哥尼亚高原最有意义的剖面。

福克兰群岛

小猎犬号于 1833 年 3 月 1 日,后来又于 1834 年 3 月 16 日,先后两次停泊东福克兰岛的伯克利 - 桑德。福克兰群岛所处纬度同麦哲伦海峡口相近。群岛覆盖海洋的总面积为 120 地理英里 ×60 地理英里,比半个爱尔兰略大些。先后被法国、西班牙与英国占领,人口锐减。此刻,阿根廷政府已把它卖给私人,同时,也跟以前西班牙政府一样,把它作为流放地。英国人宣称他们拥有主权,为此占领了福克兰群岛。岛上负责升英国国旗的英国人经常遭到谋杀。后来又派来一名英国官员,但无人理睬他。我们到了东福克兰岛,发现他所掌管的居民中多一半是在逃的强盗与杀人犯。

什么样的剧院演出什么样的戏。一片起伏不平的陆地,一副荒芜凄凉的外表,到处都是泥炭地,到处都是干瘦的枯草,这一切形成一片单调的黄褐色。这里那里,有一些灰色的石英石的尖角或石脊从地面露出来。此地的天气,同英国北威尔士一两千英尺高的高原气候相似,但阳光更少,雾较少,风更大,雨更大。

16 日。我愿将我对此岛的短期考察作一叙述。我由两名“高乔”陪同,共六匹马,一清早就出发。气温很低,天气十分恶劣,甚至下了大冰雹。我们经受住了,但风景实在太无聊。这个地区千篇一律的是高低起伏的高沼地,地面覆盖着浅褐色的枯草与很少的十分矮小的灌木,脚下则是软软的有弹性的泥炭地。山谷中这儿那儿地见到小群的野鹅和鸭。除了这两种禽鸟外,还有很少几个品种的生物。一群小山约 2000 英尺高,系由石英石构成,山脊荒秃,不值一攀。岛的南边,是适合野生牛马生活的地区,但我们见到的野生牛马数量不多。

"高乔"猎野牛

傍晚,我们遇到一小群野牛。我的一个名叫圣杰各的同伴看上其中的一头母牛。他先把"波拉"甩出去,击中母牛的腿,但未能缠住。他又把"拉佐"在头顶上甩圆了,然后甩出去,套住了牛,经过一阵追赶,终于抓住两只牛角。另一名"高乔"已跑到前面去了,因此圣杰各费了好大劲才单独把这头凶猛的野牛杀死。圣杰各先是骑在马上的,他打算把牛赶到一个平地去,牛不愿走,那匹经过训练的马就慢跑起来,用它的前胸去猛撞那头野牛。可是,到了平地以后,一个人单独去杀死因恐惧而狂怒的野牛也是很不容易的。再者,骑手下马以后,马也一下子弄不懂主人的意图,为了既保持套索不松开,自己也要安全,马必须随着牛一起进退;马匹如果不会这样做的话,就可能一动不动地站在那里,靠在一边。好在这是一匹年轻的马,不会站着不动,但因母牛拼命挣扎,它也无可奈何了。此时,只见圣杰各拿出绝招,他半蹲下身来,悄悄接近牛的后腿,拔出刀来,一下子就戳进牛的脊椎,母牛像遭到雷击那样瘫倒在地,圣杰各砍下一块带皮的肉,没有一点骨头,足够三人短期考察之用。然后,我们三人骑马到达露营地,把连着皮的野牛肉架在火上烧烤。烧烤的方法是切下一大块圆形的肉,皮朝下肉朝上,放在余烬上去慢烤。这样,就像下面接了一个盘子,肉汁不会流掉。这顿烤肉比普通牛肉的滋味好得多,就像鹿肉的味道比小羊肉的味道更好一样。如果哪位高贵的总督来和我们同进晚餐,毫无疑问,他一定会把这种烧烤扬名伦敦的。

夜间下起雨来。第二天(17日)又有强烈的暴风雨,还带着许多冰雹。我们骑马穿过小岛,来到一个脖颈地,此条狭地把林康—德托洛(西南角最大的半岛）同岛的其余部分连接起来。从被杀的母牛数量很大来看，此地必有相当比例的公牛。这些公牛或单独或三三两两结伴成行，性格十分野蛮。我从未见过体形如此庞大的牛。它们的大头、粗脖，在希腊的大理石雕像中得到如实的反映。苏利文船长告诉我，这种公牛的牛皮平均重45磅，这样重的牛皮，在蒙得维的亚就要认为是特重的了。年轻的公牛一般见人就跑开，年长的公牛站着不动，或者向人或马冲过来，许多马就是这样被撞死或被牛角顶死的。一头年长的公牛走过一条沼泽似的小河，站在我们对面，盯住我们，我们设法把它赶走，毫无成效，只得去兜一个圈子绕过它。"高乔"为了报复，决定把这牛阉割了，让它今后不再伤人。看到这样的由技术完全掌握力量的表演，十分有趣。当公牛向一匹马冲去时，"高乔"甩出"拉佐"，套住公牛的双角，又甩出一条"拉佐"套住牛的一条后腿。公牛立刻扑倒在地。鉴于角上还有"拉佐"，这么一头愤怒的野牛，一个人来解开这根"拉佐"绝非易事。第二个"高乔"赶来帮忙，又甩出一条"拉佐"，套住牛的两条后腿。这样，圣杰各才能把他的"拉佐"从牛角上解开，悄悄上了马。此刻，第二个"高乔"稍往后退，松开绳索，"拉佐"从后腿上退下来。公牛慢慢站起，摇了摇身子。

福克兰野马

整个旅程，我们只见到一队野马。这种野马，还有家养的牛，都是法国人在1764年引进来的。从那时以来，野马和牛都有了大量增长。一个奇怪的事实是，野马从不离开岛的东端，尽管东西部之间并无天然屏障阻止它们漫游，并且东部也不见得比其他地区更诱人。我问"高乔"，他们也回答不了这个问题。想到的理由只有一条：马习惯于老地方。我非常好奇想弄清楚的是：岛上放牧大有余地，也没有天敌，野马的发展何以这么缓慢？在一个范围有限的岛上，一些抑制力量或迟或早总要伴随产生，这是不可避免的。可是，为什么野马的发展受到抑制比野牛受抑制大得多呢？苏利文船长对此也困惑不解。我雇用的"高乔"把它归因于牡 [雄性的。与"牝"(pìn,雌性的)相对] 马。牡马不断地走来走去寻找母马，强迫母马来跟它做伴，还不许母马带的幼马跟随。一名"高乔"告诉苏利文船长，他曾用了整整一个小时观察一匹牡马暴烈地踢咬一匹母马，迫使母马丢开幼马，听从牡马的摆布。苏利文船长确实好几次见到死去的幼马，但他从未见到过一头死去的小牛。再者，成年野马的尸体也不少见，比牛要多得多，似乎是由于疾病或意外事故。由于土地较软，马蹄常常长得很长，这样就容易使马跛行。马毛的颜色，几乎都是红棕色夹杂着白色或铁灰色。无论是家养的马或野马，体形都较小。当地花费巨大的代价从普拉塔进口新品种马。未来某个时期，南半球也许会有自己繁育的福克兰矮马，正如北半球繁育出设得兰矮马(设得兰群岛属英国。苏格兰郡的原郡名亦称设德兰，或译谢特兰。设得兰种马是培育出的名贵马)那样。

同马的退化相反，牛的数量大增，比马的数量多得多。苏利文船长告诉我，此地的牛在体形上，在牛角的形状上，都比英国的牛要小得多。毛色也相差很大。奇怪的是，这么个小岛上，地区不同，牛的毛色也就不同。在乌斯蓬山周围，海拔 1000 英尺至 1500 英尺处，大约一半的牛群是鼠皮色或铅灰色，这种毛色在该岛的其他地区极为罕见。普莱任特山附近，牛的毛色主要是褐色。在苏瓦瑟尔海峡(此一海峡几乎把该岛一分为二)以南地区，最普通的毛色又成了黑头、黑足；也能见到一些全身黑毛，夹有斑点的。苏利文船长说，流行色的差别十分显著，以至在普莱任特港附近去寻找牛群，远距离看去，只见一片黑点子；而苏瓦瑟尔海峡以南地区的牛群就像是山坡上的一些白点子。苏利文船长认为，此地的牛群从不混杂，因此毛色的区别很分明；还有一个奇特的实例：鼠皮色的牛，尽管生活在高地,却比生活在低地的牛早生小牛约一个月。有趣的是:家养的牛如果有三种毛色的话,只要不去打扰,再过几百年,最终完全可能只剩一种毛色,这种毛色会取代其他毛色。

兔　子

兔子是另一种由外面引进来的动物,发展迅速,为数极多。然而,也同马一样,兔子也局限在某些地方。它们从不越过中央山脉,甚至不扩展它们的基地。有位"高乔"对我说,兔子不开拓殖民地。我原以为,这些本来生长在北部非洲的动物难以忍受此地如此潮湿的气候,见到阳光的时间这么少,小麦也只能偶尔成熟。可以确信,瑞典的气候也要比此地的气候要好些,但兔子不能在瑞典的户外存活。再者,最初引进兔子还须对抗早已存在的天敌——狐狸与某些大鹰。法国博物学家认为黑色兔子变种是一个难得的品种。牧民们嘲笑说,黑毛色同灰毛色没有什么不同,还说,黑毛色的不会比灰毛色的繁殖更快。实际上,这两种毛色的兔子总是混杂在一起,它们喜欢交配繁育,生出了黑白花斑的后代。我现在有了这种样本,它们的头部已不同于法国原先引进的品种。这个例子说明,博物学家在创造新品种时应十分小心。

岛上唯一的四足动物(然而,我有理由猜测此地有田鼠。同欧洲一样的普通老鼠也有。还有猪以及公野猪,公野猪有巨大的长嘴,十分凶猛),是一种体形相当大的像狼那样的狐狸。东福克兰岛与西福克兰岛上,都很普遍。我毫不怀疑,这是一个特殊的种,并只生存于这个群岛。因为,捕海豹的人、牧民、印第安人,到过此处的,都说南美洲其他地方从未见到过这种动物。

像狼的狐狸

在诗人拜伦的作品中,说这些像狼的狐狸很顺从,并有好奇心。可是水手们碰上它们,以为它们很凶恶,都纷纷往水中逃避。有人见过,它们曾钻进帐篷去,从熟睡的水手的枕头底下拽出一些肉来。"高乔"常常一只手拿块肉引诱它们,另一只手握着刀,轻易地把它们杀死。它们的数量在急剧下降。现在,半个岛的地区已无它们的足迹。不出数年,在这些岛屿开发以后,这种狐狸很可能同渡渡鸟(渡渡鸟原产于毛里求斯,现已灭绝)一样,成为已从地球上消失的动物。

骨头生出的火

1834 年 3 月 17 日。晚上睡在舒瓦瑟尔海峡顶端,那里是一个半岛。山谷挡住了冷风,但是无处去弄树枝来生火。使我大为惊奇的是"高乔"居然发现附近有"炭"——那是最近被杀的一头公牛,肉被食腐鹰啃光了,骨架还在。"高乔"告诉我,他们在冬天常常杀死一头野兽,用刀子把骨上的肉都剔下来,然后用骨头点火来烤肉,做一顿美味的晚餐。

18 日。几乎整天下雨。到了晚上,无论如何要用马衣做铺盖,以避免着凉。可是这个地方近似一个泥塘,骑了一天的马,连找个干的地方坐坐也办不到。我曾在另一章节讲到,十分奇特的是,这些岛上不长一棵树,而火地岛却覆盖着一座大森林。这个岛上最大的灌木丛只有英国的荆豆(长青灌木,高约 60 厘米至 120 厘米。茎圆柱形,直立,多刺,花黄色)那么高。可作燃料的最佳材料是一种绿色的小灌木,只有普通壁炉这么高,还在青绿新鲜时就能燃烧生火。见到"高乔"在雨中什么东西都打湿的条件下,用一只火绒盒、

193

一片破布，就能立即生一个火，实在是让人惊讶。他们从草皮下面、灌木丛下面，搜寻一点干枝，把它们揉碎，然后四周围上一些稍粗些的枝条，就像筑成一个鸟巢似的，再把破布用火绒点着，扔进"鸟巢"的中心，上面盖起来。把这个"巢"举起来，迎着风，"巢"就开始冒烟，烟越冒越多，最后爆出火焰。恐怕再也找不出其他办法能用这么潮湿的东西成功地生一个火了。

19 日。由于前两天骑马时间不多，我感觉到身子发僵。听"高乔"们说，他们几乎从孩提时代开始，就生活在马背上，现在如果一两天不骑马就浑身难受。圣杰各告诉我，他曾生病，蹩了三个月没出门，病好了去猎野牛，第二天两条腿发僵得那么厉害以至于不得不再躺下。这说明，"高乔"骑马也是很损伤肌肉的。在这里的沼泽地猎杀野牛很不容易。"高乔"们说，必须全速奔驰，才能穿越沼泽，放慢步子是穿不过去的，这与一个人要滑过薄冰就必须快速是同一个道理。在狩猎的时候，参与的人要尽可能接近牛群又不致被野牛察觉。每个猎手都带着四五副"波拉"。猎手把一副副"波拉"甩出去，套住了牛就不管了，过几天，等到野牛因饥饿、挣扎变得疲劳后，才从牛身上解开"波拉"，把它们赶到一群已驯服的牛群中去，这群驯服野牛正是为这目的赶过来的。那些又饥又乏的野牛有了"教训"，再也不敢离开牛群，很容易被驱赶到当地人的居住地。

天气还是那么坏，我们决定加快步伐，计划天黑以前回到船上。由于连天大雨，地面积水严重。我的坐骑至少滑过十几次跤，有时六匹马在泥淖中跟跟跄跄地挤到了一起。所有的小溪的河岸都是柔软的泥炭，让马跃过小溪去而不滑倒是非常困难的。老天为了让我们吃够苦头，我们还不得不越过一条海水沟，水深同马背相齐，由于风大，水上还起了浪，浪扑上我们全身，浑身湿透，冰凉彻骨。即使是铁打的"高乔"，经过这段经历，回到居住地后也承认自己的心情大不一样了。

"石　　流"

这些岛屿的地质结构一般来说是比较简单的。较低的地区,是黏土—板岩—砂岩结构,其中有动物骨化石,很接近(但不完全相同)于欧洲的志留纪(即志留纪岩石。因志留纪岩发现于原志留人居住地,故名。志留人是在罗马征服时期居住在英国威尔士东南部的一个古代不列颠人部落)结构。小山的结构是白色的颗粒状的石英岩。这一地层常常十分对称地拱起,因此显得很奇特。珀尼底曾有几页论文谈到鲁因斯山,这是一种连续相接的地层,他把它比做竞技场的看台。石英岩在早先必然是有点像糨糊,所以在弯弯曲曲的移动中并未碎裂。石英岩是极缓慢地渗进砂岩的。可能石英岩由于它的成因,在穿过砂岩时,发出大量的高热,变成胶黏的半流体,冷下来后便成了结晶石。它还在柔软状态时,必定被推动前进,压在了层底。

岛上许多地方,山谷间也有一大块一大块带角的石英岩堆成样子很特别的金字塔,电成"石流"。自从珀尼底来过以后,每个来此旅行的人都以惊讶的口吻提到这种"石流"。这些大块石英岩都并非水蚀成的,角尖有点钝,大小不等,有直径 2 英尺到 10 英尺的,甚至有比这大 20 倍的。无法测定它们的厚度,但可听到小泉沿着石缝滴下去,距离有好几英尺。真正的深度很可能是难以测量的,大石块下部的缝隙很久以前必然已填满了沙子。大石块"河面"的宽度不等,狭处几百英尺,宽处有一英里。泥炭似的土地一天天从两边往"石头河"中心方向蚕食,有些大石头也被挤到一起来了。伯克利海峡南边的一个山谷,有人称之为"大石块山谷",必须有一个长半英里的传送带,才能从这块大石跳到另一块大石。这些石块如此巨大,以致下大雨时,完全可以站到它们下边去躲雨。

巨大力量的结果

这些大石块有个突出的特点便是有小小的倾斜度。在山坡上,我见一些大石块有 10 度(离地平面)倾斜度。在一些水平的、宽底的山谷中,倾斜度仅仅刚能察觉。在这么一个高低不平的地面上无法测量角度,不过,也能给你一个大致的印象,可以这么来说,这样的坡度不会给英国古老的马拉邮车带来影响。有些地方,山谷中的"石流"不断往上延伸,甚至一直延伸到小山顶。山顶上的大石块,有的大如一座小房屋,像是头朝前停在半路上,两边各有一个弯曲的地层左右拱卫,就像一座坍塌了的古代教堂。解释这种巨大威力形成如此后果的过程,恐怕会有多种推测。不过,我们可以想象,最初的白色熔岩流从山上多处往山下流,当冷却后凝结下来时,受到某些巨大的震动,因此成了金字塔形的大石块。"石流"这个词,传达了这样的概念。这种景象,同多圆形结构的邻近小山形成强烈对比。

我很有兴趣地在一个海拔约 700 英尺的山脊上发现一块拱形的大石块,拱形部分挨着地,也可以说是倒坐在那里。难道是风把它吹倒的? 或者,更可能的是,此地从前还有一个更高的山脊,当山脊上升时,这个大石块就翻转成了现在这姿势? 这些山谷中的大石块既不是圆的,石块之间也没有沙子,我们可以推论,发生强力影响的时期,必然是在陆地升出海面之后。从这些山谷的横断面来看,谷底差不多是平的,或者朝两边略微上升。因此,大石块初看起来是从山谷的上部滚下来的;但实际上更可能的是由于一个巨力的震动,从最近的坡上猛跌下来的。

1835 年,智利的康塞普西翁发生过一场地震,当时地上的小东西弹跳起数英寸高。那么重达几十吨的大石块在这种情况下,会不会像一块木板上的沙子那样,跳起来并向前移动呢？我在安第斯山脉的科迪勒拉山见到一些证据证明,一座座大山可以碎裂成像面包片那么薄的石片,地层也呈垂直方向上抬。但是,从没有像"石流"这种景象能让我强烈地想到这是一种大震动,历史记录上还找不到同样的例子。知识的发展可能会在某一天对这种现象做出清楚的解释,正如点缀在欧洲平原上的漂砾何以会移动如今已有了解释。

企　　鹅

我还没有多讲这些岛上的动物。前面我已描述过食腐鹰。此外还有另外的一些鹰、猫头鹰以及一些体形较小的陆地禽鸟。水禽特别多,一定是很久以前由航海者带来的。一天,我见到一只鸬鹚正在戏耍它捉住的一条鱼。鸬鹚先后连续8次把鱼放归水里,自己再潜入深深的水中把鱼叼出水面来。在动物园,我见到一头水獭也在这么着耍弄鱼,像猫戏老鼠一样。我不知道还有什么别的例子说明大自然具有这种存心的残酷。另一天,我在水边,见到一只企鹅,研究它的生活习性颇为有趣。这是一种勇敢的鸟,我朝它走去,它向后退,边退边作抵抗状,一直退到海边,它还向我摆出进攻的姿态,逼我后退。它是得寸进尺的,挺直身子坚定地站在人的面前,只有重重地给它几下,才能阻挡它向人进攻。它还会不断地把头左右摇摆,装出一种怪怪的模样,显出很神气的样子。这种企鹅一般叫做"公驴企鹅",因为当它在岸上时,常常把头别转过来,发出一声很响的叫声,就像驴叫,因此得名。在海中,如未受到干扰,它会发出一种低沉、庄重的叫声,人们在夜晚常能听见。在潜水时,它的短小的双翼起到鱼鳍的作用；在陆地上,双翼又成了它的前腿。爬行时,你也可以说它是用四条腿在爬。在穿越草丛或在峭壁长草的壁侧爬行时,它的动作异常迅速,很容易被误认为是四足动物。它在海中捕鱼时,为了呼吸,就要蹦出水面来,然后又立即潜入水中,任何人头一眼见到这种景象一定以为是一条鱼为了运动往水面蹦。

野 鹅

福克兰岛常见两种鹅。一种是山地鹅,往往成双成对或三五成群,随处可见。它们在小岛上筑巢,估计是为了躲避狐狸。也许出于同样原因,它们白天相当温顺,夜晚就变得很凶,这些鹅只吃蔬菜草果。

另一种是岩鹅,生活在海滩的岩石上,在南美洲的西海岸很普遍。在火地岛的幽静沟渠里,毛色雪白的雄鹅一律由毛色较暗的配偶陪伴着,相互紧靠,站在岩石顶上,成为该地的一大景观。

在这些岛上,还有一种体形较大、呆头呆脑、似鸭又似鹅的禽鸟,有的体重竟达 22 磅,数量极多。鉴于它们特殊的划水与泼水姿势,从前被人们称为“赛马”,如今被更贴切地称为“汽船”。它们的双翼太小太弱,无法飞行,但有这双小翼的帮助,它们能在水上半游半蹦,行动极为迅速。这种样子就像家养的鸭当有狗在后面追逐时拼命逃跑的姿势。我差不多可以肯定它们的双翅是轮流拍动而不是像别的鸟那样同时拍动的。这些呆头呆脑的鸭子在划水时发出一种吵闹声,声音十分奇特。

这样,我们就在南美洲发现三种禽鸟,它们的翅膀都不是用来飞的:企鹅是用翅膀来当鳍的,“汽船”是用来当桨的,鸵鸟是用来当帆的。而新西兰的无翼鸟与它已灭绝的原型恐象属,则只有已退化的象征性的双翼。“汽船”只能潜水很短距离,它们靠食水生贝壳类动物为生,因为要用喙来喙开贝壳,因此它们的头与喙十分发达。它的头如此坚硬以至我用勘察锤都几乎锤不开它的脑壳。船上的猎人们很快发现这种“汽船”鸭子的生命力很强。夜间,这些鸭子聚在一起发出怪怪的“合唱”声,近似热带地区的牛蛙的叫声。

"多丽丝"的卵

在火地岛以及福克兰群岛,我曾对低级海洋生物作过许多观察。我在观测一条白色的"多丽丝"海蛞蝓(这条蛞蝓很大,长 3.5 英寸)时,发现它的卵数量极多,使我惊讶。2/5 的卵(每个卵直径为 3/1000 英寸)藏在一个半圆形的小壳子里。这些卵排成横向的两排,形成一条带子。这条带子的边粘在岩石上,成为一个椭圆形的螺旋体。其中一个螺旋体长度近 20 英寸,宽度为 0.5 英寸。我数了每一排的 1/10 英寸中有多少卵,同样长度的带子又有多少排,按保守的算法,共有 60 万个卵。这种"多丽丝"海蛞蝓并不多见。我常在石下寻找,只找到 7 条。可见,博物学家认为某个"种"的动物的数量取决于它的繁殖能力的说法,实在是个谬论。

复 合 生 物

此外,我只想讲讲植物形动物纲中某些器官较发达的部。其中有些属(分胞苔藓虫属、克神苔藓虫属、壳苔藓虫属、编织苔藓虫属及其他)都有独特的可运动的器官(就像欧洲海洋中发现的纺织苔藓虫属的鸟头种)与其杯形座相连接。在大多数实例中,这一器官很像秃鹫的头,下半个喙比普通鸟的喙张得更大。由于脖颈短,头部很有力。有一种植物形动物,头是固定的,下颚可以开合;另有一种,代替下颚的是一个三角形羽冠以及一个很漂亮的活板门。大多数种,每一个头各有一个杯形座,也有一些种,有两个杯形座。

这些珊瑚藻枝状体末端新长成的杯形座含有相当不成熟的息肉,"秃鹫头"就是连在息肉上面的,这些息肉虽小,却是在各方面都十分完善的。如用一根针挑去杯形座上的息肉,这些器官看来毫不受影响。如从杯形座上把"秃鹫头"切掉,下颚仍可开合。也许结构最独特的地方是,如果一根枝上有两排以上的杯形座,那么,中心的杯形座便会有附肢,这些附肢(节肢动物特有的结构,发育后期部分转化成不同功能的器官)只有外面的杯形座的1/4 大小。不同的种,动作大小便不同,而有一些我从未见它们有动作。有一些,下颚通常张得很开的,前后摆动大约 5 秒钟一个来往;有一些则摆动较快些。如用一根针去触碰,喙部通常会紧紧抓住针尖,整个枝状体也可能摇动。

这些附肢同产卵或产生胚芽没有关系,因为它们是在杯形座末端长出枝形体以前形成的。它们的动作不依赖息肉,看不出同息肉有任何关系。至于为何外面的息肉与中心的息肉大小不一,我认为主要是它们的功能不同,与其说同杯形座内的息肉有关,不如说同枝形体的角状茎轴有关。海笔(海鳃)尾端新长成的附肢,从总体来说,形成植物形动物的一部分,正如树根形成整棵树的一部分,而不是个别的花、叶的一部分。

另一种漂亮的小珊瑚藻(克神苔藓虫属?),每个杯形座有一根像是长牙的硬毛,有助于快速行动。每根硬毛、每个"秃鹫头"通常都是独立动作的,但有时,一根枝形体的两边,有时是单边共同动作;有时是逐一地做同一个动作。这些动作可以看做是植物形动物在完美地传达它的意图,虽然植物形动物系由数以千计的息肉组成,而其动作一如某个单个的动物。这个例子与海笔没有什么不同。海笔受到碰触后,便会钻进海滩的沙堆里去。我还想再举一个动作划一的例子,尽管本质上很不相同。这是一种与美螅属(美螅属生物属于腔肠动物门、软水母目的生物,水螅群体不分支或稍有分支。螅体具长柄,柄上有环纹。水母体半球形,有 16 条缘触手)很近的植物形动物,结构简单。我在一个盛海水的盆中放一大簇这种植物形动物,天黑以后,就见它们发出强烈的绿色磷光，我从未见过这么漂亮的东西。最突出的是，这种绿色的闪光总是先从底部发亮，逐步上升到顶端。

我对考察这些既是植物又是动物的复合生物有很大兴趣。还有什么比见到一种像是植物的动物能产卵、能游泳、能选择附着的场所更有趣？在它们选好附着的地点后，便会长出"树枝"来，每根"树枝"蜷伏着无数的动物体，结构经常是很复杂的。这些枝形体有时具有能动作的器官，并且独立于息肉。在一个共同的"树干"上，单独个体群的行动如此一致，令人惊讶。如同必须将每一棵树的芽体看做是个别的植物。因此，一个具有嘴、肠子与其他器官的息肉，顺理成章地应被看做是一个个体，而一个叶芽的"个体性"则不易被发现。因此，在一个共同体上的各个个体的联合一致的现象，在珊瑚藻比较明显，而一棵树就不那么明显。我们关于复合性动物的概念，尽管它的个体性在某些方面不完全，但还应补充一点，即它具有再生性：用一把刀子把它切成两半（或自然力量把它一分为二），再生的特性使之成为两个个体。植物形动物中的息肉，或者一棵树上的芽体，也可以看成是个体分割还不完全的例子。但是，可以肯定的是，拿树的例子来说，用珊瑚藻的类似特点来判断，由芽体繁殖出来的个体，比由卵或种子繁殖出来的个体，彼此间关系更密切。如今可以很有把握地证实：由芽体繁殖出来的植物，共享一个共同的生命；并且，它们彼此相似。由芽体繁殖，或由压条、嫁接繁殖出来的植物，母体特有的、大量的特色都可以确定无误地遗传下去，而种子繁殖则从不再现或只是偶尔地再现这些特色。

第十章　火地岛

初访火地岛

1832 年 12 月 17 日。讲完了巴塔哥尼亚高原与福克兰群岛的考察，如今我将讲述首次火地岛之行。中午刚过，我们绕过圣地亚哥角，进入著名的勒迈尔海峡。当我们刚靠近火地岛的海岸，崎岖的、荒凉的斯塔腾兰的轮廓就在云端隐约可见。中午，我们在成功湾停泊。进湾时，我们有一种即将成为蛮地居民的自豪感。一群火地岛印第安人在一个突出在海中的小岬上的森林边半露半藏，我们的船舰经过时，他们蹦起来，挥舞破烂的斗篷，发出一阵阵响亮的呼喊声。他们在岸上随着船跑。天黑以前，我们见到他们那里生起了火。又听见他们狂野的呼叫声。港口的水质很好，群山环抱，山上树木茂盛。头一眼看去，就知道同我此前见到的景物大不一样。晚上，刮来一阵大风，从山上刮到我们头上的风尤为猛烈。这种时候在海上停泊可不是个好机遇，可是我们还得叫它是"成功湾"。

在成功湾同"野蛮人"会面

次日清晨，船长派出一组人去同火地岛印第安人接洽。火地岛印第安人在欢呼声中迎接我们的人。他们共有四人，其中一人向我们大声呼叫，指引我们在何处登陆。我们上岸以后，火地岛印第安人显得十分警觉，但继续同我们边做手势边讲话，话说得非常快。我未曾预料会遇上这种最有趣、最令人好奇的场景。我从未想到，"野蛮人"同文明人之间的差别竟有如此之大，我想是超过了驯养家畜同野兽之间的差别。主要发言人是一位老者，看来是一家之长。其他三人是健壮有力的年轻人，身高6英尺。妇女和孩子都送到别处去了。这些火地岛印第安人同西边的印第安部族很不一样。他们看来同麦哲伦海峡的巴塔哥尼亚人还较相近。他们身上穿的只是一件南美野生羊驼毛皮做的披肩，毛面朝外。披肩往往不能遮挡全身。他们的肤色是一种灰暗的赤铜色。

老人头上箍着一顶白色羽毛编成的束发带，头发是黑色的，蓬松不整。脸上画着两条横道：一条是鲜红色的，从左耳直画到右耳，上嘴唇也包括在内；另一条平行的横道是白色的，在红道之上，因此眼睑也成了白色的。另外三人中有两个人脸上有几条黑线，看来是用炭来画的。这几个人的扮相真有点像是舞台上演出的魔鬼。

他们的态度是战战兢兢的，表现出震惊、惶恐，并有一种不信任感。我们向他们赠送了一些红布，他们马上围在了脖子上。这之后，立刻变成了好朋友。老人拍拍我们的胸脯，发出一种咯咯的声音，就像我们平时喂鸡时发出来的声音。这就是他们做出的友好表示。我跟着老人走，他多次重复这样的举动，包括重重拍了我三下，拍胸的同时还拍背。然后，他露出自己的胸脯，要我也做同样的动作。我照办了，他显得非常高兴。他们的语言，含混不清。库克船长把这种语言比之为一个人漱喉咙，当然欧洲人漱喉咙时也不会发出这么多的粗哑的咕噜声以及咔哒咔哒的声音。

他们是十分出色的模仿者，无论我们咳嗽、打呵欠或有什么动作，他们立刻就模仿。我们当中有一个人眯了一下眼，一个年轻的火地岛印第安人（他的脸涂成黑色，双眼处有一条白带）立刻学着做，但做出来的是一个更难看的怪相。他们还模仿我们说话，有些单字发音相当准确，而且有时只能记住一会儿。欧洲人想从外国语言中分清单字十分困难。我们当中，没有谁能从美洲印第安人说的一句话里听清三个字。看来,所有的"野蛮人"(在非凡的程度上) 都有模仿的能力。据说,卡菲尔人(南非班图人的一支) 也有同样的习惯。澳大利亚土著人也以善于模仿出名。这种现象应如何解释?是否处于野蛮状态的人比文明人的感觉更敏锐?

我们的人唱起一支歌来,火地岛人吓得不知所措。他们见我们跳舞也同样地大吃一惊。他们并不指责欧洲人,但他们显然害怕我们的武器,绝不敢用手来触摸我们的枪。他们向我们要刀,但语言不通。

菲茨·罗伊船长的土著人

在上一次 1826 年至 1830 年小猎犬号的探险旅行期间,菲茨·罗伊船长抓住一帮"野蛮人",作为损失一条船的赔偿,那条船被受雇用的当地人偷去了。另有一个小孩,菲茨·罗伊船长用一个珍珠纽扣的代价买来的,船长把小孩也带回英国。他自己出资让他们接受教育,并让他们信奉基督教。船长决定把这几个人送回他们自己的家乡,这正是他领导这次旅行的主要原因之一。在海军部决定派出这次考察队之前,菲茨·罗伊船长自己慷慨地租了一艘船,本打算亲自把他们送回来。有一位名叫马修斯的牧师陪伴这几名土著人。菲茨·罗伊船长曾著文对这位牧师及土著人作过充分的、卓越的叙述。有一个土著人因出天花死在了英国。现在在船上的印第安人有:约克·明斯特、杰米·巴顿、富吉娅·巴斯克特。约克·明斯特已是成人,个矮,体壮,性情孤僻,沉默寡言。他对船上有些人很友好,感情强烈,他也较有知识。杰米·巴顿受到大家的喜爱,他比较热情,从他脸上的表情就可以充分说明他的好性情。他总是开开心心的,常常大笑,对别人的痛苦特别同情。风浪大时,我常有一点晕船,他常走过来看我,用一种怜悯的口吻用英语说:"可怜的人! "他是在海上生活惯了的,所以对有人会晕船觉得很可笑,有时会偷偷转过脸去悄然一笑,然后又回转头来说:"真可怜,真可怜!"他有爱国心,喜欢赞扬自己的部落、自己的国家。但他能说的仅仅是"那里有许多许多的树"。他贬低其他部落。他还说,在他们国家,是没有魔鬼的。杰米是矮个子,肥胖,有虚荣心。他经常戴手套,头发修剪得很整齐,擦得很光亮的皮鞋上没有一点污垢。他喜欢照镜子。一个从内格罗河来、讨人喜欢的印第安小男孩上船不久就发现杰米这个习惯,因而嘲笑他。杰米对这个小男孩心怀嫉妒,常用一种藐视的口吻摇摇头说:"小云雀!"最后一个人——富吉娅·巴斯克特,是一个性情温和、内向的年轻姑娘,常有一种使人高兴但有时闷闷不乐的表情。她学习知识很快,尤其善于学习语言。她能说一些葡萄牙语与西班牙语,对英语也懂得不少。约克·明斯特在大家关注这个小姑娘时,表现出很嫉妒——很明显,他打算回到老家后,就同她结婚。

尽管三个人都能听懂也能说不少英语,但想从他们身上了解他们家乡的民情风俗却十分困难。一方面,他们对英语的理解有限;另一方面,他们是孩童时期离开家乡的。他们的目力极佳,大家都知道,水手通过长期实践,看清远方某个目标的能力大大高于习惯于陆上生活的人。而约克与杰米两人的目力更胜过船上所有的水手。好几次,他们俩人说远处一个目标是什么东西,别人不相信,后来通过望远镜去看,都证明他们说对了。他们颇为此自豪。

我们上岸后,见到当地"野蛮人"对待杰米·巴顿的态度,相当有趣。他们很快看出杰米和我们不同,立即相互交头接耳地谈论此事,老人对杰米说了一长串话,像是在高谈阔论,意思要杰米留下来同他们生活在一起。可是杰米对他的话只能听懂很少一点,再则,杰米也看不上他的同胞。后来约克·明斯特上岸来,当地人又注意到他与我们不同。他们对他说,他应当把胡须刮掉,虽然他还没有几根胡子,而我们都是乱蓬蓬的大胡子。

他们查看约克·明斯特的肤色,并同我们作比较。我们中有个人的衣袖是挽起的。他们看到白人的肤色,惊讶之至,羡慕之至。火地岛印第安人当中那个个子最高的男青年,见到别人注意看他的身材,洋洋得意。船上的水手同他背靠背比高低,他总要站到一块较高的地方上,甚至踮起脚跟。他还张开嘴巴让大家看他雪白的牙齿;还把头转过去让人家看他的侧面。他做这些事欣然自得,似乎是再自然不过。我敢说,他一定以为他是火地岛上最俊的美男子。

森 林 景 观

第二天,我设法找出一条路深入该岛。火地岛也许可以被形容为山地,岛的一部分淹没在大海里,因此,原来是山谷的地方,便成了深深的港湾与入海口。除了西边有滩地外,其余地区都覆盖着茂密的森林。1000英尺至1500英尺以下的山坡上都是森林,接上去是一条泥炭地,有一些低矮的高山植物,再往上去,便是长年积雪的山顶区了。金船长曾在麦哲伦海峡测量过,山顶为海拔3000英尺至4000英尺。要想找出一英亩的平地都是很困难的,我是在靠近饥饿岛的地方见到过一小块平地,戈里鲁兹附近还有一块较大的平地。这两块平地,以及所有别的地方,地面上都盖着一层厚厚的、多沼泽的泥炭地。甚至在森林中,土壤都含有腐烂植物,再加吸收了充分的雨水,人踩到上面去,往往要陷进去。

眼看无望找出穿越森林的路径,我便沿着一条泻洪的山路走去。最初,因常遇瀑布,并有不少枯树挡路,几乎无法前进。后来小溪变宽,路较好走。我在溪旁的碎石上攀缘前进一个小时。好在绚丽的风景足以补偿我的辛苦。

小溪的两边,都是形状不规则的石块和折断的树。有些树虽然仍直立

着,但树心已烂,随时会倒下来。已倒下的树同生意盎然的树纠缠在一起,
使我想起这正是热带森林的特征,然而也有些不同之处:在这种与世隔绝
的地方,"死亡",而不是"生命",才是主宰的精神。我来到有一个大滑坡
的地方,沿着坡边的小路攀登,到达一个高处,在此可以见到四周森林的美
景。主要的树种是山毛榉属的桦木,还有一些山毛榉属的其他种以及越冬
的金鸡纳树(小型乔木,椭圆形披针状的绿叶对生,光滑无毛,圆锥状花序顶生或腋生,气味芬
芳),数量不多。这种山毛榉常年不落叶,叶片的颜色是棕绿色又带一点黄
色,实属罕见。因此,这里的景色便以此种颜色为主,呈现出一片暗淡的色
调,即使阳光充足,也难以改观。

12月20日。港口的一边有一座小山,高约1500英尺,菲茨·罗伊船
长给这座小山命名为班克斯山,以纪念班克斯爵士的灾难性的考察,这次
考察使两名队员牺牲,索兰特博士也差点儿丧命。暴风雪是造成不幸事件
的主要原因。这场暴风雪发生在1月中旬,也就是英国的7月中旬,所处
的纬度则相当于英国的达勒姆郡(只不过一是南纬,一是北纬)。我渴望攀
到山顶去收集高山植物标本,因为较低处开的花为数很少。我们就像昨天
那样顺着山谷中的小溪往上爬,有时已无路可走,只有盲目地在树林中穿
行。由于上升运动的影响以及大风的影响,这些树长得很矮、很密,并且扭
曲。最后,我们到达一个地方,望见不远处有一片绿草地平坦如地毯。可
是,使我们大失所望的是,原来那不是草地,而是矮小的约四五英尺高的长
得十分稠密的山毛榉树丛。它们长得如此之密,就像公园里修剪整齐的树
篱。我们不得不极其艰难地跨过虽然平整却难以下脚的树丛,然后才踏上
泥岸地,最后才接近光秃的蓝灰色的小丘。

一个接着一个的小山丘延绵数英里。有些山丘很高,山上这儿那儿
还残留着白雪。白天时间还长,因此我决定步行前去,沿路搜集植物标本。
如果没有南美野生羊驼踩出来一条小径,步行本会是十分困难的。美洲驼

同绵羊一样,总顺着同一条路走。我们到达一座小山,发现最高峰已在附近,也见到了小溪流向大海的情景。此地视野开阔,往北看是一片沼泽地,往南看是典型的火地岛风景,那就是山连着山,树连着树,当中有一些深深的山谷,到处都是密密的森林。天气也是典型的火地岛气候,大风接着大风,暴雨夹着冰雹,色调总是那么黑沉沉的。

霍 恩 角

12月21日。小猎犬号整日在行驶。第二天,来了一阵东风,于航行相当有利。我们驶过巴内维尔茨,又绕过"欺骗角"的岩嘴,大约在下午三时停泊在霍恩角。夜晚一片平静,我们欣赏了四周小岛的动人夜景。但是霍恩角总想露出几手,天黑前送来一阵大风直扑我们。我们驶向大海,第二天又靠了岸。霍恩角是个令人生畏的海岬,常常隐藏在雾中,暗淡不清的轮廓常受暴风雨的包围。厚厚的乌云在天上翻滚而过,倾盆大雨,夹带着冰雹,猛烈地向我们扫来。船长因此决定到威格瓦姆小海湾去暂避。这是一个小小的避风湾,离霍恩角不远。在这圣诞夜,我们总算泊在了平安的小海湾。提醒我们湾外还有大风雨的,仅仅是群山不时向我们吹来的小风,使我们的船只微微颠簸。

12月25日。威格瓦姆小海湾附近有一座山,海拔1700英尺,名叫凯特嘴。周围的小岛都有圆锥形的绿岩大石块,有时并有形状不一的烤干的板岩。这个地方也许可以视为同沉入海底的山脉的连接点。小海湾名为"威格瓦姆",是由当地居民的民居而来的。[威格瓦姆(Wigwam)是印第安人所住的用兽皮或树皮覆盖而成的棚屋。小海湾的名字由此而来。]实际上,附近的许多小海湾都可以用这个名称。当地的土著人靠吃水生贝壳类动物为生,不得不经常更换居住地,隔一时期再回原住地,凡是印第安人居住过的地方,都有成堆的贝壳,有些大堆的重量足有数吨。从老远的地方就能见到这些大堆,如今已成为绿色,因为贝壳堆的表层已长出植物,其中较多的是野芹菜与杂草。

火地岛印第安人的棚屋

火地岛印第安人的棚屋从形状与大小来说,就像英国的尖顶干草堆。只有几根树干插在地上,上边马马虎虎地挂着一束一束的枯草或灯心草。搭起这么个棚屋大概用不了一个小时,而它的确也只用上几天。在戈里鲁兹,我见到过只能容一个人睡的小棚屋,实际上只能遮蔽一只野兔。约克·明斯特见过这个人,说他是个"很坏很坏的人",可能是这人偷过什么东西吧。岛的西岸,棚屋较大些,盖的是海豹皮。由于天气坏,我们耽搁数日。夏至已过,然而,每天都下雪。山上下雪,山谷中下雨,还伴随着冻雨,气温表一般指在华氏45度,夜里降到华氏38度或华氏40度。天气潮湿,又见不到一缕阳光,令人沮丧。

火地人悲惨的生活

一天,在靠近伍拉斯通岛处,我们遇上一条小划子,划子上有六个火地岛印第安人。我从未见过有这么悲惨可怜的印第安人。东岸的土著印第安人披美洲驼毛皮,西岸的土著印第安人披海豹皮。这些部落中的男人通常只有一块水獭皮甚至只有手帕大小的兽皮遮挡下身。胸前挂一些绳子,一遇风吹便摇摆不定。现在这条小划子上的土著民,都是裸体的,甚至其中一名成年妇女也是裸体的。此时雨下得很大,雨水与划桨溅起来的海水,都打在妇女身上。一次在不远处的另一个小海湾,我见到一个妇女正在给一个初生婴儿喂奶,她因好奇心走近我们的船只,而此时正下着冻雨,雨水落在她裸露着的胸脯上,落在初生婴儿的光身子上!这些可怜人长得个子矮小,丑陋的脸面上还涂着白颜色,皮肤粗糙,头发蓬乱,话声刺耳,还常做出凶恶的手势。见到这样的人,人们很难相信他们和我们同样是人类,是同一个地球上的居民。有一个常有的猜测话题是:低等动物能享受什么样的生活乐趣?同样,五六个印第安人赤裸着身体,几乎不能躲避风雨,蜷曲起来躺在湿地上,简直就像野兽。无论海面高低,无论冬天夏天,无论白天黑夜,他们都必须到水下石缝里去寻找贝类;妇女们或者潜入水中去找鱼卵,或者耐心地坐在独木舟上,用一根不用钩子只拴着鱼饵的钓线来钓小鱼。如果能杀死一头海豹,或者发现漂来鲸鱼的尸体,那将是一顿美餐。这种可悲的食品还将佐以味道不佳的浆果或菌类!

饥荒与食人

火地岛印第安人常闹饥荒。一位同当地土著人关系很密切的捕猎海豹的经理人罗先生说,西岸有一群人大约有 100 人至 150 人,非常瘦弱并且多病。连续不断的大风,阻碍妇女下海去寻找贝类,也无法坐划子去捕海豹。一天清晨,一小群男子出发了,别的印第安人告诉他,他们将有四天旅程去找食物。这群人回来了,罗先生去迎接他们,发现他们极其疲乏,每个人带回来方方的一大块已腐烂的鲸脂,鲸脂当中挖个洞,每个人的头从这个洞里伸出来,就像"高乔"穿斗篷或穗饰披巾 (poncho,南美洲人常穿的服饰,形似毡子,中间开有领口)。鲸脂被带进棚屋后,一个老者把它们切成片,口中念念有词,再把它们煮一小会儿,然后分给饥饿的家人,他们都在一声不响地看着老者在做的一切。罗先生相信,一头鲸鱼如搁浅在岸上,印第安人会把大部分鱼肉埋进沙中,作为遇上饥荒时的储备。在船上的一个印第安小孩就曾发现埋鲸鱼肉的地方。不同的印第安部落间发生战争,会有分食俘虏的事情,罗先生抚养的那个印第安小孩和杰米·巴顿都曾举出例证,证明吃人确实曾经发生。冬天饥饿难忍,他们会在杀狗吃狗肉以前,先把本族的老太婆杀了来吃。罗先生曾问那个小孩,为什么会先吃人后吃狗,小孩回答说:"狗会捉水獭,老太婆不会。"小孩还详细告诉他说:"老太婆被捉来后,先用烟呛死。"他还模仿老太婆的尖叫声,不以为悲,反以为乐;小孩还详细地告诉他人体哪部分的肉最好吃。死于自己亲属之手,必定使老妇人十分恐惧,但对饥荒的恐惧使她们更加痛苦。据说,有些时候,老年妇女会逃跑到山里去,但常常被男人捉回来,仍不免一死。

火地岛的宗教

菲茨·罗伊船长认为火地岛印第安人是不信有来世的。有时,他们把死去的族人放在山洞里,有时候搁到山上的森林里,也不知他们是否举行过什么仪式。杰米·巴顿不吃鸟类,因为"鸟吃死人"。他们甚至从不愿提及已死去的亲友。我们无法确认他们举行任何形式的宗教礼拜,也许老人在分配食物时口中念念有词就是一种宗教性的活动。每一个家族或部族,都有一个男巫或巫医,他们的职能我们也弄不明白。杰米相信梦,但不信有魔鬼。我不认为火地岛印第安人比水手更迷信。我们船上的一名舵手坚信我们离开霍恩角后连续遭遇大风是因为船上有了火地岛印第安人。我所听到的最接近宗教信仰的事是当拜诺伊先生射杀几只幼小的小鸭作标本时,约克·明斯特用一种十分严肃的口吻说:"噢,拜诺伊先生,很多雨、雪,很多风。"显然他认为浪费了人类的食物会遭到报应。他还用一种夸张的语气说,他的哥哥有一天去岸边捡回他遗留在那里的几只死鸟,见到鸟的羽毛被风吹起来了。他的哥哥说(约克·明斯特模仿他哥哥的语调):"那是什么?"便朝前爬,他从断崖上窥见"野人"在捡拾他的鸟。他再爬得近些,然后扔出一块石头把"野人"砸死了。约克讲完这段故事后,隔了很长一段时间,刮起了暴风雨,继而下了雪。约克又说,这就是报复。看来,一个种族稍有一些文化之后,便会把某些自然现象人格化。约克所说的"坏野人",实际上可能是一只野兔,而头天夜里有个单身汉睡在那个地方。我们估计他是个贼,被他的部落赶出来的。

不同的部族之间并无一个政府或首脑来管理,每个部族的周围都有敌对的部族存在,彼此之间只有一些天然的疆界。部族之间的战事看来都是生存之争。他们为了寻找食物来源不得不经常流动。他们没有家的感觉,更不懂家庭内的亲情。妻子对于丈夫来说只不过是个干活的奴隶。诗人拜伦在西海岸曾见到,一个小孩因为失手砸了一筐鸟卵,做父亲的竟用大石块残酷无情地把小孩砸死;做母亲的默默无言地把流血将死的小孩抱在怀里。思维的能力也非常差。就拿他们的技术来说,某些方面只相当于动物的本能。他们不会从积累经验中寻求改进。例如,小伐子是他们最精巧的创造了,还是显得很原始,可是自从德雷克 [弗兰西斯·德雷克爵士(1540—1596)英国航海家,第一个环球航行的英国船长。曾任舰队副司令,击败来犯的西班牙"无敌舰队"] 以来已经有二百五十年了,却毫无改进。

见到这些野蛮人,人们不禁会问:他们是什么时候来到这里的? 是什么原因迫使这些部落离开北方的好地方,沿着科迪勒拉山或美洲的背脊骨,来到此地发明创造了小伐子(智利、秘鲁、巴西的印第安人从不用伐子),而这个地方又是不适宜居住的。一开始,会有这样的疑问,但其实多此一问。我们没有根据说火地岛印第安人的人数是在逐渐减少的。有理由相信他们享有足够的快乐,无论他们的快乐是什么样的。他们认为自己是值得活下去的。习惯成自然,并且代代相袭,已使火地岛印第安人适应了此地的气候,适应了此地少得可怜的天然产物。

海上飓风

由于天气太坏，在威格瓦姆湾耽搁了六天，我们于 12 月 30 日重新出海。菲茨·罗伊船长要向西航行，把约克与其他几个火地岛印第安人送回他们老家去。我们遭遇连续大风，水流总是同我们作对。1833 年 1 月 11 日，距约克·明斯特的家乡还有数英里处，我们遇上一阵猛烈的暴风，不得不收帆减速，留在海上。海浪撞到岸上溅起的水花估计有 200 英尺高。12 日，大风仍很猛烈，我们已不知自己所处的位置。最不愿意听到的声音是不断地重复喊叫"注意下风！"的声音。13 日，暴风雨更加猛烈。大海上一片不祥气氛。船摇晃得厉害，信天翁大张双翼在大风中滑翔。中午，一个大海浪砸到我们船上，海水灌满了一条捕鲸船，我们不得不把缆绳立即切断，放弃了那条船。可怜的小猎犬号在不停地颤抖，有一会儿，船舵已不起作用。但不久，船舰纠正过来，又迎风而上。如果在第一个大海浪之后接着来第二个大海浪，我们的命运可想而知。迄至目前，我们已在海上挣扎二十四天，仍无法朝西航行。船上的人非常疲劳、衰弱，连续这么些个日日夜夜，已无干衣披身，菲茨·罗伊船长终于放弃了西行的初衷。晚上，我们在水深 47 英寻 (1 英寻合 6 英尺) 处下锚，锚链在起锚机滑出时，碰撞出了火花。经历了这一场长长的磨难，当天夜晚睡了一个甜甜的觉。

"小猎犬航道"

1833 年 1 月 15 日，小猎犬号停泊在戈里鲁兹。菲茨·罗伊船长依据那几个火地岛印第安人的意愿，决定把他们安置在蓬松比海峡。用四只小船运载他们，穿过"小猎犬航道"。这个航道是菲茨·罗伊船长在上一次航行中发现的,因此用"小猎犬"来命名。这条航道极具特色。它可与英格兰的尼斯海湾(英国苏格兰地区的一条狭长海湾)相比。它系由一串湖泊与海湾组成,长约 120 英里,平均宽度 2 英里。大部分河道很直,两边都有山,最远处已看不清尽头。它由东到西穿越火地岛的南部,湾中央分出一个向南成直角的岔河,名叫蓬松比海峡,那就是杰米·巴顿及其部落居住的地方。

19 日。二十八个人分乘三条捕鲸船与一条小艇,在菲茨·罗伊船长的率领下出发。下午进入航道的东口,不久,就发现了这条被一些小岛遮挡的小海湾。我们在此登陆搭帐篷,生火做饭。在一个小小的港口内,澄清的海水,树枝罩着多岩石的岸滩,交叉的木桨支起帐篷,绿树成荫的河谷中升起缕缕炊烟,组成一幅安详隐逸的图画,真是再舒服也不过了。次日(20 日),我们这支小小的舰队继续西进,到了一个人烟较多的地区。极少甚或根本没有任何生活在此地的土著人见到过一个白人。他们见到我们这四条船,自然引起大大的震惊。山头各个点上燃起了烽火(火地岛的意思正是燃火的土地),既为了吸引我们的注意,又为了向远处传达消息。有些男人在岸上随着我们船只的前进方向平行奔跑了数英里。我永不会忘记有一群野蛮人是如何地狂野:四五个男人忽然奔跑到悬崖的边缘上,他们全身赤裸,披头散发,手握石块,一边蹦跳,一边挥舞手臂,同时发出最凶恶的喊声。

我们在午饭时刻登陆,遇上一群印第安人。最初,他们的表情似乎不友好,手中始终握着投石器。我们很快送他们一些小礼物,送他们饼干,用红绳做的圈套在他们头顶上。我在吃一个肉罐头时候,一个野蛮人用手指头碰碰罐头肉,觉得又软又凉,做出厌恶的表情,正如我要是碰碰他们的腐肉也会做出这样的表情。杰米为他的同胞感到羞耻,宣称他自己的部落和这些人不同。让这些野蛮人高兴相当容易,可是要他们满足就不容易了。

无论年轻的年老的,无论大人或小孩,从不停止说"雅默斯谷纳",意思是"给我"。他们逐一指点所有的东西,甚至包括我们上衣上的扣子,口中唠唠叨叨。

蓬松比海峡

晚上,我们始终找不到一处没有印第安人居住的小湾,只好在距离一群印第安人不远处露营。他们人数少,因此攻击的危险性较小。到了次日(21日)早晨,又有些印第安人来到,他们表现出一些敌对态度,我们估计会有一场小冲突了。一个欧洲人要是处于这样的不利环境,决不会想到动武。举起毛瑟枪对于手握弓箭,长矛甚至仅仅是投石器的印第安人,远远处于不利地位。要教他们认识我们的毛瑟枪的优越性也不容易,除非开枪击倒一个人。这些人就像野兽,他们不在乎双方人数的多寡,每个人在攻击时,决不退缩,直至用石块把你的脑浆砸出来为止,正如一头老虎在同样的环境下非把你撕个粉碎不可。有一次,菲茨·罗伊船长十分不耐烦,急于把一小群印第安人轰走。他先举一把水手用的弯刀在他们面前晃晃,只引起他们一阵笑声。然后,他朝一个土著人的身旁开了两枪。这个人两次都大吃一惊,两次都很快摸摸自己的脑袋,愣了一会儿,向他的同伴靠拢去,但从不想到要逃跑。这名火地岛印第安人从未想到这是枪的声音,而且声音意味着子弹擦过他的耳旁。也许他还弄不清是响声还是风吹,所以很自然地摸了摸脑袋。同样情况,野蛮人见到一件东西被枪弹击倒,也不知道是怎么回事。他们从未想到过一种"看不见的"东西能有什么影响。野蛮人如见到一颗子弹穿过一件硬物而未将该物击碎,他们就会认为这种"东西"没有用处。我相信,像火地岛印第安人那样的野蛮人,见到小动物被毛瑟枪击倒,也根本想不到是这种武器具有致命的威力。

22 日。总算过了平平安安的一夜。此地是杰米的部落与我们昨天相遇的部落之间的中立地带。早上,我们愉快地出发了。除了各有边界并有中立地带外,我对不同部落之间的敌对状态几乎一无所知。杰米·巴顿尽管知道我们的力量,但最初他是不愿意登岸同与他的部落敌对的部落相接触的。他常常告诉我们"树叶红"的时候,野蛮的奥恩斯人是多么的可怕。当他讲述这些故事的时候,总是眼中闪着泪花,整个面孔都变得可怕起来。我们沿着"小猎犬航道"前进,景色壮丽,可惜在船上位置较低,只能看看河谷的风景,无法欣赏到山脊的美景。此处的山高约 3000 英尺,山顶尖尖,直刺天空。这条山脉的尽头连向大海,山体的一部分沉睡在海底。1400英尺至 1500 英尺以下都覆盖着黑黝黝的森林。非常有趣的是,在此高度以上,可见到有齐齐的一条横线,横线以上就不再有树木生长,这同海滩上的漂浮海草标志着最高水位的情形一模一样。

当天,我们在"小猎犬航道"与蓬松比海峡连结处过夜。有一个印第安人家庭住在这个小海湾,对我们较友善,后来同我们一道围坐在篝火边。我们都衣衫整齐,尽管离篝火很近,也不感到暖和;而那些裸身的野蛮人离篝火远远的,可是我们见到他们正在出汗,这真使我们大为吃惊。他们看来很高兴,还参与海员们的合唱,不过总带着一点退缩的样子,相当可笑。

搭 建 茅 屋

夜间有消息传来,果然 23 日早晨来了一群人,属于杰米的部落——特克尼卡部落。其中一些人跑得飞快以致鼻孔流血,由于说话太快,口沫四溅。他们的裸身上涂着黑、白、红三色(白色的涂料干了之后,相当坚硬,比重很小。埃伦伯格教授曾对此种物质做过检测,证明是由纤毛虫纲的动物组成,包括十四种多胃虫、四种 phytolitharia。他说都属于淡水生物。这是埃伦伯格教授通过显微镜观测到的一项很有意义的结果。杰米·巴顿告诉我,那些东西是从山溪的水底收集来的。此例充分说明,纤毛虫纲动物的地理分布极为广泛,这些种来自火地岛的最南端,属于已知的古老的品种),像是恶魔。我们一道沿着蓬松比海峡前进,去寻找杰米的母亲与其他亲属。他已经知道他父亲已不在人世,但他说他"脑袋里有个梦",他一再重复地说:"我没有办法,我没有办法。"他的父亲是怎样死的,他不知道,因为亲友们都不愿说。

杰米如今到了一个他很熟悉的地方。他引导小船进入一个相当美丽的名叫伍莱亚的小海湾,四周都是一些小岛屿,每个小岛、每一处地方,都有土著人自己的名称。我们找到杰米的母亲与兄弟。小海湾的两边,有数英亩大的坡地,既不是泥炭地,也不是森林。菲茨·罗伊船长本打算把约克·明斯特与富吉娅送回他们所属的部落,但他们俩都希望留在此地。菲茨·罗伊船长见到这个地方很好,便决定把这几个人全部留在这里,包括马修斯牧师。用了五天时间来为他们建了三个大棚屋,把船上带的物品卸下来,开辟了两个菜园,在菜园中播了种。

我们到达后的次日清晨(24 日),火地岛印第安人像潮水般涌来,杰米的母亲与兄弟来到了。杰米老远就听出他的一个兄弟的洪亮的声音。母子们的会见比两匹马在地里见到老伙伴更无趣。毫无动情的表现。他们只相互看了一会儿,做母亲的便去水边照顾独木舟去了。通过约克的转述,知道杰米的母亲因儿子的走失极其沮丧,曾经到处寻找。印第安妇女对富吉娅很关心,很友好。杰米已几乎忘光了本民族的语言。我不知道还有什么人仅仅掌握这么少的母语。听他用极不完整的英语同他的兄弟讲话,有时还夹杂几个西班牙单词,我们感到既可笑又可怜。

接下来的三天平静地过去,主要是搭棚屋,挖菜园。我们估计在场的土著居民约有一百二十人。妇女们劳动很勤奋,而男人们却整天晃悠,走来走去注视着我们。他们见什么就要什么,能偷就偷。他们见我们唱歌,跳舞,尤其是看我们在附近小溪里洗澡,表现出很高的兴趣。可是他们对我们的船毫无兴趣。约克离开本部落已有很长时间,现在最让他吃惊的是看到了一头鸵鸟。他气喘喘地跑过去同拜诺伊先生说:"噢,拜诺伊先生,噢,鸟同马一样!"土著民对我们的白肤色最为惊讶。据罗先生说,一个黑人厨师到捕海豹船上当厨师,工作很出色,但他一想到可能永远上不了岸,就要激动起来。诸事顺利,几位官员同我在四周山上与森林中散步很长时间。忽然,27日那一天,所有的妇女与小孩都不见了。我们深感不安,无论约克或杰米都猜不透什么原因。有些人猜测是因为我们头天晚上擦枪,把她们吓着了。别人说是因为一个野蛮老者的攻击行为。人家叫这个老者走远些,不要走近来,老者不听,反而朝看守的脸上吐唾沫,后来又朝着一个正在熟睡的印第安人做手势,意思是要把他杀了吃掉。菲茨·罗伊船长为避免冲突,建议我们到数英里外的小海湾去过夜。马修斯以他惯有的沉着态度,要同同来的印第安人一道留下来。我们只好让他们过了危险的一夜。

巨　鲸

28日上午,我们回到原地,欣喜地见到一切如常。受我们雇用的男人在独木舟里用长矛扎鱼。菲茨·罗伊船长决定派小艇与一只捕鲸船驶回大船,只留两艘捕鲸船继续前进。一条船由他自己指挥(他非常客气地让我同他在一条船上);另一条船由哈蒙德先生指挥,去观测"小猎犬航道"的西部,然后回来,去访问殖民地。这一天出乎意外地热,我们的皮肤都被灼伤了。天气晴朗使"小猎犬航道"中部的景色显得十分美丽,无论朝东看或是朝西看,都没有任何障碍物阻挡我们欣赏两山之间的这条航道的秀丽景色。有几条大鲸鱼在远处出没,足以证明此处原是大海的一条海湾。(一天,在火地岛的东海岸,我们见到数条鲸蜡鲸鱼笔直跳出海面的壮观,只有尾鳍留在水中。当它们落下来时,溅起的海水老高老高,发出来的响声像是舷炮的齐射。)有一次,我见到两头巨鲸,可能是一雌一雄,一前一后地缓慢游动,与海岸的距离很近,从船上扔一块石头便可扔到,岸边山毛榉树的树枝拂过它们的头顶。我们直到天黑才停泊,在一条安静的河边扎帐安歇。能找到一处圆卵石地当床,就要算是最奢侈的享受了,因为这样的地方比较干燥,又适于放松身体。泥炭地太湿,岩石地既坚硬又高低不平,沙地容易让沙粒嵌进皮肤去。只有在一块平坦的圆卵石地上睡在我们的睡袋里,才能过一个最舒服的夜晚。

我的手表指着夜里一点。在静谧中有一种肃穆的味道。没有其他地方能比得上在如此遥远的世界一角,万籁俱静,而神志是那样的清醒。夜晚的寂静只有船员沉重的呼吸声来将它打破,有时则是夜鸟的鸣声,偶尔地,也能听到远处的狗吠声,提醒人们,此地是一个蛮荒之地。

冰　川

1月20日,一清早,我们到达小猎犬航道分开两岔的地点。我们进入靠北的一支。景色比之前更加优美。北岸的高山形成花岗岩的中轴,或者说是这地区的地层隆起部,高300英尺至400英尺,主峰高达约600英尺。山顶终年积雪,无数小瀑布穿过树林汇入山下窄窄的湾流。山坡上有许多冰川直延伸到山脚。几乎不可能想像出还有什么别的东西比那些浅蓝色的冰川更美了,尤其是在山顶雪白的积雪的映衬下,冰川景色更是美不胜收。冰川的碎块落入山脚的河中,便漂流而下,使湾流成了微型的北极海。

午饭时刻,小船需拉上岸。我们欣赏到半英里外一座笔直的小冰山,盼着能见到它融解。最后,我们终于听到一声巨响,冰山崩裂一大块,立即见到有一股大浪向我们涌来。人们赶快奔去保护小船,否则,小船很可能被激流冲成碎片。一名海员刚刚来得及抓住划桨,激流就来到跟前,小船前后三次被抛到浪尖又跌落下来,海员也三次受到浪的冲击,幸未受伤。这对我们来说是十分幸运的事,因为我们离小猎犬号已相隔 100 英里,如果小船被毁,我们将滞留在此地,既无供应,又少弹药。早先,我曾见到岸滩上的大石块有被挪动过的痕迹,直到现在,我才明白是什么力量挪动了大石块。小海湾的一侧,是云母板岩构成的山嘴,尖顶上的冰层约厚 40 英尺;另一侧则是 50 英尺高的岬角,系由大块圆形的花岗岩与云母板岩组成,岩石上生长着一些古老的树种。这个岬角,明显是一座冰碛层(冰川堆石),在冰川面积还很大的时期堆起来的。

茅屋被印第安人抢劫

我们抵达小猎犬航道北支的西口时,驶过许多无名小岛,天气变得很坏。我们未遇见土著民。两岸几乎都是峭壁,必须来回寻找多次才能找出一个够搭两个帐篷的空地,其中一个夜晚,我们是睡在大圆卵石上度过的,石缝里还长着半腐烂的海藻。涨潮时,我们必须爬起来,把睡袋挪个地方。我们到达的最西端是斯图尔特岛,离我们的小猎犬号已相隔 150 英里了。回程走的是小猎犬航道的南支,中间不再游历,直抵蓬松比海峡。

2 月 6 日。回到伍莱亚,马修斯向我们诉说印第安人如何如何地坏,以致菲茨·罗伊船长决定把他带回小猎犬号。最终,马修斯留在了新西兰,那里有他的一个兄弟也在当牧师。自从我们离开伍莱亚,一场系统的掠夺便开始了。一群群从其他地方来的印第安人陆续来到。约克和杰米丢失了许多物品。马修斯除了埋藏在地下的东西外,几乎全被抢光。每件物品几乎都扯破后由土著民分掉。马修斯经常打开闹钟,以便吓跑他们。土著民白天黑夜围着他,在他头旁乱嚷乱叫,让他不得安宁。一天,马修斯要求一个印第安老人离开棚屋,老者走出棚屋后不久就回来,手中握着大石块。另一天,来了一群手握石块、木棍的印第安人,有些年轻人与杰米的兄弟吓得直哭。马修斯拿出一些礼物才稳住了这伙人。另一群人来了用手势说要把马修斯剥光,把他全身的毛发都拔掉,我相信,我们回来正是时候,救了他的命。杰米的亲戚对此毫无作为。把这三名火地岛印第安人留在这么野蛮的地区,实在是一件令人伤感的事。但可安慰的是,他们个人不会受到伤害。约克是个意志坚强的人,肯定会同他的妻子富吉娅生活得很好。可怜的杰米看上去相当忐忑不安,我不怀疑,他是情愿随我们回欧洲去的。他的亲兄弟偷走他许多东西;他谴责他的同胞,说他们"都是坏人","什么都不懂",用英语骂他们是"大笨蛋"。这三名火地岛印第安人尽管只同文明人共同生活了三年,我确信,他们是愿意过这种新生活的。但这已是完全不可能的了。我担心,这三年的经历,对他们来说,是毫无用处的。

晚上,我们带着马修斯回去,没有走小猎犬航道,而是沿着南岸走。小船上装载颇重,海浪颇高,航行相当危险。7日傍晚,在离开二十天之后,我们又回到了小猎犬号,在这期间,我们已在无遮篷的小船上航行了300英里。11日,菲茨·罗伊船长独自一人去看望了留在伍莱亚的那三名印第安人孩子,见他们生活不错,他们的物品很少被偷了。

1834年2月的最后一天,小猎犬号停泊在"小猎犬航道"东头一个美丽的小海湾。菲茨·罗伊船长冒险决定顶着西风沿我们划小船去伍莱亚的原路进发(事实证明是成功的)。抵达蓬松比海峡以前,很少见到土著民。到了蓬松比,就有十来条独木舟尾随我们。土著人不懂我们为什么要Z字形行驶,也亦步亦趋地按Z字形划着独木舟。他们还在喊些什么,头一句和末一句都是"雅默斯谷纳"。我们进入一个小海湾,满心想过一个安静的夜晚,然而,"雅默斯谷纳"的喊声又从某些隐蔽处传了出来,继之,又有烽火燃起,传播白人来到的消息。我们曾经在离开时互相祝贺:"感谢上帝,我们终于摆脱了这些可怜的人。"可是现在,远处传来的"雅默斯谷纳",像是微弱的一声"哈啰"传到我们的耳中。我们同印第安人之间的关系变得愉快起来。双方都大笑,都在随便地走动,相互凝视。印第安人给我们很新鲜的鱼、蟹,只换取我们的一些破烂东西。他们则认为抓住了机会,只用一顿晚饭就换取到了华丽的装饰品。见到他们那种毫不掩饰的得意的微笑,实在有趣。一个脸上涂成黑色的年轻妇女用我们给的几条红布同一些灯心草一起裹在头上,笑得那么开心。她的丈夫,享受着这地区很普遍的一个男子娶两个妻子的特权,见到不少人都在注视他年轻的妻子,显得醋意大发,同他妻子商量了两句,便双双离开了众人。

有些印第安人明显表示喜欢物物交易。我给了一个男人一根钉子(一个最贵重的礼品),并不要求回报,但他立即拿出两条鱼挑在长矛尖上送给我。罗伊先生在船上曾讲过,一个偷东西的印第安小孩,如果被人骂是个说谎者,便会大发脾气。这一回,同前几回一样,我们惊讶地见到这些印第安人只对一些简单的事物感兴趣,例如:几块红布,几颗蓝珠子,以及我们这帮人都是男子没有妇女,我们喜欢洗澡,等等,都引起他们的好奇,而对一些重要、复杂得多的东西,比如我们的船,却一点儿也不感兴趣。

杰米回船探望

3月5日,我们停泊在伍莱亚的一处小海湾,但不见一个土著民。我们感到不妙,因为蓬松比海峡的土著民曾用手势说明这里曾发生一次战争。后来我们又听说可怕的奥恩斯人曾下山来。不久,一只插有一面小旗的独木舟向我们划来,独木舟中的一个男子已在掬水洗去脸上的油彩。这人正是可怜的杰米,如今已是个瘦削、憔悴的野蛮人,头发蓬松,赤裸身体,只有一块布围在腰间。等他靠近了,我们才认出他来,因为他羞于见我们,背朝着我们。我们留下他的时候还是胖乎乎的、干干净净的,穿着也体面。我从未见过人会这么彻底地、悲惨地大变样的。然而,当他穿上衣服,最初的慌张过去之后,又是从前模样了。他同菲茨·罗伊船长共进午餐,还像从前那样彬彬有礼。他告诉我们,他有足够的食物吃,他并不感到冷,他的亲戚都是好人,说他不想回英国去。傍晚,他年轻好看的妻子来到,我们就明白了杰米有如此大变化的原因。他带来两张水獭皮送给他两个最要好的朋友,并把他亲手制作的几个矛头与箭送给菲茨·罗伊船长。他说他已制作一条独木舟,他还以自己已能说一些本族语言而骄傲。但最不寻常的是,他已教会他的部落民若干句英语。一位老人曾用英语来宣布:"杰米·巴顿的妻子。"杰米丧失了他所有的财产。他对我们说,约克·明斯特造了一条大独木舟,同他的妻子富吉娅(苏利文船长从一名捕海豹的人口中听说,大约是 1842 年,捕海豹船在麦哲伦海峡西部作业时,惊奇地见到一名土著妇女走上船来,能说一些英语。毫无疑问,她就是富吉娅·巴斯克特。她在船上住了几天)数月前回他自己的部落去了,但恶习难改,他使出一个诡计来同朋友告别:他一再诱劝杰米及其母亲与他同行,半途却把他俩离弃在荒野,把他们的财物通通卷跑。

杰米上岸去睡觉,次日清晨再回到船上,直到小猎犬号起锚。这使杰米的妻子吓得大哭,等杰米回到独木舟才止住了哭泣。杰米回去时满载而归。船上的每一个人都同他握手告别,依依不舍。我毫不怀疑,如果他从未离开他的家乡,也许会比现在更快乐些。每一个人都诚挚地盼望菲茨·罗伊的高尚理想可以实现,他对火地岛印第安人所做的许多慷慨牺牲会有回报,也许他的船员在遇难时会得到杰米·巴顿及其部落的后人的救援！杰米上岸后，燃起一个火堆，烽烟袅袅上升，似在向我们作最后的告别。小猎犬号开始向大海进发了。

火地人的平等观念

火地岛印第安人部落中盛行的人人绝对平均，准会长时期地拖延文明的进步。在动物中间，凡是它们的本能迫使他们生活在一个群体之中，并服从一个首脑的，这种动物的进化就快。人类也同样如此。无论我们把它看做是因还是看做是果，更文明的种族必然有最"人造的"政府。例如，奥塔海特的居民，最初被发现时，该部落有着一个世袭的国王，他们就比同一部族的其他分支部落文明得多。新西兰土著人尽管因转向农业而受益，但他们仍是绝对意义上的共和制公民。在火地岛，在出现某个首领握有足够权力去获得利益（如家养的动物）以前，看来这个地区的政治状态很少有可能获得进步。目前，甚至如果拿一块布给其中的一个人，他也会撕成碎片分给所有的人，而没有一个人会比别的人稍富一些。另一方面，在出现有人能握有较多的财产、较大的权力之前，首领也无法出现。

我相信，在南美洲大陆南端的偏远地区，进化的程度也许比世界其他任何地方都低。南海诸岛的居民，包括生活在太平洋上的两个种族，相对比较进步。因纽特人（生活在北极地区）住在半地下的小屋中，也能享受某些生活乐趣。南非的某些部落，挖掘一些块根充饥，虽然可怜，然而还可以果腹。澳大利亚土著人生活简单，接近于火地岛印第安人，然而他们可以夸耀自己的飞镖、长矛与飞棍，夸耀他们爬树的本领、追踪野兽与打猎的本领。尽管澳大利亚土著人在获得生活来源方面很优越，但绝不能说他们在心智方面也优越。实际上，从我在船上见到的火地岛印第安人与我所读到的有关澳大利亚土著人的描述，情况正相反。

第十一章　麦哲伦海峡——南方海滨的气候

麦哲伦海峡东口

1834 年 5 月最后一天，我们第二次来到麦哲伦海峡的东口。海峡两岸都是近乎水平的平原，就像巴塔哥尼亚高原。位于第二个海峡稍靠里的内格罗角被认为是火地岛的起点。在东岸（海峡以南），断断续续的园林景色连接两个不同地区，它们几乎在各方面都恰恰相反。相隔仅 20 英里，而景色有如此大的差别，实在令人惊讶。如果拿两个相隔较远的地方来说，一是"饥饿港"，一是葛雷戈里湾，相隔约 60 英里，差别就更大了。前者，有圆形的山，山上覆盖着森林，雨水很多，大风不断；而后者，则是晴朗的蓝天，太阳照晒着干旱、贫瘠的土地。大气气流虽然急速、狂暴、不受任何限制，但就像河水在河床中似的，它们是有规则地变动的。

在我们上一次（1 月份）的访问中，曾在葛雷戈里采访过所谓的巴塔哥尼亚巨人，他们热情地接待了我们。他们的身高被人们夸张了一些。他们的平均高度约 6 英尺，有些人更高些，少数人较矮。他们身披美洲驼毛皮制作的披肩，宽宽松松，长发飘逸。妇女身材也较高。总的来说，他们的确是我们所见到过的身材最高的人种。从外表看，他们特别像我在北方同罗萨斯将军一道见过的印第安人，不过他们较为狂野，令人生畏。他们在脸上涂上大块的红色与黑色，有一个男子还涂上白色的圈圈和点点，就像火地岛印第安人。菲茨·罗伊船长说可以让三个人到船上来做客，于是许多人都争着要上船。上来的三个巨人同船长共同进餐，他们都循规蹈矩，会使用刀、叉、匙。他们特别爱吃白糖。这一部落的人同捕海豹人、捕鲸人有很多交往,其中大多数人都会说一点英语与西班牙语。他们已经半开化,有一定的道德观。

第二天,我们一大群人上岸,用物物交换的方式来换取兽皮、鸵鸟羽毛。当地人不要武器弹药,最喜欢烟草,再次是斧子或工具。全部落的男子、妇女、小孩都站到岸边来了。这是一个很好玩的图景。这些所谓的巨人,脾气很好,相当坦率,他们请我们再来,看来他们喜欢同欧洲人生活在一起。一位老妇人名叫玛丽亚,是部落的重要人物,她曾请求罗伊先生留一个船员下来,和他们同住。一年的大部分时间,他们都住在此地,到了夏天,他们到科迪勒拉山山脚下去打猎,有时会远抵往北 750 英里之遥的内格罗河。他们储备有足够的马,据罗伊先生说,每人有六七匹马,所有的妇女,甚至小孩,都有自己的马。在萨明托时期(1580 年),这些印第安人还使用弓箭,很久以前就不用了;当时,他们也有一些马。这一奇怪的事实说明,马匹在南美洲繁殖极其迅速。马匹最初是在 1537 年引进到布宜诺斯艾利斯的,当时的殖民地很荒芜,马匹跑到野外后成了野马。1580 年,仅仅相隔四十三年,听说马已扩展到了麦哲伦海峡!罗伊先生告诉我,邻近的一个部落,原来步行的印第安人如今都已成了骑马的印第安人;在葛雷戈里的一个部落曾把羸弱的马匹送给欧洲人。

饥 饿 港

6 月 1 日。我们在饥饿港停泊。现在已开始进入冬季,万物萧条,灰暗的森林斑斑点点地顶着些雪花。幸好遇上两个好天。一天,远处高达6800 英尺的萨明托山,呈现出壮丽的景色。我在火地岛时已观察到难以察觉到的上升运动竟能造出这么高的大山,这实在令人惊奇。从山顶到山脚,全貌呈现在你的眼前!我记得在小猎犬航道上行驶时,也曾见到一座高山,见到从山顶到山脚的完整全貌;在蓬松比海峡,则见到有层次的山脊,说明山顶是逐步升高的。

在抵达饥饿港之前,见到有两个人在沿着海岸奔跑并向我们的船挥手。我们派出一只小船去接。原来是两名从捕海豹船上逃下来的水手。这两个人曾同巴塔哥尼亚土著民生活了一段时期,巴塔哥尼亚土著民——印第安人,待他们相当冷落。因此,这两人找机会逃了出来,朝饥饿港步行而来,盼望能找到一条船。我敢说,这是两个一钱不值的懒汉,但样子实在可怜。他们有几天只靠吃贻贝(双壳类软体动物,外壳黑褐色,构造和牡蛎差不多) 与浆果度日,所穿的破衣烂衫也因夜间太靠近篝火而被烧毁。白天黑夜只能赤身裸体,毫无遮盖,而近来风雨交加,并有冰雹与冻雨。然而,他俩倒没有生病。

在饥饿港逗留期间,火地岛印第安人曾先后两次前来烦扰我们。因为岸上有我们的人,也有许多工具、衣服,为此有必要把他们吓走。头一次,当印第安人还在远处时,我们开了几炮。通过望远镜,见到每当炮弹落入水中时,这些印第安人可笑地从地上捡起石头朝我们的船只投来,而实际距离有 1.5 英里之遥!我们派出一条小船用毛瑟枪向他们射击。印第安人躲到树后,每当我们的射手装枪弹的空隙,他们的箭就射了过来。箭根本射不到船只,船上领队指着他们大笑。这使火地岛印第安人大为恼火,他们把披肩脱下来挥舞,以发泄怒气。最后,枪打到了树上,把他们都吓跑了,这样我们才得以安宁。上一次航行期间,火地岛印第安人就老来找麻烦。晚上,我们又向他们发了一颗火箭弹,从他们的棚屋顶穿过,他们可笑地举起盾牌,然后又听见狗吠声,一两分钟后,那里变得鸦雀无声了。第二天早晨,一个印第安人也见不到了。

登 塔 恩 山

整个 2 月小猎犬号逗留在饥饿港,一天清早四点钟,我起来去攀登高
2600 英尺的塔恩山,这已是近处最高的山了。我们划小船到山脚下(可惜
不是最佳的登山处)然后上岸开始爬山,爬了一两个小时后我几乎放弃爬
到山顶的希望。树林太过茂密,必须时时察看指南针才能分辨方向。在一
个多山的地区,根本找不到起路标作用的特殊地形。深深的沟壑死一样的
寂静,山谷外是阵阵大风,而深谷中连最高大的树的树叶都纹丝不动。如
此的暗淡,潮湿,寒冷,处处一样,甚至连菌类、苔藓、蕨草都不长。在山谷
里,连爬行都困难。到处都有圆圆的大石块,从上面滚向四面八方,堵住了
上山的道路。有时,踩进深可及膝的腐烂的树叶堆里。有时,你想抓住一
棵大树,却吃惊地发现此树早已蚀空,只须轻轻一碰此树便会折倒。最终,
我们总算登上了山顶。从山顶上向山下望去,下面的景色同火地岛一模一
样。断断续续的山脉,山上斑斑点点地残存着积雪块,深暗的黄绿色山谷,
数个海湾伸进岛来,强风寒冷彻骨,天空暗淡混浊。因此,我们在山顶逗留
不久便下山来。下山也不比上山容易,因为要靠拿我们的身体的重量去开
出路来,不时会滑倒或跌跤。

金鸡纳树和真菌

我曾提到那些常青树林的暗淡、阴沉的特色。[菲茨·罗伊船长告诉
我,在 4 月份(相当于英国 10 月),靠近山脚的树的叶子会改变颜色,但再
高些的山坡上的树,树叶颜色不变。我还读过一些考察报告,说明在英国,
温暖晴朗的秋天,比晚到的寒冷的秋天,落叶更早些。此地的位置较高的

树的树叶不改变颜色,正是因为较寒冷的缘故,这是符合植物的普遍规律的。火地岛的树林一年四季从不落叶。]这些树林中只长着两三个品种,其他品种都被排除在外。森林带以上,有许多矮小的高山植物,都是从泥炭地上生长出来的。这些树木同欧洲高山上的树木比较相近,尽管两地相隔数千英里。火地岛的中央部分系泥板岩结构,最适宜生长这类树木。外围近海的海滨,则是可怜的花岗岩地,并且暴露在强风中,不允许高大的树木生长。在饥饿岛附近,我见到的大树树身之高大,实属罕见。我测量过一棵金鸡纳树,树的树围有 4 英尺 6 英寸,有些山毛榉树树围竟有 13 英尺!金船长提到他见过的一棵山毛榉树树干的直径有 7 英尺,树根部分直径 17 英尺!

还有一种植物值得一提,它们是火地岛印第安人的食物,因此有其重要性。这是一种球形的鲜黄色的菌类,生长在山毛榉树上,为数甚多。幼小时,具有弹性,肉鼓鼓的,表面光滑。但成熟后,便皱缩,变硬,表面出现深深的四点,或者呈现蜂窝状。这种真菌属于一个新发现的、奇特的菌属(同保加利亚的一种真菌相近)。我在智利的山毛榉树上发现过另一种真菌。胡克博士告诉我,最近从范迪门地发现了第三种长在山毛榉树上的真菌。这几个地方相隔甚远,而同样树种上寄生的真菌竟关联密切,确是个奇特现象!在火地岛,妇女小孩大量收集这种成熟的变硬的菌,不经煮熟就拿来吃。它是黏黏的,略有甜味,有微弱的蘑菇气味。土著民只吃这种菌以及少量的浆果(主要是一种矮小的野草莓树浆果,属于杜鹃花科野草莓树灌木),不吃其他植物。在新西兰,在引进马铃薯以前,土著民主要是吃蕨根(蕨菜的块茎)。我相信,今天,全世界只有火地岛的土著民主要依靠一种隐花植物提供大量的食物。

陆 地 动 物

从火地岛的气候与植被的可怜相就可知晓该岛的动物也同样贫乏。哺乳动物方面，除了鲸鱼与海豹，还有一种蝙蝠、一种鼠类（禾鼠）、两种老鼠、一种近似刺翼麦鸡或与刺翼麦鸡同一个属的栉齿动物、两种狐狸（麦哲伦狐与阿扎拉狐）、一种海獭(海生的哺乳动物，头小，身体滚圆，皮毛较厚。牙齿宽大，前肢短小，后肢宽厚，趾间有蹼，尾巴扁平较长。獭，tǎ)、南美野生羊驼、一种鹿。绝大多数动物生活在该岛较干燥的东部地区，麦哲伦海峡以南地区则从未见到鹿的踪迹。海峡两岸及中间的一些小岛都是由软砂石、泥土与海滩圆卵石合成的断崖，由此来看，猜测这些地方本来是连在一起的，因此，小小的、可怜的刺翼麦鸡与禾鼠才能穿越过去。这些断崖都是沉积层滑坡所形成的；在大地上升以前，沉积层已积累得很高，形成了海岸。然而，一个突出的偶合现象是：火地岛被小猎犬航道切成两半，成为两个大岛，一个大岛的断崖系由可称之为直接冲积层组成，对岸的前沿也同样；而另一个大岛的断崖则是无例外地由古老的结晶岩组成。前者，名为纳瓦林岛，狐狸与南美野生羊驼居住在这里；后者，名为霍斯特岛，虽然各方面与前者相似，只隔着一条比半英里略宽的航道，却找不到狐狸与美洲驼。

暗淡的森林里有少数禽鸟，偶尔能听到霸道的白羽鹟科食虫鸟的哀鸣声从附近大树的树顶上传过来。更少听到的是黑羽啄木鸟又响又怪的叫声，这些啄木鸟头上有个鲜红色的肉冠。一种小小的、颜色灰暗的鹪鹩(jiāoliáo，小型雀，体滚圆，羽毛褐色或灰色，杂有黑色条纹，尾巴短而翘，活泼好动)，在互相缠绕的树丛和断枝中偷偷摸摸地蹦来蹦去。最常见的是爬行在树上觅食的小鸟如旋木雀(小型雀，背部及翅膀体羽暗褐色，腹部羽毛近白色，嘴脚褐色，喙细长且端部向下弯曲，尾巴具楔形硬长羽，有利爪，擅攀树) 等，在山毛榉树林中，树身上上下下都能见到,在最阴暗、最潮湿、人们无法穿透的深谷中,也常遇见。这种鸟无疑会让人觉得比它们实有数量还多。因为只要有人进林子,它们就有一种好奇地跟踪人的习惯,不断地发出一种刺耳的喊喊喳喳声,扑翅在树间飞来飞去,离人的脸只隔几英尺。还有一种柳树鹟鹩在树干树枝上跳来跳去。较空旷的地区,可见到三四种金翅雀、一种鸫鸟、一种椋鸟、两种Opetiorhynchi 以及数种鹰与猫头鹰。

这个地区,以及福克兰群岛,找不到任何种类的爬行动物,是此地生态的显著特征。做出这样的结论并不仅仅根据我们自己的考察,我还听到福克兰群岛上的西班牙居民也这么说,杰米·巴顿在火地岛上也说过。在圣克鲁兹河岸(南纬50度),我见有一种青蛙,这种青蛙以及蜥蜴,在更南的麦哲伦海峡也有,在这里并非不可能生存,因为这些地区具有与巴塔哥尼亚高原相同的特点。然而,由于潮湿、寒冷所限,我在火地岛从未见到它们的踪影。气候不适宜蜥蜴类的动物生存,但何以不见青蛙,原因不十分清楚。

甲虫的数量很少。很早以前,我无法相信,面积大如苏格兰、植被茂盛、隐藏地点多种多样的地方,居然很少见到甲虫。我所发现的甲虫,是属于高山地区的,生活在石头下。在热带地区很具代表性的以植物为食的叶甲(鞘翅目昆虫,触角细长,约为身长的一半,外形似瓢虫),此地几乎不见。只见到很少的苍蝇、蝴蝶、蜜蜂,不见蟋蟀或其他直翅目昆虫。水塘中只有很少的水生昆虫,没有淡水贝类。陆上的贝类有时在高山地区与某些昆虫一同出没。火地岛同巴塔哥尼亚高原两地的气候与地貌相比较,最大的差别就在于两地昆虫的不同。我相信,每一个种都是不同的,自然,昆虫的生活特性也大相径庭。

大　海　藻

如果我们把目光从陆地转向海洋,那么,我们会发现,陆地上的动物如此之少,而生活在海洋中的动物却数量极多。在世界各地,一个多岩石的、有一定保护的海岸是一个特定的空间,动物的数量比其他任何地方都要多。有一种水生动物,从它的重要价值来说,值得特别叙述一下,这就是海草,或称之为大囊伞海藻。这种植物长在每一块岩石上,从海水较浅处直到极深处,以及海岸边,航道中,处处都有。我相信小猎犬号探险航行期间,没有一块浅水处的岩石上没有这种漂浮的海草。这种海草对于在多风暴的海域中航行的船只十分有利,使许多船只避免了触礁沉船的危险。这些海草,能在大洋的激浪中生长、繁育,而任何岩石,不管它有多坚硬,也是无法长期抗住的。海草的茎是圆的、柔软、滑润的,直径很少有超出 1 英寸的。一些海草聚在一起,足以托住一些松落下来的岩石,这些岩石重量不小,如在水面上,只凭一个人是无法把它捡到船上来的。库克船长在第二次航行中说,在刻尔格林兰,海草从超过 24 英寻的海水中生长起来,"它不是垂直生长起来,而是同海底形成一个准确的角度,此后便伸展数十英寻,漂浮在海上,我有把握说,有些海草是从 60 英寻的海底长上来的"。我想不出还有别的植物的茎有像库克船长说的 360 英尺长的。菲茨·罗伊船长曾发现有从深达 45 英寻海底长上来的。这种海草群,即使面积不宽,也能随着激浪漂浮。可以惊奇地看到,在一个暴露的海港中,从外海卷来的激浪,经过同海草的挣扎,浪尖变低,迅速平静下来。

各个目的动物数量可观,其存在有赖于海藻的多寡。要描写一种海草上的"居民",也许可以写上一卷书。除了浮在水面上以外,水下海草的叶子上都有一层厚厚的白色的珊瑚藻。我们发现了一些结构精微的水生生物,它们有些靠食简单的多分支的息肉为生,有些靠吃那些组织程度更高的、美丽的复合海鞘类动物为生。在海草叶子上生活的还有各种各样的小盘状的贝类, Trochi,无盖软体动物,以及某些如牡蛎等双壳类动物。无数甲壳纲动物经常来到海草的各个部位。如果摇晃纠缠在一起的海草根,就会有成堆的小鱼、贝类、墨斗鱼、各个目的蟹类、海鸟卵、星鱼(即海星)、美丽的霍留鱼、真涡虫(体长20～35毫米,长形,体色黑褐色,常杂以其他颜色,头三角形)以及各种形状的爬行的沙蚕科动物就通通跌落下来。每当我观察一根海草时,我准能发现一些新的、奇特的品种。在奇洛埃(可能是指奇洛埃岛,该岛属智利),海草长得不旺盛,就见不到各种各样的贝类、珊瑚藻与甲壳纲动物的踪影,但该地仍有少数编织苔藓虫属、某些复合海鞘类动物,后者与火地岛的不是同一个种。该地的墨角藻属动物,比生活在其上的其他各种动物的种类更多。我常把南半球的这种巨大的水下森林同陆上热带地区的森林相提并论。如果一处森林毁掉,我不相信灭亡的动物会比海草被毁后水生动物灭亡的更多。在海草中生活的各种鱼,别处再也找不到更好的食物和庇护处。如果海草被毁,许许多多的鸬鹚及其他捕鱼鸟,水獭,海豹与鼠海豚,都将死去。最后,火地岛上的野蛮人,这些悲惨土地上的悲惨主人,也将食不果腹,无法生存。

离开火地岛

6月8日,一早起锚离开饥饿港。菲茨·罗伊船长决定不走麦哲伦海峡,而走马格达林航道,这是一条不久前新发现的航道。我们的航线靠南,我总感到这条朦胧的河道会将我们带到另一个更糟的世界。风力不大,但空气十分浑浊,使我们错失许多观景的机会。厚厚的乌云从山顶翻滚下来,几乎直滚到山的底部。那些模模糊糊地呈现出来的积雪和蓝色的冰川,在不同的距离与不同的高度就形成不同的景色。我们在特恩角下锚,此处接近萨明托山,这时的山峰还掩蔽在白云之中。泊船的小海湾有一座高大的几乎垂直的断崖,岸上有一座破败的棚屋,提醒我们,有人会来到这样荒僻的地方。但很难想像出,这个人来到这里有何打算,有何要求。此地的岩石、冰雪、风、水,诸种自然因素相互斗争,又联合起来向人类斗争,作为统治者的人类又有何乐趣呢。

6月9日。早晨,我们欣喜地见到从萨明托山上升起一道雾幕。这座山是火地岛最高的山峰之一,高6800英尺。山的底部(1/8 的高度)是暗淡的森林,在此以上,则是白雪,直延伸至顶峰。这些积雪似乎永不融化,蔚为壮观。山的轮廓清晰,由于积雪的反射,没有任何阴影。有几条冰川从积雪层蜿蜒而下,直奔海滨,像是冻结起来的尼亚加拉大瀑布(世界著名大瀑布,位于美国与加拿大接壤处)也许蓝色的冰川更像是流动着的海水。夜晚,我们抵达航道的西端,但海水极深,以致找不到可下锚的地方。为此不得不在漆黑的黑夜中的狭窄的海湾中游弋十四个小时。

6月10日。早晨,我们顺利地进入太平洋。火地岛的西岸,通常是低矮的、圆形的、相当突兀的花岗岩山丘与绿岩山丘。纳伯勒爵士把这里叫做“南荒地”,因为“能见到的土地太荒芜了”。的确可以这么说,主岛以外,有无数的小岛,都位于一条长长的海底隆起部上。我们从东弗里斯岛与西弗里斯岛之间通过,再往北一点,有许多碎浪,以致人们把这处海域称为“银河”。朝这样的海岸看一眼,会使一个未出过海的人做一个星期有关撞船、灾难、死亡的噩梦。我们正是在这样的景色中永远告别了火地岛。

气　候

下面的论述涉及南美洲的气候同产物的关系,涉及雪线(某地某一高度上，存在年降雪量与年消融量相等的平衡线，就是雪线。也可看作某地区常年积雪的下界)，涉及冰川降落的最低点，涉及南极海中小岛上的永久冻结带(指永久冻结的地下土层，常出现在北极地区和常年寒冷的地区)，对此不感兴趣的人也许一瞥而过，也许只读一读最后的概述。无论怎样，我要在此作一简要说明，详细内容留待在第十三章中再说。

关于火地岛及西南沿海的气候与产物，以下表格将对火地岛、福克兰群岛与都柏林(爱尔兰共和国的首都)的平均气温作一对比(气温均为华氏)：

	纬度	夏季气温	冬季气温	夏季与冬季平均气温
火地岛	南纬53度38分	50	33.08	41.54
福克兰群岛	南纬51度38分	51	——	——
都柏林	北纬53度21分	59.54	39.2	49.37

由此可以看出，火地岛的中央地区冬天较冷，比都柏林冷华氏9.5度以上，夏天不如都柏林热。据冯·布克说，挪威的萨尔屯福德的7月(不是最热的一个月)的平均气温高达华氏57.8度，而火地岛的气温是华氏13度，接近极地的气温！在这样的令人们感觉极差的气温下，常青的树林竟如此茂盛。在南纬55度，也许能见到蜂鸟(体形较小，羽毛一般为蓝色或绿色，伴有金属光泽，非常美丽，喙细长，脚小。由于它在飞行时双翅拍动的嗡嗡声似蜜蜂，从而得名蜂鸟)正在吸吮花蜜，鹦鹉正在美洲冬青树(高2～3米，叶互生，绿色，长卵形，边缘硬锯齿状，花白色，冬季落叶后，剩下红色的浆果挂在枝头，非常喜庆)上啄树籽吃。我前已讲述海面上麇集着许多小生物的情况，据G.B.索尔比先生的观察，此地的贝类比北半球的贝类长得大得多，繁殖更旺盛。南火地岛与福克兰群岛，有一种大体形的涡螺(海生生物，外壳呈卵圆形、柱状或纺锤形。螺塔外形为角塔状，壳顶通常有

乳头状突起。另一端不延伸,常呈缺刻状。壳外饰有模糊扁平的螺旋状环带),为数极多。在布兰卡港,南纬39度,数量最多的贝类是三种榧螺(其中一种体形大)、一种或两种涡螺以及一种蛰龙介(生活在浅水中的多毛类生物,口触角发达,身体分为明显的胸区和腹区。胸区具疣足,有时具腹腺垫,通常情况下,胸区较腹区粗大得多)。如今,这些贝类都已成为热带最有代表性的贝类。欧洲的南部沿海是否存在一种较小的榧螺,颇值得怀疑,而其他的两个属,是肯定没有的。如果一位地质学家在北纬39度的葡萄牙沿海发现一处海底有无数属于榧螺的三个种以及一种涡螺和蛰龙介的贝类,那么他大概可以断定,它们存活时期的气候必然属于热带地区;不过,从南美洲来判断,这样的因果关系可能是错误的。

果树与南岸的物产

火地岛的这种平稳、潮湿、多风的天气一直沿着大陆的西海岸延伸下去,只是气温有所升高。霍恩角以北600英里处的森林,也有极相似的气候。甚至再往北300或400英里,仍是同样的气候,在奇洛埃(纬度相当于西班牙北部地区),桃树很少结果,而草莓与苹果结果极丰。大麦小麦收割下来常常需要运到屋内去晒干、成熟。在瓦尔迪维亚(属智利)(纬度与马德里相同),葡萄与无花果能成熟,但不普及;橄榄很少能长成半熟,而橘子则根本不能成熟。这些水果,在欧洲同一纬度则是非常普遍的;即使在南美洲本大陆,略比瓦尔迪维亚稍南的里奥内格罗,能种植甜薯、葡萄、无花果、橄榄、橘子、西瓜、香瓜等水果的产量极丰。奇洛埃及其北边海滨与南边海滨的天气都是平稳、潮湿的,不利于种植那些欧洲的水果,而当地从南纬45度到38度这样的灼热的热带地区的森林,在物产方面更加贫乏。多种高高的大树,光滑的树身,深色的树皮,被寄生的单子叶植物所缠绕;

无数的大而美丽的蕨类,以及乔木状的高草,同树木纠缠到一起,所织成的植物丛高达 30 英尺甚或 40 英尺。南纬 37 度有棕榈树;南纬 40 度有一种很像竹子的乔木状的高草;甚至到南纬 45 度还有与此极其相似的植物,草的长度极长,不能挺直,长得极为茂盛。

这种平稳的天气,尤以海上大面积的区域对比陆地更为明显,看来延伸到南半球的大部分地区;其结果是植物都带有亚热带的特点。像树那么高大的蕨类,在范迪门地长得十分茂盛,我量过一棵,其茎围超过 6 英尺。福斯特在新西兰南纬 46 度处发现一棵乔木状的蕨类,有兰科植物寄生在它的树干上。据迪芬巴赫博士说,奥克兰群岛上,蕨类植物的干如此之粗,长得如此之高,完全可以称之为"蕨树"。在这些小岛上,甚至再往南至南纬 55 度处,如麦夸里岛(属澳大利亚),都有大量的鹦鹉。

▲ ▲ ▲

雪线的高度

南美洲雪线高度比较表

纬度	雪线高度(英尺)	观测者
厄瓜多尔地区	15 748	洪堡
波利维亚,南纬 16 度至 18 度	17 000	彭特兰
中部智利,南纬 33 度	14 500 ~ 15 000	智利人及本书作者
奇洛埃岛,南纬 41 度至 43 度	6000	小猎犬号官员及本书作者
火地岛,南纬 54 度	3500 ~ 4000	金

决定永久积雪的雪线的,主要是夏季最高气温而非一年的平均气温。因此,当我们看到在麦哲伦海峡(那里的夏天是十分凉爽的),仅在海拔3500 英尺至 4000 英尺处就有冰川降落进大海,不应感到惊奇。而在挪威,

我们必须前进到北纬 67 度至 70 度之间 (距极地仅隔 14 度),才能遇上雪线。科迪勒拉山与中部智利的雪线高度,同奇洛埃岛 (最高的山峰高 5600 英尺至 7500 英尺不等) 雪线高度相差如此之大 (约 9000 英尺),的确惊人。奇洛埃以南到靠近康塞普西翁 (南纬 37 度) 的陆地,被一座密密的森林所遮挡,密林中弥漫着湿气,天空多云。南欧的水果在此地生长得十分可怜。而在中部智利,康塞普西翁稍北,通常是天空晴朗,长达 7 个月的夏季不下雨,南欧的水果却生长得非常出色,甚至还可以种植甘蔗。康塞普西翁不再有森林覆盖,因为,在南美洲,凡是森林茂密的地方,都是天气多雨,天空多云,夏天不热的地方。

冰山下流入海

我相信,冰川之所以会落入大海,主要是由于 (当然,山的上部必须有适量的雪) 陡峭的山靠近大海,山上的永久积雪带又很低。山地岛的积雪带是如此之低,我们完全可以预期山上的许多冰山都能下行入海。尽管如此,当我第一次在纬度相当于坎伯兰 (这里指英国的坎伯兰。美国也有一同名城市) 的地方见到只有 3000 英尺至 4000 英尺高的山上,每一条山谷都有冰川而且都流入大海的时候,我是十分惊讶的。几乎每一条海湾,不仅火地岛,凡是以北 650 英里的海滨,都有冰川流入海。大块大块的冰从冰崖上断裂下来,发出巨大的响声,就像军舰航行时发射了一阵舷炮。冰块落入海中,产生的巨浪冲击着邻近的海岸。地震常常使沿海的断崖断裂,落下来巨大的土块,可以想见,冰川裂开必定能产生更巨大的震动。我深信,极深的航道内的海水必然被猛烈地推回大海,然后,海水又被猛烈地灌回航道,同时把巨大的石块像卷稻草那么卷来卷去。在艾里海峡 (纬度相当于巴黎),有巨大的冰川,而邻近的最高的山的高度只有 6200 英尺。在该海峡,我一次就见到有 50 块大冰块漂流出来,其中的一块至少有 168 英尺高。有些大冰块中嵌着一些花岗岩岩石,与周围山体的泥板岩明显不同。在这次探险过程中,我们见到离极地最远的冰川,是在佩尼亚斯湾(属智利),即南纬 46 度 50 分。冰川有 15 英里长,分成 7 股下行入海。但此冰川以北仅数英里的圣拉斐尔湖(Laguna de San Rafael,属阿根廷),一些西班牙教士曾遇上"许多冰块,有些块大,有些块小,还有一些不大不小",时间是相当于北半球的 6 月 22 日,纬度相当于日内瓦湖!

据冯·布克考察,在欧洲,最南面的入海冰川,在挪威沿海北纬 67 度处。这要比圣拉斐尔湖的纬度要高出 20 度,相距极地的距离要近 1230 英里。此处的冰川比佩尔尼亚斯湾的冰川具有更突出的意义,因为它们入海处一个港口相距 7.5 纬度(约 450 英里),该港口内生活着 3 个种的榧螺,一个种的涡螺,一个种的蛰龙介,都是最普通的贝类。此地距生长棕榈树的平原相隔不到 9 度纬度,距生活美洲虎与美洲狮的平原相隔 4.5 度纬度,距生长乔木状高草的地方相隔不到 2.5 度纬度,距生长兰科寄生性植物的地方相隔不到 2 度纬度,距生长高如大树的蕨类的地区相隔不到 1 度纬度。

圆卵石可转移

这些事实在地质学方面有重大价值,由此可以研究北半球大圆卵石移动时期的气候。此处我不打算详尽说明何以大冰块中掺有岩石以及东火地岛的大圆卵石来源于圣克鲁兹平原与奇洛埃岛。在火地岛,大量圆卵石躺在古老的航道上,如今,由于大地的上升,这些航道都已变成了干谷。这些圆卵石伴同着泥沙,由于海底的不断隆起和冰块的绞搓,成为大大小小各种圆形的或有角的石块。少数地质学家怀疑那些高山脚下的漂移的圆卵石不是被冰川推过来的,那些离山较远的以及埋在水下地层中的圆卵石,或者是冰块推过来的,或者是原先冻结在岸边的冰块中碎裂下来的。圆卵石的移动与冰(冰川或冰块)之间的联系,可以从它们在地球上地理分布状况明显看出。在南美洲,距离南极 48 度纬度以上地区,见不到圆卵石;在北美洲,距北极 53.3 度纬度是圆卵石转移的极限;在欧洲,距北极不超过 40 度纬度。另一方面,美洲、亚洲与非洲的亚热带地区,从未见有大圆卵石,好望角或澳大利亚也未见到过。

南极岛屿的气候与物产

同火地岛上以及岛北的海滨植物十分茂盛的状况相比,美洲南端与西南端诸岛的条件实在令人吃惊。库克船长发现:三明治岛(纬度相当于苏格兰北部)在一年中最热的月份中,"覆盖着厚达许多英寻的常年不化的积雪",几乎见不到有任何植物。乔治亚岛(长 96 英里,宽 10 英里),纬度相当于英国的约克郡,"在夏季最热时,全岛盖满了冰雪"。可以自夸的植物只有苔藓,少量青草和野地榆(多年生草本植物,茎直立,有棱,叶有短柄,卵形或长圆状卵形,边缘有锯齿状突出,穗状花序,椭圆形,直立,紫红色);只有一种陆地鸟,而距北极只有 10 度纬度的冰岛,据麦肯齐的报告,却有陆地鸟十五种。南设得兰岛,纬度相当于挪威南半部,只有某些地衣、苔藓,一点点青草;海军上尉肯德尔在他停泊的港湾中发现,相当于英国 9 月 8 日时,该港湾开始结冰。土地中有冰块,有未紧压的火山灰;地面下浅处必然是永久冻结的,因为肯德尔上尉发现一具外国船员埋葬已久的尸体,还存留着肌肉,五官俱全。一个很奇特的事实是:北半球的两个大陆(不包括它们之间的从欧洲碎裂出去的土地),低纬度处都有一个永久冻土层,北美洲是 56 度纬度,冻土层深 3 英尺;西伯利亚是 62 度纬度,冻土层深 12 英尺至 15 英尺;而这同南半球的情况是十分不同的。北半球的两个大陆,因为这么一大个区域的土地辐射到一个晴朗的天空,所以冬天极冷,也并不因海洋送来的暖流而温暖一些;另一方面,夏季既短又热。而在南太平洋,冬天不非常冷,夏天也不那么很热,因为多云的天空很少能使阳光把海洋的温度升高,海洋本身也不大吸热;因此,年平均气温对于调节永久冻土带来说,是不足道的。显然,繁茂的植被不需要多少热,而主要是防冷,因此,在同样的气温下,南半球的植被比北半球要靠永久冻土带近得多。

冻僵的动物尸体得以保存

南设得兰群岛(南纬62度至63度)的冻土中尸体保存得很好,而帕拉斯在更高纬度(北纬64度)的西伯利亚发现一具冰冻的犀牛,这都是很有趣的例子。在前面的章节已提到,我认为"必须有茂盛的植物才能支持大四足动物的生存"乃是一种谬论。西伯利亚发现大象与犀牛尸体能完整保存,是地质学中一个最奇妙的事例。认为要从邻近的地区去取来食物供应它们,纯粹出于想像。我认为,整个事例并不那么复杂。西伯利亚大平原,正如潘帕斯高原,原来是在海底的,河流把许多动物的尸体带到了海底。有些只保存下骨骼,有些保存下完整的尸体。如今已知,美洲极地的浅海的海底是冻结的。进入春天,大地表面开始融解时,海底并未融解,过一段时间,融解层逐渐加深。到了夏天,海底土层温度也许在华氏32度以下,再过一段时间,泥土与水的温度都可能无法保存完整的动物尸体,肉质逐步烂掉,只剩下骨骼。西伯利亚的极北部,动物骨骼数量极多,据说距北极相隔纬度10度的一些小岛,也布满动物骨骼。另一方面,一具动物尸体被水流冲进北极浅海,如果很快就被泥土裹得很厚,夏天水温穿不透它,等到海底上升成为陆地,夏天的气温与阳光仍穿不透,尸体上的肉质不会腐烂,便能完整地保存下来。

概　述

　　我将概述南半球的气候、冰的活动及生物物产,通过想像转换成欧洲的相应地区,因为我们对这些地方相当熟悉。那么,靠近"里斯本"(此处是把南半球某地想象成葡萄牙首都),最常见的贝类有三个种的榧螺、一个种的涡螺,一个种的蜒龙介,这些贝类都具有热带特色。在"法国"的几个南方省份,有巨大的森林,寄生植物缠身的树木,同乔木状的高草密织在一起,遮盖了大地的面貌。美洲狮与美洲虎在"比利牛斯山"(比利牛斯山位于欧洲西南部,是法国与比利时的天然疆界。此处是把南半球某地想象成比利牛斯山)出没。纬度相当于勃朗峰(Mont Blanc,阿尔卑斯山脉的最高峰)的地方,也就是相当于北美洲的中部,长成树木的蕨类植物同寄生性的兰科植物在密林中生长茂盛。北边远至"丹麦"中部,蜂鸟在鲜花中扑翅低鸣,鹦鹉在常青树林中觅食,海中有涡螺以及大个的、很有活力的贝类。然而,我们的"丹麦的新霍恩角"以北360英里的某个岛上,有一具动物尸体完整地埋在泥土里(如果被水冲进浅海,被泥土裹好)永久地冻结起来。如有大胆的航海家试图朝北穿越那些小岛,他将冒上千次危险遇上漂浮的巨大的冰块,其中还嵌着从老远老远的原地带来的岩石。纬度相当于"苏格兰"南部的某个大岛,将是"几乎全部覆盖着永久的积雪",港湾的尽头俱是峭立的冰崖;这个大岛能以自慰的,只有一点点苔藓、青草与美洲地榆,陆上动物仅有一种鹨(liù)属的鸟。从"丹麦的新霍恩角"起的一半山脉,只有阿尔卑斯山的一半高,直直地往南延伸;山脉的西翼,许多深深的小海湾的末端,都是"巨大的、惊人的冰川"。这些孤寂的航道将不时遇到崩裂下来的冰块,随之而来的大浪向岸边冲击;无数的冰块有的像小教堂那么高,偶尔地还嵌着"并非无足轻重的岩石块";间或有地震发生,会把庞大的冰块震入海中。最后,如有一些教士试图穿越某个海湾,将会见到周围不很高的山峰把许多宏伟的冰川送到海边,他们的船只将被无数的大大小小的浮冰阻挠,而这一切都是在我们的 6 月 22 日发生的,其地理位置则相当于我们的日内瓦湖!

第十二章　中部智利

瓦尔帕莱索

7 月 23 日深夜,小猎犬号停泊在瓦尔帕莱索——智利的最大海港。清晨到来,眼前的事物显得一片清新。在经历了火地岛之后,此地的天气分外迷人:大气干爽,天空湛蓝,阳光明媚,自然界处处闪跃着生命的光辉。停泊地的景色十分优美。城市建筑在一列小山的山脚下,山的高度约 1600 英尺,相当陡峭。海港有一条长长的主街,同海岸平行,每一个深谷两侧有许多房屋。圆圆的山峦,光秃的居多,有些地方有稀疏的植被。小山已被蚀出许多冲沟,这些冲沟无一例外的都是鲜红的红土。这种景色,加上有瓦屋顶的刷白的房屋,使我联想到特内里费的圣克鲁兹。往西北方向看,可以眺望到安第斯山,不过要到附近的小山上去,才能看见安第斯更美的景色。阿空加瓜火山(位于阿根廷门多萨省西北端,临近智利边界,山峰坐落在安第斯山脉北部,属于科迪勒拉山系)的景色尤为壮观,其庞大的圆锥形比钦博拉索火山(在厄瓜多尔)要高得多,小猎犬号上的官员测量过,高度 23 000 英尺以上。从此地去观望科迪勒拉山,由于空气清新,更显出它的美丽。当太阳在太平洋上升起,可以清晰地看出它们锯齿形的轮廓,多种多样的阴影十分精致可爱。

小猎犬号在智利逗留期间，我十分幸运地遇到了老同学理查德·科菲尔德先生，他十分慷慨地为我提供了非常舒适的住处。瓦尔帕莱索对于博物学家来说并不诱人——长长的夏季，南风不断吹来，没有一滴雨。而冬季三个月内却又常常大雨滂沱。因此，植被是很稀少的。除了某些深谷，一般见不到树木，只有一点草，一些低矮的灌木，稀稀拉拉地长在不是太陡的山坡上。我们回想到，往南350英里，安第斯山脉的西侧，全部被一片无法穿越的密林所遮挡，与此地对比十分强烈。我在搜集自然标本过程中，曾有数次长时间的步行。这个地方对锻炼身体倒很有利。此地有许多美丽的花，由于天气十分干燥，植物与灌木都有浓烈的特殊的气味，甚至行人的衣服擦拂到它们，也会沾上了香味。我总在不断地盼望明天的天气同今天的天气一样好。天气对于享受生活的乐趣是多么的重要！眺望半掩在云层中暗淡的远山同眺望晴空下的远山，差别太大了。在前一种情况下，可能怀有一种肃穆、崇敬的心情；在后一种情况下，会有非常愉悦、欣喜的感觉。

去安第斯山山脚

8月14日。我骑马出游，目的是去考察安第斯山脉的基部地质情况。一年之中只有这个时候，不会被冬雪封住。头一天是沿着海岸往北行。天黑后，抵达金特罗的"海信达"(Hancienda，西班牙及中南美洲的种植园、庄园、牧场)，住进一座原来属于科克伦勋爵的庄园。我来到此地的用意是观察巨大的贝壳堆，这些贝壳堆高出海平面数码，人们把贝壳烧成石灰。此处整条海岸线都可以明确地证明上升运动：古老品种的贝壳积成的大堆，有的高达数百英尺，有的甚至高达1300英尺。这无数的贝壳或者松散地堆在那里，或者埋进一种微带红色的黑色腐殖土(由有机植物腐烂后形成的一层有机土壤)里。在显微镜下看到这些腐殖土的确是水底土，其中含有无数微小的有机物碎粒。

15 日。我们回奇洛塔谷地。这个地区令人赏心悦目,正是诗人所说的田园诗的景色:开阔的绿茵草地,小村落散布在一些山坡上。我们须得越过奇利卡钦山脊。山脊的基部,有许多漂亮的常青树林,但只集中在一些山沟里,因山沟里多有流水,只见到瓦尔帕莱索附近单调景色的人,很难想像智利还有这种风光绮丽的地方。当我们攀到山眉时,立刻见到奇洛塔谷地就在我们的脚下。繁荣景象是物产丰富的自然结果。谷地宽阔,相当平坦,便于灌溉。方方正正的小果园里,橘树与橄榄树苗长得很壮,小菜园里则有各种各样的蔬菜。谷地的两侧,是光秃的山坡,成了谷中繁华的陪衬。人们所说的"瓦尔帕莱索"(天堂谷),必定是指奇洛塔。我们穿过谷地来到一处牧场,这个村镇坐落在贝尔山的山脚。

土地的结构

从地图上就可以看到,智利是夹在科迪勒拉山脉与太平洋之间的一条狭长地带。这条狭长地带本身又被几条山脉分割成几部分,形成一串平坦的盆地,盆地与盆地之间有狭窄的峡谷相连。一些主要城市,如圣费利佩、圣地亚哥、圣费尔南多等,都在这些盆地上。这些盆地或平原,以及一些横向的平坦谷地(如奇洛塔)同海滨地区连在一起,我毫不怀疑地认为,这些地方正是古代深深的小海港、小水湾的陆底,正如今天还有许多小水湾切割着火地岛与西海滨的边缘。智利早先必定是从海中上升较晚的陆地。今天还可以偶尔能见到一条雾堤,像一件白斗篷,披盖在较低的地区,这其实是白色的水蒸气飘拂在谷地上。此处彼处又有一些小山探出头来,说明从前这些地方正是一些小岛的所在。平坦的谷地与盆地,同高高低低的山丘相映成趣,对我来说这给人一种新鲜的感觉。

由于这些平地都有向海倾斜的坡度,便于灌溉,因此土地十分肥沃。

如果没有灌溉,这里就几乎什么东西都长不出来——因为整个夏季,都是晴空一片,万里无云。山丘上星星点点地长着些灌木或矮树,除此之外,植被少得可怜。谷地中的每一个地主,都拥有一些山地,以供养无数半野半驯的家畜。每年有一次宏伟的"rodeo"(竞技表演),到时候,各家的家畜都驱赶过来,清点数目,打上烙印,其中有一部分挑选出来送到有灌溉的田地去育肥。小麦种得很普遍,也种不少印第安玉米;还有一种豆子,是普通劳动者的主要食物。果园出产极为丰盛的桃子、无花果、葡萄。由于这些有利条件,本地区的居民比别的地方富裕得多。

贝 尔 山

16 日。承蒙市长的好意,借给我一名向导,几匹马。清晨,我们便出发去登有 6400 英尺高的贝尔山。道路很糟,不过景色不错,地质考察也有所收获,差堪补偿。傍晚,抵达一处水泉,名叫"驼泉",已是山上很高的高度。这个水泉名必定是个古老的名称,说明以前常有美洲驼来此饮水,应是很早很早以前的事了。此山仅仅北坡长有一些灌木,南坡则有竹子,竹子高 15 英尺。少数地方有棕榈树,我惊奇地见到在至少有海拔 4500 英尺的高度,还生长着一棵棕榈树。这些棕榈树长得很丑,奇形怪状,树干极粗,而且上下细,中间粗。智利的某些地方,这种树长得极多,其价值在于树液可制成某种糖浆。佩托卡附近一家庄园曾试图清点这些树的数目,数到几十万棵时数不下去了。每年早春,也就是 8 月份,许多树被砍倒下来,树干横搁在地上,树冠的叶子一被修剪掉,树液立刻从树顶流淌出来,一直不停地流淌,要流几个月,但必须每天上午把树顶淌液处切去一片,露出一个新鲜的截面。一棵长得好的树可出产 90 加仑(英美制容量单位,英制 1 加仑等于 4.546升,美制 1 加仑等于 3.785 升)树液。这些树液必须贮存在一个干的木桶里。据说,阳光越强的日子,树液流出得越快。同时,砍树时要十分小心,让树冠朝上,树干靠在山坡上,因为,如果树冠朝下倒下来,树液便流不出来,这是地心引力的结果。树液集中起来加以煮沸,便成为糖浆,至少在味道上很像糖浆。

我们在泉边下了马,打算在此过夜。夜色很美,空气清新,可远远望见停泊在瓦尔帕莱索港中的船只的桅杆,尽管已相隔至少 26 地理英里,还能清晰地见到细如黑线的桅杆。船上的白帆看上去只是一个白色的小亮点。

日落景色辉煌无比。谷地已呈黑色而安第斯积雪的峰巅仍染着一层红宝石色。太阳落山之后,我们在一个竹林下边生了一堆篝火,吃煎牛肉干,再喝巴拉圭茶,相当舒服。露天生活有一种特殊的魅力。万籁俱寂,山中 bizcazha 的尖叫声,以及夜莺的微弱的鸣叫声,偶尔传来耳旁。除此以外,只有很少的几种鸟和昆虫,来到这干燥的、被烤热的山头。

断裂的绿岩

8 月 17 日。早上,我们爬上由绿岩组成的山顶。绿岩常常碎裂成巨大的带角的大石块。有一个特殊的地方,我见到的这种大石块,从各个层面看都像是一两天前刚刚断裂下来的。我想这是由于此地经常发生地震的缘故,但是,我怀疑这种推论的准确性,直到后来登上范迪门地的威灵顿山,发现该地从未发生过地震,而山顶同样是断裂的绿岩。从岩石的剖面看,这些岩石都像是数千年前从别处移过来的。

我们整天都在山顶上,流连忘返。智利,一边是安第斯山,一边是太平洋,这从地图上已能看清。但乐趣不仅在于见到这些美丽的风景,更在于引出许多联想。谁也避免不了会想到是什么样的力量能举起这些山脉,又需要多少年代才能把这条山脉切断几个口子,再把其中的若干段搬动并又摆平。再想一下如果把巴塔哥尼亚高原上的大圆卵石沉积层堆到科迪勒拉山来，会让科迪勒拉山增高几万英尺！我在这个地区时总要想到，什么样的山脉能提供出如此数量庞大的物质而自己不至于最终从地图上被抹掉。反过来说，我们也不必怀疑，时间这个最大最强的力量，能把任何山脉磨平——即使是科迪勒拉那样的大山，也能销蚀成沙砾与泥土。

安第斯山的外貌，同我预期的不同。雪线的下限，当然是水平的，但有趣的是，各个山峰的峰巅连成一线的话，这条线同雪线的下线恰好与这条线平行。各个巅峰之间，有长长的间隔，或者是一组巅峰，或者是单个的圆锥体，说明它们是火山口，它们可能是死火山或是活火山。这条山脊就像是一道巨大的土墙，这里那里地突出来一个个塔楼，成为这个国家最完美的屏障。

"瓜　索"

几乎安第斯山的每一段都被挖掘过，自然是希望挖出金矿。挖金潮使智利没剩下什么未经过勘探的地方。我同前一夜一样，夜间同两名同伴围火闲聊。潘帕斯（阿根廷）的牧民自称为"高乔"，智利的牧民则称呼自己为"瓜索"。这两种人是很不相同的。在这两个国家中，智利比较文明一些，因此，智利的人民也失去许多个性。阿根廷人民显出强烈的等级观念，"瓜索"从不认为人是生来平等的。这两名同伴甚至不肯与我共同进餐，真使我十分惊讶。这种深深的等级观念必定植根于垄断财富的专制制度。据说，有些大地主每年有5000英镑至10 000英镑的收入。我相信，安第斯山东侧的任何畜牧国家，都不会有这么大的贫富差别。到智利来的旅行者，不会遇上慷慨大方不收任何费用的主人。几乎每一个人家都会收留你过夜，但第二天早上你必须付若干小费，即使是富裕人家也愿意收到两三个先令。一个"高乔",尽管是个强盗,也是一名绅士;而一个"瓜索",也许在某些方面比"高乔"强些,但仍旧是个粗俗的普通人。我所雇用的两个人,在生活习惯与穿着打扮方面都很不同,而这些特点在他们各自的国家里则是具有普遍性的。"高乔"同他的马分不开,对"高乔"你不称赞他两句,他是不会尽力的。"瓜索"一旦被你雇用之后便老老实实地干活。前者几乎全部肉食,而后者几乎全部素食。此地,我们见不到白皮靴、宽松裤、腥红色的红上衣——这些是潘帕斯高原上的典型服装。这里,最普通的裤子的裤脚都是有羊毛绑腿的。两种人都穿"蓬乔"(穗饰披巾,形似毡子,中间开有领口)。"瓜索"引以为豪的,主要是他们的靴刺非常之大。我量过一个齿轮,直径有 6 英寸,而齿轮本身还有 30 个朝上翘的尖。马镫的尺寸与此相应,每个镫都有一块方方的、有雕刻花纹的木头,中间挖空,约重 3 磅至 4 磅。"瓜索"使用"拉佐"比"高乔"还熟练,但他们不知"波拉"为何物。

8 月 18 日。我们下山来,经过几处有小溪、有树的美丽景点。在上次住宿的"海信达"过了一夜,接下来连续两天骑马去谷地。穿过奇洛塔,这个地方与其说是一个镇,不如说是个幼儿园的集中地。果园很美,桃花怒放。我见到一两处有枣椰树,这是一种极高大的树,如果在它们的原生地亚洲或非洲沙漠中见到一簇枣椰树,必定蔚为壮观。我们还经过圣费利佩,也同奇洛塔一样,是个散乱的小镇。这个地区的谷地,延伸到山脉间的低凹处或平原去,直达科迪勒拉山的山脚。傍晚,我们抵达杰居尔矿区。我在此逗留了五天。招待我住宿的是矿上的监督,他是一个精明的但相当大大咧咧的康沃尔人(英国康沃尔郡人,该郡居民都用当地的方言),娶了一位西班牙女人,不打算回英国了,他对康沃尔矿区的印象极好,赞美不止。他问了我许多问题,其中之一是:"现在乔治国王(原文用的是"George Rex")去世了,王室家属还有多少人还活着?"

铜　矿

这些矿都是铜矿,矿砂都装船运至斯旺西(英国地名)去冶炼。因此,同英国的矿区相比,此地的矿区较安静,没有烟,没有炉子,没有巨大的蒸汽机,不会干扰群山的寂静。

智利政府,或更确切说是西班牙的法律,鼓励人们用各种办法去开矿。发现矿脉的人也许只用 5 先令的代价就购得一块矿地;在付钱之前,他可以试挖,即使挖到别人的园地也无妨,但以二十天为限。

智利这种采矿方法自然是最廉价的。主人告诉我说,从外国人那里引进了两项重大改进措施:第一,还原黄铜矿砂。从前,在康沃尔,英国的矿工从铜矿中发现黄铜矿砂就以为没有用处,要把它们拣出去扔掉。第二,从旧矿炉中捣槌并冲洗矿渣,又可得到许多铜砂。我见到一队队骡子把矿砂驮到海岸,以备转运至英国。上述第一条经验颇可笑。智利的开矿人竟深信铜矿砂里不含铜,他们嘲笑英国人无知,英国人又回转来嘲笑智利人,只用几个美元就买去了智利最富的矿脉。奇怪的是,一个挖矿多年的国家,居然从不懂得矿砂经过轻度烘焙就可以去掉所含的硫,这是一个多么简单的办法啊! 智利还从外国引进一些简单的机器。但直至今日,人们还在用皮袋子装矿砂,手握皮袋在水中漂洗!

矿 工 境 况

矿工的工作十分艰苦。没有多少时间容他们吃饭;无论冬夏,他们天一亮就起来干活,天黑了才收工。每月工资只有一英镑。饭食免费供应:早饭是十六个无花果、两个小面包;午饭是煮豆子;晚饭是压碎烘烤的小麦粒。几乎尝不到肉。自己的衣服,还有供养家人,都靠每年这 12 个英镑。在自己矿中工作的矿主,每月拿 25 先令的工资,还能吃到一点牛肉干。其实,这些人大都每两周或三周才来矿上一次。

在我逗留期间,我饶有兴味地爬遍了邻近的高山。地质结构正如我预料的那样,是很有趣的。四散的光秃岩石,系由绿岩岩脉断裂而来,说明从前发生过灾变。景色与奇洛塔相近:光秃的群山,星星点点地点缀着一些叶子很少的灌木丛。仙人掌非常之多而且长得高大。我量过一棵,连茎带叶,围长 6 英尺 4 英寸。圆柱形的树茎,通常高 12 英尺至 15 英尺,围长通常是 3 英尺至 4 英尺。

最后两天下了大雨,使我无法继续有趣的考察。我试图去找一座湖,当地居民根据某些无法解释的理由相信这湖本来是大海的一个臂湾。有一年旱季,有人建议从这座湖开出一条渠来,但一位教士在经讨论后宣称此举太过冒险,因为许多人都认为这湖是同太平洋连着的,把水引出来可能会淹没整个智利。我们登山已到很高的高度,但遇到大风把雪猛烈吹卷起来,我们不能继续前进,甚至返回都很困难。我预计有可能失去马匹,因为无法估计雪堆有多深,马要跳跃才能前进。天色越来越黑,新的一场暴风雪正在酝酿,我们不得不赶快逃走。我们刚到山脚,暴风雪就开始了。幸亏我们没有在山上遭遇。

8 月 26 日。我们离开杰居尔,再次穿越圣费利佩盆地。天气是真正智利式的:阳光耀人双目,空气十分清新。新下的雪厚厚地盖上了一切,阿空加瓜火山与诸山峰光彩照人,景色十分优美。我们往智利首都圣地亚哥进发。越过了塔尔根山,我们在一处小庄园住宿,主人在拿智利和其他国家相比时,显得很谦虚:“有的国家要用两只眼睛去看,有的国家可以只用一只眼睛去看,可是,对我来说,看智利连一只眼睛都用不着。”

8 月 27 日。穿越了许多小山,我们来到了吉特隆小平原。这是一个盆地,海拔1000英尺至2000英尺。有两种洋槐,都长得很矮,为数很多。这些树在海滨地区从未见过。安第斯山的雪峰在傍晚的阳光中闪耀。一上了平坦的路,我们便策马驰骋,天黑前赶到了圣地亚哥。

圣 地 亚 哥

在圣地亚哥逗留了一个星期,过得很高兴。上午,我骑马到各处走走,傍晚同几位英国商人共进晚餐,这些商人以殷勤待客出名。城中央有座小山,名为圣卢西亚,我经常登临此山,永不厌倦。这里景色不但美丽,而且独特。据说,墨西哥大平原上一些城市也都具有同样特色。城市本身无须详加叙述,总的来说,圣地亚哥同布宜诺斯艾利斯一样大、一样美,看来是按一个模式建筑起来的。我是从北边绕一个圈子过来的,因此我决定回瓦尔帕莱索去时,从南边绕一圈。

9月5日。中午,我们抵达圣地亚哥以南数里格处的一座皮索桥,梅普河水十分湍急,在桥下汹涌而过。这些桥造得极其简陋。桥面是一捆一捆的木棍,密密地铺在皮索上,到处都有空洞,即使只有一个人、一匹马在桥上,桥也会可怕地摆动。傍晚,我们抵达一处舒适的农舍,那里有几位漂亮的姑娘。她们见我仅仅为了好奇才出入她们的教堂,十分惊讶。她们问我:"你为什么不信仰基督教?"但她们不想听我的回答,只想提问题:"你们的教士结婚吗?你们的主教结婚吗?"一位主教竟能娶妻生子,这把她们吓坏了。

考克内斯温泉浴

6日。我们继续南行,在伦卡瓜过夜。经过的道路是平坦的但很狭窄,道路一边是高高的小山丘,另一边就是科迪勒拉山。第二天,我们来到卡恰普河,这里有有名的考克内斯温泉,泉水被认为有很好的医疗价值。在这个地区,当冬天水位低时,皮索桥便会被卸下来。现在正值冬季,我们不得不骑在马背上越过河去。这比走皮索桥更难受。因为水虽不深,却很湍急,河底都是些大圆卵石,既要注意水,又要注意河底的圆石,有时甚至弄不清马是在走动还是在站立不动。夏天融雪后,河水汹涌,是不可能涉河过去的。我们在傍晚抵达考克内斯温泉,在这里逗留 5 天,最后两天是因为大雨被迫停留。温泉的建筑包括一个方方的屋子,其中隔着许多极其简陋的小房间,每个房间里只有一张桌子、一个板凳。地方倒很安静,也有许多野趣。

考克内斯矿泉水是从一个断层中流出来的,经过一段成层岩,大量的可燃气随着水流从许多洞口释放出来。各股泉水之间仅隔数码,但它们的温度颇不相同,这是由于掺入的冷水多寡不同。温度最低的泉水几乎闻不出矿味。1822 年大地震后,泉水停涌,将近一年后才又出水。1835 年的地震又受影响,温度突然从华氏 118 度降到华氏 92 度。看来矿泉水很可能是从地壳底下流出来的,受到地下的影响比受地面的影响要大。管理浴场的人告诉我,夏天的水比冬天多,也比冬天热。我估计,夏天因系干季,冷水掺入较少,因此温度较高。但,何以夏天水多呢?似乎奇怪,也很矛盾。此地夏天干旱,从不下雨,只靠融雪供水。山顶积雪的山,距离温泉有 3 里格至 4 里格远。我没有理由怀疑温泉管理人的话的准确性,他已在此地住了数年,应该很熟悉当地环境。如果他说的是事实,那确是很奇怪的现象。莫非雪水通过渗水层进入地热区,再沿着考克内斯的一条断裂层喷到地面上来。如果是那样的话,此地的炽热的岩石必定离地面不很深。

一天,我骑马进一步深入谷地,去到一个最偏远的居民点。这个居民点稍往上走,能看到卡恰普河分成了两条河谷。我爬上一座高峰,此山估计有 6000 英尺高。登高望远。眼前的这些深谷,平切拉里正是通过其中的一条进入智利,还蹂躏了附近的国家。我描述过有人攻击里约内格罗的一座庄园,此人就是平切拉里。他出身西班牙的上层家庭,网罗了一大批印第安人,在潘帕斯草原建立一支武装,任何军队进入草原都难以找到他们的踪迹。他以此为据点,四处出击,掠夺农场,把家畜驱赶到他的秘密情妇那里。平切拉里是个骑术很好的人,他对周围的人公平对待,对手下有异心的人则格杀勿论。罗萨斯将军正是为了对付他以及其他的印第安游动部落,发起了一场种族灭绝的战争。

金 矿

9 月 13 日。我们离开考克内斯温泉,又回到大路上来,在里约克拉拉过夜。从此地,骑马到圣费尔南多。在此以前,最后一块盆地已扩展成大平原,一直向南延伸,眺望远处山顶积雪的安第斯山,就像是浮在海平面上似的。圣费尔南多距圣地亚哥 40 里格,是我所到的智利的最南端,因为我们从这里就转弯去海边了。途中我们借宿在雅奎尔金矿,矿主是一位美国绅士——尼克松先生。承他美意,我在此度过四天舒适的日子。到后第二天,我们到数里格外的矿上去参观。路上,我们欣赏了以"浮岛"出名的塔瓜塔瓜湖的景色。这些"浮岛"是各种已死去的植物纠缠到一起形成的,上面又有一些活树扎了根。它们通常呈圆形,厚度约 4 英尺至 6 英尺,其中大部分淹没在水中。有风吹来时,它们就从湖的这边被吹到湖的另一边,经常可以把马匹或家畜运载过去。

我们到了矿上,见到许多人脸色十分苍白,令人震惊。矿有 450 英尺深,每个矿工要背上来约 200 磅的矿石。矿工要在曲折的巷道中爬来爬去。那些还没长胡子的小伙子,十八岁、二十岁的年轻人,肌肉干巴,全身赤裸或只穿短裤,实在可怜。一个强壮男子,即使不是在矿下做工,进出矿井也会出一身大汗。劳动如此艰苦,而吃的食物却只有面包和煮豆,他们情愿只吃面包,但矿主认为只吃面包不吃豆,体力不够,因此,就像喂马一样,要矿工吃豆子。这儿的工资比雅奎尔铜矿要高一些,每月24先令至28先令。每三个星期放两天假。矿上的管理极其严格,但矿工也有对付的办法:偷偷地把矿砂带出来。但是,每当工头发现有这种情形,便停发所有矿工的工资,这样,矿工们不得不互相监视,防止发生偷盗矿砂行为。

磨 矿 砂

矿砂运送到磨上,磨成极细的细砂,然后用水漂,把质轻的颗粒漂去,最后通过汞的作用,把金粉提取出来。漂洗听起来是个很简单的过程,其实也挺复杂的——矿砂从磨中出来,送进一些水池,较重的金属沉淀下来,需不时地从水池中清理出来,堆成一个大堆。需要使用不少化学的方法,例如把各种各样的盐撒在矿砂表面上,让它起风化作用,使矿砂堆变硬。这样的矿砂堆要搁一两年,然后再度漂洗,才能见到黄金。这样的过程要重复六七次,每经一次,黄金的含量就会变少,间隔的时间要求逐步加长。这种化学作用使黄金从某些混合物中分离出来。最早发现这种方法时无疑使金砂的价值提高许多倍。

许多黄金小颗粒四处分散,未受腐蚀,最终结成一定数量。有一段时间,少数失去工作的矿工获得允许,把房屋与磨房地上的土刮起来,用水漂洗,竟能得到价值30美元的黄金。

矿工的待遇如此之差,工人们之所以还能高兴地接受,是因为农业劳动的条件更糟,工资更低,连豆子也吃不到。如此贫困,主要是封建制度造成的恶果。地主给雇工一小块土地让他建屋居住并耕种,雇工的回报是这一辈子的每一天都要为地主服务，工资分文没有，直到娶妻生子，儿子长大成人，才能抽出一些时间来耕种自己的土地。在这个国家里，劳动阶级中的极端贫困现象非常普遍。

有孔的石头

这个地区有一些印第安遗迹。我见到一些有孔的石头。莫利那曾提到，在许多地方发现过这种石头，为数极多。这些石头被磨成圆饼形，直径5英寸至6英寸，中心有一洞，许多人猜测它们是当作棍棒的顶，可是，看上去又不像是派那样用场的。据伯切尔说，南美洲有些印第安部落用棍子挖掘地里的块根当食物吃，为了增强挖掘的力度，用一块中心有孔的圆石，棍子插在圆石中心，手握在另一头。看来有可能智利的印第安人从前是使用这样粗糙的农业工具的。

一天，一位姓雷诺斯的德国自然史学家来访，几乎同时登门的还有一位西班牙律师。我听到他们二位之间交谈，感觉十分有趣。雷诺斯能讲一口流利的西班牙语，以致西班牙律师也误以为他是智利人。雷诺斯故意问这位律师：英国国王派一位学者到他们的国家来收集甲虫、石头，他对此有何看法？律师严肃地想了想，然后说："这可不好。没有人那么有钱派人去捡那些废物。我不喜欢这种事。如果我们当中有人被派到英国去做这样的事，你们想，英国国王会不会立刻把我们赶出英国？"这位长者是做律师的，还是属于有教养、有智慧的阶层呐！雷诺斯两三年前曾在他圣费尔南多的居所存放一些毛虫，让一个小姑娘负责喂食，而毛虫是会变成蝴蝶的。于是谣言传遍了城镇，最后，教士与总督共同商量，一致断定这是异端。因此，雷诺斯一回去就遭到了逮捕。

9月19日。离开雅奎尔，沿着一个平坦的谷地进发，这种平坦的谷地很像奇洛塔。圣地亚哥往南仅数英里，气候就变得潮湿了。因此，此地有一些良好的牧场从不灌溉。河谷展开成了平原，但不久就没有了树木的踪影，甚至连灌木丛也见不到了。智利还有这种接近潘帕斯草原的景色，使我感到意外。看来，这块平原是由一系列不同时期的上升运动抬起来的，又被横断切成若干平坦的谷地。谷地周围的断崖上，有一些大洞，无疑是很久以前被波浪冲出来的。这一天，我身子感到不适，直到10月底，尚未完全康复。

9月22日。继续在不见树木的草原上前进。第二天，到达海滨，一位富有的牧场主留我们住宿。我在此逗留两天，尽管身体不适，仍勉强出去收集若干地质第三纪时期的贝壳。

24日。路程直指瓦尔帕莱索。费了很大劲，才于27日抵达该市，从此卧床休息，直到10月底。这一期间，我借宿在科菲尔德先生的居所，他对我殷勤照料，我不知该如何表达我的感激。

智利美洲狮

在此，我补充一些对智利的动物与禽鸟的考察结果。美洲狮并不少见。这种动物分布很广，赤道地带的森林中有，巴塔哥尼亚的沙漠中有，南到火地岛既潮又冷的地区（南纬53度至54度）也有。我在中部智利的科迪勒拉山见到过它们的脚印，该处至少海拔达10000英尺！在拉普拉塔，美洲狮主要吃鹿、鸵鸟、bizcacha及其他较小的四足动物；它们很少袭击家畜或马匹，更少攻击人类。然而，在智利，美洲狮袭击了许多幼小的马匹与家畜，也许是此地其他四足动物较少的缘故。我还听说有两名男子、一名妇女被美洲狮伤害。美洲狮在进攻时，总是扑到对方的肩上，用一只前爪把对方的头拧过来，直到血管破裂。我在巴塔哥尼亚见到一副美洲驼的骨骼，颈部是被折断的。

美洲狮在吃饱以后,会找来一些大灌木把吃剩的尸体盖起来,然后躺下,看守着。这种习惯常常成为它们被发现的原因。因为秃鹰常常在空中盘旋,搜寻目标。这样,智利的"瓜索"就知道有一头美洲狮正守着它的猎物,于是,牧民就带着猎犬前去搜寻。据 F. 黑德爵士说,潘帕斯的"高乔"刚刚见到空中有几只秃鹰在盘旋就喊"狮子!"我自己从未遇到有这种本事的人。据说,美洲狮因为看守残留猎物被人追猎后,它就会放弃这种习惯,以后会在吃饱后就走开了。美洲狮很容易猎杀。在开阔地区,用"波拉"就可以拴住它的四肢,再用"拉佐"套住它,在地上拖着它的身体跑一段路,直到它失去知觉。在坦第尔(普拉塔以南),有人告诉我,他们在三个月内就猎杀了一百头美洲狮。在智利,人们常常把美洲狮从树林里赶出来,既不开枪也不用毒饵,只让狗去追咬。这种狗属于一个特殊的品种,名叫"利奥纳罗斯",它们的外表看起来很瘦弱,像猃,但腿比猃长,具有追猎美洲狮的本能。美洲狮相当狡猾,被狗追赶时,它会回头走一段路,然后突然跳到一边躲起来,等着狗跑过去。它是一种非常沉默的动物,从不吼叫,即使受了伤也不出声,仅仅在繁殖期间偶尔发出一些叫声。

智利的禽类

关于禽鸟,有两种四节蚜小蜂属的鸟(塚雉与 albicollis)也许是最惹人注目的。一种智利人叫它们"特可",大如田鸫(体形较大,头灰色,背部粟褐色,下体白,胸及两胁杂有黑色纵纹,尾羽较深。鸫,dōng),腿比田鸫长得多,尾巴较短,鸟喙较大,羽毛属于红褐色。这种鸟并不少见。它们生活在地上,隐蔽在灌木丛中和干旱的小山丘上,这类灌木丛星星点点,到处都有。由于它的尾巴竖直,两腿像踩着高跷,不时地快速地从这一处灌木丛跳到那一处灌木丛,因此很容易被发现。需要有一点想像力才能相信这种鸟对自己的可笑的模样自惭形秽。头一眼见到它,或许会说博物馆的标本跑出来,变活了!它不会飞,甚至不会跑,只会蹦。躲藏在灌木丛时,常常发出各种各样的响亮的叫声,同它们的外表一样怪。据说它们挖地洞作巢。我解剖过几只,发现它们的嗉囊很结实,里面有甲虫、蔬菜纤维、贝类等。从它们的长腿、尖爪、鼻孔有膜、双翼既短又弯等特点来看,这种鸟在一定程度上接近鹑鸡目的鹤鸟。

第二种鸟同第一种在外表上相近,智利人叫它"塔帕可罗",意思是"遮好你的屁股"。这种不知羞耻的小鸟活该有此恶名。因为它们的尾巴直直地翘起一直翘到翻过来,尾尖冲着头。这种鸟很常见,常在树篱下或秃山上的灌木丛中出没。在觅食时,它们总是从灌木丛中很快蹦出来,又很快蹦回去。它们喜欢躲藏,不飞,也不筑巢。总的外表像"特可",但不像"特可"那么滑稽。"塔帕可罗"很机灵:觉察有危险时,它会躲在灌木丛下一动不动,等一会儿,然后小心翼翼地爬到对面的灌木丛去。它们不断发出叫声,叫声形形色色,非常奇特,有时像是鸽子求爱声,有时像水流汩汩声,有些叫声什么都不像。当地人说它们一年之中变换五种叫声,我估计是季节变换的缘故。

有两种蜂鸟也很常见:一种是鸟尾呈深叉形的柳莺,在西海岸分布极广,北从又热又干的利马地区,南到火地岛的森林(它们也许会在暴雪中扑腾)。奇洛埃是个森林小岛,天气极端潮湿,这种小鸟在地上的落叶中跳来跳去,也许在数量上比其他鸟类更多。我解剖它们的胃,发现里面主要是昆虫。第二种鸟是大柳莺,对于同科的纤巧的鸟来说,它们的体形显得特大,在飞行时,样子很独特。和同属的鸟一样,它们经常移动,飞行的速度可同食蚜蝇(双翅目昆虫,成虫捕食蚜虫,外形似蜜蜂)与天蛾(鳞翅目昆虫,体形较大,复眼大,触角端部细而弯曲,胸部粗壮,腹部末端呈流线形)相比。但当它们扑在花朵上时,拍翅极慢极重,完全不同于该属中的大多数种扑翅时发出嗡鸣声。我未见过别的鸟扑翅如此有力(与它身体重量相比)。大柳莺停在花朵上时,尾羽张开如同扇面,身子同双翼几成垂直,看来是为了支撑住身子。尽管它们在花丛中飞来飞去觅食,但我在它们的胃中只见昆虫的残体!估计它们寻找的是昆虫而不是花蜜。这个种的鸟,同几乎整个种的鸟一样,叫声特别刺耳。

第十三章　奇洛埃与乔诺斯群岛

11 月 10 日。小猎犬号从瓦尔帕莱索往南航行,以便考察智利的南部、奇洛埃岛,以及特雷斯蒙的斯半岛以南的乔诺斯群岛。21 日,我们停泊在奇洛埃岛的首府圣卡洛斯湾。

奇 洛 埃 岛

奇洛埃岛大约有 90 英里长,不到 30 英里宽。岛上多小丘无高山,森林密布,仅在村庄周围开辟了一些绿地。从远处看,外貌很像火地岛,但走近看,此地的森林比火地岛的森林美得不可同日而语:林中有多种常青树以及有热带特色的植物,毫无暗淡的色彩。冬天的天气是可憎的,夏天也仅仅是略有改善。世界上温带地区很少有地方有这么多的雨水。风极猛烈,天空多云。有一个星期连续的好天气就算幸运了。甚至无法望见科迪勒拉山脉。上一次考察,只有一次见到过奥索诺火山,那是在太阳升起之前。奇怪的是一等太阳升起,东方天空光芒耀眼,奥索诺火山的外形就看不见了。

当地居民从肤色及身材来看,似乎有 3/4 的印第安血统,他们谦虚、安静、勤劳。虽然土地肥沃(是火山岩风化的结果),能充分支持植物的生长,然而,天气不好,需要更多的阳光照射才能使蔬菜成熟。供应大型四足动物的牧草很少,因此,典型的物产只是猪、马铃薯、鱼。人们都穿着羊毛织成的服装,这些服装都是家庭自制的,用印第安木本靛青染成深蓝色,工艺自然是最粗糙的。从他们奇怪的耕地方法、纺织方法、磨谷方法及造船方法中都显现出此地工艺水平不高。森林密不可穿,除了靠近海岸的地区以及某些小岛屿,土地均未开垦。即使有道路,因土地过于泥泞、柔软,人们还是极难行走。当地居民同火地岛的居民一样,活动主要集中在海滨。行路主要靠划船。尽管食物是充足的,人们的生活状况却十分可怜。有劳动能力的人没有工作。没有余钱哪怕购买一些最小的奢侈品。很少有货币流通。我见到有一名男子背上背着一袋炭,打算去换些小日用品;另一名男子拿着一块厚木板,打算去换一瓶酒。

乘 船 旅 行

11 月 24 日。苏利文先生(如今是船长)派出一只游艇、一只捕鲸船去考察奇洛埃的东海岸与内陆,最后将在岛的南端同小猎犬号会合。第一天,我未随船,而是雇马在海滨行走,去到该岛北端的"查考"。道路基本上与海岸平行,但有时被一些森林隔断。在这些树阴遮蔽的路上,的确需要在整条路上铺上一层长条方木。因为阳光穿不进密林,土地又湿又软,路上不铺方木,无论是人是马都无法通过。我抵达"查考"时,船队正在扎帐篷打算在此地过夜。

这个地区的林地已经清理出来。查考早先是岛上的主要港口,但因恶浪甚多，又多礁石，损失了许多船只，西班牙政府便烧掉了当地的教堂，强迫大多数居民迁移到圣卡洛斯。我们扎好营帐不久，地方官的儿子光着一双脚跑来侦察我们。他见到主桅杆上飘扬着英国国旗，就只冷淡地问一句：船队是否经常到这里来？有些地方的居民，一见到军舰就十分惊惶，以为是西班牙舰队的先遣军舰，要来从爱国的智利政府手中夺回该岛的主权了。当我们进晚餐时，地方官来拜访我们，他曾在西班牙军队中服役获中校衔，可是如今已非常穷困。他送给我们两头羊，我们回赠他两块棉布手帕、几件铜饰物、少许烟草。

25 日。大雨倾盆。我们决定沿海岸去到瓦匹里诺。奇洛埃岛的整个东部都是一个模样——一片平原被河谷分割成一些小岛屿，地面上则覆盖着墨绿色的大森林。森林边缘开辟出一些土地，上面有一些高屋顶的小房屋。

26 日。天气十分晴朗。奥索诺火山已在喷发着一股浓烟。这座十分美丽的火山，呈完美的圆锥形，山的顶层有皑皑白雪，同科迪勒拉山遥遥相对。另一座大火山，山顶呈马鞍形，也在向外喷出一些蒸汽。后来，我们又见到又高又尖的大火山科可瓦多。这样，我们就在一个地方见到 3 座活火山，每座火山各有 7000 英尺高。此外，再往南去，那里还有几座高大的火山，山顶终年积雪，尽管我们不知是否是活火山，但必定是原始火山。安第斯山脉到了此地已是余脉，尽管它是笔直的南北走向，但因视觉上的误差，总觉得有点弯曲。

土著印第安人

午间登陆，见到一个纯印第安家庭。父亲特别像约克·明斯特；有几个小男孩，红红皮肤，很容易被误认为是潘帕斯印第安人。在我眼里，不同的印第安部落都有紧密关联,尽管他们的语言是不同的。这个家庭也许掺入过一点点西班牙血统,所用的语言都是印第安语。再往南,我们见到了许多纯印第安家庭;某些小岛上的居民都保留印第安的姓氏。据1832年的统计,奇洛埃及所属的小岛,共有约42 000人口,其中大多数是混血儿;有约11 000人保留印第安姓氏。生活习惯大致相同,都信奉基督教,但据说仍保留某些奇特的迷信活动,他们相信可以在一些山洞里同魔鬼交谈。从前,谁要是被判定同魔鬼交往,就得遣送到利马的宗教法庭。除了11000名有印第安姓氏的人,其他人也很难从外貌上同印第安人区分开来。莱穆的地方官戈梅斯,父系母系都来自西班牙贵族家庭,但因世世代代不断同当地人通婚,因此,现在这个戈梅斯已是个印第安人。而昆乔的地方官却称自己是纯粹的西班牙血统。

晚上,我们抵达考卡休岛以北的一个美丽小海湾。此地的居民抱怨缺少土地。部分原因是他们忽视开辟林地,部分原因是政府限制。限制也有它的必要。此地的习惯做法是:每个正方形(150平方码),需付给测量师两先令,然后由测量师对土地价格做出评估。经过他的评估,地价必上涨三倍,然后拍卖,如果没有人出更高价,买地人就以此价格成交。这些做法,严重地抑制了当地贫穷居民的买地积极性。在许多地方,开辟林地很简单,放火烧掉一片森林就行,但在奇洛埃,因天气潮湿,树种也不易燃,必须先把树木砍伐下来,不能用火烧。奇洛埃的繁荣因此大受阻碍。在西班牙人统治时期,印第安人不得拥有土地,如有某个印第安家庭开辟出一块土地,这家的财产将被政府没收。智利现政府想表现出公正,为此将土地重新分配给贫穷的印第安人。未开辟出来的土地价格十分低廉。政府给道格拉斯先生(现任的测量师,是他向我介绍了上述背景)8.5平方英里的森林(靠近圣卡洛斯),作为酬报。道格拉斯先生出售了这片森林,获350美元(相当于70英镑)。

接下来的两天，天气不错，晚上抵达金超岛。这个地区是奇洛埃群岛中开发得最好的地方。开辟出来的土地很多，有些农舍看来很舒适。我很好奇，希望知道这些人有多富裕，但道格拉斯先生告诉我，这里没有一个人是有固定收入的。一位最富裕的地主，通过一辈子勤劳工作，也许能积累起 1000 英镑的家财，这些家财必然都藏在某个秘密的角落。此地的习惯就是这样，每一家都有一个贮藏钱的罐子或珍宝盒，埋在地下。

卡 斯 特 罗

11 月 30 日。星期天一清早抵达奇洛埃早先的首府卡斯特罗，这里如今只是一个十分荒凉的地方。通常是四四方方的西班牙城镇格局还依稀可寻。但街道、广场如今已覆盖着绿草地，羊群在那里悠闲地吃草。镇中心的小教堂，完全由厚木板搭成，外表相当美丽、神气。此地虽有数百居民，但我们从居民那里买不到一磅白糖，买不到一把普通的刀，由此可见他们的贫穷。没有人有手表或钟表，他们只雇着一位老人，说他很能知道时间，让他敲教堂的钟报时，其实这全凭他的估计。我们这支船队的来到，是这一荒僻地区少遇的大事，几乎全体居民都到岸上来看我们搭帐篷。他们都很有礼貌，好客，向我们提供了一座房屋。一位男子甚至送我们一满桶苹果酒。中午，我们去拜访地方官——一位安详的老人，从外表来看，他比一名英国村民高明不了多少。夜里下了大雨，大风几乎要刮走我们的帐篷。一个来卖给我们独木舟的印第安家庭，在我们旁边露宿。下雨时，他们毫无遮蔽。次日早上，我问一个浑身湿透的年轻印第安人，他是怎么度过这一夜的。他看来毫无抱怨，回答说："我很好，先生。"

莱 穆 岛

12月1日。我们转向莱穆岛。我去勘察一个煤矿,发现原来是价值不高的褐煤矿。这些褐煤掺在河石之中(可能形成于古代地质第三纪时期),附近的岛屿正是由它们组成的。到达莱穆岛后,竟难以找到适合搭帐篷的地方。因为正值春潮汹涌,而海水一直延展到岛上的森林。不多久,一群近乎纯血统的印第安人围住我们。我们的到来,使他们惊讶万分,一时把消息传遍各处。他们说:"怪不得最近见到这么多的鹦鹉;'秋考'也无缘无故地乱叫。""秋考"是一种有红色胸羽的小鸟,生活在密林之中,发出非常特别的叫声。很快,他们急于同我们物物交易。钱是没有用的。他们特别想换取到烟草,其次是印第安靛青,然后是辣椒、旧衣裳与弹药。想换到弹药的用意完全是善意的——每个教区有一支公用的毛瑟枪,弹药是为在喜庆日子和假日放枪祝贺用的。

当地民众主要靠吃土豆和水生贝类动物为生。退潮时,大量海鱼陷在泥岸里,易于捕捉。他们偶尔能吃上一些肉类,数量多寡依次为:家禽、绵羊、山羊、猪、马、牛。我从未见过有如此谦卑、顺从的民众。他们同我们接触通常都要说自己是当地的穷人,不是西班牙人,他们非常缺少烟草和其他享受。在最南面的凯伦岛,水手们用一撮价值三个"半便士"的烟草换来两只家禽;用几块价值三先令的布手帕换来三只绵羊、一大捧洋葱。游艇停泊地离岸较远,我们担心夜里被人盗走。我们的领航员道格拉斯先生把本地区的警官找来,对他宣称:我们的哨兵是有上膛武器的,我们也不懂西班牙语,如果我们见到黑暗中有人,我们肯定会开枪射击的。警官显得十分谦卑,认为这是个完美的安排,向我们允诺,夜间不会有人来打扰我们。

坦 奇 岛

接下来的四天,我们继续向南航行。总的来说景色依旧,只是居民人数大为减少。坦奇岛是个大岛,几乎没有开辟出土地。树一直长到海边来,树枝拂在岸坡上。一天,我见到砂石断崖上长着一些 Panke,它们多少像是大黄属植物(草本类植物,茎直立,叶互生,宽大,花小,白绿色或紫红色,圆锥花序,枝上簇生,瘦果三棱状),不过株形特大。当地居民吃它带有酸味的茎,用它的根来鞣革(用一些含纤维较多的有机物通过浸泡制成革),还从中提取蓝色染料。它的叶子几乎是圆形的,边缘有深深的凹印。我量了一棵,树干直径将近 8 英尺,因此树身身围不少于 24 英尺! 树干高 1 码多,每一细枝长出四片至五片大叶子,合到一起,蔚为壮观。

凯 伦 岛

12 月 6 日。抵达凯伦岛。早上,我们在一座房屋前停留数分钟,这座房屋在莱勒克岛的北端,是南美洲基督教世界的最南端,而其实只是一座悲惨的陋屋。此处是南纬 43 度 10 分,比大西洋沿岸的里约内格罗稍南 2 度。这些信奉基督教的教民们十分贫穷,竟来向我们乞讨土豆。我们遇到一位老者,他走了三天半,只为了还人家一把小斧和几条鱼。由此可见人们是多么的穷。

圣佩德罗岛:驯服的狐狸

傍晚,我们抵达圣佩德罗岛,发现小猎犬号正在那里停泊。为了绕过这个尖岬,两名官员带上经纬仪上岸去测算。一种据说此岛特有的但很稀少的狐狸,是一个新的种,正蹲在岩石上。它聚精会神地瞧着两名官员在工作,因此我蹑手蹑脚地走到它身后,用地质锤重击它的后脑壳。这只狐狸也许有好奇心、有科学精神,却不聪明。现在,由于它的慷慨,它已成为标本坐在英国的动物学学会。

我们在此港逗留三天。其中一天,菲茨·罗伊船长同几个人试图攀登圣佩德罗的最高峰。此地森林的外貌与北部的森林不同,岩石也是云母板岩,没有海滩,陡峭的断崖直直地探进海中。因此,总的外貌近似火地岛而与奇洛埃不同。我们未能登上峰顶,因森林过密,其中已死的树、半死的树纠缠在一起,无法穿越。我们经常有十分多钟时间脚不沾地,经常在 10 英尺至 15 英尺的高度上行走,海员们戏称是在“测深”。有时,我们四肢着地一个跟着一个在腐烂的树干下爬行。山的下半部,美洲冬青树长得很神气;有一种月桂像美洲檫木(黄樟),叶子很香;还有一些我不知名的树,由一根有蔓的竹或藤缠结在一起。我们就像是网中的鱼在挣扎着。沿山坡往上,大树没有了,替代它们的是灌木,偶尔见到一棵红皮雪松。我很高兴在一个海拔 1000 英尺的高地,又见到了老朋友——南方的山毛榉,然而,它们都可怜地变矮了,我想是由于气温的限制。最后,我们绝望地放弃了登峰计划。

乔诺斯群岛

12 月 10 日。苏利文先生带着游艇与捕鲸船出发继续进行考察,我留在小猎犬号,第二天离开圣佩德罗往南航行。13 日,到达乔诺斯群岛。幸亏如此,因为第二天就来了一场暴风雨,就像在火地岛遇上的那种狂风暴雨。厚厚的雨云堆在暗蓝色的天空,黑色的水汽狂卷过去。一个个连成串的山脊成了暗暗的阴影,落日的余晖投在密林上,就像是酒精灯发出的微弱火焰。海水因海浪和泡沫成了白色,大风不停地怒吼,一副不祥的景象。一条亮丽的雨虹出现数分钟,更有趣的是由于浪尖白沫的作用,把半圆形的长虹变成了圆形彩虹。因为长虹的双脚跨在海湾两边,靠着白沫出现倒影,虽然有残缺,但差不多形成了完整的圆形。

我们在此逗留三天。天气始终不佳,不过影响倒不太大。反正所有这些岛屿上的树林都是穿越不过去的。海岸都是断崖峭壁,要想进入内陆必须翻越海边的山岩。这些山岩由云母板岩组成,有很多又尖又陡的岩片,难以攀越。

特雷斯蒙的斯

12 月 18 日出海,20 日告别南端,乘着好风转航北返。从特雷斯蒙的斯开始,我们愉快地沿着高高的海岸航行。第二天发现一个港口,岛上的山丘高 1600 英尺,它是个圆锥体,比里约热内卢著名的圆锥形甜面包还要圆。第二天,我成功地登上了此山的山顶。攀登过程相当艰难,因为山坡极陡,有时需要把大树当梯子才能上攀。遇到一些大面积的矮树林,都是倒挂金钟属的植物,枝上挂满美丽的下垂的花朵,但很难从下面爬过去。在这种荒野的地方,能攀登上一个小山峰总使人有说不出来的高兴。尽管最初希望见到十分新奇的景象的意图可能不能完全实现,但我从不会因此轻易放弃登山的乐趣。从一个最高点看到宏伟壮丽的景色,使人有一种胜利与自豪的感觉。在这种人迹罕至的地方,你也许会想到你是站在这个极顶欣赏眼前美景的第一人,因此更增添几分虚荣。

一个强烈的愿望是总想弄清楚以前有没有人到过此地。见到一片木头上面有个钉子,就捡起来研究研究,看看上面是否有象形文字。怀有这种感情,我高兴地发现在这荒僻的海滨,一块突出的岩石下,有一张草编的床。走近了又见到有一个遗留下来的火堆,曾有人在此使用过斧子。从火、床及其他环境来看,曾有一位印第安人在此一显身手。但是,似又不可能是印第安人,因为此地因天主教徒屡屡攻击基督教徒与野蛮人,印第安人已被灭绝。因此,我又猜想这个在此孤独生活的人也许是个船只沉没后逃生来此的一名水手。

遭遇海难的水手

12 月 28 日。天气还是那么坏,但总算能让我们继续考察了。时间逼人。每当我们因大风受阻,不得不耽搁几天的时候,尤其感到时间的紧迫。晚上发现一个港口,在此停泊。刚把船停好,就见到一名男子在挥舞他的衬衣,我们派出一条小船去,接回来两名水手。有六个人从一条美国捕鲸船逃跑出来,乘小船登上这个小岛不久,小船被风浪撞得粉碎。他们已在海滨等待十五个月,既不知身在何处,也不知该如何行动。幸亏我们发现了此岛!如果没有这一次的机会,他们会在这个岛上变成老人最终死去。他们遭的磨难太多,万一从崖上掉下去,必死无疑。有时必须分头去寻找食物,这就可以解释我见过的床与火灰堆。

花岗岩山脊

12 月 30 日。我们在特雷斯蒙的斯最北端的一个小小的避风湾停泊。次日早饭后,几个人去爬山,山有 2400 英尺高。景色甚好。山脊的主要部分系由大块坚实陡峭的花岗岩组成,这种形状仿佛是从开天辟地时起就是那样子的。花岗岩顶上覆盖着一层云母板岩,经过岁月的销蚀,现已成为奇特的手指形的尖棒。这两种岩层，各有各的轮廓，一致拒绝几乎所有植物的生长。对于习惯于见到满是暗绿色森林覆盖山峰的景色的我们来说，如此光秃的山峦似乎难以接受。我进一步考察了山的结构。高高的山脊带有一种冷峻的神态，既不让人类去利用，也不让其他动物去利用。花岗岩对地质学家来说，是一种典型的研究对象。它分布广泛，色彩美丽，质地结实。有些岩石可追踪到十分古老的年代。花岗岩的最初形成，比任何其他岩层更多引起争议。我们通常认为它们是最基本的岩石，是人们所曾穿透的地壳中最深的层次。越是遇到了知识的极限，人们对此兴趣越大，也许因为接近想像的范围而兴趣更大。

1835 年 1 月 1 日。新年是在本地区典型的天气仪式中迎来的：猛烈的西北风，无休无止的大雨，毫无矫饰之情。感谢上帝，我们无须永留此地以目睹仪式的结束，只盼望进入太平洋会遇上一个蓝色的天空告诉我们——云端之上确实有一个天堂。

海　　豹

接下来的四天仍有西北风肆虐，我们想方设法进入一个大海湾，找到一个安全的港口。我伴随船长驾一条小船进入一条深湾。一路上，吃惊地见到不少海豹在平坦的岩石上或海滩上休息。看来，这些地方是它们喜欢来的地方。它们彼此挨挤着，快速睡上一觉。它们像是猪群，可是还不如猪群，因为它们竟躺在自己的粪便当中，臭气冲天，不以为耻。兀鹰耐心地、不怀好意地注视着它们。这种叫人恶心的大鸟，有一个光秃的红色的脑袋，追腐逐臭，本性难移。大陆的西岸，兀鹰为数甚多，见到了海豹群便紧追不舍。这条深湾里的水（也许只是面上）差不多接近于淡水，这是因为陆地上的小瀑布从光秃的花岗岩石流进深湾的缘故。淡水吸引鱼类，这又把许多燕鸥、鸥以及两种鸬鹚吸引了过来。我们还见一对美丽的黑脖天鹅，几只小水獭，水獭皮价值如今已高升。回来的路上，见到大大小小的海豹在我们的小船划过去后，纷纷跳入水中，那种性急、冲动的样子，十分可笑。它们在水中逗留时间不长，又伸长脖子来追逐我们，显出十分好奇、惊讶的样子。

7 日。我们沿着海岸行驶一段，停泊在接近乔诺斯群岛最北端的洛斯港，停留一周。这个岛同奇洛埃岛一样，系由成层的、柔软的、沿岸的冲积层组成，因此植被十分茂盛。森林一直延伸到海滩，就像是四季常青灌木罩在沙砾人行道上。从岛上可以望见科迪勒拉山的四个积雪的大圆锥体，景色迷人。我们见到五个从凯伦来的人，他们为了捕鱼，极其大胆地划一只可怜的小船渡海而来。

野生马铃薯

这些岛上有大量野生土豆，主要生长在靠近海滩的掺杂贝壳的沙地里。最高的一株长 4 英尺；块茎通常较小，但我找到一个椭圆形的土豆直径达 2 英寸。野生土豆在外形与气味上同英国的土豆一样。煮起来，野生土豆会皱缩，水分大，淡而无味，但无苦味。这种土豆无疑是本地原生的，据罗先生说，南到南纬 50 度也能生长，当地的印第安人把它们叫做"阿奇纳斯"。我带一些样品回英国，亨斯洛教授化验过，说它们同萨宾先生描述的从瓦尔帕莱索带回去的土豆是同一种，但有些植物学家认为是一个变种。这种植物既能在半年不下雨的中部智利的干旱山地上生长，又能在南边诸岛潮湿的森林中生长，无疑使人印象深刻。

乔诺斯群岛（南纬 45 度）的中部，森林的特色同整个西海岸的森林一样。这里见不到奇洛埃某些高如树木的草。在火地岛，山毛榉长得又高又大,在树木中占很大比例,但往南去就不是这个样子了。隐花植物在这里找到最适宜的气候。我已叙述过,麦哲伦海峡对隐花植物来说,天气太冷太湿,不宜生长。但在这些岛上,在树林中,有一定数量的隐花植物,还有大量的苔藓、地衣与较小的蕨类,这种情况是相当特殊的。在火地岛,树只长在山坡上,平地上都是厚厚的泥炭地。而在奇洛埃,平地上就有茂密的森林。在这里,乔诺斯群岛,气候较接近火地岛而与奇洛埃不同,平地上长着两种显然喜欢群居的树:一是 Astelia pumila;一是 Donatia magellanica。这两种树的腐植物形成厚厚的有弹性的泥炭地。

在火地岛,森林地带之外,Astelia 是最有代表性的泥炭地植物。新鲜叶子总是一片接一片地围绕着主干,下面的叶子较快地枯萎败落,树枝垂下来钻入泥炭地里成为气根,这样,直到整棵树弯下来成为错综复杂的一团。Astelia 常常受到其他树木的挟持,一是矮小的蔓生的姚金娘属灌木,它有一根木质的茎,像英国的酸果蔓(常绿灌木,直立或攀援,少分枝,枝条细长,叶散生,叶片革质,长圆形或长卵形,花深粉红色,总状花序。红色浆果可作水果食用);一是岩高兰(常绿小灌木,茎匍匐或斜生,分枝较多,枝红褐色,叶互生,革质,线形至线状长圆形。浆果球形,成熟时紫黑色),像英国的欧石南(常绿灌木类植物,叶子细幼,粉红色小花,分布较密,气味怡人);一是灯心草;这些都是生长在像沼泽地似的泥炭地上的。这些植物外表上与英国的同属同种很相似,但其实不同。该地区较平坦的地方,泥炭地的表面已形成许多小池塘,位于不同的高度,像是人工挖出来的。小股的流水在地底下流动,有利于分解落叶,也巩固了植物本身。

泥炭的形成

南美洲的气候特别有利于产生泥炭地。在福克兰群岛,几乎所有的植物,甚至覆盖地面的杂草,都会转变成泥炭地。有的地方,泥炭地厚达 12

英尺,底部干后变硬,便燃烧不起来。此地的环境与欧洲大不相同。南美洲的苔藓腐烂后会成为泥炭地的组成部分;在欧洲我从未见到类似情形。南美大陆东海岸的拉普拉塔(南纬35度),一位西班牙居民告诉我,他曾去过爱尔兰,他以为也会在爱尔兰找到泥炭地,而结果从未找到。他说,他所找到的最接近泥炭地的东西,是一种黑色的带有泥煤性质的土地,其中含有许多树根,可以极慢地、不完全地燃烧。

河狸鼠、水獭、鼠

乔诺斯群岛上的动物,自然完全可以预料到,是非常贫乏的。四足动物方面,有两种水生动物较普遍。河狸鼠(Myopotamus,像河狸,但有一圆尾)因毛皮值钱很有名,河狸鼠皮交易在拉普拉塔颇盛行。此地的河狸鼠都在咸水中活动,大啮齿动物如水豚,也生活在同样环境。一种体形较小的海獭为数极多,这种动物不仅以食鱼为生,而且同海豹一样,还吃不少小红蟹,这种小红蟹常常混杂在鱼群中游到近水面上来。拜诺伊先生曾在火地岛见过河狸鼠在吃一条墨斗鱼。我在一个地方用鼠夹捉住一只奇特的小老鼠,似乎在某些小岛上较普遍,但洛斯港的当地居民说从未见到过。这些小岛上的小动物必定有不断的不同程度的变化。

“丘考”与“狗吠鸟”

奇洛埃与乔诺斯两地,有两种很奇怪的禽鸟同中部智利的 Turco 与窜鸟(雀形目鸟类,多数红褐色或灰色,羽毛有点斑或横斑,翅短,足长且强壮,可扒土,尾巴较长,受惊时举起尾巴躲避)相近。其中一种当地人叫它们“丘考”,常在潮湿森林里最阴暗、最隐蔽的地方活动。有时候,虽然它们的叫声似乎就在近处,但努力搜索也难以找到。有些时候，一个人要是一动不动地站在那里，这种红胸脯的小鸟反而会走过来，相隔仅数英尺，好像老相识的样子。它们在折断腐烂的树干树枝堆上跳来跳去，小尾巴翘得老高。"丘考"由于叫声奇怪又变化多端，当地人认为见到它们预兆不祥。它有三种很不同的叫声：一种声音是"奇杜可"，意味着吉祥，一种声音是"赫伊特鲁"，是极不受欢迎的；还有第三种叫声，我已记不起来。奇洛埃人居然拿这样一种最滑稽的小动物来作为他们的先知。另一种相近的但体形大得多的鸟，当地人叫它们"吉德吉德"，英国人叫它们"狗吠鸟"。顾名思义，正是它们的叫声像狗吠。丘考在近处鸣叫，人们却找不到，除非用棍子敲打灌木丛；而吉德吉德与之相反，它会毫无畏惧地向你走过来。吉德吉德的吃食习惯与生活习惯同丘考很相近。

禽鸟的特性

海滨区，一种体小的灰暗色小鸟非常普遍。它们以安静的生活习性出名。它们生活在海滩上，同矶鹬（jīyào，一种体形较大的鸟，喙短，上体褐色，体白，飞行时翼上具白色横纹，叫声是细而高的管笛音）一样。除了上述这些鸟，还有很少的几种动物生活在这些岛上。我曾说过，虽然经常从阴暗的森林中传出来一些鸟鸣声，但不致打破安静。其中，也许有吉德吉德的猖獗声，有丘考的急促的唷唷声，火地岛的小小的黑鹟鹟偶尔也加入合唱，一些小爬行动物也许跟在闯入者的后面尖叫几声，蜂鸟也许从这边似箭一样窜到那边，并像昆虫那样发出刺耳的叫声；最后，从某些高大的树上也许还传来白色羽毛的美洲鹟（霸鸟）的哀鸣。见惯了大多数地区某些普通的属的鸟（如金翅雀）占有绝大优势的人，在某些地区见到的竟然是一些特殊的属（如以上列举的），一定会感到惊奇。在中部智利，就有两种特殊的鸟：尖尾亚目鸟与 Scytalopus，尽管为数甚少。见到它们，人们不禁要问：它们既然在大自然中所起作用如此轻微，何以会存活至今？

但是，我们必须想到，在另一个地方，也许它们的数量会很多，或者从前某一时期，它们是为数很多的。如果南纬 37 度以南的南美洲大陆沉没在海底了，那么，这两种鸟也许会继续在智利长期存活，当然，在数量上极不可能增加。其他许多动物也不可避免地会有同样情况。

海　燕

南海常常见到数种海燕。体形最大的一种叫大海鸟(西班牙人叫它们"折断骨")，很普遍，常在内陆的航道或大海上见到。它们的生活习性与飞行姿态，很像信天翁。人们注视信天翁数小时，也见不到它们靠吃什么为生。而"折断骨"是一种贪吃的鸟。小猎犬号的几位官员在圣安东尼港曾见到它们追逐一只潜水鸟，潜水鸟企图潜入水、飞上天，几次都被"折断骨"啄下来，最终被"折断骨"在头上重击一下而死。在圣朱利安港，见到这些大海燕正在杀死、吃掉幼小的鸥鸟。第二种海燕，在欧洲、霍恩角及秘鲁沿海都很普遍，比上述大海燕在体形上小了许多，但也同大海燕一样，披一身灰黑色的羽毛。小海燕常出没在内陆的小海峡，成群结队，我从未见过有这么多的鸟聚在一起的。一次，我在奇洛埃岛见到成千上万的小海燕向一个方向飞了数小时，它们的队形是不规则的。当一部分小海燕停在海面上时，海面成了黑色，并听见它们的吵闹声，这种声音就像从远处传来人们的谈话声。

还有数种海燕，但我只想说说其中的一种，名叫 Pelacanoides Berardi (别拉德氏海燕)这种鸟提供了一个典型例子，它们明显地属于一个确知的科，然而，在生活习性与身体结构上却接近另一个截然不同的族。这种鸟从不离开清静的内陆小海峡。遇到干扰时,它们潜入水中到一定深度,然后浮到水面上来,以同潜水动作一样的动作飞上天去。它们的双翼短小,直线快速高飞,一会儿又直直地落下来,似乎被什么东西击中死了,而其实是又潜入水中。从它的喙与鼻孔的形状,足的长度,全身羽毛的颜色,说明它们是海燕;但另一方面,它们的双翼短小,飞行的力度,身子的形状,尾巴的形状,脚上缺少一个后脚趾,潜水的习惯,栖息地的选择,又让人很快怀疑它们是否是一种海雀。它们很容易被误认为海雀。尤其是在一定距离外见到它们或高飞或潜水或在荒僻的航道内静静游水的样子,更容易误认为海雀。

第十四章　奇洛埃与康塞普西翁:大地震

奥索诺火山爆发,阿空加瓜与科斯奎纳火山也同时爆发

1 月 15 日,我们从洛斯港出发,三天后再次停泊在奇洛埃岛的南卡洛斯湾。19 日夜,奥索诺火山爆发。到了午夜,火山顶看上去像是一颗巨星,逐渐膨胀,直到大约午夜三时,景象雄伟已极。借助于望远镜,耀眼的赤焰中不断见到有黑色的物体被抛上去又跌落下来。红色的光芒正好在水面倒映出来。人家对我说,科可瓦多火山爆发时,许多巨大的物体被喷发出来在空中燃烧,呈现出许多奇形怪状的形象,有时像一棵大树,它们必定是很大很大,因为在南卡洛斯后面的高地上就可以望见,而该地距离科可瓦多火山已相隔 93 英里。次日上午,火山停止爆发,又归于平静。事后我非常惊讶地听说距此 480 英里以北的阿空加瓜火山(在智利)也在同一晚上

爆发；而更惊讶的是听闻科斯奎纳火山(阿空加瓜以北 2700 英里) 也在当晚六小时后大爆发，并伴随着地震，周围 1000 英里内都有震感。这种巧合给人印象十分深刻，因为科斯奎纳火山已沉寂二十六年，阿空加瓜火山也从无爆发迹象。难以猜测的是，这究竟是偶合还是说明有某种内在的联系？如果说，冰岛的三座火山——维苏尤斯火山、埃特纳火山、海克拉火山(相互间的距离比上述三个火山间的距离要小得多) ——在同一夜晚突然爆发，偶合因素显而易见；但眼下的例子却是三个火山口位于同一条大山脉上，考虑到东边沿海是一片大平原，西边有长达 2000 英里的近期从海底升上来的贝壳堆，说明上升的力量曾如何均匀地、有联系地发生它的作用。

骑马去库考

菲茨·罗伊船长安排金先生与我骑马去卡斯特罗，然后去西海岸的开佩拉德库可。我们雇了一匹马、一名向导，于 22 日早晨出发。未走多远，一位同路的妇女同两个男孩来与我们同行。

在这条路上行走每个人都很放松，不必配带武器，这在南美洲是少有的。最初，我们必须翻越一个接一个的小山与山谷，直至靠近卡斯特罗地形便变得十分平坦。这条路本身就是一桩奇迹：除了极少部分外整条路都铺着木头，或者是宽宽的木板竖着铺，或者是窄窄的木板横着放。夏天干旱，道路倒不坏；可是到了冬天，因多雨，木板浸水变滑，行走十分困难。在这种季节，道路两旁都成沼泽，水还要溢到路面上来，因此竖的木板必须拴住，用钉子钉牢在地上。这些钉子对马匹形成威胁，好在当地的马饱经训练，遇到木头错位，会像狗一样很快从这边跳到另一边。道路两旁都有高大的树木。树的基部往往有藤蔓相缠结，偶尔地，当可以看到前面一段较长的路时，只见白色的木头铺成一条带子，渐远渐窄，尽头藏进了暗淡的树林，或者遇上曲折的 Z 字形弯路，通往某个陡峭的小山，风景相当独特。

虽然从南卡洛斯到卡斯特罗的直线距离只有 12 里格，但是修筑这条路必定是个大工程。据说，有些人在筑路过程丧了命。头一个成功穿越森林的人是个印第安人，他用砍刀劈断藤蔓，开出一条小路，用了八天时间。到达南卡洛斯后，西班牙政府奖给他一块地。夏天，许多印第安人到树林中去寻找半野的牛，这些牛靠吃藤条叶子或某些树的树叶为生。若干年前，一个猎人偶尔发现一条英国船遭难，海员的供养十分短缺，如果没有这个人的帮助，很可能他们会穿不出森林而饿死林中。确实有个水手因虚弱在行进途中死去。印第安人在穿越森林时是靠太阳位置辨认方向的。如果是阴天，他们就无法穿越。

这一天风和日丽，有些树盛开着鲜花，空气中弥漫着花香。然而，这也难以驱散森林中的潮气向人袭来。再者，许多死树像骷髅那样矗立着，无法使这些原始森林保持一种肃穆的氛围。日落后不久，我们露营过夜。一路同行的妇女相当漂亮，出身于卡斯特罗一个受人尊敬的家庭。她是两腿分开骑马的，但既不穿鞋也不穿袜。她同她的弟弟本来带着自己的食物，但当金先生同我进餐时，他俩一直坐在旁边看着我们，于是，我们不得不邀请他俩来与我们分享。夜里晴好无云，躺在床上就能见到满天星斗闪烁，星光照亮了阴暗的树林。

1 月 23 日。我们一清早就起来，下午两点钟到达卡斯特罗这个相当安静的小镇。自从我们上一次来访以后，年老的地方官已经过世，由一个智利人取代他的职位。我们有一封介绍信给这位佩德罗先生，他对我们十分友善，招待殷勤，超过了以前所有的人。第二天，佩德罗先生为我们换了马，并自愿来陪伴我们。我们向南去，一般都是沿着海岸，路过几个小村庄，每个村庄都有一座木结构的像粮仓似的小教堂。在维里皮里，佩德罗先生要求指挥官为我们派一名向导，带我们去"库考"。佩德罗先生对于我们想去荒凉的库考感到不解,但他仍自愿陪伴我们。这样,就有两位贵族和我们结伴而行,这使贫穷的印第安人十分好奇。在乔奇岛,道路弯弯曲曲,难以辨认,有时要穿越密林,有时经过开垦地,地里长着大量的玉米和土豆。这个波浪起伏的半开垦的地区使我们联想到了英国的某些不发达的农业地区。坐落在库考湖岸边的小镇维林科,只有很少土地被开垦出来,居民几乎全是印第安人。库考湖长 12 英里,东西走向。白天,平和的海风徐徐吹来,晚上风就停止。这种天气规律被夸大为奇迹。在南卡洛斯时,人们常常这样讲。

去库考的道路实在难走,我们决定坐船。指挥官以绝对权威的姿态命令六名印第安人为我们拉船,根本不提给他们的报酬。这种小船在当地被叫做"佩里阿瓜",是一种奇特的工艺很粗糙的船,而船员比这船更怪。六个丑陋的印第安人,拉船很内行,并且兴高采烈。划桨的人喋喋不休地朝印第安人喊话,声音奇特,很像牧猪人在赶猪时发出来的声音。我们在傍晚时分抵达开佩拉德库考,找到一个从前教士居住的小屋,升火做晚饭,过得很舒服。

库考是奇洛埃岛西岸唯一的居民点,约有三十个至四十个印第安家庭,分散居住在岸上,延伸四五英里。这里的居民从来不同奇洛埃岛上其余的居民来往,几乎没有贸易活动,除了有时要换一点油——那是海豹肝制作的油。所穿的衣服都是自制的,食物充足。但他们并不满足自己的生活,常常流露出痛苦的表情。我认为,主要是统治者对待他们太过严苛。我们的两位同伴,尽管对我们很有礼貌,但在面对当地居民时,好像把他们看做是奴隶而不是自由民。他们下命令要当地居民向我们提供食品、提供马匹,根本不提要付给他们多少报酬。次日早晨,两位同伴有事走开,只剩下我们这两名英国人时,我们拿出雪茄烟与巴拉圭茶叶送给当地人,还有一大块白糖。他们尝到白糖表现得十分好奇。印第安人向我们抱怨说:"我们只有这些,我们太穷,我们什么都不懂,我们有国王的时候可不是这个样子的。"

无法穿越的"森林"

第二天早饭后,我们骑马朝北走数英里到达万塔莫角。海滩宽阔,道路就在海滩上。尽管几天来天气一直很好,我们还是听到了可怕的浪涛声。在一场暴风雨过后,即使在卡斯特罗也能在夜里听到浪涛声,那里距海已不下于 21 海里,并且还隔着一个山丘及密林。路况太糟,行走十分困难。所有有树荫的地方都成了泥潭。万塔莫角是一个岩石小山。山上覆盖着一种植物,同凤梨科植物相近,当地人叫它们"奇蓬斯"。从树丛中穿过去,双手多处扎伤。一名印第安向导早就警告过我们,为了防刺,他自己穿的是皮裤。这种植物结出的果实形状像洋蓟(菊科植物,成株高1.2米左右。羽状裂叶,大而肥厚,密生茸毛,多分枝,主茎花蕾最大,一般每株有花蕾三个至八个,呈紫绿色,内层苞片较嫩,可食用),其中有不少囊果皮,这些囊果皮中含有味道很好的甜浆。我在洛斯港就见过奇洛埃人用这种果浆酿造果酒。洪堡也曾指出,几乎各个地方的人们都有办法用植物制造出某种饮料。然而,火地岛的野蛮人,我相信还有澳大利亚的野蛮人,还没有掌握这样的工艺。

万塔莫角的北岸崎岖、断裂,下面就是连续不断的激浪,海浪的吼声永不停息。金先生同我很想沿着海岸步行回去,但印第安向导说这是办不到的。据说,有人曾从库考直接穿过密林去到南卡洛斯,但从无人沿着海岸走过。一路上,印第安向导只带着烤玉米粒,就是这样的东西,他们也很吝惜,一天只吃两次。

26 日。重新坐小船渡过湖面,然后骑马往回走。奇洛埃岛利用连续一周好天气,焚烧森林,开辟土地。朝各个方向看,都有缕缕黑烟袅袅上升。

尽管居民常常放火烧林,我却从未见过大火成灾的。我们同指挥官同进午餐,天黑才抵达卡斯特罗。第二天清早,我们很早起床,骑了一段路,在一个陡峭的小山顶上伫立片刻,欣赏下面大森林的美丽景色。在树尖连成的地平线上面,矗立着科可瓦多大火山,平平的顶上有雪白的积雪。这样的景色是不会轻易从记忆中抹去的。晚上,我们在无云的夜空下露营,第二天上午抵达南卡洛斯。我们到得正好,因为不到傍晚就下开了一场暴雨。

2月4日。乘船离开奇洛埃。上周内,我做了数次短途旅行。

其中的一次是考察一个现有贝类的贝壳堆,它高出海面350英尺。在这些贝壳堆上能长出大树来。另一次是去韦求库圭。我的向导对这个地区十分熟悉,能把每一个角、每一条小河、每一个溪谷的印第安名称告诉我。如同火地岛那样,根据各个地方的某个细小事物,就会取出一个印第安地名。我相信,每一个人都希望永远告别奇洛埃岛。当然,如果忘记冬天无休无止的雨水以及暗淡的景色,奇洛埃也不失为一个有魅力的岛。至少,当地贫困居民的单纯、朴素、礼貌待人,给我们留下深刻印象。

瓦尔地维亚

我们沿海岸朝北航行,但由于天气不佳,直到8日晚上才抵达瓦尔地维亚。第二天,船行约10英里,驶往小城镇。我们是行驶在一条河流之中。偶尔经过一些小村庄,一些从森林开辟出来的小块绿地,有时候遇见独木舟里载着一家印第安人。镇子坐落在河岸,整个镇子掩藏在一个大苹果园内,街道就是果园的巷道,这种风景我在别处从未见到过。南美洲的潮湿地区,苹果树本来就长得很茂盛。奇洛埃的居民有本事在短短的时间内建起一座果园。几乎每棵树靠下的部位,由于常有泥土溅上来,便有一些圆锥形的、棕色的、起皱的小芽长出来,这些小芽日后便是树根。早春,选择粗如人腿的树枝,从那些小芽的底下切断,把其余的细枝去掉,埋入地下约两英尺深。经历一个夏天,树枝长出长长的芽,有时甚至已结果。一次我看到一根树桩上结了二十八个苹果,但这种情况不常见。进入秋季,树桩已成为(我亲眼目睹)长得很好的树,结果累累。瓦尔地维亚附近一位老人在做成苹果汁后,又从果肉渣中提取一种白色的、气味很好闻的酒;通过另一种方法,还能提取甜味的糖浆,他称之为蜜。秋天,他的孩子与猪群,成天生活在果园里。

2月11日。我带一名向导出发去考察一下当地的地质情况与居民生活。瓦尔地维亚附近开辟土地不多,渡过河走数英里,便进入森林,只路过一个悲惨的小村庄。路程不长,只有150英里,景色不同于奇洛埃。首先是树的种类的比例不同。四季常青的树种不再占绝对优势,因此森林有了一点不同的颜色。在奇洛埃,树木的下部都被藤蔓缠着;此地的藤蔓不缠树,而是另一种藤蔓(像巴西的竹子,高约20英尺)结成一簇簇,布在河岸的岸坡上,相当好看。印第安人正是用这种藤杆制作它们的长矛。原打算借宿的房屋太脏,我建议在屋外露宿。这类旅程,头一个夜晚总是很不舒服的,因为不习惯跳蚤的叮咬。我敢说,到了第二天早晨,腿上没有一处是没被跳蚤咬过的。

印 第 安 人

12日。我们继续骑马穿越森林,仅偶尔遇到马背上的印第安人,或一队骡子驮着厚木板或玉米包从南方平原过来。中午,有匹马精疲力竭,我们不得不下马休息。此时正处于山顶,正好望见山下平原的美丽景色,它使我愉快地联想到无边无沿的巴塔哥尼亚高原。然而,二者的情况是十分不同的。巴塔哥尼亚沉寂的森林显得肃穆,而此处的平原则是土地肥沃,人口稠密，似乎已从森林的拘束中解放出来。走出森林之前，我们还路过一些小块的绿草地，草地周围有成排的树，就像英国的公园。鉴于马匹已经疲乏，我决定在库地可传教团留宿，我有一封给修士的介绍信。库地可介于森林与平原之间。有许多村落，以及种着玉米与土豆的农田，居民是印第安人，大都信奉基督教。北边的印第安人较野，尚未归化，但与西班牙人通婚的较多。教士说，印第安基督徒不大喜爱做弥撒，但信教还是挺虔诚的。困难的是让他们履行结婚仪式。野蛮的印第安人是一夫多妻制，能养活几个妻子就能拥有多少妻子，有的酋长拥有十多名妻子。进入酋长的屋子，见到有多少堆火就说明他有多少个妻子。每个妻子轮流同酋长住一个星期，妻子们都要做纺织活，为酋长挣钱。做酋长的妻子是一种光荣，一般妇女都在追求这样的光荣。

这些部落的男人都穿一种很粗糙的毛织"蓬乔"，瓦尔地维亚以南的人穿短裤，瓦尔地维亚以北的人穿小褂，就像"高乔"穿的"奇里帕"。他们的长发都用一条红布带束着，从不戴帽子。这些印第安人身材很好，肩宽，总的外貌的确属于高大的美洲种族，但他们的容貌据我看来与我见过的各个印第安部族有所不同。他们的表情通常较严肃，甚至可说是严峻，很有性格，这也许来自朴实的本质以及刚毅的性格。长长的黑发，凝重的外表，黑色的皮肤，总让我想起詹姆士一世的肖像。一路上，我们没有遇见奇洛埃极普遍的那种谦恭。一些人大大方方地向你说："早上好！"但绝大多数似乎不打算对人说客气话。这种独立不羁的性格有可能来自长期战争的结果。在所有美洲的印第安部族中，只有他们这个部族屡次战胜了西班牙人。

晚上，我同教士进行了十分愉快的交谈。他非常好客。他来自圣地亚哥，善于把自己的生活搞得舒舒服服的。他受的教育不太多，他抱怨当地社会的贫困，人们对信仰宗教不怎么热心，没有事情可做，没有什么压力，人们几乎是在浪费生命。第二天,我们转回程,遇到七个看上去很野蛮的印第安人,其中有几个是酋长,刚刚因长期效忠智利政府而获得一年一度的小小俸给。这些人长得挺漂亮,一个跟着一个,成队骑行,神色严肃。一个领头的酋长我估计比其余人都喝得多,显得十分忧伤,又像是随时都会发脾气。此前不久,有两名印第安人加入我们的行列。他俩涉及一桩诉讼,是从一个较远的教区来到瓦尔地维亚的。其中一人是个脾气很好的老人,但他皱纹满面,颏下无须,因此更像一个老太婆。我送他们雪茄烟,我感到高兴的是他们没有说什么感谢的话。在奇洛埃,在这种情况下人们一般都会取下帽子说声"谢谢"! 旅行令人困乏,一来是路况极糟,再者,许多倒下的大树横在路上,要么是策马跳跃过去,要么是绕开大树,绕个圈子。我们就在路上露宿,第二天上午到达瓦尔地维亚,由此登船。

纳 索 拉

此后数日,我同一群官员穿过海湾,在一座堡垒附近登陆,地名纳索拉。堡垒的建筑物倒塌严重,炮架已经腐烂。威克姆先生向一位负责指挥的军官指出:只须一次冲锋,炮架就会粉碎。西班牙人一定是打算不让这个地方渗透进任何印第安人。至今仍有一堆迫击炮放置在院落中心的石基上。这些迫击炮是从智利运来的,花费了 7000 美元,后来爆发革命,迫击炮没有发挥任何作用,现在成了战胜西班牙人的纪念碑。

我想去一个约 1.5 英里远的地方,但向导说不可能从树林直穿过去。他建议我沿着牛群踩出的小路走,说这是最短的路程,结果费了将近三个小时! 这个人本来是受雇来猎杀离群的家畜的,他本应熟悉森林道路,但他却迷失了道路,两天没有吃到食物。这些例子说明此地的森林确实极难通行。我经常想到一个问题:一棵倒下的树,需要多长时间才能腐烂? 这个人指给我看一棵在十四年前砍倒的大树(是由一伙逃亡贵族砍倒的),我估计一段直径 1.5 英尺的树干,需要三十年才会变成一堆土,这大概可以作为典型例子。

大 地 震

2 月 20 日。这一天,在瓦尔地维亚的历年大事记中,是不会被忘记的一天:发生了大地震。最年老的长者们说,他们从未经历过这么强烈的地震。我正好在岸上,赶紧钻进树林去,躺倒在地。地震来得非常突然,历时两分钟,但时间似乎比两分钟长得多。大地的摇动非常明显。我的同伴和我认为大地的波动是从东边来的;可是其他人认为是从西南方向来的。由此可见判断震动由来的方向有时是很困难的。地震时,站立并不困难,但摇动使我几乎头晕。动作就像是摇晃一只盛水的碗,碗中的水起着涟漪。或者更像一个人在冰上滑冰,因身体的重量,冰面凹下去了。一场强烈的地震突然摧毁了我们原有的想法——大地这个结实坚固的象征物,如今在我们脚下移动,就像只是一层蒙在液体上的薄膜。瞬刻间,头脑中产生一种奇怪的不安全感;平时,你反复想像也想不出这样的不安全感。我在林中时,只感到有不大的风拂过树顶,只感到大地在颤抖,不见有其他影响。菲茨·罗伊船长同几位官员当时正在镇上,他们见到尽管木建的房屋并未倾倒,但晃动十分厉害,木板都脱了榫,聚到了一起,景象十分特别。人们慌忙从房中跑出来,惊惶失措。正是亲眼目睹这些景象,才使人产生完整的地震的可怖印象。地震对海水的影响是很奇怪的。当时,水面较低。一位老妇人告诉我,那时她正在水边,见到水极快地涨起,但不起浪,又很快降落下去。从沙滩上的沙子就可以看出这一过程。数年前,奇洛埃岛的一次轻微地震,也产生相似的后果。当天夜里,还发生多次余震,在海湾里产生一些很复杂的水流。

康塞普西翁港

3月4日。我们进入康塞普西翁港。船在群岛中绕行的时候,我乘便登上一个名叫基里奇纳的小岛。当地的地方官很快骑马赶来告诉我一个"恐怖新闻"——20日的大地震。"康塞普西翁同塔尔卡万诺港的所有房子都倒塌了,七十个村庄毁掉了,一个巨浪几乎把塔尔卡万港的残垣断壁一扫而光。"不久我就目睹了实际情况,证实他所言不虚。海岸上乱堆着木材、家具,就像是上千艘船只在这里撞碎了。除了大量的椅子、桌子、书架外,还有茅草屋的屋顶,几乎是完整地掀过来的。塔尔卡万诺的商店崩塌,大袋大袋的棉花、巴拉圭茶及其他值钱的商品散落在堤岸上。我围着小岛一路走去,见到无数巨石,上面还附着水生生物,必是新近还卧在深水之中的,如今蹦起来,排列在堤岸上,其中有一块岩石有6英尺长,3英尺宽,2英寸厚。

岩 石 崩 裂

这个岛的景色显示了地震的巨大威力。大浪冲塌了海岸。地上有多处南北走向的裂缝。有些靠近断崖的裂缝有一码宽。有许多大石块落到了海滩,居民们认为,如果下雨,会造成更大的山体滑坡。组成此岛的坚硬原始板岩受震动后变化更奇特:一些狭窄的隆起部分的表层完全粉碎,就像是遭了炮弹的轰击。这种现象必然仅限于表层,否则,智利境内的山岩就无法存在了。现已确知的是,一个颤动的物体,表面的震动与中心的震动是不一样的。基于同样理由,地震对深深的矿底的影响并不如人们预料的那么大。

房屋全部倒塌

第二天,我在塔尔卡万诺上岸,随后骑马到康塞普西翁。这两个镇的景色既可怕又有意义。即使是已经知道发生什么事情的人们,亲眼目睹了眼前的景象也会给他们留下更深刻得多的印象。一片片废墟掺杂到了一起,极难想像地震前是什么模样,人们会怀疑这个地方难道真的有人居住过吗?地震发生在上午十一点半。如果发生在午夜,大多数居民(该省共有数万名居民)必死无疑,而不是现在的死亡一百多人。人们一发现地震就从屋中跑出来,这挽救了他们的生命。康塞普西翁的每座房屋、每排房屋,成了一堆废墟或一排废墟;但在塔尔卡万诺,主要受地震波的影响,还能看到有几层砖、几片瓦片、几根木柱或一段墙还幸存下来。由此看来,康塞普西翁的情况更加可怕。最初的震动来得非常突然。基里奇纳的地方官告诉我,他最先感觉到的一件事是他同马匹一起滚到了地上。他站起来,又摔倒。他还见到几头在山坡上吃草的母牛滚下山来,掉进了大海。地震波砸死了不少家畜。一个地势较低的小岛上,七十头家畜被刮进海中淹死。大家都认为这是智利有历史记载以来最严重的一次大地震。是否相隔很长时间才会来一次强烈大地震,谁也说不清。是否会有更强的地震把大地破坏到更可怕的程度,谁也不知道,反正现在已经是一片瓦砾了。大地震后还有无数小的余震,十二天内记录到的余震超过三百次。

我还弄不懂:康塞普西翁的大多数居民何以会从屋中跑出来保住了性命。房屋的许多部分都是由内向外倾倒的,这样,在街道上,出现了一座座砖头瓦块与各种杂物堆起来的小丘。英国领事劳斯先生告诉我们,他当时正在吃早饭,一感到事情不妙就往外跑,还不等他跑到院子的中央,房子的一面墙就轰地一声倒塌下来。他尽力回忆起，当时他的想法是，一旦他到了倒塌的墙处，他就会安全。但因大地在颤动，无法站立，他只好双手双脚爬了过去，刚爬到已塌卧在地上的墙面上，另一边墙倒塌下来，梁木、桁条等等扫落下来，离他的脑袋仅有咫尺之隔。他紧闭双眼，遮天盖地的灰尘呛住他的嘴。他不顾一切，爬到了街上。由于余震不断，仅有数分钟的间隔，没有人敢于靠近瓦砾堆，没有人知道他的亲友是否还活着。带出来一些财物的人，必须时时警惕，看守好他的财物，因为小偷到处活动。茅草屋的屋顶着了火，火势延伸开来。数以百计的人明白自己已经彻底毁了，只有很少几个人想到该找到一天的口粮。

一次地震足以摧毁一个地区的繁荣。如果英格兰的地下蕴藏着巨大的威力（必然是从前的地质年代形成的），一旦爆发出来，这个地区会变成什么模样？高大的建筑物会怎样，人口稠密的城镇会怎样？大工厂、公共建筑物、私人大宅邸会怎样？如果大地震发生在人们沉睡的夜间，灾难会有多么的可怕？英格兰将立刻毁灭，从地震发生的一刻起，所有的书籍、记录、账本都将丧失。政府再也无法收税，无法保住它的权威，暴力与劫掠之手无法得到控制。每一个大城镇，将有饥饿发生，随之而来的是瘟疫与死亡。

地震引发海啸

大震后不久，就有海啸出现，离震区 3 英里至 4 英里。海湾中心仅仅略见浪涌，而在沿岸，则见大浪以一种不可抗拒之势冲上堤岸，冲垮房屋，拔起大树。然后见到湾口许多碎浪连成一线，浪尖的高度比最高的春潮的浪尖还要高出 23 英尺！海浪的力量必定是惊人的，堡垒中的一座大炮与炮架估计总共重 4 吨，竟被海浪推动，向里移动了 15 英尺。一条纵帆船被送到了瓦砾堆中,距海滩有 200 码远。头一个大浪过去之后,接着又有两个大浪,退去时带走许多坠落在海面上的什物。海湾中一只小船被推上浪尖,一下子推举到岸上,又落下来落进水中,又推举到岸上,又落回海中。另一处,两条大船抛锚处靠得较近,被大浪卷得东倒西歪,两只船的锚链缠到一起又分开,前后三次之多。大浪必定是慢慢推进的。塔尔卡万诺的居民还来得及跑上小山,躲开小镇,一些水手还来得及把船驶进大海,避免在海湾中被撞翻。一位老妇带着一个男孩,约四五岁,跑进一条小船中,但船上无人划桨,因此小船被撞到锚上,碎成两半,老妇人淹死了,小男孩在数小时后被找到,他抓住了漂浮的木板,保全了性命。房屋的瓦砾堆中,仍有一些咸水池塘。有些孩子把桌子、椅子当作船,在水塘里快乐地游戏。而他们的父母则在一旁悲苦万分。非常有意义的是,我们见到人们显得镇定、沉着。由于大家受到的苦难都是一样的,因此没有什么人显得比别人更悲痛。劳斯先生以及由他保护的一大帮人,地震后的第一周内睡在果园里的苹果树下。最初,他们还是挺高兴的,像是在组织一次野餐。但不久,下开了大雨,给灾民的生活带来极大不便。

菲茨·罗伊船长对此次地震有绝妙的叙述。他听见两次爆炸,一次见到陆地上冒起一大股浓烟,一次像是一条大鲸鱼在海湾中爆炸开来。海水像是煮沸了,海水"变黑了,散出一股难闻的硫磺气味"。1822 年瓦尔帕莱索湾发生的地震,也有类此情况。我想,可能是海底的泥被搅动起来,而这些泥里有大量腐烂的有机物。在开劳湾,一个平静的日子,我见到绞链绞起铁锚时,锚链周围涌起一串气泡。塔尔卡万诺一些无知的人认为发生地震是因为两年前几位印第安老年妇女被得罪了,她们制止了安特可火山的喷发,所以发生了地震。这种说法十分可笑,但其中道出了人们的经验,把火山活动受抑制同大地的震动联系了起来。事实上不存在这样的因果关系。据菲茨·罗伊船长的说法,有理由相信安特可火山已是一座死火山。

地震的走向

康塞普西翁这个城镇是按照西班牙风格建筑起来的。街道都是直角相交：一组街道西南偏西，另一组街道西北偏北，前者的墙垣较后者倒塌较少。大量砖瓦坍下来倒向东北。由此大家都认为地震波是从西南方向过来的，那个地方，地下的轰隆声都能听到。地震波从西南延伸到西北，延伸到东南，都从房基下穿过去。地上的裂缝也是东南—西北方向。南玛利亚岛位于接近震中西南方向，地震使该岛的土地抬高比其他沿海地区的土地抬高高出三倍。

教堂的例子很典型。面向东北的墙坍塌成瓦砾堆，其中有门窗和木板戳在那里，像是漂浮在一条河上。体积相当大的一段段砖墙被抛到相隔一段距离的广场上。西南走向的墙、东北走向的墙，仍站着未倒，但大块的扶垛（与墙垂直，因此与倒塌的墙平行），有很多脱落下来，像是有人用凿子凿下来，抛到地上的。小墙顶上一些方方的装饰物被地震移动成斜的了。在瓦尔帕莱索与卡拉贝雷亚以及其他地方，震后都出现类似情况，包括某些古希腊庙宇。一般来说，拱形的门窗比建筑物的其他部分要保持得更好些。然而，有一个可怜的跛脚老人，在发生余震时，爬到一个拱形门洞下，门洞粉碎后倒塌下来了。我不想去叙述康塞普西翁受地震破坏的细节，因为我无法转达我的复杂感情。几位官员先我去看了现场，回来后语言激烈但也未能说清楚破坏的情况。见到这么多人付出这么多年的辛勤所得的成果一分钟内便化为乌有，真有一种苦涩、蒙羞的感觉。见到几代人的成就被毁于一旦的惊讶，反倒把对居民的同情搁到了一边。自从我们离开英国以来，我还从未见到这种留下极深刻印象的悲惨景象。

巨　波

几乎在所有的强烈地震中,附近的海水都会被大大地搅动。这看来是普遍现象。康塞普西翁有两种情况。首先,大地震发生后,海水缓缓地涨上来,漫过海滩,然后,又静静地退下去。其次,此后隔一段时间,海水从岸边全面后退,然后又以巨浪的形式回来。头一个现象看来是由地震最初震动引起,海水的水平面相对变化不大。而第二个现象是更重要的现象。大多数地震,尤其是美洲西海岸的地震,海水的头一次大涌动确实都有一个退却。某些学者做出假设说,当大地向上振动时,海水仍保持原有的水平,但因海水靠近陆地,即使海岸是峭壁断崖,也会受到海底动荡的影响。莱尔先生更强调,海底的动荡甚至会影响到离震中心很远的小岛。胡安·费尔南德斯岛在这次地震中有此经历;马德里亚从有名的里斯本大地震也得出同样结论。我对此有所怀疑(这个题目涉及的事实依据是相当不明确的一次海浪,不管它是如何产生的,海水总是先从岸滩退下去变成碎浪。我曾在一条汽艇上目睹这些小碎浪。值得注意的是,塔尔卡万诺镇与卡拉镇(靠近利马),都坐落在巨大深水湾的尽头,每遇大地震,湾中就掀起大浪,使这两个地方深受其害。而瓦尔帕莱索坐落在深海的边上,经常受到强烈地震的摇动,却从未受到大海浪的袭击。大浪并不是紧跟地震发生的。有时甚至会相隔半小时。远处的小岛与靠近震中的海滨地区受到的影响规模相近,看来,海浪的升起是在附近。如果这种情况发生是有普遍性的,那么,其原因也必然是普遍性的。我以为,我们必须注意到界线,即深海同近岸浅海相接的界线,浅海处受到陆地震动的影响,最初的浪即由此而生。同时,浪的大小也根据浅海范围的大小而定。

大地永久性抬升

此次地震最引人注目的后果是大地的升起，也许说是大地的升起引起了地震更确切一些。确实无疑的是：康塞普西翁湾周围的陆地上升了 2 英尺至 3 英尺。由于海浪消除了沙滩缓坡上的老印迹，我未找到大地升高的证据。但是，当地居民一致印证了大地升高的事实——从前一个被海水淹没的多岩石浅滩，如今露出水面来了。南玛利亚岛（约 30 英里远），大地升高更多，菲茨·罗伊船长发现有一处升高了 10 英尺。这个地方特别有趣，它是观察强烈大地震的舞台。岛上到处都是贝壳，说明此岛是从海底升上来的，确切的高度为 600 英尺高，而我相信最高的地方有 1000 英尺高。在瓦尔帕莱索，如我已述，在海拔 1300 英尺上也有同样的贝壳。几乎不容置疑的是，大地的大幅度上升乃是连续不断的小上升的积累而成，就像今年伴随地震而来的小上升或引起地震的小上升，同时，还有不易察觉的缓慢的上升，此处海滨显然就有这种痕迹。

火山喷发现象

东北 360 英里的胡安·费尔南德斯岛 2 月 20 日遇到强烈地震；大树被震得东倒西歪，抱到一起，近岸处一座水底火山爆发。这些事实值得注意。因为，1751 年那次地震，这个岛屿所受的破坏，比其他距康塞普西翁同等距离的岛屿更加严重，说明该岛与康塞普西翁两地在地下有某种联系。康塞普西翁以南 340 英里的奇洛埃，地震中受到的震动比这两地之间的瓦尔地维亚更严重。瓦尔地维亚的维拉里卡火山并未受到影响，而奇洛埃附近的科迪勒拉山的两座火山都在地震中同时爆发。这两座火山，以及其他相邻近的火山,喷发持续了一长段时间,此后隔十个月,再次受到康塞普西翁地震的影响。在这些火山脚附近的伐木人并未感觉到 2 月 20 日的地震,尽管周围的地方当时在晃动。这里,说明了火山喷发这种释放方式取代了地震,康塞普西翁当地无知民众说过:那里的安塔可火山之所以没有爆发,是巫术把火山口封住了。两年九个月后,瓦尔地维亚与奇洛埃再次晃动,比 2 月 20 日的地震更强烈;乔诺斯群岛中的一个小岛上升了 8 英尺多。我们再拿欧洲来打比方,也许可以更清楚些。那就是:从北海(大西洋东部的一个海湾,周围的国家有英国、挪威、丹麦、德国、荷兰、比利时和法国)到地中海这么大的一块地方强烈地受到震动,与此同时,英国东海岸的一大部分被永久性地升高,近海的一些小岛屿也同时升高;荷兰沿海的一系列火山爆发,海底靠近爱尔兰北端处也有海底火山喷发;最后,奥弗湟山脉、康塔勒省、奥尔山(此三处均在法国)三处古老的火山口都将向天空喷出一股浓烟,这种可怖的状况将维持一段时间。两年九个月后,法国从它的中央地区直到英吉利海峡(英国与欧洲大陆的分隔线,连接着大西洋与北海)将再次受到地震的猛烈攻击,而地中海中的一个小岛将永久性地升高。

山脉缓慢上升

2 月 20 日火山爆发区连成一线有 720 英里长,另有一条与之垂直的线长 400 英里。因此,极有可能,地壳下的熔岩湖(是由溢出来的熔岩在火山口或火山口低洼地里长期保持液态而成的湖)有两个黑海(是欧亚大陆的一个内海,面积约为 42.4 万平方公里)这么大。我们从这一系列的现象中可以感知大地升高与喷发力量之间的密切又复杂的联系,可以充分自信地得出结论:大地的缓慢的上升,同间断性的火山物质从开口处往外喷发,是同一根源。许多根据说明:在这个地震线上不断发生的颤动,乃是由于陆地的上升必然产生地层断裂,以及熔岩向断裂处灌注。断裂与灌注如果多次重复到一定程度(我们已知,地震总在同一区域以同种姿态重复发生)便形成一串小山。成一串状的南玛丽岛比附近地区上升三倍高度,看来正是经历了这一过程。我认为,大山的坚实的中轴之所以不同于火山造成的小山,就在于熔化的岩石是一再重复地向内灌注而不是一再重复地向外喷发。再者,如果不是这样,我认为,就不可能解释大山脉的形成。像科迪勒拉山这样的大山脉,它们的轴心是灌注成的深成岩体的岩石,上面覆盖着地层。山脉成为若干平行的走向,或靠近大地的上升线。如果轴心不是不断地重复灌注,经过长期的间歇使上部变冷变硬,又该是如何形成呢? 如果说,现在的地层结构——高度倾斜的、垂直的、甚至是内翻的——是由一次大动作一次性完成的,那么,地球地壳下的熔岩早就喷涌而出,熔岩流到处泛滥,从每一条大地上升线的无数口子涌出来了。

第十五章　科迪勒拉通道

瓦尔帕莱索

1835 年 3 月 7 日。我们在康塞普西翁逗留三日,乘船往瓦尔帕莱索驶去。正值北风,抵达康塞普西翁港口天已近黑。由于靠近陆地,来了一阵雾。抛锚后不久,一艘美国捕鲸船来到我们附近。听到一个美国佬在那里大声嚷嚷。菲茨·罗伊船长向他高声喊话,让他就地下锚。这个可怜的家伙一定以为喊话声是从岸上发出来的,他们的船上发出一阵喧哗,许多人都在喊:"下锚,放绳,收帆!"这是我所听到过的最可笑的喊话声。似乎这条船上的船员人人都是船长,都在下命令。

波蒂洛山口

11日,在瓦尔帕莱索下锚。两天后,我出发去跨越科迪勒拉山。我到了圣地亚哥,考尔德克莱先生十分周到地帮我做好必要的准备。在智利的这个地区,有两条通道穿越安第斯山去门多萨,最常走的一条是经由阿空加瓜亦即乌斯帕亚塔山口,较靠北;另一个通道经由波蒂洛,靠南,也较近,但山高且有危险。

3月18日,出发去波蒂洛山口。离开圣地亚哥,穿越由森林开辟出来的广阔平原(城市即建在此平原上),下午抵达智利的主要大河之一的梅浦河。河谷两旁是高耸的秃山;河谷虽然不宽,却很肥沃。无数的村舍四周都是葡萄树,还有苹果园、油桃园与桃园,果树因结果太多而压断了树枝。傍晚,我们通过海关,海关检查了我们的行李。智利的边境,与其说是由大海守卫着的,不如说是科迪勒拉山守卫着的。科迪勒拉山的中段只有极少的几个山谷能通行,其他地段连驮兽也难通过。海关官员彬彬有礼,部分原因也许是我持有共和国总统签发的护照。但我必须说出我对智利人的好感,几乎每一个智利人都是很礼貌的。这同有些国家的情况大不相同。我要提及一桩轶闻,它使我感到很滑稽——我们在靠近门多萨附近遇见一个矮小、肥胖的黑种女人,叉开两腿骑在一头骡子上。她的胸脯如此之大,行人不可能不去瞥她一眼的。我的两名同伴看了她一眼,随即向她脱帽表示歉意。在欧洲的话,谁会去对一个低等种族的既可怜又可悲的人致敬呢?

骡子的聪慧

晚上，我们睡在一个村舍。我们的旅行方式既独立无羁又开开心心。我们在居民区购买一些柴火，为马匹购买了饲草，于是，就在露天点燃篝火，在月光下拿一只铁罐煮我们的晚餐。我的同伴名叫马里阿诺·冈萨雷斯，他领着十头骡子和一个"教母"。"教母"是一个最重要的角色——它是一头年纪已大的母马，脖颈上套着一个小铃，无论它朝哪边走，骡群就像它的乖孩子，一齐跟着它走。骡群对"教母"的感情，使它们省去许多麻烦。如果几大群骡子都到一块地里去吃草，带骡子的人只要把"教母"领出再摇响铃，即使有两三百头骡子混在一起，各家的骡子都能听出是自家"教母"的铃声，聚到"教母"身边来。一头年纪大的骡子几乎不可能丢失，如果强制它待在一个地方单独滞留数小时，它也像狗一样有敏锐的嗅觉，能嗅出同伴的气味，更能嗅出"教母"的气味，跟上同伙。我认为，这不是只有骡子才有的本能，任何动物都能跟着铃声走。一队骡子如在平地上走，每头骡可驮 416 磅的东西，但走山路至多只能驮 100 磅。这些四肢细瘦、肌肉不多的动物能驮这么重的货物，已是十分不易。在我看来，骡子是一种十分惊人的动物。骡子这种杂种比它的父母有更强的理解力与记忆力，更顽强，更合群，肌肉更有力，生命更长，由此说明，人工的力量超出自然的力量。十头骡子中，六头供人骑，四头驮货，轮流互换。我们带了许多食物以备过冬，在这个季节去翻越波蒂洛已嫌晚了。

河 谷 地 貌

3 月 19 日。这一天，我们到了最后的、也是位置最高的一座房子。居民数目越来越少,但只要有水浇地,就有肥沃的田地。科迪勒拉山脉的一些大河谷都有共同的特点:河谷两边都有一条圆卵石带或沙土带,属于成层冲积地,通常都很厚,成为谷地的斜坡或边缘。这些边缘过去显然是连成一片的,北部智利的山谷中没有水,因此是连成一片的。由于有这种沙砾斜坡,道路的路面较平,上山的坡度也较缓,同时也较易于开发灌溉。这种斜坡延伸到 7000 英尺至 9000 英尺高度后,便消失在不规则的石堆之中。斜坡的低矮部分,或山谷的谷口,便与平原相连接,这些平原也是由圆卵石堆成的,如我已在前面讲述过,这些圆卵石是智利景色中具有代表性的东西,无疑是从前海水淹没时期遗留下来的,正如今天智利南部海滨区的情况。南美洲的地质结构中,再也没有比圆卵石斜坡更让我发生兴趣的了。每条河谷中的急流,如因某种原因受阻(如河水流进一个大湖或小海湾),沉积下来的有代表性的物质就是圆卵石。如今,河谷中的急流不再沉积,而是侵蚀坚实的岩石与冲积而成的沉淀物。现在还不可能弄清其中的原因,但我深信,圆卵石斜坡是在科迪勒拉山逐渐上升过程中累积起来的。最初,急流把岩屑或碎石带到狭长的小海湾中,随着陆地的缓慢上升,岩屑或碎石留在了由上而下的各个不同的水平上,水的流动使它们成为圆卵石。如果确是如此,那么,巨大的、断断续续成链状的科迪勒拉山就不是像不少地质学家所说的是突然一下子冒出来的,而应当是缓慢地上升起来的,正如大西洋沿岸与太平洋沿岸地区如今仍在缓慢升高。科迪勒拉山的地质结构在许多方面值得研究,但上述观点可以提供一个简单的解释。

这些河谷中的河水,其实应当称作为山洪。它们的倾斜度很大,水是泥水。梅浦河能发出大海那样的吼声,这其实是急流冲击巨大的圆石所发出来的声音。这种水冲击石块的声音,甚至在很远处就能听到。无论白天黑夜,沿河都能听到。这些声音告诉地质学家:成千上万的石头,互相撞击,发出单一的声音,奔向同一个方向。就像时间的流逝,一分一秒地过去,无可挽回。这些石头也一样,海洋是它们的终点,每一个音响说明它们朝着目的地又前进了一步。

　　一个人的确不大可能懂得(除非经过慢慢的思索过程):一种因素多次重复所产生的结果会带来一个新观念,而这个观念也许不比一个野蛮人指指他头上的头发暗示着什么更加明确。每当我经常见到泥土、沙土、圆卵石堆积的厚度竟达数千英尺时,我也总觉得难以宣称它们是多年积累的结果,因为从现存的河流、海滩是说明不了这一过程的。但是,另一方面,当你倾听那种流水击石的淙淙声时,你会想到:许多动物已经从地球上灭绝,而在此期间,流水击石声白天黑夜从未间歇,那么,我问我自己:现有的高山、大陆,能经得起同样的消耗吗?

矿藏的发现

　　这个地区的河谷,两旁的山高 3000 英尺至 6000 英尺,或者 8000 英尺。山的轮廓是圆形的,山坡既陡又秃。岩石的颜色主要是暗紫色,层理非常明显。如果说,这种景色并不美,但却可以说是很壮观,很突出的。这一天,我们遇到数批人赶着家畜从科迪勒拉山的山谷中下来。这一景象说明冬天将临,我们必须加快步伐,地质考察也将会有困难。我们所住宿的房子位于一个山脚下,山顶便是诺拉斯科矿。黑德爵士曾迷惑不解,何以在山顶上会发现矿床。首先,这个地区的金属矿脉通常比周围的地层要硬,因此,当小山逐渐侵蚀,矿脉便从地下凸出地面上来。第二,几乎所有的劳动者,尤其是在智利北部,都懂一些有关矿砂的知识。在科金博与科皮亚波这两个多矿的省,劈柴很少,人们走遍各个小山与溪谷去搜集木材,这样,就几乎把最富的矿脉全部发掘出来了。钱农希洛银矿的发现是个最有趣的例子———一个赶骡子的人捡一块石头去砸骡子,他忽然感到这块石头很重,结果发现这是一块天然纯银。这个矿在短短几年内价值升高数十万英镑;矿脉在地下相当浅,就像一片锲形的金属,竖在那里。找矿的人们,手持撬棍,每个星期天在群山中寻找;一些经常驱赶家畜进科迪勒拉山放牧的人,通常都能发现一些矿脉。

20日,我们攀登山谷。除了极少的美丽的高山野花外,植被越来越少,也几乎看不到四足动物、禽鸟或昆虫。高高的大山,山顶有一些积雪,大山与大山之间保持一定距离,山谷则是厚厚的成层冲积层。安第斯山脉的景色与其他我所熟悉的山脉不同的显著特色是:山谷两边平坦的边缘有时伸展为窄窄的平原;光秃陡峭的斑岩小山与宏伟的连续不断的像墙一样的岩脉,色彩鲜明(主要是红色与紫色);主峰与山脊的地层层次分明,美丽如画;颜色明快的碎石堆成一个一个的圆锥形,从山脚堆上来,有的高达 2000 英尺。

岩石在大雪覆盖下的变化

我在火地岛与安第斯山两处都不断地观察到:一年之中有多半年积雪覆盖的山岩容易碎裂成特殊形状的带角的石块。斯科斯比在斯匹次卑尔根群岛(属于挪威)也有同样发现,其原因我还不甚明了。有大雪遮盖的部分一定比没有大雪遮盖的部分较少受气温剧变的影响。我曾设想,大地及地面上的石块的移动,受雪水缓慢渗透的影响也许还不如雨水的影响大。因此,雪下的岩石较快碎裂的现象就是不合理的。但不论是何种原因,科迪勒拉山上,破碎的石头偶尔会滚下山来,盖住山谷中的雪堆,形成天然的冰屋。我们曾骑马经过一处冰屋,所处的位置已大大低于永久积雪带。

科迪勒拉山逐渐升高的证据

将近黄昏时,我们到达一个独特的似盆地的平原名叫耶索谷。平原上有个小牧场,我们愉快地见到一群家畜在牧场上吃草,而周围则是多石的荒原。耶索的名字来自此地有一个至少 2000 英尺厚的、白花花的石膏矿床,有些部分是相当纯的白石膏。我同一伙雇来赶骡子的人同宿一处,骡子就是用来驮石膏的,石膏用来酿酒。第二天 (21 日) 我们一早动身,继续沿河前进。河流越来越窄,直到我们抵达山脊脚下,河流分成两股,一股流向太平洋,一股流向大西洋。道路本来是相当好的缓坡路,现在变成陡峭的 Z 字形通向山脊,这个山脊成为智利共和国和阿根廷共和国的门多萨省的分界线。

两座主要山脊的地质结构

在此,我将简要地叙述一下形成科迪勒拉山脉的若干平行纵向山脊的地质情况。这些纵向山脊中有两条最高的山脊,一在智利境内,名叫普奎尼斯山脊,海拔 13 210 英尺;一在阿根廷的门多萨省境内,名叫波蒂洛山脊,海拔 14 305 英尺。普奎尼斯山脊的较低部分,以及朝西的几个分支,系由一大块数万英尺厚的斑岩组成,最早是海底火山口喷发出来的熔岩,结成有棱角的岩石和圆形的岩石。这些岩石上面,中心部位又覆盖着厚厚的红砂石、砾岩、碳质的泥板岩,以及大量的石膏。靠上的地层里,常见有贝壳。以前在海底爬行的贝类动物,如今在海拔近 14 000 英尺的高山上留下它们大量的贝壳,尽管已不是什么新鲜事了,听起来还是令人神往。这一大地层的较靠下的岩层,由于白色的碳酸钠花岗岩的奇特作用,这些岩层或被打乱或被烧硬,或者结晶,几乎搅和到了一起。

　　另一个大山脊即波蒂洛山脊,地质结构完全不同。它主要有一些大大的、红色的、由碳酸钾花岗岩组成的山峰,西边的山坡覆盖着砂石,这些砂石以前是石英岩遇热变化过来的。石英岩上面,有数英尺厚的聚成球形的砾岩,那是从红色花岗岩层中鼓起来的,并向普奎尼斯支脉方向以45度角倾斜下去。我惊讶地发现这个砾岩层中部分含有卵石并有贝类动物的化石;部分是红色的碳酸钾花岗岩,同波蒂洛山脊一样。因此,我们可以得出结论:普奎尼斯山与波蒂洛山都是在砾岩形成时期,从砾岩中鼓出来并经过侵蚀与分裂。但是,鉴于砾岩被红色的波蒂洛花岗岩挤出一个45度的角,我们可以确知,波蒂洛山的鼓起,是在砾岩聚集之后发生的,更比普奎尼斯山的上升要晚得多。因此,这段科迪勒拉山脉中的最高峰波蒂洛比较矮的普奎尼斯山形成较晚。

　　最后,前已述及,普奎尼斯山这个年纪最大的山脊上竟有贝壳,说明它是在地质年代第三纪时期后升高14 000英尺的。这些贝类动物原来生长在中等深度的海里,由此可以说明:科迪勒拉山所在的区域从前必然在海面以下数千英尺,北部智利约为水下6000英尺。巴塔哥尼亚同样的例子也可以证明。巴塔哥尼亚高原上有地质第三纪时代的贝壳,说明从前必然在水下数百英尺,说明有上升为陆地,为山脉这样的事实。地质学家几乎每天都在说:没有什么东西(甚至像微风这样的东西)比得上地壳这么不稳定的了。

呼 吸 困 难

　　大约中午时分,我们开始攀登普奎尼斯山脊,头一次感到了呼吸困难。骡子每走50码必定要停一下,歇数秒钟。智利把因空气稀薄而呼吸困难叫做"铺纳（puna）（即空气稀薄引起的呼吸困难，亦即高山病。秘鲁的寒冷山风也叫 puna，又作安第斯山脉的寒冷贫瘠高地讲）这个词的来源是非常有趣的，有些人说这儿的水都有铺纳。"另外一些人说："哪里有雪，哪里就有铺纳。"这当然符合事实，就像从一间很暖的屋子跑出来立即遇上结霜的气候。我在最高的山峰上发现贝壳化石时，高兴得忘记了"铺纳"。当然，攀登的确使人精疲力竭，导致呼吸变深，费劲。据说，在波托西（海拔约 13000 英尺），外来人待了一整年都习惯不了那里的气候。当地居民一致推荐说，洋葱是对付"铺纳"的好东西。在欧洲，有时也用洋葱来治胸腔病的，看来这种蔬菜的确有些用处。对我来说，发现贝壳化石比什么药物都好。

半路上，我们遇到一个驮队，共有七十头骡子。赶骡子人的吆喝声以及一长串的骡子，景象很有趣。接近山顶时，风势猛烈，冰冷彻骨。我们即将穿越的永久积雪带上很快就要盖上一层新雪。到达峰顶往回看，景色十分壮观。空气特别清新，天空一片湛蓝，深深的山谷，色彩鲜亮的岩石，静谧的雪景合成一幅无人可以想像的图画。除了几只秃鹰在较高的山顶上盘旋外，没有植物也没有飞鸟来分散我的注意力。我仿佛是置身于一场暴风雨之中，又仿佛是在聆听一场弥赛亚的交响乐。

红　雪

在一些雪地上，我见到了 Protococcus nivalis，也就是红雪。极地探险家都见过红雪。开头引起我注意的是在一些骡子蹄印下，有一点淡红色，就像是骡蹄上流了一点血。最初，我以为是大风把附近的红色斑岩的尘粒吹过来。其实，由于雪晶体具有放大镜的功能，雪把这些在显微镜下才能见到的植物包了进去，看起来就像是粗糙的颗粒。雪迅速融化的地方，或偶尔被辗压的情况下，才显出红色。用一点点雪在纸上擦，显出微弱的玫瑰红色,带一点红砖的红色。后来我从纸上掸落下来一些,发现其中有一簇簇无色的球体,每个球体的直径只有 1/1000 英寸。

风

前已叙述,普奎尼斯山顶的风通常都是不仅猛烈而且极冷,据说都是从西边也就是从太平洋刮过来的。由于观测主要是在夏季进行的,因此,风必定是对流层上的气流与回程气流。最初看起来很奇怪,为何沿着智利北部与秘鲁沿海笔直地往北刮。但如回想到科迪勒拉山是南北走向,就像一堵墙,挡住了低处的气流,就可容易明白贸易风为何顺着山脉由南向北刮,直达赤道区域,从而失去一部分向东的运动,本来,由于地球的转动是会产生这样的运动走向。在安第斯山脉东端山脚下的门多萨,据说气候在一年之中的大部分时间内都是平稳的。我们可以想像,东面来的风被山脉所阻,便停滞下来,动作也变得不规则了。

土豆煮不熟

越过普奎尼斯山,下到两山之间的一个多山的地区,找地方过夜。如今,我们是在门多萨。此地海拔可能在 11 000 英尺以上,因此植被极少。我们挖了些灌木根来生火,但火势太小,风大而且冷。一天工作下来实在太困,我便尽快铺床入睡。大约午夜时分,我见到天空突然云多了起来,我叫醒同伴,问他是否会有天气变坏的危险,他说,没有闪电打雷就不会有强烈的暴风雪。想不到,灾难立即降临,夹在两山之间,简直无处可逃。总算找到一个山洞勉强藏身。考尔德克莱先生也曾经在这个月的同一天,因一场大雪延搁了数小时。此处山口,不像乌斯帕亚塔山口那样有避风所,因此一到秋天,就很少有人来穿越波蒂洛山。还应指出,科迪勒拉山的中段从不下雨,因为夏季晴空无云,冬季全是暴风雪。

我们住宿的地方,由于大气压力降低,水温不高便开锅。土豆煮了数小时,仍同生土豆一样硬。一锅土豆煮一整夜,第二天早晨再让它开开锅,然而土豆还未煮烂。我听两个同伴议论这件事,他俩说:"这只该死的锅煮不了土豆。"其实这是只新买的锅。

3 月 22 日。我们吃完土豆早饭以后,出发去波蒂洛山脊。仲夏时节,家畜都被带出来吃草,眼下又都收回圈养,甚至为数甚多的南美野生羊驼也不见踪影,它们也很清楚,如果遇上一场暴风雪,就无路可逃了。我们见到图蓬盖托山的山顶盖满积雪,白花花的一片,中央有一处蓝色,无疑是冰川,这种现象在此地的群山中是极罕见的。又开始一次累人的、长时间的爬山,就像上次攀登普奎尼斯山一样。两边都是光秃秃的红色花岗岩的圆锥形山峰;山谷中有宽宽的永久积雪带。这些冻雪在融化过程出现了一些尖顶与圆柱体,这些冰块相当高,且又靠在一起,因此载重的骡子很难通过。在一根冰柱上,有一匹马冻僵在上面,后腿朝天翘起,就像一尊雕像。我估计,这匹马必定是马首朝下掉进一个冰洞里,大雪继续在下,把马冻住,后来,马身上的冰雪融化掉了,成了现在的样子。接近波蒂洛山顶时,天上下起了一阵细小的"冰针",并且下个不停,妨碍我们的视线,对我们大大的不利。山口的名字就叫波蒂洛,是最高的山脊上一个 V 字形的裂口。在这个制高点上,如果天气晴朗,可以见到伸向大西洋的一望无际的大平原。我们下山来到植被的尽头,找到一个有大岩石遮挡的露宿地。我们遇到一些路人,他们急切地向我们询问路况如何。天黑不久,暗云突然魔术般消失。大山被满月照得雪亮,似乎从四周向我们压过来。很早以前,有一个清晨,我经历过同样的迷人境地。一旦云雾消散,便会发生严重的霜冻,好在今晚无风,大家睡得很舒服。

干燥清新的空气和静电现象

由于空气非常清澈，月亮与群星越来越亮。旅行者身处高山之中，往往判断不了高度与距离，因为缺乏可资对比的东西。对我来说，完全是由于空气的透明使远处不同距离的目标反倒模糊不清了；同时，另一个原因便是精疲力竭引起的一定程度的虚弱。我确信，空气的极端清澈透明，造成远处的目标都呈现到眼前的一个平面上来，就像画一幅风景画，尤其像一幅全景画。这种空气的极端清澈透明，我估计是来自空气的平稳与极度干燥。从我的地质锤的木把抽缩，从食物尤其是面包与白糖的变硬，可以看出空气的极端干燥。从死在路上的动物的毛皮甚至部分肌肉仍能保存在那里没有腐烂，也可以看出空气的干燥。由于同样的原因，产生了静电现象。我穿的一件法兰绒背心，在黑暗中轻轻摩擦，背心便像是涂了一层磷，闪闪发光；狗背上的毛根根劈啪发响，甚至连亚麻布床单，马鞍上的皮件，只要一有碰触就放出火花。

3 月 23 日。从科迪勒拉山的东侧下山，比西侧(太平洋)下山坡度陡得多，路程短得多。换句话说，山脉从平原上拱起，比从智利高山地区上拱起，要来得突兀。云海从我们的脚下伸展开去，挡住了我们的视线，见不到云层下面的潘帕斯大草原。我们很快走进云层，这一整天再也没能从云层走出来。大约中午时分，到一个名叫洛桑里纳斯的地方，我们为马和狗找到一些饲料，搜集一些灌木点起篝火，在那里过了夜。这个地方是灌木丛的上限，海拔估计在 7000 英尺至 8000 英尺之间。

安第斯山东侧的生物

山的东侧的植被与山的西侧的植被显著不同,给了我深刻印象,尽管两侧的气候与土壤差不多是一样的,经度的差别也微不足道。四足动物的差别也相当大,禽鸟与甲虫的差别不太大。以老鼠为例,我在大西洋沿岸发现有十三个不同的种,太平洋沿岸则有五个不同的种,两侧没有一个种是相同的。我们必须把那些生活在升高的山上或偶尔来到升高的山上的动物排除在外,也把某些禽鸟(包括在南端麦哲伦海峡的)排除在外。这些实例,同安第斯山脉的地质演变历史是相符合的。自从现有的动物种群出现以来,这些山脉的存在成为一个巨大屏障。因此,除非是相同的运动在两个不同的地方各自产生,否则,我们就不应排除安第斯山脉两侧的有机物比大洋对岸的有机物更相近这样的事实。上述两种情况还应考虑到:有些物种是可以越过屏障的,无论屏障是坚硬的岩石还是海水。

科迪勒拉山东侧,大量的动物与植物同巴塔哥尼亚高原的动植物完全相同或非常相似。我们在这里见到了刺豚鼠、**bizcacha**、犰狳的三个不同的种、鸵鸟、数种斑翅山鹑及其他禽鸟,这些在智利是见不到的,它们是巴塔哥尼亚荒凉高原上有代表性的动物。同时,我们见到(在一个并非植物学家的普通人眼中)许多相同的长刺的低矮灌木丛、枯草、侏儒植物。甚至那些黑色的、缓慢爬行的甲虫也极相似,有些粗粗一看的话,完全一模一样。

潘帕斯大草原

3月24日,一清早,我就去攀登山谷一侧的山,想要远眺潘帕斯大草原的景色。我一直怀着很大兴趣期待着这样的机会,但见到之后不免失望。

头一眼望去,就像是见到一幅海洋的远景;北部有许多不规则的图案依稀可辨。最吸引人的景点是那些河流,它们迎着正在升起的太阳,散射出缕缕银线,最终在无边无垠的远处消失。中午我们沿山谷往下走,来到一个小村,遇到一名官员和三名士兵查验我们的护照。其中一人是土生土长的潘帕斯印第安人,此人具有猎狗的本性,总想发现某个企图秘密越境的人,这些人也许骑着马,也许是步行。若干年前,有名偷渡客从拘留所逃跑出来,在附近山里绕了个大圈。这名印第安士兵偶然发现他的踪迹,便整日在干旱、崎岖的山上紧追不舍,最后终于把躲在一条沟里的偷渡客抓到。我们听说,昨天我们见到的一片很美的银色云层却引发一场瓢泼大雨。山谷从这里开始逐渐开阔,山势越来越低,终于成为一个由圆卵石组成的斜坡平原,上面有些低矮的树与灌木丛。这一斜面,尽管看起来相当窄,却有近 10 英里宽,由此往前,便是似乎绝对平坦的潘帕斯大草原。我们经过此地唯一的一座房屋,日落时分停歇在一个避风的角落里露宿。

3 月 25 日。我见到正在升起的太阳一半还在像海平面那样平坦的地平线之下,不由得想起了布宜诺斯艾利斯附近的潘帕斯大草原。昨天夜里,露水很重,在科迪勒拉山从未有过这样的经历。路朝东去,经过一块较低的沼泽地,才走上了干旱的大平原。由此再往北,便可到门多萨。路程需要足足两天的时间。头一天走 14 里格到埃斯塔卡多;第二天走 17 里格到卢克桑,靠近门多萨。整个旅程是穿越一个平坦的荒原,经过的人家不过两三家。阳光炽烈,骑马是件十足的苦事。找不到水,第二天才找到一个小小的水池。一股溪水从山上流下来,很快被干渴的土地吸收,因此,虽然我们的道路距离科迪勒拉山的外脊只有 10 英里至 15 英里,我们却未遇上一条小河。绝大部分土地上有一层盐碱末。这里同布兰卡港附近的荒原一样,景色单调,同始自麦哲伦海峡直到科罗拉多河的整个巴塔哥尼亚高原东部的景色一模一样。可以从科罗拉多河往北拉一条线,到圣路易斯

(阿根廷的一个省,与省会同名)甚至更北些。这条有点弯曲的线以东,便是相对潮湿、绿颜色的布宜诺斯艾利斯盆地,以西是门多萨的荒芜平原与巴塔哥尼亚高原,满是圆卵石,上面长着些荆棘、苜蓿、杂草,系由古代的普拉塔河的泥湾抬升而成。

蝗　　虫

　　经过两天疲劳的旅行,见到卢克桑河岸小村周围长着些白杨树、柳树,顿时使人耳目一新。抵达此地以前不久,我们见到南方有一团团暗红色、褐色的云。最初,我们以为是那里着了火,后来很快发现那是一大群蝗虫。它们正朝北飞来,借助于一股小风,以每小时 10 至 15 英里的速度,赶上了我们。这群蝗虫离地面约 20 英尺,约有两三千只。"它们的翅膀发出来的声音,就像是许多马匹拉着战车奔向战场。"或者说,像一股强风吹过一艘船的帆缆。天空像一幅金属蚀刻画,画中的主体是不可穿透的,但也不是圈成一团,如果用棍子前后挥舞也是打不到它们的。当它们降落下来时,它们比地上的植物叶子还要多得多,地面上立刻成为一片红黄色而不再是绿色。麇集的主体一旦降落,边缘的蝗虫便向多个方向飞去。这个地区,蝗虫是常见的害虫,在这个季节,已有几小批从南边飞来,同世界其他地方一样,它们是从沙漠等不毛之地繁育出来的。可怜的村民升火,喊叫,挥舞树枝,都毫无用处。

吸血大甲虫

　　渡过卢克桑河。这是条大河,谁都知道,它最终流归大海,但大家弄不清楚的是,它流经干旱的平原时为何不全部蒸发?我们住在卢克桑的小村庄,这是个小地方,周围有果园、菜园,属于门多萨省的南方风格。此地在省会以南5里格处。夜里,我遭到Benchuca(属于猎椿科)的袭击,这是潘帕斯大草原上的一种黑色大甲虫。它的身体是软软的,叫人恶心;没有翅膀,长约一英寸,在人身体上爬。在叮咬以前,身子很瘦,吸血以后,身子滚圆,在后一种情况下,很容易被压死。我在伊基克(在智利)捉到一只(这种虫子在智利和秘鲁都有),当时它腹内空空。我把它放在一张桌子上,尽管周围有人,但只要向它伸出一根手指,它就立刻伸出嘴巴,冲了上来。被它叮咬并不觉得疼。看它的体形变化相当有趣。它空着肚子的时候,是扁平的;吸血后,在十分钟内,身子就变成了球形。这种甲虫在一位船上官员身上饱餐一顿之后,肥胖了整整四个月,但吸血后两个星期,它又可以吸血了。

门 多 萨

3月27日。出发去门多萨。这个地区像智利,开发较好。果园甚多,其中最繁茂的是葡萄、无花果、桃子、橄榄的种植园。我们买到一个西瓜,有人头两倍大,味道甜美,清凉可口,却只花了半个便士。另外花了3便士买到了半手推车的桃子。耕地都是小块小块的,像在智利一样,都靠人工灌溉。见到一个荒凉之地能有这么丰富的物产,真令人高兴。

第二天仍在门多萨,近些年来,该地区的繁荣程度下降不少。居民说这地方过活不错,但想发财很难。穷人都有潘帕斯大草原上的"高乔"那种懒洋洋、满不在乎的样子;居民的衣服、骑装及生活习惯也与"高乔"相近。给我的印象是:市镇的建设相当笨拙,可怜兮兮的。此地足以自夸的林阴路也好,一般风景也好,都无法同圣地亚哥相比。但是,对于从布宜诺斯艾利斯过来,穿过了景色十分单调的潘帕斯大草原的人们来说,见到这里的花园与果园也十分欣慰的了。F.黑德爵士讲到当地的居民,说:"他们吃晚饭的时候,天气那么热,他们去睡觉他们还能睡好吗?"我相当赞成他的话。门多萨人的"快乐的"法则就是:吃饭,睡觉,闲逛。

乌斯帕亚塔山口

3月29日。启程回智利。须通过乌斯帕亚塔山口,山口位于门多萨以北。先须穿过一个十分荒瘠的地带,长15里格。部分土地绝对光秃,部分土地稀疏地长着些低矮的仙人掌,上面武装着不可侵犯的刺,当地居民称这些仙人掌为"小狮子"。还有一些低等灌木。尽管高原高出海面近3000英尺,太阳威力还是很强烈;天气之热,以及肉眼难以见到的尘土,使旅程成为极其烦心的事。这天,我们的路线差不多与科迪勒拉山平行,逐渐向它靠近。日落前,我们进入一个宽阔的河谷,不久河谷变窄,成为一条溪谷。我们已整天骑在骡背上未喝到一滴水,人和骡子都已焦渴万分,见到了干净的溪水高兴极了。

木 化 石

30日。我们宿在一座孤立的房子,这座房子有个堂而皇之的名字——总督别墅。凡是攀越过安第斯山来到附近的人,无人不知这所别墅。接下来的两天,我们都住在这里或附近的矿上。此地的地质结构十分奇特。乌斯帕亚塔山脊是从科迪勒拉山的主脉分出来的,但两山之间却有一块长长的窄窄的平地(或称之为盆地)相隔。智利也常见这种情况。乌斯帕亚塔山高约6000英尺。其地理位置几乎与科迪勒拉山相同,但地质结构全然不同。它是由各种各样的海底熔岩及火山喷发出来的砂石与其他成层沉积构成,总体来看,很像太平洋沿岸地质第三纪的岩床。鉴于此,我期望能找到一些硅化木（属于木化石，很多年前埋藏在地下被硅质物质石化的植物树干化石。它保留了树木的木质结构和纹理，栩栩如生），这种地质结构中，硅化木通常是具有代表性的物质。我很幸运——山脊的中部，在大约海拔 7000 英尺的高度，我见到一个光秃的坡上戳着一些雪白的柱子——这些正是石化木，其中 7 棵已硅化，30 棵至 40 棵已变成结晶粗糙的白色重晶石。它们已经裂开，上半截在地上高出地面数英尺；树身周长 3 英尺至 5 英尺。它们之间相互间隔，但总起来看是一簇。承罗伯特·布朗先生好意，为我做了检测，他说这些石化木属于冷杉，具有南洋杉属（南洋杉属原产澳大利亚）的特点，但又有某些地方同浆果紫杉有密切关系。这些树被埋在火山喷出的砂石中，至今仍能清晰地看出树皮。

无需有多少地质学常识就能解释这种神奇故事的原委。尽管我要承认最初我见到这么多木化石时，十分震惊，以致几乎不能相信这些最明了的证据。可以想见：大西洋沿岸某处长着一丛高大的树，树枝随风摆动。当时的大洋（如今已后退 700 英里）一直延伸到安第斯山的山脚。火山爆发喷发出的泥土堆积起来高出海面；后来，这块干地及地上的树木又沉入大洋深处。在此深度，从前的干地上覆盖了沉积层，遇上了巨大的水底火山熔岩，熔岩的厚度可达数千英尺；这些熔岩流同水下沉积层交替覆盖也许有 5 次之多。大洋能容纳如此巨大的物体，必定有很深的深度。接下来，地下的力量再度释放，洋底变成一座高度超过 7000 英尺的山脉。这些敌对力量谁也不能成为主宰者，但它们都在不断地侵蚀土地的表层；巨大的地层也切割出许多宽谷来。现在，原先的树木已经硅化成为岩石。如此巨大的、简直无法理解的变化，发生在一个很早时期，但这个历史时期与形成科迪勒拉山的历史时期相比，还算是较晚的；而科迪勒拉山的历史与欧洲美洲含化石地层的历史相比，那就更年轻得多了。

4 月 1 日。我们越过乌普萨拉塔山脊，晚上住在海关，那是平原上唯一有人居住的地方。下山不久,见到一个非常特殊的景象:红色的岩石,紫色的岩石,绿色的岩石,以及相当白的沉积岩,同黑色的熔岩交错在一起,又受到从暗棕色到最明亮的淡紫色的各色斑岩的挤压,成为各种各样的不同形状。我一眼看出,这很像是地质学家所做的地球内部的美丽的剖面。

第二天,我们穿过平原,沿着那条流经卢克桑的山泉走。不久,见到有一段急流,河面相当宽,不能涉渡。第二天傍晚,来到瓦卡斯河,这条河被认为是科迪勒拉山区最凶猛的、最无法涉渡的河。这些河流的水流很急,极冷(由雪融化而来),流程不长。一天之中,水流大小又有很大的变化。傍晚,水是浑的,河床较满;天亮后,水变清,水势较缓。我们正是从瓦卡斯河发现的这一规律,在早晨越过此河。

通过山口的困难被夸大

同波蒂洛山口相比,此处景色单调乏味。人在宽阔平坦的山谷中走,两旁的秃山像是两堵大墙,挡住了视线。由于山上、谷内都是一片光秃,骡子已有两个晚上无草可吃。这一天,我们穿过的几个山口,据说很危险,而实际情况并非如此,看来困难是被大大夸大了。有人说,如果一个人步行上去,必定头晕,而且地方极窄,不容你下骡子、上骡子。但我上去后发现,完全可以前进或后退,也可以自如地上下骡子。当然,不少地方,如果骡子有个闪失,骑骡子的人就会从悬崖上跌下去,不过这种机会很小。我敢说,春天道路情况的确很糟,但也并没有多大危险。对驮货的骡子来说,情况就很不一样了。因为驮的货物向两边鼓出去,有时会发现两头骡子挨挤到一起的情形,或撞上一块岩石而失去平衡,真会从悬崖上掉下去。在浚河的时候,我想困难是很大的。实际上,在这个季节,困难还不大,但到了夏天,就会非常棘手了。完全可以想象,正如黑德爵士所描述的:已涉渡过去的人,同正在涉渡的人,面部表情是完全不同的。我从未听闻有人淹死,但驮货的骡子是常有被淹死的。

英 卡 斯 桥

4月4日。从瓦卡斯河到普恩特德英卡斯是半天的路程。此地有牧草可喂骡子,我对此地的地质状况也感兴趣,为此我们就在这里露宿了。要是听说有座天然桥,大家一定会想像到:一条深深窄窄的溪谷,一块大石头正好落在上面,成了天然的桥;或者是有个拱形的岩石,下部蚀空,成了拱桥。而英卡斯桥不属于这两种情况。它是因附近一个温泉的沉积层把成层的圆卵石挤压到了一起,似乎是泉水挖出一条水道来,另一边留下一块大石,大石同对面断崖掉下来的泥石相接,成了天然桥。

5日。一整天都用来穿越中央山脊,即从英卡斯桥到奥乔斯德阿瓜。奥乔斯德阿瓜坐落在智利最南端的邮站附近。这些邮站都建成悬空的小小的圆塔形,门外有台阶通地上,塔底距地面数英尺,以避开雪花堆。邮站一共有8个。当年,西班牙政府在冬天为这些邮站储备好食品与煤炭,每个信使都有一把钥匙。如今,它们的作用同山洞甚或土牢差不多。在周围一片凄凉的环境下,它们的存在倒也没有损害。孔布雷山口,是个分水岭,登山的道路呈 Z 字形,很陡,很累人。据彭特兰先生说,它的高度是 12 454 英尺。上山的路并不穿越永久积雪带,尽管路的两侧都有些积雪点。山顶处的风极冷,但即使如此,也不可能不在此处稍许逗留,来欣赏欣赏难得的美景——湛蓝的天空,清澈透明的大气,西面是相互交错的群山被许多沟谷分割着。通常这个季节已经开始降雪,科迪勒拉的山口已经封闭,无人能通过。我们很幸运。无论白天黑夜,总是晴空无云,只有一些成团的蒸气飘拂在最高的峰巅之间。

4 月 6 日。早上，我们发现有贼来偷走我们的一头骡子，又把"教母"脖下的铃铛摘走了。我们下山来，希望找回骡子。这个地区的景色具有智利的特色：山腰以下这儿那儿有一些四季常青的皂树，以及像枝形吊灯的巨大的仙人掌，总比东边那些光秃秃的山谷要好得多。最大的快乐，是从寒冷地区逃了出来，享受到暖暖的篝火，享受到美美的晚餐，这是我由衷的感受。

瓦尔帕莱索

8 日，离开阿空加瓜山谷，傍晚到达靠近圣罗莎的一个小村。平原土地肥沃，秋天已经来临，许多果树正在落叶。农民正忙于在房顶上晒无花果干与桃子干，或在葡萄园里收获葡萄。此地景色虽美，但我更想念英国秋天的宁静，预示着一年将近结束。10 日，我们抵达圣地亚哥，受到卡尔德克莱先生的热情接待。这趟短期旅行只用了二十四天，在以往，同样的时间内我从未享受过像这次旅行所得到的乐趣。数日后，我重返瓦尔帕莱索，回到科菲尔德先生的家。

第十六章　智利北部与秘鲁

沿海岸去科金博

4 月 27 日。我计划先到科金博，然后经瓜斯科到科皮亚波同菲茨·罗伊船长会合。直线距离为 420 英里，但由于我的旅行方式，结果旅行的距离大大加长了。我买了四匹马、两头骡子,骡子是轮流驮行李的。买这六头牲口只花了 25 英镑,到了科皮亚波又以 23 英镑售出。我们仍像过去那样独立生活,自炊自食,夜晚露宿。我们骑马朝维诺德马尔去,正好向瓦尔帕莱索致以告别的一瞥,又一次欣赏了它如画的美景。为了地质考察,我离开大路,去了奇洛塔。我们经过一处含金丰富的冲积土,到利马切附近歇宿。淘金热使当地居民修建无数小屋,散布在每条小河的河岸。由于收入不稳定,居民的生活仍很贫困。

28 日。下午到达贝达山山脚下一个小村庄。居民都有自己的田产,这在智利并不多见。他们依靠果园和小块土地的出产过活,仍旧十分贫穷。由于缺乏资金,为了购买一些生活必需品,不得不出售尚未成熟的青玉米。小麦的价钱也比瓦尔帕莱索要贵。第二天,我们重归大路去到科金博。晚上下了一场小雨,这是从去年 9 月 11 日、12 日的大雨以来的第一场雨,其间已相隔七个半月。这场雨来得比往常更晚。远处的安第斯山如今已盖上一层厚雪,景色迷人。

5 月 2 日。继续沿着海岸走。中部智利常见的几种树木与灌木迅速减少,被一种高大的树木所取代,这种树木在外形上像丝兰属植物。这个地区的土地的表层是破碎的、参差不一的,相当特别;一些尖尖的岩石角从小平原或小盆地的地面上冒出来。锯齿状的海岸,以及附近岩石突兀的海底,如果上升为陆地,必然也同现在的海滨一样。无疑,我们现在走的路,就是从前海底的一部分。

3 日。从奇里马里到孔查里。景色越来越荒芜。河谷中水太少,无法用来灌溉。地上的植被连山羊都养不活。冬天经常大雨倾盆,到了春天,长出青草来,人们纷纷从科迪勒拉山区把家畜赶过来放牧。奇怪的是,草的种子与其他植物的种子是如何隐藏起来,到时候又能长出足够数量的植被,正好适应需要。北边科皮亚波一场大雨所产生的效果,相当于瓜斯科的两场大雨,相当于这个地区的三场或四场大雨。瓦尔帕莱索的冬天十分干旱,对牧草大大不利,而在瓜斯科,反使牧草长得极为茂盛。再往北去,雨量的大小看来同纬度的差别不成正比。孔查里在瓦尔帕莱索以北 67 英里,5 月底以前别想有雨水;而瓦尔帕莱索通常从 4 月初就会下大雨。晚下雨的地方,年均雨水量也相对少于早下雨的地方。

4 日。沿岸的道路不再引起我们的兴趣,我们离开大路,转向内陆多矿的地区与伊拉佩谷。这个山谷,同智利别处的谷地一样,地面平坦,宽阔,土地肥沃。谷地的两边,一边是成层的圆卵石峭壁,一边是光秃的山。最上边的成一直线的灌溉沟渠以上,是一片褐色,像一条公路;灌溉渠以下,便是一片绿色,像是铜器上面的铜绿色,那是一大片苜蓿。我们来到一个矿区名叫洛斯霍诺斯,小山上被人们挖了许多洞,像一个巨大的“蚂蚁山”。智利的矿工在生活习惯上相当特别。他们在凄凉的地方连续住上数个星期,然后到村子去休假,什么过头的事都做得出来。他们有时能拿到一大笔钱,然后,就像水手那样,拿钱来乱花一气。他们酗酒无度,大买衣服,几天之内就把钱花得一文不剩,然后再回去干苦活,比干活的牲口还要累。矿工和水手们这种不顾前不顾后的生活习惯,来自同一种对生活的态度。每天不愁吃,其他就不在乎了。同时,又有各种各样的诱惑供他们去享受。而在英国,如康沃尔或其他矿区,矿工们十分勤劳,行为规规矩矩。

智利矿工们的服装很特别,甚至可以说很漂亮。他们穿一件黑色粗纺呢的长摆衬衣,围一块皮革围裙,用一条颜色鲜艳的腰带扎在腰间。长裤很宽松,一顶小红帽紧紧地箍在头上。我们遇到一群矿工,正是穿着这样的全套服装,去为一名同伴送葬。他们走得很快,四个人抬着尸体。四个人走大约 200 码,会换四个人来抬,新换的四个人先骑马到前面等着。他们边走边喊,组成一幅奇特的送葬仪式。

我们继续以 Z 字形向北前进,有时停一天来考察地质。这个地区居民极少，道路难辨，我们常常迷失路途。21 日，我去几处矿山看看。矿砂的成色不太好，但贮藏量甚丰，这座矿可卖 30000 美元至 40000 美元 (6000 英镑至 8000 英镑) (这是按照达尔文生活的时代美元和英镑的汇率换算出的金额)，而一家英国公司仅以 1 盎司黄金 (31.8 先令) 的代价买下了它。矿砂属于硫铜矿，在英国人来到以前，当地人不知道其中含铜。由上述例子可见利益之悬殊。中介商与股东急剧增加，冲昏头脑；每年贡献给智利官方数千英镑；图书馆里提供装订精美的地质书籍；签订许多向少奶牛地区的矿工提供牛奶的合同；进口许多本国人根本不会使用的机器……类似的事情数以百计。毫无疑问，投入的资金将有巨大的回报，所需要的只是一个有信誉的企业家，一个有实际经验的采矿家，一名化验师。

负重惊人的矿工

黑德船长曾描述这些像负重的野兽那样的矿工，从井底背上来极重的矿石。我原以为有些夸大，为此利用这一机会去亲自称一称。我随意找了一块矿石，站到它跟前，使出我最大的劲，才能把它抬离地面。这块矿石净重 197 磅！矿工要把它从 80 码深处背上来，有的路段是陡峭的通道，大部分路段是 V 字形的洞，并且弯弯曲曲。根据通常的管理准则，矿工们是不允许停下来喘气的，除非矿井深度超过 600 英尺。背负的重量平均为 200 磅，有人从最深的矿井中背上来 300 磅！每个矿工每天要下矿十二次，就是说，总共要从 80 码深的矿井中背上来 2400 磅矿石！下井的矿工有时候在矿上粉碎矿石，拣选矿砂，就算是工间休息了。

这些矿工，除了发生了工伤事故外，看起来身体健康，心情愉快。他们的肌肉并不发达，每周只能吃上一顿肉，也只是干牛肉。尽管做工是自愿的，但当你见到他们上到井口的情景时，你会怀疑是否真的自愿：身体朝前弯着，双臂俯伏在台阶上，双腿蜷曲，肌肉抽搐，汗水从脸上直流到胸脯上，鼻孔扩张，嘴角绷紧，呼吸沉重。他们每次呼吸的时候，都要发出一个"唉——唉——"的声音，这声音是从肺的深处发出来的，又像是从横笛中吹出来的。把矿石倾倒在矿石堆上，倒空筐，用两三分钟时间调理一下呼吸，挥去额头的汗水，又快步再次下井去。这幅图像对我来说，提供了一个例证，说明劳动尽管繁重，但在已成为一种习惯的情况下，人类是可以忍受下去的。

傍晚，我同矿区管理人谈话，想了解这些矿上有多少外国人。这位管理人相当年轻，他同我谈起，当他还在科金博上学的时候，有一天放假，去参观从英国来的轮船，那位船长是来会见总督的。

他说，对学生来说，包括他自己在内不会有任何东西吸引他们去同一个英国人见面，家长告诉他们，英国人是异端，同英国人接触会受毒害，罪恶也会跑出来。今日，他们还在讲海盗的凶残行为，尤其痛恨其中的一名海盗，他把圣母玛利亚的神像盗走了，一年后又回来盗走圣约瑟夫的神像，还说什么圣母不该有一个丈夫。我在科金博的宴会上还听一位老夫人说，她在这间屋子里再次同一位英国人共同进餐，真是巧遇；她记得，当她是个小姑娘的时候，只要一听有人喊"英国人来了"，所有的人都会带着细软跑上山去。

科 金 博

14日。我们到达科金博，逗留数日，城镇除了绝对清静以外，并无特色。据说居民有 6000 人至 8000 人。17 日早晨，下了小雨，这是今年第一次下雨，历时约五小时。农民通常在靠近海滨气候最潮湿的地区种植玉米，现在开始趁这场雨纷纷耕地，在第二场雨后下种；如果还来第三场雨，春天就有好收成了。有意思的是，我们见到，雨停十二个小时后，土地就干了，干得同下雨前一样。然而,雨后十天,所有的小山上都出现了一块块绿色,青草长得稀稀拉拉,细如发丝,只有1英寸长,显得很吝啬。在这场雨以前,地面上到处都是光秃秃的,就像是在公路上。

傍晚,菲茨·罗伊船长和我同爱德华先生共进晚餐。爱德华先生是位英国人,在科金博定居,以好客出名,来科金博的英国人都知道他的大名。用餐中间突然发生了地震。我听到了先期的隆隆响声,但一等女士们尖声高叫,仆役们来回奔跑,几位绅士奔向门口,我就难以分辨地震的过程细节了。地震过后,有些妇女吓得大哭。一位绅士说,他今夜睡不着觉了,即使睡着了,也只会做房子倒塌的梦。1822年的那场大地震,使这位先生的父亲丧失了全部财产,他自己当时在瓦尔帕莱索,险些被压在坍下来的房顶下。他讲到一件轶事:有一次他同几个人玩牌,同桌的一位德国人站起来说,在这些地方,他永远不会坐在一间房门关起来的屋子里,他说他在科皮亚波就曾差点送了命。因为他说了这样的话,房门就打开了。房门刚刚打开,他就嚷:"又来了!"果然发生了地震。所有的人都逃出屋去。其实,地震的危险并不在于错失开门的时间,而在于墙壁晃动导致人们挤成一团。

当地土著民和外来定居者之中,确有一些意志坚强、头脑沉着的人,但大多数人遇到地震时的恐惧是可想而知的。然而,我以为过分惊惶的部分原因是缺乏一种控制恐惧的习惯,他们并不以恐惧为耻。当地人不喜欢见到对地震不大在乎的人。我听说,两名英国人遇上一次小地震,仅仅搬出屋外来睡。当地人知道后,很不以为然地嚷嚷:"瞧这些异教徒,他们甚至连床都不下!"

阶梯形台地

我用了几天功夫来考察台阶状的圆卵石台地。这是霍尔船长首先发现的。莱尔先生也在海边发现过,他认为台地是从海里缓慢升上来的。这个解释当然正确,因为我在那些台地上发现无数现代的贝壳。五层台地,窄窄的,略有倾斜,似带毛边,一层接着一层,直抵海湾,并在河谷两旁铺开。在科金博以北的瓜斯科,台地的规模更加宏大,即使是当地的一些居民对此现象也颇惊讶。那里的台地较宽,可以称之为平原;有些地方有六层,但通常是五层,从海岸到最上面的一层共长 37 英尺。这些台地同圣克鲁兹的台地十分相似,只是规模较小;圣克鲁兹的巨大台地是沿着整个巴塔哥尼亚高原的海岸展开的。它们无疑是在大陆逐渐上升的长时期内由于海洋的剥蚀威力所致。

看不到近期的沉积层

现存品种的贝壳不仅布满科金博台地的表层(高度有 250 英尺),而且埋在易碎的石灰质岩石之中,这种岩层在有些地方厚达 20 英尺至 30 英尺,但面积不大。这一现代岩层覆盖在古代地质第三纪的结构之上,这个结构中的贝壳大概都已灭绝。我在这个大陆的太平洋沿岸与大西洋沿岸考察过上千英里,从未发现地层中有现代品种的贝壳,只有这里是例外,还有就是往北去瓜斯科的路上有少数小地段。我认为,这一事实具有重大意义。地质学家通常把某些地区不存在含有骨化石的沉积层归因于该地在那个历史时期原是一块干地。这一解释在此处就行不通了。因为,我们都知道,南美洲大陆两侧沿岸数以千里(英里)计的海岸,地面上有许多贝壳或沙土里泥土里埋有许多贝壳,而这些海岸都是较近的时期内淹没的。无疑,必须从事实中去寻找解释。整个南美大陆的南部在很长的时间内缓慢上升,因此,沿岸所有沉积的物质都是原先处于浅海中的,随着海滩的磨损活动而逐渐显露出水面;只有相对较浅的浅海,大量海洋有机生物才能生存繁殖,而这样的浅海,显然不可能累积起极厚的地层。海滩的巨大剥蚀威力,这只需从巴塔哥尼亚现有海岸上的巨大峭壁就可以看出来,也可以从沿岸一级级的不同高度的台阶式的断崖或急斜面看出来。

地质第三纪

科金博地区水下古老的地质第三纪时代的地质结构,其形成的时期看来与智利沿海某些沉积层(其中纳维达德是主要的一处)以及巴塔哥尼亚大高原的形成时期相同。在纳维达德与巴塔哥尼亚,都有证据说明,那些埋在地层中的贝壳(E. 福布斯教授曾开列过名单)还活着的时候,有过一次深达数百英尺的沉降,接着又有一次上升。人们自然会问:为什么会有这样的事?虽然,无论大陆的哪一侧,既没有大面积的近代的含骨化石的沉积层,也没有地质第三纪与近代之间的某个时期的大面积含骨化石的沉积层,然而,古老的地质第三纪时期沉积的含骨化石地层留了下来。长达1100英里的太平洋沿岸,至少长1350英里的大西洋沿岸,以及从东到西跨越大陆最宽部分的700英里带上,无论南北不同地点,都有这样的遗留。我以为,作出解释并不困难,也许这种解释也同样适用于世界上其他地区近来所观察到的类似事例。考虑到海洋所具有的剥蚀威力(已有无数事实证明),一块成层沉积岩在上升过程中不可能经受住海滩消磨作用的剥蚀,在长时间内仍能保留巨大的体积;再说,最适于海洋生物生存的浅海不可能被如此厚、如此宽的沉积层覆盖,必然有海底的沉降,才能接纳一层一层的沉积层。这一过程必定与南部巴塔哥尼亚与智利的同样过程同时发生,尽管它们之间相距千里。因此,根据我对几个大海洋的珊瑚礁的考察结果,我强烈地倾向于认为几乎同时发生占时极长的海底沉降运动其范围是很宽的;或者,就限于南美洲而言,海底沉降运动同陆地上升运动是同时发生的,在现有贝类的生存时期内,秘鲁、智利、火地岛、巴塔哥尼亚与拉普拉塔的海岸都上升了。这样,我们就能明白,在同一时期,相隔很远的数处地方,当时的环境对形成很宽很厚的含骨化石的沉积层十分有利,因此,也有利于这些地层抵住海滩的剥蚀与撕裂,有利于它们持续到未来的时代。

银　矿

5月21日。我同堂约瑟·爱德华兹去阿奇洛斯银矿,由银矿再去科金博。经过一个多山地区,夜幕降落时抵达银矿,矿主正是爱德华兹先生。我在此享受了美好的一夜,所谓美好,就是没有虱子的干扰,这在英国是无从理解的。科金博的房屋内满是虱子,但此地仅海拔三四千英尺,虱子已不能存活。气温下降是重要原因,但也还有其他的原因。眼下,银矿的境况不佳。从前,每年产银约2000磅。有个说法:"一个人有铜矿一定赢,有银矿可能赢,有金矿一定输。"这个说法不真实。智利的财富主要来自贵金属的矿藏。一位英国物理学家从科皮亚波回英国不久,带回去一座银矿的股份,股值约24 000英镑。无疑,经营好一个铜矿,是一场游戏,而经营银矿、金矿就是一场赌博了,甚至可以说是买了一张六合彩的彩票。无法防止被掠夺,矿主损失大量富矿砂。我听说一个例子:一位绅士同另一位绅士打赌,说他的手下人能当着对方的面抢劫财富——矿石从矿井中采出,首先要粉碎成小块,无用的石头扔在一旁。有时候分不清矿石或石头。有两名矿工,装着无意,捡起一块矿石、一块石头,大喊:"我们来比比,谁的石头滚得最远?"雇用这两名矿工的雇主站在一旁,同他的朋友为这场竞赛赌一支雪茄。矿工看准了废石堆中这块含银量很大的矿石,天黑以后把它拣回来去见他的主人,说:"这就是你打赌赢了一支雪茄的石头。"

5月23日。我们来到土地肥沃的科金博谷地,堂约瑟有位亲戚在此地有座牧场,我们在这里住宿。第二天我骑马去查看据说是石化的贝壳与黄豆,后者其实是细卵石。我们路过数个村庄,谷地开发得不错,整个景色很美。我们现在已接近科迪勒拉山脉的中部,四周的山峰高大。智利北部,靠近安第斯山的较高的地区,果树的产量比较低地区的果树产量大得多。无花果与葡萄质地优良,成为名牌,种植很广。这个谷地可能是奇洛塔以北物产最丰富的地区。我估计谷地(包括科金博在内)的居民有 25 000 人。次日,回到牧场,又同堂约瑟一起去科金博。

去瓜斯科之路

6 月 2 日。我们沿着海岸的一条路(据说这条路不像另一条路那样荒凉)去瓜斯科。第一天来到一座孤零零的房子,地名叫耶巴布纳,那里至少有牧草可以喂马。一路上看不到绿草,看不到鲜花,毫无春天的气息。在这种荒凉的地区旅行,感觉就像是个囚犯被关在一个昏暗的院子里,真想见到一点绿颜色,闻到一点湿润的空气。

6 月 3 日。从耶巴布纳到卡里扎尔。上午,我们经过一个荒凉的山区,接着,下午,进入一片沙子很深的长长沙地,沙地中掺杂着破碎的贝壳。水极少,还带一点咸味。整个地区,从海边到科迪勒拉山脉,都是无人居住的荒漠。我只见到一种动物,数量很大,那就是布里默斯蜗牛。春天,当地有一种很不起眼的小树长出一些叶子来,蜗牛就靠吃这些叶子为生。清早,地上略有露水时才能见到这种蜗牛,当地人认为蜗牛是靠吃露水长大的。我在别处也见到过,一些极端干旱的地区,土壤是石灰质的,最适宜陆上贝类动物的生存。卡里扎尔只有几座村舍,我们想买一点玉米、草秆来喂马都很困难。

4 日。从卡里扎尔到绍司。继续穿越荒芜的平原,遇上一群南美野生羊驼。我们经过昌纳罗谷地,谷地很窄,从瓜斯科到科金博之间,这里的土地要算是最肥沃的了,可是牧草产量极低,我们买不到草株来喂马。在绍司,我们遇到一位十分有礼貌的老绅士,他是炼铜炉的监工。作为特殊优待,他允许我以高价购得一捆很脏的草秆,这几匹可怜的马,走了一整天才吃上这么一顿晚餐。如今,智利各地都有一些炼铜炉,智利人认为这比把矿砂船运至斯旺西来得划算。次日,经过几座山,来到弗雷里纳。随着一天一天朝北走,植被越来越少,甚至如枝形吊灯那样的大仙人掌,也被小得多的仙人掌所取代。冬季的几个月内,智利北部和秘鲁,太平洋上离洋面不高处常常悬着厚厚的云层。

我们在弗雷里纳逗留两天。瓜斯科谷地内,有四个小镇。谷口有一个港,但非常荒凉。弗雷里纳是个拉长的村庄,有比较讲究的刷白的房子。再走 10 里格,是巴兰纳;再往上,是瓜斯科阿尔托,是一个园艺村,以出产干果著名。在一个晴朗的日子里谷地看上去是很美的。远远地可以望见盖着雪的科迪勒拉山;眼前则是一些平行的、台阶式的台地;谷地里青翠可爱,柳树迎风,同两旁的秃山恰成对照。周围环境之糟,是显而易见的,因为已经连续十三个月未下透雨了。居民听说科金博下了雨就很嫉妒。从天空的表现来看,他们有希望也获此幸运,两个星期以后,果然如愿以偿。当时,我在科皮亚波,那里的居民说到瓜斯科的大雨,也同样羡慕不已。在连续两年或三年干旱之后(在这期间也许只下过一场大雨),通常会来一个多雨的年份,水灾的消极后果更甚于旱灾。河水上涨外溢,卷着泥沙覆盖在土壤的表层,而本来只有这些土地适宜于耕种。泛滥的河水还冲坏了灌溉沟渠。前三年正是这样旱灾加水灾,造成了巨大破坏。

荒　漠

6月8日。骑马到巴兰纳,这个名字同爱尔兰有关。爱尔兰的巴兰纳是奥希金斯家族的出生地,西班牙政府在智利实行殖民统治期间,这个家族的好几个成员在智利担任过总统、将军。两旁的山隐藏在云层里,平原也是台阶式的,看起来就像巴塔哥尼亚高原上的圣克鲁兹。在巴兰纳待了一天,于6月10日去科皮亚波谷地的上半部分。骑了一整天,相当乏味。老要重复使用"光秃""荒芜"这些形容词,实在令人厌倦。当然,这些词通常用起来也是相对性的。我常用它们来形容巴塔哥尼亚高原,那里能自夸的只有带刺的灌木丛与杂草。而它同北部智利相比,又可算是很肥沃了。此地,没有多少超过200平方码的土地;如果不仔细找,也许还见不到仅有的小灌木、仙人掌或地衣;种子下到地里,必须等待第一场雨过后,才能发芽破土。在秘鲁,许多地方是真正的荒漠。傍晚,我们抵达一个河谷,勉强找到些淡水。夜里,小河因蒸发速度变慢,水流反比白天要大。此地有充足的柴火,对我们来说是露宿的好地方;但是,没有野兽,也就吃不上一口肉。

6月11日。骑马十二个小时未歇,直抵一处废弃的冶炼炉,此地有水、有柴,只是没有草料喂马。道路崎岖不平,远处的景色倒也有趣,光秃的山丘也有多种不同的颜色。阳光照射在这么一块没有出息的地方,实在是浪费了。这么好的气候是本该有良好的耕地与漂亮的果园的。第二天,我们到了科皮亚波谷地,我满心喜悦。因为旅途太累人。最让人心烦的是,我们吃着晚饭却听见马在啃啮拴它的木柱。从马的外表来看,仍然精神抖擞,可有谁知道,它们已连续五十五个小时未吃草料了。

我有一封给宾格勒先生的介绍信,因此,他在他的"海信达"(位于波特里洛—塞科）很客气地接待了我。这座牧场是个长条形,长 20 英里至 30 英里,宽度通常只有两个足球场那么宽,跨着一条河,河的这一边和那一边各有一个"足球场"。某些地段可以说是没有宽度。牧场无法灌溉,没有价值,就像周围那些多岩石的荒原。整个河谷中,开发出的土地很少,且高低不平,不适宜灌溉,水的供应也不足。今年,这条河的河水很满,河的上游,水深及于马腹,河面有 15 码宽,水流甚急。越往下游,水越少,水面越窄,近三十年间,曾有一个时期河流干脆消失,一滴水也到不了大海。当地居民见到科迪勒拉山有一场暴风雨就高兴,一场大雪可以保证他们来年的雨水。雪水比雨水更有保证。此地,每两三年才有一场大雨,这就算很不错了,因为雨后,家畜和骡子可以在山上找到一些草吃了。但是,如果安第斯山上没有积雪的话,整个谷地将是一片荒芜。记载说明,历史上曾有三次全部居民不得不迁移去南面。今年雨水充沛,每个人尽量设法灌溉他的土地,这就需要派士兵把守水闸,确保每家牧场用水不得超量。据说谷地居民有一万两千人,但每年出产的东西只够吃三个月;其余九个月的供应来自瓦尔帕莱索及南方。在发现著名的查农西诺银矿以前,科皮亚波正处于迅速衰退的状态,如今则是欣欣向荣,被一场地震彻底摧毁的小镇又重建起来了。

科皮亚波谷地

科皮亚波谷地像是荒漠中的一条绿带,从北向南延伸。瓜斯科谷地和科皮亚波谷地都可以看做是窄窄的长岛,由荒漠与岩石(而不是海水) 同智利的其余地区隔开。这两个谷地的北面,有个环境非常悲惨的谷地名叫帕波索,居民约 200 人,由此延伸出一片真正的沙漠名叫阿塔卡马,它所起到的屏障作用比剧烈动荡的海洋更糟。在波特里罗塞科逗留数日后,我再沿河谷上溯,到达堂贝尼托·克鲁兹的私宅,有人为我写了给他的介绍信。我发现他非常好客。的确,旅行者在南美洲旅行,几乎每个地方都会有人来热情地接待你,这已经无需举出例证。第二天,我雇了几头骡子,驮我经过乔奎拉深谷,进入中部科迪勒拉。第二天晚上,天气预示将有一场暴风雨或暴风雪。我们躺在床上后还感到了有地震发生。

下雨与地震

地震同气候是否有关联,一直有争议。我对此问题深感兴趣。洪堡在他的私人笔记中曾说,一个在新安达卢西亚或南部秘鲁长期居住过的人很难否认地震与气候之间有某种联系,但他在笔记的另一处又说这种联系完全出于想像。在瓜亚基尔(在厄瓜多尔),据说干旱季节来一场瓢泼大雨必定有地震。在北部智利,由于极少下雨,甚或天气不允许下雨,地震同气候有联系的可能性很小;然而,此地的居民坚信:气候同大地的颤动有关联。科皮亚波一些人听说科金博发生了大地震,就高兴得喊起来:"多么幸运啊! 今年有足够的牧草了! "这件事使我深受震动,印象深刻。在他们头脑中,地震预示有雨,有雨预示牧草丰收,是确定无疑的。的确,地震的那一天确实下了大雨。记录表明:地震后的大雨比地震本身更壮观。1822年11月以及1829年在瓦尔帕莱索发生的大地震和1833年9月在塔克纳(秘鲁塔克纳省,省会与之同名)的大地震,莫不如此。非常习惯于这些地区的气候的人,预见到在那样的季节里,极不可能下大雨,除非出现了某种反常情况。在大火山喷发的情况下,如科斯奎纳火山爆发,当年的某个时候就下了潮水般的大雨,按往年规律是不该有这样的大雨的。不难想到:火山喷发出来的大量蒸气、灰尘可能干扰了大气的平衡。洪堡把这一观点引申到地震同火山爆发的关系。但是我难以相信,从大地裂缝中释放出来的少量气体能产生如此巨大的效果。P. 斯克鲁普先生最早提出的一个观点,我以为有很大可能是正确的——他认为,气压低,很有可能下雨;当一个广大地区的气压大幅度下降的时候,可能决定在哪一天,地下力量已绷到极限的地球就会被迫放弃,就会绷开裂口,就会颤动。然而,问题是,这一理论究竟能在多大程度上来解释:在一场伴随着火山喷发的大地震之后,在干旱季节中的数日内竟会下起瓢泼大雨,只有这种情况才能证明气候同地下状态存在着密切关联。

我们对深谷的其他方面已不感兴趣,便折返堂贝尼托的私宅,我在那里逗留两天以搜集硅化的贝壳与树木。平卧的已硅化的大树干,密集地埋在一起,为数极多。我量了一棵,树身身围长 15 英尺。每一个木质的原子已被替换,由硅所取代,而且这么完美,每根导管,每个微孔都保留下来,这是多么惊奇的事! 这些树大约生长在下白垩纪年代,都属于冷杉族。听到当地居民谈论我搜集到的硅化贝壳,他们的说法同一百年前欧洲人的说法一样,使我发笑——他们说:"它们是生来这样的。"我在这个地区进行地质考察常常引起智利人的惊奇。需要费很大的劲才能说服他们相信:我并不是在找矿。这有时的确很麻烦。我发现,最容易的解释就是去反问他们:为什么对地震与火山喷发不感兴趣? 为什么不去研究有的泉水是冷的,有的泉水是热的的原因? 为什么智利都是高山,而拉普拉塔连个小丘都没有? 这么去问,使大多数人立刻满意了或者沉默了;然而,还有少数人(英国也有落后一百年的人)则认为这些问题是无价值的,是对神的不敬,因为这一切都是上帝安排好了的。

狂 犬 病

最近有道命令下来,无主的野狗通通杀死,我们见到路上有许多死狗。

相当多的狗变成疯狗,咬了一些人,有些人被咬后死了。狂犬病正在谷地流行。这种奇怪的、可怕的疾病何以在一个封闭的地方一次又一次地流行,是个值得研究的问题。英国的某些乡村也有过类似情况。昂努博士说,狂犬病是 1803 年首次在南美洲发现的。阿扎拉与厄洛阿证实此说不谬。昂努博士说,狂犬病首先在中美洲爆发,逐渐往南传播。1807 年传到阿韦基帕,据说有几个人并未被狗咬也染上了狂犬病,这些人是黑人,他们吃了一头小公牛,这头牛是患狂犬病死去的。在伊卡(秘鲁的一个省,省会与此同名),四十二个人可悲地死去。人们被咬后十二至九十天内发病,发病五天内死亡。1808 年后,有一长期的间歇,其间未发现此病。我在范迪门地问过,那儿的人未听说此病;在澳大利亚其他地区问过,那儿的人也未听说此病。据伯切尔说,他在好望角住了五年,从未听说发生狂犬病。韦伯斯特断言,亚速尔群岛(属葡萄牙)从未发生过狂犬病,毛里求斯(非洲岛国,位于非洲东部,印度洋西南方)与圣赫勒拿(属于英国,是南大西洋中的一个火山岛)也没有。

我们回返河谷下游,于 22 日抵达科皮亚波镇。河谷的下游相当宽阔,形成一片平原,就像奇洛塔。小镇占地不小,每座房屋都有一个园子。但仍是个不舒适的地方,房屋的装饰太差了。每个人看来都以挣钱为唯一目的,然后,尽快迁离此地。所有的居民或多或少同采矿有关;采矿、矿砂是这里谈话的唯一题目。各种日用品价格昂贵。小镇到港口的距离为 18 里格,马车费用极高。买一只鸡或鸭要 5 先令到 6 先令,肉价几乎与英国相等;木柴、木条是用骡子从科迪勒拉山费两三天时间运过来的。喂牲口的草料一天需一个先令。这种状况对南美洲来说,是非常出格的。

"德斯波亨拉多"

6 月 26 日。我雇了一名向导、八头骡子,换了一条同上次不同的路线去科迪勒拉山。由于这个地区十分贫瘠，我们携带了一袋大麦与碎草秆的混合物作饲料。离镇 2 里格，有个宽阔的谷地名叫"德斯波亭拉多"，意即"无人居住"。这个地方虽然面积不小，而且是去往科迪勒拉山口的必经之地，然而太过干旱，即使是多雨的冬季，也只有很少几天下雨。两侧的山只有极少的沟壑，谷底铺满圆卵石，路面几乎是水平的，且很光滑。由于没有大水会从这条河谷冲刷下来，所以我颇怀疑，像这条河谷，以及去秘鲁的旅行者所曾提到的类似的河谷，在陆地缓慢上升以前，可能都是小海湾。

天黑以后，我们仍继续骑行，直到抵达旁边有口水井的深谷名叫"阿瓜阿马加"。水质除了带咸味外，还有恶臭，并且苦涩。无法用这水来煮茶。我估计从科皮亚波到此地的距离至少有 25 英里至 30 英里。这个地区已多时不降一滴雨，真正是名副其实的荒漠。路过蓬塔戈达附近，见到一些印第安人的遗迹；有些谷口有两个石堆，似乎起路标的作用。

印第安遗迹

在科迪勒拉山区，我见到过若干印第安遗迹。最完整的一处，在厄斯帕拉塔山口的塔姆皮洛斯。这个遗迹是一些方方正正的小屋子，一组一组地分散着。有些房屋的门框还矗立着，它们是由两片石头组成顶头相接的三角形门洞，仅高 3 英尺。厄洛亚曾讲到，古代秘鲁的住房就是门洞极低的。这些房屋在完整时，必定能住许多人。据说，印加人穿越山脊过来，这些房屋是作为暂时歇息用的。其他地方也发现类似的房屋，看来不大可能仅仅作为休息之用，但是，周围的土地又完全不适于耕作。在塔姆皮洛斯附近，印加桥附近和波蒂洛山口，我都见过这类印第安遗迹。靠近阿空加瓜的加居尔深谷，那里没有道路，我听说那里遗存的房屋在很高的高坡上，那里是极寒冷、极贫瘠的。最初，我猜测是逃亡者的居所，是印第安人建的，或是最初到达此地的西班牙人建的。我估计当时的气候可能不像现在这么冷。

气候可能发生过变化

在北部智利的科迪勒拉山区,据说印第安房屋为数极多,在挖掘遗迹时,发现有些羊毛编织的东西,有贵金属制作的工具,有印第安玉米,东西很多。发现的玛瑙制成的箭头,同火地岛印第安人如今仍在使用的箭头一模一样。我注意到,秘鲁的印第安人如今常常住在很高的、无遮蔽的地方——在科皮亚波,有些终年在安第斯山旅行的人们言之凿凿地告诉我,他们见到许多房屋建在很高很高的位置,几乎接近永久积雪带。这些地方没有通路,土地不出产任何东西,更奇特的是,附近根本没有水源。当地居民尽管也对印第安人选择如此恶劣的环境感到困惑难解,但他们相信,那是印第安人的居所。在蓬塔戈达,遗迹包括七八个方方正正的小屋子,同塔姆皮洛斯的小屋的构造是一样的,是由泥筑成的,而现在印第安人所建的房屋,其坚固程度却比不上那些遗迹。这些遗留下来的房屋,都建在平坦宽阔的谷地,建在最暴露的、无遮挡的、不利于防御的地方。附近的水源在 3 里格至 4 里格以外,水量小,水质糟。土地是绝对贫瘠的,我想找到一些附着在岩石上的地衣都找不到。而从前的印第安人居然选择这样的地方来居住!现在如果每年不是只降一次大雨,而是每年降两三次大雨,经过许多年后,可能在这个大谷地里出现一小股水流,经过灌溉(印第安人很懂得灌溉技术),土地可以出产一些产物供应少量家庭生活。

我有足以服人的证据说明,南美洲大陆的这个部分,从现有的贝类动物出现以来,海滨区至少已上升 400 英尺至 500 英尺,有的地段上升 1000 英尺至 1300 英尺;内陆上升可能更多。奇特的干旱气候特点,显然是受科迪勒拉山的高度的影响。我们几乎可以确信:在较晚的上升以前,气候不像现在那样干燥。那些遗存的房屋由于气候的变化,保存至今并不太难。我们必须承认:人类在南美洲已居住很长时期,陆地上升影响到天气,也必然是个极缓慢的渐变,而不是突变。瓦尔帕莱索于近 220 年中,陆地上升 19 英尺,利马的一段海滩上升了 80 英尺至 90 英尺,但这么小幅度的抬高,对气候的影响不大。伦德博士在巴西的山洞中发现人的骨骼,这使他相信,印第安人在南美洲已居住了一个很长很长的时期。

地震使河床拱起

在利马,我同一位工程师吉尔先生交谈,他到过许多内陆地区。他对我说,他也想到过气候曾经发生变化的问题。他认为,很多存有印第安遗迹的地方如今已不能耕作,是由于印第安人修筑的大规模的灌溉水道因管理不善或因地震被破坏了。据我所知,秘鲁人的确是从岩石中开凿出灌溉水道来。吉尔先生告诉我,他曾雇有专业知识的人去探测过,发现一条水道很窄,弯弯曲曲,宽度不一,但非常长。不用铁器,不用炸药,能筑成这样的灌溉系统,简直是奇迹。吉尔先生还对我讲了一件十分有趣的事情:他从卡斯马旅行到华拉兹(离利马不远),发现一个平原,上面都是印第安遗迹及古代耕作的痕迹,如今已全然荒芜。附近有一条大河的干枯河床,灌溉的水一定是从这条河引的水。从总的状况来说,看不出这条河是否数年前还流淌着水,只见沙子和圆卵石的河床向若干方向伸出去。另外一些地段,河床是岩石,已蚀成宽宽的水道,一处水道的宽度约 40 码,深度为 8 英尺。这一事实本身可以得出推论:一个人追踪水流而走的话,会出现或大或小的上坡斜度。使吉尔先生大为惊讶的是,他沿着这条古老的河床向上走,竟发现自己很快下坡来了。他猜测,下山的坡度按垂直距离计算约有 40 到 50 英尺。因此,我们有了不容置疑的证据说明,有一个小山脊在老河床中间拱了起来,河床竟成了拱形,河水必然退了回去,形成另一条水道。从这一时期起,附近的平原失去肥沃的水源,逐渐变成了荒原。

冷　风

6月27日。我们一清早出发,中午到达佩波特谷地,那里有一条小溪,有一点植被,甚至有几棵角豆树(属于豆科常绿乔木,高达十五六米。羽状复叶,光亮无毛,厚实。花红。荚果扁平弯曲,内含五至十五粒坚硬的棕色种子)和一种含羞草属的植物。由于有木柴,此地曾建过熔炼炉,至今还有一个人看守着,他的唯一工作是猎杀野生羊驼。夜里霜冻严重,幸好木柴充足,保证了温暖。

28日。继续上行,谷地变为深谷。这一天,我们见到几只南美野生羊驼以及与它们很接近的骆马(骆驼家庭中体形较小的成员,和小马一样大小,长长的脖子像骆驼,头部大,耳朵幅大,有30厘米长的柔滑的白色长鬃毛覆盖胸部,其余部分的皮毛齐长柔软。背面是浅棕色,腹部和侧面是白色)的踪迹。骆马具有明显的高山生活习性,它们很少下到永久积雪带的下面来,经常出没的地区比南美野生羊驼的生活区更高、更荒凉。我们所见到的另一种动物是一种体形较小的狐狸。我估计这种狐狸靠食鼠类及其他小啮齿动物为生。在巴塔哥尼亚高原,甚至在盐湖的岸边,都找不到一滴淡水,只有露水,但仍有这些小动物麇集。稍次于蜥蜴,老鼠最适应在地球上最干旱地区生存的了,它们在海洋中的小岛上也能生存。

往各方面看,这儿都只是一片荒芜。只有晴朗无云的天空使这里的色彩明亮了一些。这样的景色,最初看上去还有点令人崇敬,但时间不长,便枯燥无味了。我们在一个分水岭的山脚下露营。然而,往东流的水并不流入大西洋,而是流入一个较高的地区,这个地区的中央,有座大盐湖,也就是说,在约10000英尺的高地出现了"里海"。我们露营的地方,还有残雪。

这些高地的风向通常服从既定的规律：每天有一阵新鲜的微风吹向山谷，到了晚上，日落后一个或两个小时后，山上的冷空气好像通过一个通风口那样刮下来。当晚就刮起一阵大风，气温必定大大低于冰点，因为容器里的水很快结成一块冰。什么衣服也抵御不住冷风；我感到严寒难忍，无法入睡，到了次日早晨，全身都快冻僵、麻木了。

科迪勒拉山较南部分，常常有人在暴风雪中丧命，而在这里是另一种原因致人死命。我的向导还是个 14 岁孩子的时候，曾经在 5 月份随同一伙人穿越科迪勒拉山，当他们走到山腰部分时，刮起一阵猛烈的大风，人们几乎坐不稳骡背，当时，石块都飞了起来。天空无云，也未降雪，而气温很低。大风刮了一整天，人们精疲力竭，骡子再也不肯挪步。向导的一个弟兄试图往回走，但未能活命，两年后发现他的尸体躺在骡子的尸体旁边，缰绳还握在他手里。剩下的人中有两人冻掉了手指和脚趾，两百头骡子和三十头母牛中，只有十四头骡子保住了性命。许多年前，有一大帮人由于同样的原因全部死去而尸体始终未能找到。无云的天空，极低的气温，猛烈的大风，这样的组合，在世界上其他地方恐怕是找不到的。

来自山上的喧声

6 月 29 日。我们高兴地沿谷地下来回到昨天晚上的住处。7 月 1 日，到达科皮亚波谷地。三叶草的清香味令人陶醉。在镇上逗留期间，从一些当地居民中都听说一桩传闻，说附近一座山丘会吼叫。当时我没有注意，后来弄懂了其原因——小山上盖满了沙，人们爬上去，沙子移动了，就发出响声。西兹恩与埃伦伯格在他们的权威著作中都曾谈到，许多旅行者在红海附近的西奈山（又叫摩西山，位于非洲和亚洲交界处的西奈半岛中部，北望地中海，南面就是红海。是基督教的圣山，基督教的信徒们虔诚地称其为"神峰"）上都因同样的原因听到过响声。一个同我谈话的人,他就听到过这声音,他在描述此事时显得十分惊讶,他说,虽然他不知道是怎么回事,但有必要去看看沙子是怎样从斜坡上滚下来的。我在巴西海滨曾数次见到马匹在干硬的沙地上行走时,因马蹄同沙粒相摩擦,发出一种奇特的吱吱声。

伊 基 克

三天后,我听说小猎犬号已抵达港口,港口离镇 18 里格。谷地里开发出来的土地很少,结果长满杂草,这些杂草连骡子都不爱吃。植被差主要是土壤里盐分过多。所谓港口,只不过是一堆可怜的小房子,坐落在一片贫瘠平原的脚下。眼下,河水水量较大,可以流入大海。居民走 1 英里至 1.5 英里就可以得到淡水,为此很高兴。海滩上,堆着几大堆货物,小小的港口显得很有生气。傍晚,我以衷心的感谢与祝福向冈萨雷斯告别,这位向导与我作 伴,在智利跋涉了许多地方。次晨,小猎犬号升火驶向伊基克。伊基克在秘鲁沿海,南纬 20 度 12 分,位于一个沙地平原上,依傍一座高 2000 英尺的山,居民约 1000 人。整个地区极其荒凉。多年之中只有一场小雨。深谷中满是碎石,山坡上则是白色的细沙堆,甚至直到 1000 英尺高度的山坡。洋面上有一个厚厚的云层,低低地悬在那里,极其朦胧暗淡。港湾中停泊着数只船只,岸上有几座破旧小屋,只显出一种凄凉的感觉。

镇上的居民就像是住在船上,所有的必需品都要从远处弄来。水要用船从皮萨瓜运来(镇北约 40 英里),18 加仑的一桶水卖 9 里亚尔(旧时西班牙与拉丁美洲国家通用的银币和货币单位) (合 4 英镑 6 便士)。我买了一酒瓶的水花3 便士。同样,木柴,自然还有所有的食品,都是进口的。在这样的地方很难养活家畜。第二天,我费了好大劲,以 4 英镑的昂贵代价,才雇到一名向导、两头骡子,带我去一家硝酸钠工厂。这些工厂是伊基克的支柱。这种盐于 1830 年首次出口,一年的产值达 10 万英镑,出口到法国与英国。它主要用来作肥料和制造硝酸,由于它易于潮解,所以不适合做火药。从前附近有两座出产特别丰富的银矿,如今产量已非常少。

我们的到来,引起当地人的一些担心。秘鲁正处于无政府状态,每一种势力都要求获得权力,可怜的伊基克小镇苦难重重。前不久,三名法国木匠在一个夜晚潜入两座教堂,偷走了捐款盘、奉献盘,其中一名小偷事后承认了盗窃,归还了盘子。供状送往省会阿雷基帕(秘鲁的一个省,省会与此同名),距此有 200 里格远。政府认为木匠会做各种家具,不忍心惩罚他,便把他放了。由于这么处理盗窃问题,以至于教堂便再次被盗,这一次偷走的盘子却追不回来了。居民为此十分愤怒,宣称,只有异教徒才会"吃万能的上帝",为此便去折磨几名英国人,威胁说要枪毙他们。最后,政府出面干预,才算了结。

含盐冲积层

13 日,上午我启程去硝石厂,有 14 里格远。一些陡峭的山紧靠岸边,上山的路都是弯弯曲曲的沙路。不久见到了关塔贾雅和圣罗萨两个矿。两个矿的矿口各有一个小村子,比伊基克的样子更惨。日落才抵达硝石工厂。一天来所经过的都是不毛之地。路上散堆着不少枯骨与兽皮,都是力竭而死的驮兽。除了吃腐尸的秃鹰外,我没有见到其他的禽鸟、四足动物、爬虫,连昆虫也未见到。在这海岸山上高约 2000 英尺的地方,这个季节只有挂着厚厚的云层,只有很少的仙人掌长在岩石的空隙中,沙地上有些地衣,松松散散,不能连成一片。这种植物属于叶状枝属(具有叶功能,形似叶子但并非叶子的绿色茎,如芦笋),有点像驯鹿地衣(又叫鹿蕊,是一种灌木状的地衣,色浅,灰色或白色,分枝极多,长在岩石上的腐殖质上,是驯鹿的重要食物)。有些地方地衣数量较多,给沙地染上一点颜色,从远处看,是淡黄色。深入内陆地区,只见到一种植物,是一种非常小的黄色地衣,是从骡子尸骨上长出来的。整个地区十分荒凉,然而突出的一点是地面上有厚厚的一层盐,以及含盐的成层冲积层,看来是水下的土地缓慢升出海面时,逐渐沉积的。盐是白色的,很硬,压得很紧,其中含有不少石膏的成分。总的看来,就像是地面上有一层积雪。这种可溶解的物质能在地面上存留这么长的时间,足见长期以来的气候都是特别干燥的。

硝　酸

晚上我住在一位矿主的家里。此地与海滨同样贫瘠,但如果挖井还能挖出水来,不过,水是苦的,咸的。这座院子挖井深达 36 码,与一般的水井不同,没有咸味与苦味,必然是科迪勒拉山的雪水从地下渗透过来的,尽管相距很远。由此往科迪勒拉山方向,沿路有一些小村庄,居民可以有水来灌溉土地,能收获干草来喂驮盐的骡子和驴。眼下硝酸钠的价格(船边交易价)是每 100 磅 14 先令;主要的费用是把它们运到海边的运费。该矿有一个坚硬的地层,有 2 英尺至 3 英尺厚,其成分是硝酸钠掺杂一点硫酸钠及大量低劣盐。矿床很浅,就在地面之下,处于一个大盆地(或平原)的边缘,长 150 英里。从弯曲线来看,显然从前是一座湖,或更可能是海洋伸出来的一支小臂湾,也许是含盐的地层中具有碘盐。平原的地面距太平洋的洋面有 3300 英尺。

利　马

19 日。停泊在卡洛湾,即秘鲁首都利马的海港。我们在此逗留 6 周,但由于社会秩序混乱,我未作很多考察。在我们整个逗留期间,天气不好,此地的气候通常都是如此。天空常有厚厚的云层,因此,最初的 16 天中,我只见过一次利马背后的科迪勒拉山。山脉呈阶梯状,一山高过一山。秘鲁的南部从不下雨,这已几乎成为一句格言。然而,很难说这话是完全正确的。我们逗留期间的每一天,都有浓浓的水气很大的雾,足以使街道泥泞,使衣服潮湿,这就是人们所乐道的"秘鲁露"。下雨不多,这是真的。许多房屋都是泥抹的平屋顶,屋顶上堆放着厚厚的一层小麦,几个星期都不遮盖。

对健康有害的地区

我不能说我喜欢所看到的这一小部分秘鲁。据说夏季的天气好得多。一年四季,无论当地居民或外国游客都受到疟疾的折磨。这种疾病在秘鲁沿海十分普遍,但内陆地区很少发生。它来源于瘴气(瘴气是由各种动植物腐烂后形成的毒气),发病的过程十分神秘。(达尔文的科学论断是有时代和个人局限性的,此处对疟疾的传播途径判断就是例子。现代科学已证实疟疾主要是由蚊子传播的。)从外表来判断一个地方是否健康是很难的。如果让一个人从热带地区选择一个看来有利于健康的地方,很可能他不会选择秘鲁沿海。卡洛湾的沿湾地区长着不多的杂草,某些地方有一些池塘。瘴气就是从这些死水池塘中升起来的。阿雷卡周围环境与此相同,但因抽干了那些小池塘,健康情况便大为改善。瘴气并不总是因天气炎热、森林茂密才产生的。巴西的许多地方,即使有沼泽地,有过于茂盛的植被,也比贫瘠的秘鲁沿海健康得多。温带的密林,如奇洛埃,也不会影响到人类的健康。

佛得角的圣杰各岛提供了另一个有代表性的例子。任何人期望这种地方对人的健康有利,他将适得其反。我曾描述过,光秃秃的开阔的平原,在雨季过后数星期内,会长出一些草来,这些草会很快枯萎,干掉。在这个期间,空气变得有毒,当地人和外国游客经常会发高烧。另一方面,太平洋中的加拉帕戈斯群岛,有同样的土壤,同样的植被状况,却使人非常健康。洪堡曾观察到,"在热带地区,最小的沼泽是最危险的,如在韦拉克鲁斯与卡塔赫纳(韦拉克鲁斯在墨西哥,卡塔赫纳在哥伦比亚),小沼泽周围是酸性的泥地,使附近的气温提高"。然而,秘鲁沿海的气温并不太高,因此间歇性的高烧还不至于为害甚烈。在所有于健康不利的地区,最大的危险莫过于夜晚睡在岸上。是进入睡眠后有最大危险,还是在这种时候有更多的瘴气?确定的是,一个人在船上过夜,尽管船离岸很近,也比睡在岸上要好得多。我还听说一个突出的例子:一艘军舰距非洲海岸数百英里,士兵及水手中暴发了高烧,而与此同时,在塞拉利昂(位于西非,在大西洋东岸,与几内亚、利比里亚接壤)也发生了瘟疫。

南美洲没有一个国家在宣布独立以后像秘鲁那样受到无政府状态的破坏,情况比独立前更糟。我们逗留期间,有四个军人在政府中专权,如果其中一个人抓住权力不放,其余三个人就联合起来反对他;这三个人获胜后不久,又相互争斗起来。在独立纪念日,总统庄严宣布:在"感谢大地节"期间,各个军团不再升秘鲁国旗,而是由一面黑旗来取代,黑旗上面有个骷髅头!居然还有这样的政府,在这样的场合发布命令让人民去战斗至死!这样的时势对我非常不利,我无法去离城较远的地方考察。光秃秃的圣洛伦佐岛(环抱着港湾)是唯一可以安全行走的地方。岛的上部,海拔 1000英尺,在一年之中的这一季节(冬季),很少有云,山上隐花植物极多,山顶上有些花。在利马附近的山丘上,高度略高些,地面上都是苔藓,还有美丽的黄色百合花。这说明这儿比同样高度的伊基克的湿度要大得多。利马往北,气候越来越潮湿,直到瓜亚基尔湾的岸边,此处已近赤道,有最茂密的森林。秘鲁从贫瘠的海滨变为肥沃的地区,是在布兰科角的纬度处突然变化的,布兰科角在瓜亚基尔湾以南 2 纬度。

卡 亚 俄

　　卡亚俄是个建筑蹩脚,又脏又乱的小海港。这里的居民,同利马的居民一样,都是混血儿,具有欧洲人、黑人、印第安人的混合血统。许多人看来天性堕落,喜欢酗酒。空气中有浓浓的粪便臭味,也许在热带地区的每一个城镇中都能闻到,而此地更加强烈。有一座堡垒,曾经经受科克伦勋爵的长期围困,至今外貌堂堂。可是,在我们逗留期间,秘鲁的总统下令把铜炮卖掉了,把堡垒也部分地拆毁了。理由是他没有一个信得过的官员可以派去管理这么一个重要的地方。而他作为总统,想怎样去掠夺堡垒就可以怎样去掠夺。我们离开南美洲以后,此人被推翻,被囚禁,被枪决,真是罪有应得。

　　利马位于平原上的一个谷地,这个谷地显系海水逐渐后退而显现出来的。利马离卡亚俄 7 英里,比卡亚俄高出 500 英尺,但坡度很缓,道路看上去几乎是水平的。到了利马,感觉不到已爬高了 100 英尺。洪堡曾说到这一独特的具有欺骗性的例子。这里陡峭光秃的山丘从平原上升起来,就像海洋中的小岛。平原则由许多笔直的土堤,分割成大块大块的耕地。几乎见不到树,除了一些柳树,偶尔还有几簇香蕉树和橘子树。利马如今破烂不堪,街道上几乎不铺砖石,到处都是成堆的垃圾,黑色的野吐绶鸡同家养的鸡鸭一样驯服,在街上啄腐臭的东西。房屋通常是二层楼,因怕发生地震,都是由涂石膏的木板建起来的;有几座老房子很大,由几个大家族占用着,同别处的豪宅不相上下。利马是"国王城市",从前必然是个华丽的城市。教堂的数量特别多,即使在今天,也给人以极深刻的印象,尤其在近处看,更见其辉煌。

古印第安人的遗迹

一天,我同数位商人去市郊行猎。狩猎成绩很差,但我有机会见到一处古代印第安村落的遗迹。村子的中央有一个土墩,就像是天然形成的小丘。小平原上四散着房屋、牲口棚、灌溉渠沟与坟堆,由此可以想见当时的居民甚多,生活条件不错。当时已有陶器,纺织成的衣服,用石块雕凿成的漂亮的餐具,有铜制的工具,有宝石饰品,有宫殿,有水利工程,说明他们已有相当高度的文明。埋葬死人的坟堆,大得惊人,有些坟堆真像是天然的小丘。

还有一种不同的遗迹,那就是 1746 年大地震中被彻底摧毁的旧卡亚俄。大堆大堆的圆卵石几乎把墙基埋没,一段一段的砖墙像是被潮水卷过来的。据说,在这次值得记忆的地震中,大地下沉了。我找不到这方面的证据,然而是很可能的,因为海岸的形状必定自建立旧城以来有了变动。现存的废墟是在一条狭长的圆卵石滩上,而当时的居民有一些理智的话,是不会有人愿把房屋建在这种地方的。有人曾对照新旧两种地图,发现利马的北海岸与南海岸确实都下沉过。

近期沉降:圣洛伦佐岛上的贝壳

圣洛伦佐岛有说服力很强的证据,证明该岛在较近时期内有过上升运动。当然,这不能作为该岛随后又曾下沉的反证。此岛的一侧,正面对着卡亚俄湾,被蚀成三条界线模糊的台地,最下的一层几乎全面覆盖着十八种现存的贝壳,长达 1 英里。贝壳层的厚度是 85 英尺。许多贝壳已深深地侵蚀,看样子比智利沿海 500 或 600 英尺高度上的贝壳要古老得多。贝壳堆中掺杂着盐,还有一些硫酸盐石灰(这些可能是陆地缓慢上升时,海水蒸发后留下来的),以及硫酸碳酸钠与氯化物石灰。这些物质附着在地下的砂石块上,上面覆盖着数英寸厚的碎岩。较高台地上的贝壳,已碎成一片片,甚或碎成粉末。最高的一层台地,海拔 170 英尺,我发现一层盐粉。我认为,毫无疑问,这一层原来也铺满贝壳,同最低一层台地(海拔 85 英尺)一样,但如今已不再含有有机结构。里克先生为我检测了这些粉末,发现其中有硫酸盐与氯化物,都呈石灰状与碱状,以及极少量的碳酸钙石灰。大家知道,粗盐与碳酸钙石灰混在一起经过若干时间,就会相互分解,但如小量置于溶体内就不会发生此种现象。半分解的贝壳在较低地区同大量粗盐以及某些咸的物质在一起,合成了靠上的有咸味的一层。而见到这些贝壳侵蚀、损坏到如此严重的程度,我十分怀疑此处曾发生两次分解的过程。合成的盐,本该是碱状的碳酸钙与石灰状的氯化物,现在,只有石灰状的氯化物,而不见碱状的碳酸钙。为此,我估计,由于某些无法解释的原因,碱状的碳酸钙变成了硫酸。明显的是,在偶尔会下雨的地区,含盐的地层是无法保存的;另一方面,这样的环境头一眼看上去似乎非常有利于长期保存已暴露的贝壳,其实,可能是由于一些非直接的原因,才使粗盐未被冲刷掉。

平原上埋有贝壳与陶瓷碎片

我在最低的一层台地(85 英尺)上,极有意思地发现,贝壳与许多海洋中的漂浮物当中,有一些碎布片,编成辫的灯心草,还有一个印第安玉米穗的顶端。我把这些东西拿去同秘鲁古墓中的遗物相比较,发现它们是同样的东西。圣洛伦佐岛的内陆,靠近贝拉维斯塔,有一块平坦的平原海拔约 100 英尺,它的靠下的部分是沙土与泥土层反复间隔起来的,其中有一些沙砾；面上部分约 3 英尺至 4 英尺，则是带红色的沃土，其中含有少许破碎的贝壳及大量的粗糙的陶器碎片，有的地点特别集中。最初，我倾向于认为这是较浅的水底，从它面积大、光滑等特点来看，必定曾经沉积在海底；但是，我随后在一处发现它们是卧在一块由人工摆设的圆石地面上的。这样，看来很可能是从前某个时期，陆地已从海中升起后不久，就像如今卡亚俄那样的小平原，周围有一个圆卵石的海滩围着，但只比海面高出一点。这种平原上，富有红色的泥土，我估计印第安人正是在此制作陶器。遇到大地震，海水冲上岸来，把平原淹没成为小湖，就像 1731 年与 1746 年在卡洛（爱尔兰中部城市）附近发生的地震都造成那样的后果。海水把泥土沉积起来，其中包括陶罐的碎片以及贝壳。这一泥层的高度同圣洛伦佐台地最低一级台地的高度（85 英尺）是一样的。

现在，我们可以作出比较肯定的结论：在印第安人生活的时代，曾有过大地上升运动，上升的高度在 85 英尺以上，因为海滨地区后来又有些下降。瓦尔帕莱索在距今两百二十年间，上升不会超过 19 英尺；1817 年又有一次上升，部分地区是人们感觉不到的，部分地区是 1822 年的地震中升起来的，约升高了 10 英尺至 11 英尺。印第安部族的遗物有力地证明了大地上升 85 英尺，而当时的巴塔哥尼亚高原还未上升到如此高度，当时，后弓兽还生存着。由于巴塔哥尼亚沿海离科迪勒拉山较远，因此上升运动较缓慢。巴依亚—布兰卡自从无数巨型四足动物埋进泥层之后仅上升了数英尺。根据公认的观点，这些巨型四足动物存活时期，人类还没有出现。巴塔哥尼亚沿海地区的上升也许同科迪勒拉山的上升并无关联，而同东班达的一串古老火山有关。因此，这个地区的上升要比秘鲁沿海的上升慢得多。所有这些猜测，仍是模糊不清的。谁也不能确切地说，在上升运动期间不曾插进过数次下沉。我们清楚的是，整个巴塔哥尼亚高原沿海，确实在上升运动中有过数次长期的间歇。

第十七章 加拉帕戈斯群岛

火山群岛：火山口的数量

9 月 15 日。这个群岛包括十个主要的岛，其中五个岛面积较大。它们位处赤道以南，距美洲大陆沿海以西 500 英里至 600 英里。群岛都由火山岩组成，有些花岗岩石块受热时闪闪发光，也很难说这是例外。有些火山口环绕着较大的岛，这些火山口十分宏伟，高度在 300 英尺至 400 英尺之间。火山口的两侧，还有许多较小的火山口。我可以毫不犹豫地认定，整个群岛至少有两千个火山口。这些岛或者是由熔岩或火山渣形成，或者是成层的近似砂岩的凝灰岩组成。大多数凝灰岩是对称的，很漂亮，它们本来是火山喷发出来的泥土，并不掺有熔岩。值得注意的是对二十八个凝灰岩火山口经过逐一考察后发现，它们朝南的一面或者比其他三面低得多，或者裂开了并挪到一边了。所有这些火山口看来都是矗立在海中的，贸易风与开阔的太平洋洋面上刮来的风会合到一起吹向这些火山口的南侧，由此可以理解为何较软的凝灰岩火山南侧会有缺口。

这些岛屿虽然地处赤道，然而，气候并不太热。看来，这主要是因为周围海水是从南极洲流过来的，温度很低。

除了一年之中一个很短的季节，很少下雨，但云层总是很低。因此，岛的较低部分十分贫瘠；较高部分，即 1000 英尺高度以上，具有潮湿的气候，植被勉强可说还算繁盛。尤其是在迎风的一面，首先接受并凝结了大气中带来的湿气。

无 叶 灌 木

　　早晨(17日),我们登上查塔姆岛。同其他的岛一样,此岛从海中升起呈圆曲线,此处彼处突出一些小丘来,那就是从前的火山口。头一眼望过去,景色毫无诱人之处。原本是连成一大片的黑色玄武岩熔岩,被巨大的裂缝分割,抛进了高低起伏的海浪,到处覆盖着矮小的灌木丛多少显示出一些生命。正午的太阳当头照,地面烤得干裂,连空气也有闷热的感觉,就像是从炉子里出来似的。估计灌木呼吸这样的空气也是很不舒服的。尽管我努力采集尽可能多的植物样本,然而收获寥寥无几。在近距离看,灌木丛很少见到叶子,就像我们冬天的树木。最普遍的灌木是一种大戟属植物,另外还有一种金合欢和一种样子难看的仙人掌还能提供一点树阴。雨季过后,据说岛上只有一个很短时期内的部分地区有一点绿色。在许多方面条件与之相同的费尔南多—迪诺罗尼亚火山岛(属巴西)是我唯一见过的植被状况与加拉帕戈斯群岛相似的地方。

　　小猎犬号围绕查塔姆岛航行,在几个海湾都停泊过。一晚,我在岸上过夜,那里,截头圆锥体山头特别多,我在一个高处数了一下,有六十个之多,这都是火山口,有的较完整,有的不完整。大多数都只有一圈红色的火山渣或熔渣,它们掺和在一起;火山口的高度,在熔岩平面以上不超过50英尺至100英尺。这些火山口没有一个是最近曾有活动的。这个地区总的看起来像是一面大筛子,由地下蒸气当熔岩还是软的时候喷发出来的大气泡造成的。在其他一些地方,火山口的洞顶坍下来了,留着圆形的底座,边上是陡坡。这么多的小火山使人有人工制造的感觉,使我想起斯塔福德郡(英国的一个郡)的某些地方,到处都是铸铁炉。天气极热,在粗糙不平的地面上行走,穿越缠结的灌木丛,十分累人,好在我见到了别处罕见的图景,算是有了补偿。我正在行走，遇上了两只大陆龟，陆龟体形极大，每头龟至少重 200 镑。其中一头正在啃吃仙人掌，我走近前，它瞪眼瞧着我，然后，慢慢地爬走了。另一头陆龟吐出一口长气，发出咝咝声，然后把头缩进龟壳去了。这样的巨型爬行动物，周围是黑色的熔岩、无叶的灌木丛和巨大的仙人掌，构成一幅像是置身于《圣经》中所说的大洪水以前的远古时代的图画。有几只羽毛暗淡的小鸟，看到我毫不在乎，就像它们看到了大陆龟一样。

查尔斯岛上的殖民地

23 日。小猎犬号驶往查尔斯岛，到这个岛上来的人很多。首先是海盗，然后是捕鲸的人。直到最近的 6 年前，才建成一小块殖民地，有了居民。居民两百人至三百人，几乎都是有色人种，他们都是从厄瓜多尔放逐过来或受政治迫害来此躲避的。居民点离海岸 4.5 英里，高度可能有 1000 英尺。开头的道路同查塔姆岛一样，满是无叶的灌木丛。路逐渐升高，绿色也逐渐增多。当跨越最高的山脊时，迎面吹来一股清凉的南风，眼前一片青翠的绿色植被使我们的眼睛为之一亮。在这个较高的地区，杂草与蕨类植物极多，但没有高大如树木的蕨类。我没有见到棕榈树，这是个奇特的现象。因为以北 360 英里有个椰岛，正是因为有大量的椰树而得名。居民的房屋散乱不整地散落在一块平地上，土地被开垦出来种植甜薯和香蕉。在长时间习惯于秘鲁与北部智利的焦干的土地之后，见到此地的黑泥土有说不出来的高兴。居民尽管口中抱怨着贫困，却是衣食无虞。树林里有许多野猪、野山羊；主要的肉食是龟肉，因此，陆龟的数量急剧减少。人们用两天时间去猎获龟肉，可供一周食用。据说，从前一只船一次可捕到七百头海龟，近年来，快速帆船一天可捕获两百头。

9 月 29 日,我们绕过艾尔孛马尔岛的西南端,第二天因无风,船停在此岛与纳孛罗岛之间的水面上。这两个岛都是黑色熔岩组成,这些熔岩像是从一个大锅里漫出来,或者像水从已煮沸的壶口中溢出来,或者是从侧翼众多的小火山口喷发出来;熔岩从上往下朝着四面八方流向海岸,长达数英里。这两个岛都发生过火山爆发。艾尔孛马尔岛顶上一个火山口至今仍冒着一小股黑烟。傍晚,我们停泊在艾尔孛马尔岛的班克湾。次晨,我外出散步,在破损的凝灰岩火山口的南面是一个对称的美丽的椭圆形,长长的长轴将近 1 英里,深度约 500 英尺。底部是一个浅湖,湖中央有一个小小火山口形成的一个小岛。天气非常非常热,而湖水清澈湛蓝。我从斜坡上奔下去,渴望尝几口湖水,十分遗憾的是水是咸的,咸得像海水。

海岸上的岩石中,有许多黑色大蜥蜴,身长 3 英尺至 4 英尺。小山丘上,另一种黄褐色的丑陋的蜥蜴也到处可见。我们见到后一种蜥蜴笨拙地奔跑,有一些则躲进石缝中。稍后我将具体描述这两种蜥蜴的生活习性。艾尔孛马尔岛的北部是极端贫瘠的。

詹 姆 斯 岛

10 月 8 日。抵达詹姆斯岛。詹姆斯岛与查尔斯岛,都是从英国斯图尔特王室系统的国王名字来的。拜诺伊先生和我带着几名仆从,留下了口粮与帐篷在这个岛待了一个星期,小猎犬号则继续航行。我们见到一帮西班牙人,他们是从查尔斯岛到这里来晒鱼干、卤龟肉的。离岸约 6 英里,海拔高度将近 2000 英尺处有一个村舍,住着两个人,他们是受雇来捕海龟的;其余的人在岸边钓鱼。我两次去看望这帮人,还在他们那里住了一夜。同其他岛屿一样,岛的较低区域都是覆盖着叶子近乎落光的灌木,但此地的树木比其他岛屿长得更高些,有几棵树直径达 2 英尺,最粗的直径甚至有 2 英尺 9 英寸。较高的区域因常有云遮盖,因此能保持湿润,植被相当不错。土地很湿,有大片大片的莎草科植物,其中生活着大量的体形很小的水秧鸡。我们逗留期间,完全靠吃龟肉为生,龟肉用龟的胸甲作盘子在火上烤后,味道很鲜美。小海龟拿来做汤,也很鲜。其余的烹调龟肉的方法我就觉得不对口味了。

火山口中的盐湖

一天,我们跟随一伙西班牙人坐他们的捕鲸船去一座盐湖,即生产盐的湖。上岸后,我们在崎岖不平的熔岩上艰难地行走,这片熔岩围着一个凝灰岩火山口,盐湖就在它的底部。湖水仅深 3 英寸或 4 英寸,水下就是已结晶的盐层,很好看的。湖的形状很圆,湖边有碧绿的肉质植物。火山口的垂直的壁上用木料围着,景观既特别又可爱。数年前,一条捕海豹船的水手们就在这个地方杀害了他们的船长。我们见到他的枯骨至今还躺在灌木丛中。

在我们逗留的一周中,大部分时间天空无云,如果有一个小时不吹来贸易风,气温就热得难以忍受。有两天,帐篷内的气温连续数小时高达 93 度(华氏),帐篷外边只有 85 度。沙子热得烫人,温度计放在褐色的沙上立即升至 137 度,还会升至多高,我就不知道了。黑色的沙土更加烫人,即使穿着厚厚的靴子,行走也是十分不舒服的。

群岛的自然史

这些岛屿的自然历史十分奇特,值得注意。大多数生物都是土生土长的,是别的地方所没有的。甚至在不同的岛屿上,同一种生物也有些区别；然而，这些生物都同美洲有明显的关联，尽管与大陆相隔有 500 英里至 600 英里。群岛本身自成天地，或者说它们像是美洲的一颗卫星。从美洲大陆移过来的一些松散的移民，带来了一些大陆本土的普遍性的特点。这些岛屿的面积是如此之小，因而我们更加惊讶它们所保有的土著生物的数量和它们生长栖息的场所的有限。见到每一个高出来的地方都顶着一个火山口，发现大多数熔岩流的界线仍清晰可见，我们不由得相信，在某一个较近的地质年代，完整的大洋是从此处铺展开去的。因此，从空间与时间两个方面我们似乎已接近那个伟大的真相——神秘中的神秘——地球上新生命的最初出现。

陆生的哺乳动物方面，只有一种应当被认为是土生土长的，那是一种老鼠，它的生长与栖息仅限于查塔姆岛，即群岛的最东端。沃特豪斯先生告诉我，它属于具有美洲特点的老鼠的一个分支。在詹姆斯岛，有一种老鼠完全不同于普通的老鼠，沃特豪斯先生曾对它加以描述并命名，这种老鼠属于旧世界一个科的分支。由于该岛在近一百五十年来常有船只到访，我可以毫不怀疑地判定它是旧种老鼠在新的气候、食物、土壤等条件下的一个变种。尽管谁也无权在还不掌握明显事实之前加以无根据的猜测，然而，讲到查塔姆岛上的老鼠时应当想到，它们有可能是美洲的某个种被输入到这里来的。我在潘帕斯大草原上曾见到一种当地的老鼠，住在一座新建村舍的屋顶内，因此，这种老鼠经由船只转移到其他地方去不是不可能的。理查森博士在北美洲也观察到类似的事例。

禽鸟的特殊性：奇特的燕雀

关于陆栖禽鸟，我搜集到二十六种，都与普通的品种不同，我未在其他地方见过。只有一种例外：一种像云雀的金翅雀是从北美洲来的，分布极广，以北至 54 度 (南纬)还可见到，通常生活在沼泽地带。其余的二十五种，首先：一种鹰，身体结构介于鸻鹬与美洲食腐肉的卡拉鹰之间，生活习性甚至鸣叫的声音也与后者相同。其次：有两种猫头鹰，接近欧洲的白色的短耳朵谷仓猫头鹰。第三：一种鹟鹩，三种霸鸟 (美洲鹟)，一种鸽子，都接近美洲的种，但又不完全相同。第四：一种燕子，同南北美洲的种不一样，羽毛颜色较灰暗，体形较小，更纤弱。第五：三个种的会模仿的鸫，具有许多美洲鸫的特点。其余的陆栖禽鸟属于一群独特的燕雀，它们的喙部的形状、短尾、体形及全身羽毛都有彼此相似的地方，共十三个种，高尔德先生把它们分成四组。其中一种是 Cactornis，常见它们蹲在巨大的仙人掌树上。公燕雀为数较多，它们的羽毛乌黑发亮；母燕雀的羽毛颜色为褐色。

在涉水禽鸟与水栖禽鸟方面，我只找到十一个品种，其中只有三个种是新的。海鸥有居无定所的习惯。我发现这些岛上的海鸥是独特的，但同南美洲的一个种相近。对比起来，二十六种陆栖禽鸟中有二十五个新的种；而涉水禽鸟与长蹼的禽鸟十一个种中只有三个新的种，说明后者在世界各地的分布范围要广得多。为此，可以见到水生动物的规律，无论在海洋中或淡水中，无论在地球上任何地点，同一种动物之间的相同处远比陆生动物为多，最突出的例子是贝类。

涉水禽鸟中有两种较其他地方的身体较小。燕子也较小，是否还有其他方面的区别，还有疑问。两种猫头鹰、两种霸鸟、鸽子，也比同类较小。相反，海鸥身体较别处大些。两种猫头鹰、燕子、三个种的霸鸟、鸽子，羽毛的毛色有些不同，尽管不是全身羽毛。红脚鹬(中等体形的鸟，嘴长直而尖，基部橙红色，头及上体体羽灰褐色，具细密的黑褐色纵纹，下背和腰白色，尾上覆羽也是白色，脚较细长，亮橙红色。鹬，yù) 和海鸥，比它们的同类的羽毛颜色较暗。赤道地区的鸟一般都没有漂亮的羽毛，例外的是这里的鹟鹩有一簇漂亮的黄色胸毛，霸鸟有一簇漂亮的腥红色胸毛。因此，很有可能这里的环境使输入的同一类动物身体变小,使大多数本地特殊品种的动物体形也变得小一些;同时,羽毛的颜色通常也变得较暗些。所有的植物都有一种体质很差、外形很差的普遍特点。我没有见到过美丽的花;昆虫的体形也较小,颜色也较暗;禽鸟、植物、昆虫都有荒漠特色,比起南部巴塔哥尼亚高原上的禽鸟、植物、昆虫,颜色并不鲜亮一些。由此可以得出结论:热带地区的产物通常看上去令人不舒服,同天气热,阳光多无关。而是由于其他原因,也许同生存的条件有关。

爬 行 动 物

现在我们要转过来讲一讲爬行动物,这个群岛在这方面很有特色。种的数量不大,但每一个种的动物数量极大。有一种小蜥蜴,属于南美洲属;两个种(可能更多)的钝嘴蜥属于一个特别的属,这个属的生存范围仅限于加拉帕戈斯群岛。一种蛇为数极多,据比字隆先生说,和智利的特明斯克花条沙蛇是同一个种。海龟不止一种,陆龟有两三种。未见有蟾蜍(即癞蛤蟆。两栖动物,体表有许多难看的疙瘩,内有毒腺)和青蛙,对此我很惊讶,因为从气候与热带雨林等条件来说是很适合它们生存的。我回想起波里·圣文森特说过,大洋中的火山岛从未发现青蛙与蟾蜍。据我所知,太平洋中的火山岛确实如此,甚至三明治群岛中的一些大岛也如此。毛里求斯看来是个例外,我在毛里求斯见有许多青蛙,这种青蛙据说如今已在塞舌尔、马达加斯加与波旁(留尼汪的旧称)繁殖。另一方面,杜博伊斯 1669 年航行后声称:波旁除陆龟外,没有爬行动物;杜罗说,1768 年以前曾试图把青蛙引进到毛里求斯来(我估计是为了吃蛙肉)但未成功。因此,很值得怀疑这种青蛙是否是土生土长的。这些岛上没有青蛙,这是一件很突出的事,因为,拿蜥蜴的情况来对比,这些岛(即使是最小的岛)上的蜥蜴可是非常之多。这种差别是否在于蜥蜴的卵有个钙质的壳作为保护因此容易在咸水里转移,而青蛙的卵则无此有利条件呢?

陆　龟

我首先描述一下陆龟的生活习性。我相信,群岛的各个岛上,都有这种动物,当然,它们数量很大。它们常常喜欢在较高的潮湿地带活动,但同时也在较低的干旱地区生活。我已说过,一天之内就可以捕捉到大量陆龟,足见它们数量之多。有些陆龟长得很大。一位英国人,劳森先生,是殖民地的副总督,他告诉我们,他见到几只大陆龟,需要六个男人或八个男人才能把陆龟从地上抬起来;有的陆龟一只就可提供 200 磅龟肉。年老的公龟身体最大,母龟极少能长得这么大的。公龟同母龟很容易区分。因为公龟的尾巴比母龟长得多。在无水的岛上或岛上较低的干旱地区生活的陆龟,主要靠吃仙人掌为生。生活在较高的潮湿地区的陆龟,则是吃各种各样的树叶为生。它们还吃一种酸味的、苦涩的浆果,同时还吃挂在大树枝上的一种浅绿色的地衣。

陆龟非常喜欢水,每天饮大量的水,在泥水里打滚。较大的岛上有泉水,一般都在岛的中心,相当的高。因此,生活在较低的干旱地区的陆龟渴了以后不得不长途跋涉去找水。泉水边可以看见许多被陆龟爬出来的小径通向四面八方直达海岸。西班牙人正是顺着这些小径找到水源的。我登上查塔姆岛的时候,我还想像不出来是什么动物能这么有头脑,踩出这样的路来。到了泉边,看到一幅很有趣的图像:一组大龟伸长脖子焦急地往上爬,另一组大龟喝足了水往下爬。陆龟到了泉边,从不欣赏一下周围的美景,立即把龟头伸进水里,水没到眼睛以上,贪婪地大口大口地吞咽泉水,大约一分钟内吸水十次。当地居民说,每头陆龟都在水边住三四天,然后回到下面去。但是,隔多少天再上来喝水,却有差异。大概根据所吃的食物的不同吧。当然,在那些一年之中只有几天下雨并且别无水源的岛上,陆龟也能存活。

我相信,相当肯定的是,青蛙的膀胱的作用就像是个水库,用来保存对生存十分必要的水分。看来陆龟的情形也如此。陆龟喝足了水之后,膀胱充满液体,随着水量逐渐减少,液体逐渐浑浊。当地居民在较低地区行走,口渴难忍时,常常利用陆龟的这一特点,喝陆龟膀胱里贮满的水。我切开一头陆龟,发现膀胱中的液体相当清澈,只略有一点苦味。当地居民总是首先饮心包(即包在心脏外面的一层薄膜)中的水,据说心包的水是最好喝的。

陆龟一旦决定去往某个地点,总是夜以继日地爬行,到达目的地的时间总比人们预期的更早。当地居民在陆龟身上做了记号,发现它在两三天内可行走约 8 英里。我测量一只大龟,其行走的速度是十分钟内走 60 码,那就是说,每小时行走 360 码或一天走 4 英里(稍停下来吃食的时间不计在内)。繁殖季节,公龟与母龟交配时,公龟发出一种刺耳的吼声,很像牛的吼声,据说,100 码以外也能听见。母龟从不发声,公龟也只在交配时发声。因此,居民听到这种声音就知道是公龟在同母龟交配了。母龟在 10月份产卵,它们把卵放在沙地上,再用沙把卵盖起来;如果是在岩石地,母龟就把卵任意扔进随便什么洞穴中去。拜诺伊先生在一个岩石隙缝中发现有七枚龟卵。龟卵是白色、圆形的,我量过一个,直径有 7.375 英寸,比母鸡下的蛋还大些。刚刚孵出来的幼龟,大部分成为鹟鹛的食物。老龟通常是因事故死去的,例如从悬崖上掉下来。至少,当地居民告诉我,他们从来没有见到过不是因事故死去的陆龟。

当地居民相信,陆龟都是聋子。显然,陆龟是听不到身后人的脚步声的。我行走超过一头海龟时,常常同它开开玩笑。海龟本来在安详地走路,我一超过它,它立刻把龟头与龟脚缩回去,深深叹口气,趴在地上装死。此时,我常踩到它背上去,在龟壳的后部跺上两脚,它就会又抬起身子来朝前走了。但站在它背上很难保持身体平衡。

海龟肉消费量极大，人们不但吃鲜肉，还用它做腌肉，从它的脂肪中还提炼出干净清澈的食用油。人们捉到一头海龟后，在靠近它的尾巴的皮肤上切一个小口，看看背下的脂肪厚不厚。如果不够厚，就把它放回去，据说刀口很容易愈合。

毫无疑问，这种海龟是加拉帕戈斯群岛上土生土长的品种。群岛的各个大小岛屿上(差不多是所有的岛屿)，甚至是没有淡水的小岛上，也能见到它们。从前的海盗早已发现这里有许许多多的海龟，数量比现在还多。再者，伍德与罗杰斯在 1708 年也说过，西班牙人曾指出，这种海龟只有这个地区才有，其他地区是见不到的。如今，这种海龟的分布极广，为此又可以提出一个问题：其他地方这种海龟会不会也是土生土长的呢？ 在毛里求斯，曾发现一具海龟的骨骼同已灭绝的渡渡鸟(Dodo，产于毛里求斯，已灭绝) 骨骼在一起，如果它们确实是同时代的，那么，毫无疑问，这种海龟也是在毛里求斯土生土长的。不过，比孛隆先生告诉我，他认为那是一个不同的种。

海鬣蜥：以海藻为食

钝喙蜥，是蜥蜴中一个值得注意的属，它只生存于加拉帕戈斯群岛。这个属有两个种，在外貌上二者很相像，但一种是陆栖的，另一种是水栖的。水栖的这个种——海鬣(liè) 蜥，最早是贝尔先生发现的，它的身体特点是：短而宽的头部，结实的、长度相同的四个爪，生活习性十分奇特，与陆栖的那个种完全不同。群岛的各个岛屿上都有。它们生活在多岩石的海滩上，老躲在隐蔽处，不让人发现，至少我从未见到过。海鬣蜥的外貌显得很凶恶，有着黑色的很脏的皮肤，行动笨拙，慢慢腾腾。成年的海鬣蜥一般身长约 1 码，有的长达 4 英尺；一头较大的海鬣蜥重达 20 磅。艾尔孛马尔岛上的,长得比别的岛上的大。它们的尾巴扁平,弯向一侧;四只脚上部分有蹼。偶尔见到它们在离岸数百码处游水。科尔奈特船长在他的航海札记中写道:"它们到海中去捕鱼,在岸上晒太阳,也许可以称它是小型鳄鱼。"我以为,无论如何也不能说它们是以食鱼为生的。它们在水中游泳显得悠闲自在,游速很快。身体像蛇行那样曲折摆动,四条腿一动不动地浮在那里。一名水手曾在甲板上,把一块重物绑在海鬣蜥身上沉到水中去,以为一定能杀死它;过了一个小时,水手把绳子拉上来,发现它还活得好好的。它们的四肢与坚强的爪子则适宜于攀爬崎岖不平、有沟有缝的熔岩。有时见到六七条这种凶恶的海鬣蜥在数英尺高的黑色熔岩上,四肢伸开,沐浴阳光。

我曾剖开数条海鬣蜥的胃,发现其中塞满磨碎的水草,有的亮绿色,有的暗红色。我在退潮时露出来的岩石上从未见到过这些水草。我有理由相信这些水草是长在离岸不远的海底。如果是这种情况,那么,蜥蜴常去水中就可得到解释了。胃里除了水草,没有别的东西。然而,拜诺伊先生在一条蜥蜴的胃里发现过蟹的残体,也许这是一种偶然现象,正如我曾在一只陆龟的瘤胃(反刍动物的第一胃)中发现有一条毛虫裹在一些地衣当中。海鬣蜥的肠子很粗,就像其他食草的动物那样。从这种海鬣蜥的食物本性,从它的尾巴和脚的结构,以及常常游出海去,绝对地说明了它属于水栖的生活习性。但是,也有一个反常的情况:当它被惊吓时,它从不往水中逃去。因此,很容易把这些海鬣蜥驱赶到陆上某个狭窄的地方,人们可以轻易地抓住它们的尾巴,扔进水里去。它们从不做出要咬人的动作。当受到重大的惊吓时,它们会从鼻孔中滴出一点液体来。我把一条海鬣蜥尽可能远地扔出去,扔进一个退潮留下来的小池子里,重复数次,它始终从水池里爬上来,笔直地爬回我站立的地方。它们游向海底的姿势很优美而且快速,偶尔在海底高低不平的岩石上行走时才要用到脚。每当它们接近岸边,总要设法把自己隐藏起来,或藏在水草丛中或藏到岩石缝隙中,等它认为没有危险时,才爬出来。当它们从水中爬出来,一到了干岩上,立即就会找地方躲起来,动作快得惊人。我捉住一条海鬣蜥数次把它扔到远处,它尽管完全有力量潜入水中游泳,但它偏偏不往水中去,还是回到我所在的地点来,正如上面所说的那样。也许这种愚蠢的本性来自周围环境。这种海鬣蜥在陆上从未遇上敌人,而在水中会成为大量鲨鱼的牺牲品。有可能因此形成有遗传性的本能,觉得岸上比水中安全,只要一出现紧急情况,它就不会往水中躲避。

在我们考察期间(10月),我很少见到小海鬣蜥,没有一条海鬣蜥是出生不足一年的。看来可能繁育季节尚未来临。我询问几名当地人是否知道蜥蜴把卵产于何处,他们说,他们从不了解它们的繁殖情况,只见过陆栖的陆鬣蜥下的蛋。

陆鬣蜥:钻洞与食草

现在我们转过来说说那种陆栖的鬣蜥。陆栖的鬣蜥有一条圆圆的尾巴,趾间无蹼。这种陆栖鬣蜥与水栖鬣蜥不同,水栖鬣蜥在各个岛屿上都有,陆鬣蜥只限于加拉帕戈斯群岛中处于中心位置的几个岛,即艾尔孛马尔岛、詹姆斯岛、巴林顿岛与"不屈岛"。以南的查尔斯岛、胡德岛与查塔姆岛;以北的塔岛、平德罗伊斯岛与阿平顿岛,我从未见过,也从未听说过有陆鬣蜥。看来似乎是在群岛的中心出现,后来分布到附近的几个岛上。这种陆鬣蜥,有些生活在较高、较潮湿的地区,但生活在岸边干旱地区的在数量上占大多数。我无法说出它们准确的数量,但我可举出一例:当我们逗留在詹姆斯岛上时,用了很长时间才找到一块没有陆鬣蜥出没的地方来搭一个帐篷。同它们的兄弟一样,这种陆鬣蜥也长得很丑,肤色以橘黄色为底色,上面还有红褐色的花纹。它们有一种特别愚蠢的相貌。身体较水栖的略小。行动起来有一种懒洋洋的、半麻木的样子。未受惊吓时,它们缓慢地爬行,尾巴和腹部都拖在地上。常常爬爬歇歇,凝视前方某个目标一两分钟再爬。有时它们会闭着双眼,后腿叉开,躺在灼热的土地上。

它们栖息在地洞里,有的是在熔岩块之间的洞穴,更多的是在像砂岩似的凝灰岩的洞穴。洞穴并不很深。一个疲倦的步行者,踩到这样的洞穴,发觉踩空了,是很恼人的。这种蜥蜴在打洞时,轮换使用身子的两侧。前脚扒土,把土朝后送,后脚接下来把土扒出洞外。左边的腿累了,再换右边的腿。如此,连续交替作业。我曾长时间地观察它们挖洞。等它前半身进了洞后,我拽它的尾它,它大为震惊,立刻转过身来看看是怎么回事。它凝视着我的脸,好像在说:"为什么要拽我的尾巴?"

陆鬣蜥白天进食,但从不远离自己的洞穴。受到惊吓时,它们以一种滑稽的步法迅速退回洞穴。除了下山,否则它们不能跑得很快,大概是因为它们的腿分得太开。它决非胆小,在注视某个目标时,把尾巴卷起,抬起上半身,头部上下垂直快速点动,显出很可怕的样子。实际上它们并不可怕。如果一个人走路绊了一下,踩上它们的尾巴,它们就会尽快逃窜。我常常观察吃苍绳的小蜥蜴,它们在注视某个东西时,也是那样地点头,但我不完全明白点头的用意。要是捉住一条陆鬣蜥,拿根棍子去逗它,它会紧紧地把棍子咬住。但是,我曾多次抓它们的尾巴,它们并没有咬我。如果把两条蜥蜴放在地上,把它们凑到一起,它们就会打架,互相撕咬直至流血。

生活在较低地区的陆鬣蜥,为数甚多,它们一年之中几乎尝不到一滴水,全靠吃多汁的仙人掌。有时大风会把仙人掌的枝刮断,我捡起一截扔给两三头靠得很近的陆鬣蜥,只见它们像一群饿狗见到一根骨头那样去抢食,十分可笑。它们的吃相很斯文,不慌不忙,但从不嚼碎食物。小鸟都知道蜥蜴对它们并无威胁。我曾见到一只厚喙金翅雀啄着一片仙人掌,而一条蜥蜴正在啃这片仙人掌的那一头,过了一会儿,金翅雀以一种毫无顾虑的神态跳到了蜥蜴的背上。

我打开陆鬣蜥的胃后,发现里面都是植物纤维——有许多树叶,尤其以刺槐树叶为最多。在较高地区生活的陆鬣蜥主要吃酸味的番石榴浆果(这种浆果呈卵圆形,顶端有宿存萼片,果肉白色或黄色,胎座肥大,肉质酸甜可口)。我曾见在番石榴树下,蜥蜴与大海龟都在吃树叶与浆果。如果找到一些矮的刺槐树,它们就干脆爬到树上去吃叶子。一对陆鬣蜥趴在离地数英尺高的刺槐树上安详地啃嚼叶子的情景并不少见。这种蜥蜴也可以杀来吃,它们的肉是白色的,胃酸较多的人喜欢吃这种肉。

洪堡曾说,南美洲热带地区所有生活在干旱地方的蜥蜴都可以做成美味佳肴。当地居民说,那些生活在较高潮湿地方的蜥蜴能喝到水,而生活在较低干旱地方的蜥蜴,会像陆龟那样爬到较高地方去喝水。在我们考察期间,见到雌性蜥蜴的体内有大量的长圆形的大卵,它们把卵产在洞里,当地居民会将其掏出来当食品吃。

岛上爬行动物的重要性

我已指出,这两种蜥蜴在身体结构与许多生活习性方面,大致相同。它们都是食草动物,虽然所吃的草大相径庭。在世界上极有限的地方,同时生活着同一属但不同种(一为水栖,一为陆栖)的动物,是很有意思的。尤其是水栖的那个种最值得注意,因为这是世上唯一靠吃水生物品为生的蜥蜴。我一开头就观察到,在这些岛上,爬行动物品种多并不是一个很突出的特点;突出的特点在于这些动物的个性。回想一下:数以千计的陆龟寻找水源爬出来的小径,为数极多的海龟,成群的陆栖钝啄蜥,成群的海鬣蜥在岸岩上晒太阳……我们应当承认,世界上没有其他地方,这个目(生物学的分类,"目"介于"纲"与"科"之间,"科"以下为"属":"属"以下为"种")的动物如此离奇地取代了食草的哺乳动物。地质学家听到这些,可能就要想到地质第二世时代,也有一些食草的蜥蜴和一些食肉的蜥蜴,活动范围相当于现有的鲸鱼,麇集在陆上或海中。因此,地质学家值得到加拉帕戈斯群岛来考察,此地既没有湿润的气候,也没有多种多样的植物,而是个干旱的赤道地区,却生活着那样的一些动物。

鱼、贝、虫

对动物的描述可作些补充。我在此地捕获的十五种海鱼,都是未见到过的新品种。它们分属于十二个属,分布极广。只有锯鲂鳒是例外,其中有四个种已知生存于美洲的东面。关于陆地上的甲壳软体动物,我搜集到十六种(有两个变种),其中除了一种蜗牛曾在塔希提岛(南太平洋中部法属玻利尼西亚社会群岛中向风群岛的最大岛屿)发现过外,其余都是这个群岛所特有的。在我们此次考察之前,卡明先生曾在此地获得九十种海贝。承他好意告诉我以下鉴定结果:在这九十种海贝中,不少于四十七种是别处未见到的。考虑到海贝通常分布极广,这一事实更为奇妙。有四十三种曾在其他地方发现过,其中二十五种生活在美洲西海岸;二十五种中有八种分别是变种。其余的十八种(包括一个变种)是卡明先生在土阿莫土群岛(原文为Low Archipelago,即 Tuamoto Archipelago,位于南太平洋,1844 年起被法国占领,现为法属波利尼西亚的一部分,是核试验基地)发现的,有几种还在菲律宾发现过。太平洋中部这些岛上发现的海贝值得注意,因为太平洋中其他的岛屿(直至美洲西海岸)都不常见。美洲西海岸以西,有一个南北走向的空间,把太平洋分隔为两个品类相当不同的海贝区域,加拉帕戈斯群岛处于中间地带,许多新的品种正是由此地诞生的;这两大海贝区域也往这里输送若干移生动物。靠近美洲的区域也往这里输送有代表性的品种。仅在美洲西岸才有的一个独角动物属,在加拉帕戈斯群岛却有两个种;钥孔鱥属与衲螺属(螺形贝壳)在西岸很普通,也有它们在加拉帕戈斯群岛的特殊的种,而据卡明先生说,太平洋中部诸岛上是没有的。另一方面,潮虫属与尾须虫属在西印度群岛有它自己特殊的种,而美洲西岸与太平洋中部诸岛都是没有的。我还可以补充,经过卡明先生与海因兹先生对来自美洲东海岸与西海岸的大约两千种海贝的比较,只有一种是两岸共有的,即紫螺属(外表呈紫色或紫罗兰色,壳薄易碎,约有5层螺层,螺层饱满圆润),在西印度群岛、巴拿马沿岸、加拉帕戈斯群岛都有发现。因此,我们可以看到世界这个部分,有三大海贝区域,各不相同,尽管彼此靠得很近,然而,却被南北走向的空间所隔开,形成这个空间的也许是陆地,也许是海洋。

我费了好大的劲来搜集昆虫样本,除了火地岛,要算这里的昆虫最少了。即使较高的潮湿地区,我也才获得很少的几种,除了几只体形很小的双翅目与膜翅目,大多数都是普通的常见的种类。前面已讲到,热带地区的昆虫,身体都比较小,颜色都比较暗。我搜集到二十五种甲虫,其中,两种属于 Harpalidae (某种步甲),两种属于 Hydrophilidae (水龟虫科),九种分属于 Heteromera(异附节类)的三个不同的种,其余十二种分属于许多不同的科。沃特豪斯先生曾就加拉帕戈斯群岛的昆虫写有专著,使我得以知道一些细节。据他告诉我,有数个属是新发现的,并非新发现的属中,有一两个属来自美洲,其余的都是各地常见的。除一种食木屑的 Apate 是例外,有一个或两个属的水栖甲虫是从美洲大陆来的,至于所有的种,全部是新发现的。

植　物

加拉帕戈斯群岛的植物,同动物一样有趣。J. 胡克博士不久将出版一本有关的专著。得益于他的考察,我了解到一些具体细节。开花植物迄今已知的有一百八十五种,隐花植物四十种,总共二百二十五种,其中一百九十三种我很幸运搜集到了样本。在开花植物中,一百种是新发现的,很可能只限于加拉帕戈斯群岛。胡克博士认为,植物是没有多大限制的,至少有十种在查尔斯群岛已开垦的土地上发现,说明是从外面转移进来的。我感到惊讶的是,这里距离美洲大陆只有 500 英里至 600 英里,浮木、竹子、藤条、棕榈果经常在东南角海面上飘浮,何以美洲品种的植物没有自然地转移过来呢? 在一百八十三种开花植物中,有一百种是新的,使加拉帕戈斯群岛成为一个与众不同的植物区;但是,这里的开花植物还不如圣赫勒拿岛的特殊,据胡克博士说,也不如胡安—费尔南德斯岛的特殊。加拉帕戈斯群岛上的开花植物的特殊性主要见之于若干科:在二十一种菊科植物中,有二十种是该群岛的特殊品种,分属十二个属,十二个属中不少于十个属仅限于该群岛。胡克博士告诉我,这些开花植物毫无疑问都有美洲西岸的特点,而与太平洋的不同。因此,如果把十八种海洋的、一种淡水的、一种陆栖的贝类动物除外(这些看来都是从太平洋转移过来的),再把明显属于太平洋系统的金翅雀除外,那么,我们就可以看出:加拉帕戈斯群岛虽然矗立在太平洋中,从动物群来说,都是属于美洲的。

美洲型的生物

如果仅仅看重从美洲转移过来这一特点,那就没有多大意义了。必须看到陆栖动物中的大多数,一半以上的开花植物,都是土生土长的。再加上新的禽鸟、新的爬行动物、新的贝类、新的昆虫、新的植物,以及无数在结构细节方面的不同,甚至声调与羽毛毛色的不同;群岛既有巴塔哥尼亚那样的气候温和的平原,又有北部智利那样的干旱地区。所有这些生动地浮现在我眼前,给了我非常深刻的印象。是不是这些小岛在较晚的地质年代里必然是淹没在水下,它们是由熔岩形成的,气候也较特殊,因此,在地质特点上与美洲大陆不同呢？是不是这些岛上土生土长的生物,在种类与数量上,在不同比例上与美洲大陆转移来的生物共存共长,又各自按自己的规律行事,因此能相安无事？为什么岛上的生物是按美洲式的动作与形态创造出来的？另一方面,佛得角群岛在自然条件方面更接近于加拉帕戈斯群岛,而与美洲沿海区别较大,然而,佛得角群岛与加拉帕戈斯群岛上的土生土长的生物却全然不同；佛得角群岛上的本土生物带有非洲特色,而加拉帕戈斯群岛上土生土长的生物则带有美洲特色。

不同岛上的不同种或不同族

然而,直到现在我还没有注意到该群岛的自然历史中最突出的特点,那就是：在一个相当大的面积中,不同的岛屿上生活着不同的族群。最早引起我注意的是副总督劳森先生向我指出的,不同岛屿上的陆龟也是不同的,他能说出几头陆龟分别来自哪个岛屿。在一段时间内,我对他这段话未加足够的注意。再者,我从两个岛搜集来的样本已部分地混杂起来了。我从来没有想到这些岛屿,相隔约 50 或 60 英里,大多数岛屿能相互看见,都由同样的岩石组成,一样的气候,高出海面的高度也相差不多,而居然栖居着不同的动物。大多数旅行者的命运是,还不等发现当地最有趣的东西,就匆匆地走开了。而我也许应该知足,因为我已掌握充分材料,可以对此地的有机物的分布作出说明。

我已讲到,当地居民能区别哪种陆龟来自哪个岛屿,他们不但能从陆龟的大小与外形来区别,而且可以指出它们之间的其他不同特点。波特船长曾描述来自查尔斯岛和与之相近的胡德岛的陆龟,龟甲的前部相当厚,并且翻起来,就像西班牙马鞍;而来自詹姆斯岛的陆龟体形较圆,颜色较黑,龟肉更鲜美。比孪隆先生告诉我,他知道加拉帕戈斯群岛上有两个不同种的陆龟,但他说不清来自哪个岛。我从三个岛上取到的样品可能是因为年龄太小,因此,格雷先生和我两人都看不出它们之间有什么显著的不同。我曾说过,艾尔孛马尔岛上的水栖钝喙蜥,身体比别的岛上的较大;比孪隆先生说他见到这个属有两个不同的水栖种;那么,不同的岛屿可能各有它们有代表性的钝喙蜥,以及不同的陆龟。引起我极大注意的是在我对比了许多的模仿鸟——鹟——之后,我惊奇地发现,来自查尔斯岛的鹟鸟全部属于同一个嘲鹟种;所有来自艾尔孛马尔岛的,都属于 M.parvulus(加岛嘲鹟);所有来自詹姆斯岛与查塔姆岛的,都属于 M.melanotis(圣岛嘲鹟)。后两个种很接近,也许某些分类学家会认为是同一个种的变种,但 Mimus trifasciatus (查尔斯岛嘲鹟) 是很不同的。不幸的是,大多数金翅雀样本都掺和起来了,但我有足够理由认为燕雀亚群的某些种是在不同的岛上的。如果不同的岛各有它们有代表性的燕雀,那将有助于解释这个亚群何以在这个小群岛上有那么多的不同的种,它们的喙又是由小到大逐级变化,成一完整的系列。Cactornis 亚群有两个种, Camarhynchus 群也有两个种,我已搜集到样本;四名猎手在詹姆斯岛所猎到的这两个亚群的标本为数极多,但都属于各自的同一个种;而在查塔姆岛与查尔斯岛上搜集到的大量标本也分别属于另外两个不同的种。为此我们几乎可以确信;这些岛屿都有这两个亚群的有代表性的不同的种。在陆栖有壳软体动物方面,这个分布规律看来不适用。我所搜集到的昆虫标本很少,据沃特豪斯先生说,凡是带有地方特色的种,不会在别的两个以上的岛上发现。

　　如果我们现在再回到开花植物来,我们将会发现,不同岛上的土生土长的植物确实是各不相同的,这的确很奇怪。我的友人胡克博士的高度权威性的资料对我极有帮助。我可以假定,我在不同的岛屿上采集到许许多多开花植物标本,并且幸好是分开保存的。然而,对下列的比较表也不必过于相信,某些博物学家带回的标本尽管在有些方面可以确认此表的正确性,但也不过说明还有许多工作有待完成。

岛名	种的总数	世界其他地方也发现的种数	只限于加拉帕戈斯群岛的种数	只限于本岛的种数	只限于加拉帕戈斯群岛但不只限于一个岛的种数
詹姆斯	71	33	38	30	8
艾尔孛马尔	4	18	26	22	4
查塔姆	32	16	16	12	4
查尔斯	68	39*	29	21	8

*如果把可能是转移进来的品种删除,此数应是 29。

这样,我们就见到真正奇妙的事实。在詹姆斯岛,在三十八种加拉帕戈斯群岛的植物中,或者说,世界上其他地方没有的植物中,有三十种绝对只限于本岛;艾尔孛马尔岛在二十六种土生土长的加拉帕戈斯群岛特有的植物中,二十二种只限于本岛,只有四种目前已知在本群岛中的另一个岛上也有;等等,见上表,查塔姆岛与查尔斯岛都有类似的说明。这一事实加以稍许补充,将更加令人吃惊。菊科植物中有一个乔木状的属,名叫 Scalesia,仅限于该群岛所特有,属下有六个种,一个种在查塔姆岛,一个种在艾尔孛马尔岛,一个种在查尔斯岛,两个种在詹姆斯岛,一个种在后三个岛中的一个岛,但还不知是何岛。这六个种没有一个种是生长在任何两个以上的岛上的。再以大戟属植物为例,一个分布极广的常见的属,在该群岛有八个种,其中七个种只限于该群岛,没有一个种是两个岛上都有的。铁苋菜(大戟科一年生草本植物,茎粗壮,具深纵棱,小枝细长,被柔毛。叶长卵形,顶端尖,基部楔形,边缘具圆锯,无毛,成团小花腋生。苋,xiàn) 与丰花草(直立草本植物,茎纤细,枝有四棱,棱上有毛。叶对生,披针状条形,球状聚伞花序腋生,小花数朵,白色,近漏斗形) 是两个极普通的属,在此群岛生长的各有六种(前者)、七种(后者),没有一种是同时生长在两个岛上的,只有丰花草的一个种是例外,确实生长在两个岛上。菊科植物的分布特别具有地方性。胡克博士还对我说,这种分布规律并不限于群岛上有的属,也适用于世界上其他地区。我们已见到不同的岛屿上有不同种的陆龟,不同种的模仿鸟——鸫,不同种的金翅雀,不同种的蜥蜴。

加拉帕戈斯群岛上的生物分布,如果是一个岛上有一个属(例如鸫)而另一个岛上是别的很不同的属,那就不足为奇了;如果一个岛有它自己的蜥蜴属而另一岛上是另一个很远的属(或根本没有),那也不足为奇了;如果不同的岛屿上生长着的植物不是同一个属的不同的种,而是完全不同的属,那也不足为奇。而正是目前这种状况:数个岛屿各有自己特殊品种的陆龟、鸫鸟、金翅雀与无数植物,这些不同的品种都有共同的生活属性,有类似的生活环境,这才使我十分震惊。我已说过,多数的岛可以相互望见。如查尔斯岛距查塔姆岛最近的距离只有 50 英里,距艾尔孛马尔岛最近的距离只有 33 英里;查塔姆岛距詹姆斯岛最近的距离为 60 英里,但两岛之间还有两个岛我未去考察。詹姆斯岛距艾尔孛马尔岛最近的距离只有 10 英里,但我在这两个岛搜集标本的地方相距有 32 英里。我必须再次重复说明:既不是土壤的质地不同,也不是岛的高度不同,也不是气候的不同,造成了各岛之间生物种类的不同。如果说,在气候上能感觉到一些区别,那也只是上风(查尔斯岛与查塔姆岛) 与下风的不同,但看来这对造成生物的不同种并无影响。

如何解释不同的岛屿上有不同的动植物? 我把猜测的目光单纯地投

向海水的流向。此处非常强的水流是从西方流向西北偏西,这就必然把南边的岛同北边的岛隔开来;北边诸岛屿中间又能见到有一股很强的由西到北的水流,这股水流必定有效地把詹姆斯岛与艾尔孛马尔岛分开。加拉帕戈斯群岛在很大程度上对于大风是畅通无阻的,因此,无论禽鸟、昆虫、植物种子,都无法从这个岛屿传播到另一个岛屿。最后,诸岛之间的海洋极深,它们都是近代(从地质概念来说)由火山形成的,很可能从未连成一片,这一条比其他因素更具有十分重要的意义,决定了诸岛上动植物的地理分布。回顾上述事实,人们必然对显现在这些荒芜的岩石小岛上的创造力(如果能用这个词的话)之伟大,深感惊讶。尤有甚者,此种创造力在如此靠近的小岛上竟能使类似的生物发生差异,实在惊人。我已说过,加拉帕戈斯群岛可看做是同美洲相联系的卫星,更准确些,应当说是一群卫星,外貌相似,机质不同,然而相互亲密地连在一起,并且都同伟大的美洲大陆有关联,虽然关联的程度较少。

驯 顺 的 鸟

我想再讲讲群岛上的禽鸟相当温驯的性情,以结束有关群岛自然历史的描述。

这种温驯性情适用于所有陆栖的品种,即鸫鸟、金翅雀、鹟鹩、鸽子与食肉鸹鹩。这些鸟经常同人靠得这么近,用一根软枝条就能把它们打死。有时,我拿帽子就能罩住它们。根本用不着开枪。一天,我正躺着,一只鸫鸟飞来歇在用龟壳制成的水罐的边沿上,而我正拿着这个水罐马上就要用它去舀水,这只鸫鸟竟然在我把水罐举起来时还稳坐在罐沿上。我常常试验去抓它们的双腿,而且差不多成功了。据说,这些鸟从前比现在还要温驯。考利曾说(于1684年):"斑鸠是如此温驯,以至经常歇到我们的帽子上、肩膀上,我们很容易活捉到它,它也不怕人,直到我们同伴中有人朝它们开枪,它们才多少有点避人。"丹皮尔也在同一年说过:一个人步行一上午就可能杀死六七打斑鸠。现今,它们虽然仍很温驯,却再也不会停歇在人的肩膀上了。令人惊讶的是,它们的数量并未大量增多。近一百五十年来,海盗与捕鲸者经常到这些岛上来,有些水手到林中去捉陆龟,总有一种残忍的嗜好,去扑杀几只小鸟。至今,这些鸟仍在受着迫害。查尔斯岛成为殖民地将近六年,我在此岛上见到一个小男孩坐在井旁,手中握着一根软枝条,斑鸠同金翅雀来井旁饮水,他就用软枝条扑杀它们。小男孩身旁已经攒了一堆小鸟,足可饱餐一顿了。他说他常来这里,当然为了同一目的。看来,这个群岛上的小鸟至今还不知道,人是比陆龟,比蜥蜴更危险的动物了。

福克兰群岛可以提供又一个例子,说明鸟类有温驯的性情。珀尼蒂、莱森以及其他航海家都曾指出该岛上 Opetiorhynchus 特别温驯。还不仅限于这种小鸟。卡拉鹰、鸫、高地鹅与低地鹅、鸻鸟、黄胸鸥,甚至一些真正的鹰,都或多或少地温驯可亲。鸟类如此温驯,狐狸、老鹰、猫头鹰就出现了。加拉帕戈斯群岛也许没有这类凶残的动物,所以鸟类性情温驯,但福克兰群岛就不能这么说了。福克兰群岛上的高地鹅害怕狐狸,却不怕人。鸟类的温驯性情,尤其是涉水禽鸟的温驯性情,同火地岛上的同类的性情反差强烈。许多年来,火地岛的禽鸟受尽了当地野蛮土著人的迫害。在福克兰群岛,一名猎手可能有时在一天之内猎杀的高地鹅多得拿不回家,然而,在火地岛,猎杀一只高地鹅同在英国猎杀一只普通的野鹅同样难办。

在珀尼蒂的时代(1763 年),所有的鸟类都比现今温驯。他说,Opetiorhynchus 几乎可以停歇在他的手指上;他曾在半个钟头内,用一根棍子扑杀十只。那个时代的小鸟一定同现今加拉帕戈斯群岛上的小岛同样温驯。加拉帕戈斯群岛的小鸟一定比别的那些岛屿的小鸟获悉危险的警告要缓慢得多。那些岛屿,除了有船只来访外,这些年来还不断受到几个国家的殖民统治。

对人的恐惧

我还可以补充,根据杜波依斯的说法,在波旁,1571 年至 1572 年间,所有的小鸟,除了火烈鸟与野鹅,都是极端温驯的,人可以用手抓住小鸟,拿一根棍子想打死多少就能打死多少。还有,据卡迈克尔说,大西洋中的特里斯坦—达孔哈岛,只有两种鸟(一是鸫鸟,一是黄胸鹀)"是如此地温驯,人们用一张手网就可以捉到"。从上述这些事实来看,我认为,我们就可以作出结论了。首先,人类眼中所看到的鸟类的不温驯,乃是鸟类对人类的一种特殊本能的反映,并不取决于其他危险源发出的警告。其次,单个的小鸟,在短时间内,即使是受过人的迫害,也不会有此本性;经过连续一代一代的经验,才会变成具有遗传性的本能。在驯养的动物中,我们习惯见到它们有新获得的心智方面的习性,或来自本能,或来自遗传。但是,对于处于自然状态的动物来说,必然难以发现它们有什么来自遗传的知识。鸟躲避人,不能责怪鸟,而是遗传的习性。在英国,一年之中有多少小鸟伤在人类之手,即使在巢中的小鸟,也害怕人。另一方面,加拉帕戈斯群岛与福克兰群岛上的小鸟也受到人们的追逐与伤害,然而它们并不怎么怕人。从这些事实,我们可以看到:在土生土长的动物的本能还未能适应陌生的威力或手腕以前,引进任何新的猛兽将会使这一地区出现多么巨大的浩劫!

第十八章 塔希提与新西兰

穿越低群岛

10 月 20 日。对加拉帕戈斯群岛的考察结束了,我们转向塔希提,开始长达 3200 英里的航程。其中数日,经历了冬天常有的暗淡多云的洋区,那里离南美大陆海岸已很远。此后,天气晴好,阳光明媚,在贸易风来到以前,以一天 150 英里至 160 英里的速度顺利前进。此处接近太平洋中心地区的气温,船尾楼中的气温指明 80 度(夜间)至 83 度(白天),使人感觉很舒适。但只要再高 1 度至 2 度,就热气逼人了。我们经过了低群岛,亦即土阿莫土群岛,或称"危险群岛",见到几处最奇特的珊瑚环礁刚好露出水面,被称为环礁群岛。该岛有一条长长的亮白色的海滩,覆盖着极有限的植被。带状的礁岛,朝两头望去,都迅速变窄,沉入水下。从桅杆顶上看过去,可以见到在这环形的礁石群内,有一个面积很大的平静的水面。这些突然从水下冒出来的低矮的珊瑚礁,同大洋相比,不成比例,但看起来很奇妙,这样的不起眼的入侵者居然没有被这个伟大海洋的强有力的、永不疲倦的海浪所淹没,而这个汹涌的大洋也居然名为太平洋。

塔 希 提

11 月 15 日。晨曦出现,塔希提岛隐隐在望。这座岛对南海的航海家们来说,赫赫有名。从远处看去,岛的外貌不怎么吸引人。较低部茂密的植物现在还看不见,云层滚滚而过,高耸的山峰说明该岛中心的所在。在马他维湾一停泊好,我们就受到众多小划子的包围。这一天是我们的星期天,是塔希提岛的星期一。如果倒过来,今天是塔希提岛的星期天,那就不好办了,因为在安息日,是绝对禁止划小划子的。午饭后,我们上岸去欣赏这个初次来到的地方的各处风景。已有一群男人、女人、小孩聚集在维纳斯(希腊神话中代表爱与美的女神)雕像前,以欢笑来迎接我们。他们簇拥我们去威尔逊先生的住宅,威尔逊先生是当地的传教士,他到路上来迎接,极其友好地接待了我们。在他的住宅没坐多久,我们就分散游览,晚上才回来。

　　可以开垦的土地十分有限。岛的周围有珊瑚礁防止了海浪的冲击,山脚下只有窄窄的一圈冲质土。珊瑚礁以内,有一片宽宽的平稳的水域,像是内湖。当地人就在此"湖"内划小划子。岛上较低的地区紧挨着珊瑚砂组成的沙滩,满是漂亮的热带地区植物。在成片的香蕉树、橘树、椰树与面包果树(生长于南太平洋诸岛,所结的果实大而圆,通常无籽,含淀粉,烘烤后,形状与味道都像面包,常作食用)的树林中间,开垦出一些地方来种植山药、甘薯、甘蔗、菠萝。甚至灌木丛也是一种从外地引进来的果树,即番石榴,数量多得像杂草,令人讨厌极了。在巴西的时候,我常常喜欢欣赏香蕉树、棕榈树与橘树交错相处的图像;在此地,我们也见到了以叶片特美而闻名的面包果树,它们的叶片大、光滑,又有深深的叶脉。这种树,枝叶舒展,生气勃勃,令人想到英国的橡树,而树枝上沉甸甸地挂着大而富于营养的果实,的确好看。一个毫无用处的目标,再看也无多大乐趣,而这些漂亮的树木,当你明白它们的重大用处后,无疑你会更乐意去欣赏赞叹。一条弯弯曲曲的小路,树阴提供了惬意的凉爽,把我们引向错落有致的房屋,所有的屋主人都热情洋溢地接待了我们。

塔 希 提 人

我对当地居民极有好感。他们的外表有一股谦和之气，使我立即消除了"野蛮人"的概念。他们富有知识，说明已有长足的开化。普通人工作时，赤裸着上身，这时才更显出塔希提人的优势——他们身材高大，双肩宽阔，四肢匀称，属于运动员型。英国人喜欢皮肤黑一些的塔希提人，认为比自己的白皮肤好看。一个白人如果同一个塔希提人在一块洗澡，那么，白人就像是花匠用人工方法漂白后的一棵树，而塔希提人就像是生气勃勃地生长在野地里的青翠鲜亮的大树。大多数男子都文身，图案随着身体的曲线来创造，流畅优美。这些图案大同小异，但细节多变，就像是棕榈树的树冠。它是从背脊中心开始，向两侧铺开去，伸展自如，美不胜收。图案也许出自幻想的美好意义，但我认为一个男人的身体经过这样的装饰，就像一条灵巧的蜥蜴拥抱着一棵高贵的树。

许多年岁较大的男人脚上也有文身，就算是穿上了袜子。这种时尚已在有些地区成为过去，由别的地方的人继承过去。此地，虽然时尚绝不是不可改变的，但事实上，每个人在他们的青年时期都会遵从当时的时尚。上年纪人的文身就像是打上了自己年岁的印记，不能再装成年轻的小爸爸了。女人也同男人一样文身，大多文在手指上。有一个新兴的时尚，现已相当普遍：把头顶的头发剃掉，只留靠外的一个圆圈。传教士试图说服她们改变这一习俗，但它已成为时尚。塔希提人有自己的想法，正如巴黎人有自己的主张。我对当地妇女的表现相当失望，妇女在各方面都显得不如男子。在脑后扎一朵白花或红花，或者把花插进双耳的耳孔，被认为是美丽的装束。有时候用椰树叶子编一个花冠戴在头上，以便遮阳。妇女比男子更喜欢得到一些新式的服装。

　　几乎所有的当地人都会一点英语,即知道一些普通器物的英文名称,再加上手势比画,便可进行蹩脚的会话。傍晚回船的时候,我们停下步来观看一个很美的场景———一群孩子在沙滩上玩耍,他们点了一个大篝火,火光照亮了平静的海水与周围的树。另一些人围成一圈在唱当地的歌。我们在沙地上坐了下来,与他们同乐。歌词是即兴之作,我相信同我们的到来有关,一个小姑娘领唱,其余人在某些段落帮腔,组成很美的合唱。此情此景使我们明确地感觉到我们正在著名的南海某个岛上领略着异域风俗。

　　17 日。这一天,在航海日志上写的却是 17 日星期二,而不是 16 星期一,因为我们成功地追上了太阳。早饭前,小猎犬号被四周的小划子包围着,一片嗡嗡声。当地人听说允许他们上船来,立即蜂拥而上,我估计至少有两百人。谁都知道,当时难以做到由各个部落中挑选若干较规矩的人上来。上船的人每个人都拿着些东西想卖给我们。塔希提人如今已充分明白钱的价值,想买到一些旧衣服及其他东西。各种各样的硬角币、硬分币,英国与西班牙的不同币制与兑换率使他们大伤脑筋,他们从不相信小小的银币有多大价值,直到换成美金,才知道了银币的价值。有些首领已积累了可观的钱币。一位部落首领,不久前,拿出 800 美元(约 160 英镑)买了一条小船;他们常常购买捕鲸船与马匹,价钱在 50 美元至 100 美元之间。

山 区 植 被

　　早餐后,我上岸去爬一个最近的山坡,高 200 英尺至 300 英尺。靠外边的山是平滑的、圆锥形的,很陡;年代久远的火山岩为许多深沟所分割。我穿过居民区,穿过肥沃的耕地,向一个两边都是深沟的陡峭山脊走去。

植被很独特,包括几乎各种类型的低矮的蕨,这些蕨又同长得很高的杂草纠缠在一起,同威尔士(英国)丘陵地不无相像之处。而同岸边的热带果树园相距这么近,倒又使人惊奇。我所到达的最高点,又出现了树。相对较茂盛的三条植被带中,较低的一条由于较潮湿,较平坦,也较肥沃。中间的一条较贫瘠。上面的一条,因有湿气,又多云,树木长得很好,乔木般的蕨类取代了椰树。然而,不应认为此地的树木同巴西雨林中的树木同样壮观。大陆上的许多品种,不一定能在岛上出现。

我从所到达的最高点,看到了远处埃梅奥岛的美丽景色。在高高的山巅上又堆起了厚厚的云层,仿佛在蓝天上又出现了一个埃梅奥岛。那个岛,除了有一个出入口外,其余部分都被珊瑚礁包围着。从此处望去,只能见到一条明亮的白色的窄带,海浪冲过来首先冲击着珊瑚礁所形成的墙。岛中央,一座高山突兀地矗立着,四围是白色珊瑚墙,墙外是深色的高低起伏的海水。景色相当迷人,很像一幅雕蚀画。傍晚,我下山时,遇到一名男子,我曾送给他一点小礼物,此时他拿来烤香蕉、一个菠萝、两个椰子来送给我。在炎热的阳光下走了半天,喝到最新鲜的椰汁,比牛奶还鲜美,真舒服极了,是生平第一次的体验。此地出产菠萝极多,浪费很大,就像我们英国人的萝卜似的不值钱。菠萝的味道极好,也许比英国种植的味道更好,我相信其他水果也一样。登船前,威尔逊先生向我推荐了一位塔希提人,他早些时候注意到了我,愿意陪伴我去爬山,作一短期考察。

深　谷

18 日。一早我就上了岸,带着一个装着口粮与其他必需品的袋子,还有两床毯子。毯子和袋子挂在一根棍子的两头,由我那位塔希提同伴挑在肩上。当地人习惯于肩挑,整整一天,一副 100 磅重的担子,就由他挑着,左右肩轮换挑。我先就告诉他，让他带着食物与衣服，但他回答我说，山上有的是可吃的，至于衣服，皮肤就是衣服。我们沿着提阿鲁河谷走，谷中有一条河，河水在维纳斯雕像附近入海。这是岛上的一条主要河流，水源在岛中央最高山峰的底下，山峰高约海拔 7000 英尺。整个岛上多山，想穿进内陆去，唯一的道路就是沿着河谷走。我们走的这条路，首先是穿越河两侧的树林，最高的山峰就像在一条街道的尽头，河边长着迎风舞动的椰子树，组成一幅极美的图画。河谷很快变窄，两侧的岸壁越来越陡，越来越接近垂直。走了三四个小时，河道更窄，似已到了尽头。两边的峭壁几乎已完全垂直，与地面成 90 度角，然而，由于火山岩层较软，壁上还有相当多的台阶，长着树木及一些植物。这些峭壁必定有数千英尺高，相互连接起来，形成一个山峡，我从未见过这样宏伟的景色。到了中午，太阳直直地从深谷头顶上照下来，原本是凉爽、潮湿的空气，现在变得非常闷热。我们在一块凸出来的岩石下，就着阴凉，坐下来吃我们的晚饭。我的向导业已捞到一碟小鱼和淡水虾。向导随身带着一张网，他的眼睛很尖，见到鱼虾总能捕捞上来。塔希提人能像两栖动物那样在水中敏捷行动。埃利斯讲过一件轶闻，说明他们如何能在水中活动自如：1817 年，在波马尔，人们曾经拉一匹马上岸，带子断了，马掉进水中，船上的当地人立即跳下水去。最初，听到他的喊声，以为他快淹死了，但不久，人把马拉上了岸。

层叠的瀑布

略往上走，河流分成三股细流。朝北的两股水是不能通行的，因为从最高的山顶上泻下来数叠瀑布。另一条从各方面看起来也是无法通行的，但我们想试一试。河谷两侧都是近于垂直的峭壁，但是，沉积岩的岩石常常有一些岩石横戳出来，上面已积有厚厚的泥土，长出一些野香蕉与丁香紫属的植物,以及其他一些热带植物。塔希提人攀上横戳出来的石块,寻找野果,无意中发现一条小径可登上峭壁。最初从谷底往上攀登十分危险,因需要越过一大块光秃的岩石。后来,依靠我们随身带着的绳子,塔希提人帮助我攀了上去。我无法想像有人能发现这么一个险峻的地方竟能攀上去穿越谷侧的山。我们小心翼翼地在一片横石上行走。上面,有一道美丽的瀑布倾泻下来,约有数百英尺高;下面,又有一道瀑布往下泻到主要的河道中去。我们在这个凉爽的阴凉处兜了个圈子,躲开了瀑布。刚才,那些突出来的岩石上因有树可抓,减少了危险。但从这片横石到那片横石之间,可是削直的岩体。一个塔希提人身手敏捷灵巧,利用一棵树的树干弯折过去,抓住岩石缝隙,爬到了山顶。他把绳子扎牢在山崖顶上,放下绳子来,先把猎犬与行李吊上去,然后再帮助我们爬上了山崖。傍晚,我们抵达河岸处一块较平坦的地方,在此露营。深沟的两侧,有许多野香蕉,已经成熟。这些野香蕉树有 20 英尺至 25 英尺高,树围有 3 英尺至 4 英尺。塔希提人用香蕉树的树皮搓成绳子来绑竹子,再扎上香蕉树的大叶子,数分钟内就搭起一座绝妙的草屋,又搜集起枯草铺成舒适的软床。

　　然后,他们开始生火,煮晚饭。点火是利用一根钝头的棍子摩擦一个木槽,使劲往深处钻,直到木屑起了火。专门用来钻木取火的棍子是一种特殊的白色的重量很轻的木棍(即木槿树),这种木料也用来做扁担和做小划子的伸出舷外支撑桨叉的托架。火在几秒钟内就可生起来,但不懂得窍门的人,必须要费很大的劲才能生出火。我试了试,成功地使木屑生出了火,颇感自豪。潘帕斯高原的"瓜佐"点火用的是另一种方法——他们取一根有弹性的约 18 英寸长的小木棍,一头顶住自己的胸膛,另一头插进一片木头的小洞里,然后迅速转动木棍打弯的地方,就像木匠用钻。塔希提人烧饭是这么烧的——他们用柴火生火,火中放一些曲棍球大小的石头。大约十分钟,木柴烧光了,石头烧烫了。事先把牛肉、鱼、已成熟和未成熟的香蕉以及野生海芋的顶部，裹成一些小包，再将这些绿色的小包排成一排，夹在上下两层烧烫石头的中间，然后用泥土把这堆东西埋裹起来，既不冒烟，也不跑水蒸气。经过大约一刻钟，美味可口的食物就烹熟了。将这些裹着绿叶的小包摆在一张大香蕉叶上，又用椰壳舀起清凉的泉水，一顿乡村宴会便大功告成。

有用的野生植物

看到四周的树木没法不感到爱慕。河谷两侧满是香蕉树，尽管香蕉有多种吃法，它们还是成堆地堆在地上，逐渐烂去。现在在我们面前的是一大片野甘蔗。深绿色的、干上有节的卡瓦胡椒树，给河水遮了阴，这种树从前以它有醉人的威力而著名。我嚼了一下，觉得有酸味，很怪，很容易使许多人宣称它有毒。要感谢传教士的努力，如今这种树只长在深沟中，不会伤害到人了。我近前细细地观察了野芋，它的根部烤熟后可以食用，它的嫩叶比菠菜还好吃。还有一种野山药，以及一种丁香紫属名叫"泰"的植物，到处都有。野山药的根部呈褐色，柔软，大小和形状都像一截木头，可以拿来做餐后点心，它甜如糖浆，味道可口。此外，还有几种野果子和可吃的蔬菜。小河除了提供清凉的水，还出产鳗鱼、小龙虾。我拿塔希提人来同温带地区未开化的人来作对比，我感到，此地的人，尽管智力还不强，已经可称为热带的主宰者。

傍晚将临，我在香蕉树的阴凉下沿着河床往上走。不久来到一处，有一道高200英尺至300英尺的瀑布；在这之上，又有一道瀑布。我注意到一条溪谷中的数道瀑布，给人的总的印象是大地倾斜的结果。这里见不到风的影响。香蕉树并没有被折断，相反，枝繁叶茂，一片生机。我们所处的位置，像是悬挂在山坡上，可以眺见邻近的深谷。中央大山的最高峰，像一座塔,矗立在前,山坡成 60 度角,半隐在傍晚的天空中,随着夜幕的慢慢降临,山尖的轮廓也逐渐模糊。

居民的习惯

在我们躺下睡觉以前,那位年长的塔希提人跪下来闭上双眼,用土语重复做一个长长的祈祷,就像基督徒做祈祷那样,神情严肃,不怕旁人取笑。吃饭的时候,也必须先说几句赞美的话,然后再开始吃。那些以为塔希提人只是当着我们的传教士的面才做祷告的旅行者,要是那天晚上和我们一同在山上过夜就好了。天亮以前下起了滂沱大雨,好在有香蕉叶的遮挡,我们都没有被浇湿。

11 月 19 日。天一亮,我的那几位朋友,在做了晨祷以后,又像昨晚做晚饭那样,做好一顿美味的早餐。他们自然是参加进来同享的。真的,我从未见过吃饭吃得那么多的人。我相信,他们的胃容量这么大,必定是吃太多的蔬菜与水果撑大的,这些东西体积很大,营养很少。不幸的是,由于我们的缘故,使他们违反了他们自己的法律。我拿出一瓶酒来,他们无法拒绝。每当他们喝了一口的时候,总把手指搁在嘴唇上,悄悄地说:"传教士。"大约两年前,他们已禁用卡瓦胡椒叶,但酗酒十分流行。传教士带动一些不愿见到国家迅速衰败的人,组织了一个"戒酒会"。出于理智或羞愧之心,所有的部落首领及其妻子都加入了"戒酒会"。很快,通过了一条法律,任何酒精都不得输入本岛,凡买卖私酒的,都处以罚款。法律通过以前,还允许人们拥有少量的酒。法律通过以后,来了一次大搜查,连传教士的住所也不例外;把所有的卡瓦胡椒(当地人把所有的烈性酒都叫卡瓦胡椒)都倒在地上。回想南北美洲都曾有过的禁酒运动,每一个对塔希提有好感的人都会承认传教士的功劳。小小的圣赫勒拿岛在东印度公司统辖期间,不允许进口烈性酒,但葡萄酒是允许喝的,当时是由好望角进口的。但不久,由于人民的意愿,在圣赫勒拿岛也可以喝烈性酒了。

早饭后,我们继续上路。我的目的只是想看看内陆的景色,因此,不多时就从另一条路回来了。这条路是通往主要谷地的。走了一段路,遇上一段极难通过的山边小径。我们穿过一片很大的野香蕉林。光裸着上身的塔希提人,头上插着鲜花,身上刺着花纹,在这些树林的阴影里活动着,形成一幅美丽的远古人的生活图景。我们沿着山脊下来,这些山脊都很窄,很长,很陡,就像一架梯子。山脊上有很好的植物。在这样的"梯子"上行走,必须十分小心,才能保持住身体的平衡。我禁不住想:在像刀片那样的山脊上行走,支持点这么小,就像是踩在气球上。下山过程中,我们偶尔地要用上绳子。当晚,仍在头天晚上露营的地方歇息。

在还没有真正了解这个地区以前,我觉得难以理解埃利斯指出过的两件事。第一,从前在若干血腥的战争之后,被征服部落的幸存者退到山区去,在山区只需几个人就能挡住一大批人的进攻。第二,在传入基督教以前,不少野蛮不开化的人生活在山区,现在较开化的文明居民都不知道他们的隐蔽场所。

道 德 状 况

11 月 20 日。我们一早起来,中午抵达马他瓦。路上遇到一大帮像运动员那样的男子,去收割香蕉。我发现船已停泊在帕帕瓦港。我立即去到那里。这是一个十分美丽的地方。小港湾由珊瑚礁环绕着,水面平静得像一座内湖。有着各种作物的耕地,与村舍错落有致地一直伸展到水边。在我到达塔希提以前,曾读过许多有关此地的著作,我很想依据我自己的观察,来对塔希提人的道德状况作出判断,当然,这样的判断必然是不全面的。先入为主的观念,常常会影响一个人的观点。我注意的重点来自埃利斯所说的"波利尼西亚探索"———一件极有趣的,吸引人的工作,但他很自然地受到比彻的影响与科茨布的影响,他们的观点同传教士系统的观点正好相反。埃利斯从三个方面来作对比,我认为,对现在的塔希提人来说,大体上是相符的。我的头一个印象就说明上述两位权威作者的观察是全然不正确的。他们说,塔希提人变为一个阴郁的民族,生活在对传教士的恐惧之中。我一点也看不出塔希提人惧怕传教士。塔希提人不仅不是普遍不满意的民族,相反,欧洲难以从一群人中找出一半有塔希提那么多张快活、喜悦的面孔来。禁止吹长笛、禁止跳舞,已被许多人痛斥为错误的、愚蠢的禁令。按清教徒的规矩过安息日,也被认为是不适宜的。我对这些看法不愿多加评论。

总的来说,我认为,当地居民的道德水准与宗教信仰,是高水平的。许多人攻击传教士、传教制度及其影响。他们也不去比一比现在的塔希提比 20 年前的塔希提有了多么大的变化,甚至不去把塔希提同欧洲比一比。他们是拿最高、最完美的标准来作对比的。他们期望传教士做到连圣人也做不到的事。他们用过高的标准来衡量当地的居民,指出他们的不足,将之归罪于传教士的失败,而不是去肯定传教士的功绩。他们忘记了,或者不愿意记起,拿活人作牺牲、血腥的战争、教士集团的至高权威都已被废除;在引入基督教后,不诚实、不宽容与放荡现象已大大减少。作为一个航海家,忘记这些事实是最不应该的,因为,设若他在某个无名的海边遇上了沉船事故,他必会祈祷,希望传教士的教导也许已经传到这么远的地方来。

至于,说到妇女的德行,曾受到过于严厉谴责,而在库克船长与班克斯先生的有关描述中,完全不是这样子的。根据他们的讲述,祖母与母亲在部落中起到重要作用。但同那些严厉谴责的人进行辩论是无用的。我相信,他们见到目前人们放荡的现象已比从前大大收敛,就会感到失望,因为他们对塔希提人的道德水准与宗教信仰不说是完全轻视,也总是有意贬低的。

22日,星期日。帕佩蒂港,是女酋长居住地,因此可以视作该岛的首府。此地是政府所在地,也是停泊船只的主要港湾。菲茨·罗伊船长率领一帮人去做礼拜,第一次听的是塔希提语言的布道;第二次听的是英语布道。传教团的主管普里查德先生主持了礼拜仪式。教堂是木结构,有很大的空间,坐满了衣装整洁的当地居民,各个年龄层次都有,男女都有。我对他们注意力集中的程度略有不满,不过我想,这是我预期过高的结果。总的来看,同英国乡村教堂里的情形是不相上下的。唱圣诗唱得很好。不过,讲台上传出来的布道词尽管很流利但说得不太好,其中多次重复地用到"塔塔,塔,麻塔,麻伊"等词,显得单调,不好听。英语布道结束后,我们一帮人徒步回到马他瓦。这次步行十分愉快,有时沿着海边走,有时在许多美丽的大树树荫下走。

召 集 会 议

大约两年前,有一艘英国船在土阿莫土岛被当地一些居民抢劫,当时该岛属于塔希提女酋长统辖。据认为,引起此次抢劫行动,与女酋长发布的法律有关。英国政府要求赔偿,数额将近3000美金,该岛同意了,去年9月1日应交这笔赔偿金。利马的政府首脑请菲茨·罗伊船长了解一下有关债务的情况,如还未还清必须继续偿还,直到英国政府满意为止。菲茨·罗伊船长为此请求与酋长见面,这位女酋长来自法国。于是召开议会讨论这件事,岛上各主要部落的首领都参加了,女酋长也亲自到会。我不想描述会谈的经过。原来,钱还没有付。提出来的理由也许相当含糊。从菲茨·罗伊船长事后的介绍来看,双方都表现出极端的善意、理智、谦和、坦率、合情合理。首领们答应如数偿还。菲茨·罗伊船长提醒他们：因为远处一个小岛犯下的罪行，就要牵累他们牺牲自己的财产，事情是难办的。他们回答说，他们对菲茨·罗伊船长的周到考虑很感谢，但是，波马尔是女酋长，他们都已决定在她有困难的时候给予她支持。

在主要议题谈完后，几位首领利用这个机会向菲茨·罗伊船长提出不少问题向他咨询。诸如海关、法律，如何对待外国人与外国船只，等等。某些问题，经会议作出决定，立即成为法律。这一塔希提议会开了数小时，会议结束时，菲茨·罗伊船长邀请女酋长来参观小猎犬号。

11月25日。傍晚，派出四只小船去迎接女酋长。小猎犬号上挂了彩旗。女酋长在许多首领陪伴下登上小猎犬号。他们的举止十分得体，不开口要东西，对菲茨·罗伊送给他们的礼物十分满意。女酋长是个大块头，不美，也不装模作样，但有皇家气质。她在各种场合下都不轻易表态，甚至可以说过于谨慎。放烟火最受欢迎。在这黑暗的海湾里，每一次爆竹升空爆炸就引起一片"噢"声。海员唱歌也大受称赞。过了午夜，客人才下船回去。

26日。傍晚乘着一股轻风，小猎犬号向新西兰驶去。太阳已经落山，我们告别塔希提的群山，投以最后的一瞥。每一个来访的航海者都会对这个岛啧啧称赞的。

新 西 兰

10月19日。傍晚，新西兰已隐隐在望。我们估计，我们已越过了太平洋。必须穿越过这个大洋，才能理解到它的伟大。我们快速航行数周，什么都没有遇上，只有这一个蓝色的、极广极深的大洋。习惯于看按比例缩了的地图，只能看到一些点和一些颜色较深的地方，有些地名，挤到一起，我们根本不能正确判断：对比海洋，陆地只占地球上多么小的一个比例。对踵点(Antipodes,澳大利亚与新西兰所处位置通过地心与英国恰好相对)的子午线已经过去,现在,我们愉快地想到,每走一里格,就靠近英国一里格(当时,新西兰还属于英国)。说到对踵点,我回忆起,在孩童时代,对此一知半解,十分好奇。前几天,我又想起它来,如今总算找到了它。连续数天大风,使我们有充分的闲暇时间来计算回家的航程,急切地盼望早达目的地。

岛　湾

12 月 21 日。一清早进入岛湾,在湾口因无风,停航数小时。到中午才到达停泊地。此地多山丘,山丘外形平滑,有许多深沟。从远处望去,地面上像是有层粗劣的牧草,山谷内也一样。有相当多的林地。总的来说,不是鲜绿色,有点像智利的康塞普西翁以南不远的地方。湾内有几个地方,一些四四方方的整洁房屋组成的小村庄稀稀拉拉地伸展到水边。有三条捕鲸船已抛锚停泊,有一只小划子不时穿来穿去。除此以外,整个地区给人一种极端安静的感觉。同热闹的塔希提无法相比。

下午我们上岸,到有一片房屋的地方去,那儿还够不上称之为村庄。地名叫巴依亚,是传教团居住的地方,没有当地居民,做仆役杂工的土著民除外。岛湾附近有两百至三百名英国人(包括家属)。许多房屋外墙刷白,显得整洁,都是属于英国人的。当地居民的小房显得很小、很糟,隔较远的距离几乎就看不见。在巴依亚,很高兴能见到屋前花园中栽培着英国常见的花,有数种玫瑰、忍冬、茉莉、紫罗兰以及整畦的多花蔷薇。

防 御 工 事

12 月 22 日。上午,我出去散步,但不久便发现这个地方实在不便行走。所有的小丘都长满了高大的蕨以及低矮的灌木丛,类似柏树。只有很少土地开发出来。后来我试着沿海边走,但不管从这头走或从那头走,不久就被深沟挡住。湾内各个区域的居民间的交通,只有靠划船(就像奇洛埃)。我惊奇地发现,我上过的山丘,从前几乎都筑有防御工事。山顶上砍出台阶,小堡垒的周边还挖了堑壕。后来我又观察到,内陆的主要山脉也同样有人工修筑的遗迹。库克船长把这些工事称做"帕斯"。从前,使用"帕斯"很普遍,堆成高堆的贝壳就可证明;一些坑里还有甜薯,是作为粮食储存起来的。鉴于山上没有水源,守据点的人是经不住长期包围的,只能对付抢匪的短暂攻击。火器传入后,改变了整个防御体系,跑到暴露的山顶上去不仅无益而且更糟。因此,现在都把"帕斯"建在平地上。它是个双层木栅栏,栅栏由又粗又高的木柱编成。栅栏的外形是 Z 字形的,以便照顾到各翼。栅栏里面,有一圈土墩,守卫者可以安全地在土墩后面休息,或者拿土墩当射击时的掩体。与土墩相连的,还有一些拱道,以便侦察敌人。向我介绍这些事的威廉姆斯牧师还补充说,他在一座"帕斯"里见到凸出来的扶垛或垛墙,问部落首领,这些垛墙有什么用,首领回答说,如果他手下的两个人或三个人被射杀,有了垛墙,邻近的战士见不到就不至于心慌。

新西兰人认为这些"帕斯"是完美的防御工事。因为来犯的人都不是训练有素的,他们不会听从首领的指挥去集中攻击一点,打开缺口。在部落战争中,首领不能命令这个人去这里,那个人去那里,每个人都是自己喜欢怎么做就怎么做。分散的个人接近栅栏,栅栏里朝外开枪,进犯者必死无疑。我看新西兰人是全世界最喜欢打仗的民族。库克船长形容说,他们见到有船进港,第一个念头就是用成百上千的石头掷到船上去,并且说"上岸来吧,我们要把你们全杀掉全吃掉"。在他们的习俗中显示出许多好战精神,即使是最小的动作也莫不如此。如果一个新西兰人被打,即使是开玩笑,被打的人一定回击。我就亲眼目睹受到还击的是一位英国官员。

如今，由于文明的进步，战事很少了，只有几个南边的部落还打仗。我听到一则典型的南方轶事：几年前，传教团发现南方有个部落正在准备战争，毛瑟枪已经擦亮，弹药已经备好。部落首领还在犹豫，这场战争值不值得，因为对方的冒犯并不严重。后来，他有一桶弹药快要失效了。在讨论是否要立即开战的问题时，弹药快要失效被认为是太大的浪费，有必要尽快用掉。传教士还对我讲了部落首领熊吉的事，此人曾访问过伦敦，他嗜战成性。他所在的部落有一段时间受到来自泰晤士(这不是英国本土的"泰晤士"，而是一个新西兰地名)的一个部落的压迫。他这个部落立下誓言：男孩子必须长得雄壮有力，必须永远记住所受的伤害。熊吉去伦敦，就为了实现这一誓言。他到了伦敦，别的礼物都不要，只要能转变成武器的礼物；别的手艺都不学，只学制造武器的手艺。熊吉一次去到悉尼，在马斯登先生的宅邸，偶然遇上了敌对的泰晤士部落的首领，两人碰面彬彬有礼，但是，熊吉告诉对方：如果在新西兰，必定以兵戎相见。对方接受了挑战。来自泰晤士的部落最终被打败，那个首领也被杀了。熊吉这人怀恨复仇的心理极强，但还被认为是本质很好的人。

傍晚，我同菲茨·罗伊船长和传教士贝克先生一道去访问科罗拉迪卡。我们在村中漫步，同许多人交谈，男人、女人、小孩都有。见到这些新西兰人，自然会拿塔希提人来对比。他们都属于同一个种族。对比之下，结论对新西兰人大大不利。新西兰人也许在精力充沛这点上有优越性，但其他各方面都不如塔希提人。新西兰人从外表一看就知道是野蛮人，而塔希提人一看就知道是文明人。无疑，刺青的习惯使他们更少获得好评。此外，新西兰人的眼中老有闪烁，给人一种狡猾、阴险的印象。他们身材高大，体魄健壮，但比起塔希提的劳动阶级，总是缺少一份大大方方的气派。

新西兰人的身上、屋里，都弄得很脏、很臭。似乎他们从不想到该洗洗身子、洗洗衣服。我见到一位首领，他穿的一件衬衣既黑又脏。问他怎么会这么脏,他带着惊讶的神情回答说:"怎么? 你们没见这是件旧衣裳吗?"有些男人穿衬衣,更普遍的是披一两条毯子,通常是黑色的,披在肩上,看起来极不方便,模样很怪。很少几位首领穿着体面的英国套服,不过只在盛大节日时才穿。

去 韦 梅 特

12 月 23 日。在一个名叫韦梅特的地方,大约离岛湾 15 英里,它是太平洋东海岸到西海岸之间的中点,传教团在那里买了一块地种农作物。人家把我介绍给威廉姆斯牧师,他获悉我有去那里看看的愿望便向我发出邀请。当地的英国居民布什比先生划他的船送我去,这样,我就不必多走路了,而且还可以见到一处瀑布。他同时还为我雇了一名向导。

当请附近的一位首领推荐一名向导时,这位首领自愿来担当此任。这位首领全然不懂货币的价值,最初问我打算给他多少英镑,后来说给他两美元,他表示很满意。我向首领指指我要带上的一件小行李,他立刻感到需要带上一名奴隶。这种骄傲感如今已开始减退,但从前一位首领情愿死去也不会去提一个包裹的。我这位同伴披一条脏毯子,满脸都是刺青,人倒还勤快有趣。他从前是一位有名的战士。他同布什比先生热烈交谈,有时两人会剧烈地争吵起来。布什比先生向我指出,常常需要给点颜色才能让大吵大闹的当地土著民安静下来。这位首领同布什比先生高谈阔论,用一种虚张声势的态度说"一位伟大的首领,一位伟人,是我的一个朋友,他来拜访我。你一定要给他好吃的,送他一些好礼物"等等。布什比先生让他说完这番吹牛的话,然后仅用这么一句话来回答他:"你是给奴隶下命令啊?"首领立刻做出一个十分滑稽的表情,安静了下来。

以前,布什比先生曾受到过严重的攻击。一位首领带着几个手下的人半夜时分企图闯入布什比的家,发现不容易攻入,便用毛瑟枪打了几枪。布什比先生受了轻伤,这伙人最后被赶跑了。不久,发现了谁是带头闹事的人。于是召开了一个首领会议,来讨论这件案子。夜间偷袭在新西兰被认为是十分恶劣的严重罪行,尤其是布什比先生还躺在家中养伤,更使土著人丢脸。首领会议决定把入侵者的土地罚没归英国国王。这次审判是前无先例的。再者,入侵的首领丧失了他的社会地位,英国人认为这比罚没土地的结果更严重。

正当小船要离岸,又有一位首领上船来,他只想乘船逛逛小港。我从没见过这么可怕的、凶恶的脸。使我立刻想起,在什么地方曾见过这样的脸。是啦,席勒的诗歌中曾写到有两个男人把罗伯特推进火炉中去。这正是那个抓住罗伯特胸脯的人。相面法这时灵验了。这个首领曾经是臭名昭著的杀人犯,又是个彻头彻尾的懦夫。到了目的地,我们上了岸,布什比先生又陪我走了一程约数百码。那个老无赖躺在船中朝布什比先生大喊:"不要待长了,我可不愿意在这里等。"

我们开始步行。道路颇平坦,两旁是高大的蕨。走了数英里来到一座小村,一些小屋集中建在一块儿,有些田地里已种上马铃薯。引进马铃薯使这个岛大大受益,现在,人们吃马铃薯比吃其他本地蔬菜还多。新西兰在自然条件方面得天独厚,居民绝不会饿死。整个地区都长满蕨类植物,这种植物的根茎,虽然不太可口,然而富有营养。土著民靠吃蕨根,吃海贝,就可为生。这个村子最显眼的是建了个平台,由四根长 10 英尺至 12 英尺的木柱支撑着。平台上存放收获的农作物,既安全,又干净。

走近一所小屋,见到了擦鼻礼,使我大开眼界。几名妇女见我们来到,发出一些哀伤的声音,然后蹲了下来,双手蒙盖着脸。我的同伴站到她们面前,一个挨一个地用他的鼻梁去碰她们的鼻梁,然后擦鼻子。所用的时间比我们见到朋友热情握手的时间还长。我们握手有时握紧了使劲摇,他们擦鼻也一样。在擦鼻过程，双方发出满意的咕哝声，非常像猪高兴起来互相碰擦并发出咕哝声。我注意到，那名奴隶见人就行擦鼻礼，不管他的主人——首领是否已行过此礼。尽管此地的主人对奴隶有生杀之权，但彼此之间应有何种礼仪则尚无规定。伯切尔先生说过，南非也是这种情况。当文明达到一定程度，便出现了各个社会等级间的复杂礼仪。譬如塔希提，以前规定所有的人在国王面前必须将上身赤裸。

同所有在场的人完成擦鼻礼令人厌烦。我们在一座小屋前围坐成一个圆圈，休息约半小时。所有的小屋都是一种格式、一样的面积，全都是又脏又乱。小屋就像是牛棚，一头敞开，一头是个光线暗淡的房间，有个方口供人出入。这个小房间存放财物，天冷时就睡在那里。吃饭，消遣，都在敞口的一头。我的向导吸完了烟，我们继续上路。仍是高低起伏的丘陵地，千篇一律地长着些蕨树。右手边是一条蜿蜒曲折的小河，岸边栽着些树，小丘上也时见一簇簇树木。整个景色，除了还能见到绿色以外，只是一片荒凉。见到这么多的蕨树，给人一种土地贫瘠的印象，然而，这个印象是不正确的，因为，尽管蕨类长得齐胸高，土地只要开垦出来就是肥沃的耕地。有些居民猜测这一大片土地原先都覆盖着森林，后来用火烧去一些森林，才清出现在的土地来。据说，在最荒秃的地点挖下去，经常会找到一些从贝壳杉(kauri，产于新西兰)流出来的松脂(松类树干分泌出来的树脂)。土著民开拓林地有他们的动机。因为提供食物的蕨树喜欢较开阔的地区。

土壤是火山岩销蚀成的。我们经过一些地段是表面粗糙的熔岩，附近一些小山明显可看出是火山口。尽管风景不美，但个别地方还较漂亮，不过，我还是从步行中得到乐趣。我本想再走一段，可惜我的同伴掌握了太大的讲话权。我只懂他们语言的三个词："好"、"坏"、"是的"。我只用这3个词来回答他的问题，当然，我根本不理解他说的是什么。然而，这倒也有效：这证明我是一个很愿听人讲话的人，一个很随和的人，因此，他不停地同我讲话。

传 教 团

我们终于到达韦梅特。走过长长的无人烟的地区,突然见到英国式的农庄房屋,见到整齐的田地,像是巫士用魔杖变幻出来,令人心情激昂。威廉姆斯先生不在家,来热情迎接我的是戴维斯先生,他邀我们去他家做客。同他一家人喝了下午茶,便去农场逛逛。韦梅特有三座大房子,分别由传教团的威廉姆斯、戴维斯与克拉克三家居住。三座大房子的附近都是当地农工住的小房子。在一片缓坡地上,大麦小麦已长得齐耳高,另一片地种马铃薯与三叶草。我不打算详细来介绍。还有几座大菜园,种着许多英国的水果与蔬菜。其中许多是适宜于气候较暖的环境的,例如:芦笋、菜豆、黄瓜、大黄、苹果、梨、无花果、桃、杏、葡萄、橄榄、醋果、茶蔗子、蛇麻子(伞形科植物的果实,可在啤酒制造中发酵作用)、用来编篱笆的荆豆,以及英国橡树,还有多种花卉。围着农场场院,建有牲口棚,有带扬谷机的打谷仓,有打铁炉,地上放着犁头与其他农具;中央则是猪群与鸡鸭共享的快乐园地,同每一个英国农庄的布局一模一样。数百码以外,把一道小溪拦出一个池塘,有一台大水磨。

五年前,这里还只是遍地蕨树的荒地,现在的成就令人惊喜!再者,当地的劳工,经过传教团的教导、传授,大变了样。传教团的授课就是巫士手中的魔杖。房子盖起来了,窗子都装上了玻璃,地耕出来了,甚至树也已经过移植,这些都出于新西兰人之手。在水磨房,一个新西兰人正在磨出雪白的面粉,就像他在英国的"兄弟"一样。我见到这一切,感到十分欣慰。我亲眼见到了英国带来的活力。当夜晚来临,各种做家务的声音,玉米地传来的蟋蟀声,误以为回到了自己的家乡。我不但为英国人的努力感到骄傲,更重要的是看到了这片土地未来的繁荣希望。

有几个年轻男子,被传教团从奴隶主那里赎买出来,雇为农工。他们穿着衬衣、上衣和长裤,有了一副可敬的模样。从一件小事可以判断他们是诚实人。我们在园里走的时候,一名年轻农工走到戴维斯先生身边来,交给他一把刀,一台手钻,说是他在路上捡到的,他不知道该还给谁。这些小青年看来非常愉快。傍晚,我见他们一伙人在玩曲棍球,我想到传教团被人加以种种诬蔑,而眼前却有传教团的小孩在同当地青年一同游戏。一种更有决定意义的、令人开心的变化是在年轻妇女身上。他们来此做家务佣工。她们外表整洁,身体健康,就像那些英国的女佣,同科洛拉迪卡的脏臭小屋中的妇女截然相反。传教团的女士们劝说她们不再刺青。有一个著名的刺青手艺人从南边来到此地,这些妇女说:"我们只要在嘴唇上刺点青,否则,老起来嘴唇就会起皱纹。"刺青没有从前那么多了,但是因为它已是区别首领与奴隶的标志,大概还会长期沿袭下去。观念已经成为传统。传教士告诉我,在土著民眼中,一张没有刺青的脸看上去很可怜,一点也不像新西兰的绅士。

晚上,我来到威廉姆斯先生的住宅,在那里过夜。我发现有一大群孩子来过圣诞节,正围桌坐着喝茶。他们非常开心,举止很好,没想到此地是有吃人肉习惯的、屡有谋杀与其他凶残暴行的土地的中心!

12 月 24 日。早晨,一家人用当地语言念祷词。早饭后,我去农田与菜园随意行走。今天有集市,邻近的村民带着马铃薯、印第安玉米来,赶着猪来,来交换毯子、烟草及其他东西,有时在传教团的一再劝导下,也换点肥皂。戴维斯先生的长子,自己经营一个农场,是市场主持贸易的人。传教士的子女从小来到此地,在掌握本地语言方面比他们的父母强,能自如地同当地人打交道。

贝 壳 杉

午前,威廉姆斯先生和戴维斯先生陪我步行去到附近的森林,观赏有名的贝壳杉。我量了一棵大树,发现近根处的树围竟有 31 英尺。另外一棵,足有 33 英尺。听说有 40 英尺以上的。这种树的树身笔直、平滑,高达 60 英尺甚至 90 英尺,上下一般粗,不分岔。树冠很小,同树干不成比例。叶子同顶部的树枝同样都很小。这一片森林几乎都是贝壳杉,最大的一些树有时排成行,矗立在那里,就像是一排巨型木柱。贝壳杉木是新西兰最值钱的出口货物。再者,它的树皮还分泌出一定数量的松脂,在美洲可卖到每磅 1 便士,但它有何用途,我还不清楚。有些原始森林必定是根本无法穿越的。马修斯先生告诉我,有一座森林宽 34 英里,把两个居民区分隔在两头,直到最近,才头一次有人从森林中穿越过来。马修斯先生和另一位传教士各带十五个人去林中开辟一条道路,用工天数超过十四天。我发现林中小鸟很少。在动物方面,也很特殊。这么大一个岛,长度超过 700 英里,许多地方宽 90 英里,有各种停泊地,气候好,有各种不同高度的山,最高高达 14 000 英尺,但是除了一种小鼠外,竟没有任何土生土长的动物。有数种巨型禽鸟。看来,Deinornis 取代了哺乳类四足动物,正如加拉帕戈斯群岛的爬行动物。据说,在短短的两年时间内,在岛的北端,一种普通的挪威鼠消灭了新西兰鼠。在许多地方我注意到有数种水生植物。有一种韭葱(百合科葱属草本植物),长得到处都是,让人讨厌,而这是一艘法国船好心移植过来的。

我愉快地回到威廉姆斯先生的住宅,我们共进午餐。餐后,为我租了一匹马,我回到了岛湾。我同几位传教士告别,十分感谢他们的好意,对他们的工作给以充分评价。

圣诞日。再有数日,我们离开英国就要满四年了。第一年的圣诞节是在普利茅斯(位于英国英格兰西南区,是英国海军基地和港口城市)过的;第二年在圣马丁港,靠近霍恩角;第三年在迪扎尔港(巴塔哥尼亚);第四年在特雷斯蒙的斯半岛的一个荒凉港口;第五年在这里过;下一年,我相信会是普罗维登斯,回英国了。我们在巴依亚的小教堂里做礼拜,牧师有时用英语讲,有时用新西兰语讲。我们在新西兰期间,并未听到任何有关最近吃人的情况。斯托克先生在一个小岛上发现一个灰堆旁四散着烧焦的人骨,不过,这些盛宴的残余可能已躺在那里有些年头了。很可能,民众的道德水准已迅速提高。布什比先生讲过一桩令人愉快的轶事,证明至少有一些信奉基督教的人已变得真诚。有个年轻人离开了他,这人是经常向别的仆人讲解祷告词,带头做祷告的。数星期后,布什比先生偶然在晚间经过一座小屋,他见到、听到他的一个仆人利用微弱的火光,向别人艰难地讲读圣经。读经之后,他们跪了下来做祷告,在祷词中,提到了布什比先生及其一家,提到了各地区的传教士。

一位新西兰妇女的葬礼

12 月 26 日。布什比先生邀请苏利文先生和我一道乘坐他的小船沿河上溯至卡瓦卡瓦,建议我们再走一段路到瓦奥米奥村,那里有一些奇特的石头。我们沿着一条河叉,愉快地一边划桨,一边欣赏四周的风景。到一个小村,弃舟登岸,有一位首领和一帮人主动前来带领我们步行去瓦奥米奥,有 4 英里路程。这位首领不久前把一名妻妾以及与这名妻妾通奸的奴隶两人吊死了,因此臭名远扬。有位传教士向他规劝,他表示出很惊讶,说他以为他正是按照英国的办法来处置的。那位年老的熊吉,他在英国期间正好遇上对女王的审判,他对整个审判过程表示极不赞同,他说,他有五位妻妾,他情愿把这五颗脑袋都砍下来,也不愿其中有一个人让他不痛快。离开这个村庄,又走近另一个村庄,这个村庄坐落在小丘旁。有个首领的女儿,尚未信奉基督教,五天前死于此地。她住过的小屋烧掉了;用两只独木舟包住她的尸体,直直地竖立在地上,旁边还竖着一个木刻的神像来保护,所有这些都漆成绛红色,所以从老远就看得见。女孩子生前穿过的一件袍子扎在了棺材上,她的头发被剪下来粘在棺材底部。全家亲属都从自己的手臂上、身上、脸上割下一些肉来,因此弄得全身血疤,一些老太婆看起来肮脏不堪,叫人恶心。第二天,一些官员来此地了解情况,还见到一些妇女仍在号啕大哭,仍在割伤自己的身体。

瓦 奥 米 奥

我们继续前行,不久就到了瓦奥米奥。这里有一些异常的石灰岩大石块,看来是一处已倒塌的堡垒遗址。这些大石头长期以来都拿来做坟墓,因此被认为是神圣的,不可随便碰触。我们走了约 100 码,感到已可结束。我们在这个村庄里休息数小时,我同布什比先生就该岛土地的出卖权作了长谈。在我们离开村庄前,村民送我们每人一小篮甜薯,我们遵照习俗,带到路上去吃。我注意到,在被雇来做饭的妇女中间,有一个男性奴隶。在这个尚武的岛上,一个男人被雇来做被认为是最下贱的女人活儿,一定被看做是最可耻的。奴隶是不允许参加战事的。我听说有个不幸的人在战争中逃跑,想投靠对方。这人遇上两个人,立刻被这两个人捉住。两个人为了谁可以做这个人的主人争论不休,为此两个人都手握石头凿成的短柄小斧,意思是谁也别想把这人活着带走。这个可怜的家伙几乎要吓死,后来有位首领的妻子说下话来,才保住了他的性命。我们愉快地走回停船的小村,傍晚时才上了船。

12 月 30 日。下午,我们离开港湾,驶向悉尼。我相信每一个人都愿意早日离开新西兰。这里不是个好地方。这里的土著民缺乏塔希提土著民所有的那种有魅力的单纯;而当地英国人中的大多数是受英国社会所排斥而来此地的。地区本身的景物也不吸引人。只有韦梅特及其信奉基督教的居民才让我有些怀念。

第十九章 澳大利亚

1836 年 1 月 12 日。清晨,一股微风送我们进入杰克逊港(澳大利亚的天然良港,东临太平洋)。没有见到青翠的田野,见到的是点缀着一些漂亮房屋的一长条黄色峭壁,使我们想起了巴塔哥尼亚海岸。只有用白石建成的孤零零的灯塔提醒我们已接近一个宏伟的、人口众多的大城市。海港相当好,很舒展,岸边的峭壁系水平沉积的砂岩。一片平地,覆盖着稀稀的矮树丛,说明了土地的贫瘠。向内陆深入,只见美丽的小别墅与整洁的村庄稀稀拉拉地坐落在海滩上,稍远处,有一些两层或三层石砌楼房,还有一台风磨,向我们指出,此地已是澳大利亚首府的郊区。

悉 尼

我们停泊在悉尼湾。小湾里停泊着许多小船,四周都是仓库码头。傍晚,我进城去,回来时心中充满了喜悦。这里是英国国力的最重大的见证。在这片质地不太好的土地上,20 年来的成就胜过南美洲 20 个世纪的成就。我的头一个感觉就是庆幸自己是个英国人。以后见到的许多方面也许使我的喜悦有所减退,然而,它仍是一个美好的城市。街道规则、宽阔、整洁,管理得井井有条。房屋都很宽敞,商店装饰讲究,完全可以同伦敦郊外一些大市镇甚或英国的一些大城市相比。还要看到,伦敦也好,伯明翰(位于英格兰中部)也好,都不是这么快速发展起来的。相当多的大宅子以及刚刚完工的一些建筑确实令人吃惊。尽管如此,这里的人都在抱怨税赋过高,买不起房子。我发现在南美洲的城镇里,有钱人寥寥可数,人们能够指出这部马车是谁家的,那部马车是谁家的,这种情形一点也不令人惊奇。

去巴瑟斯特

我雇了一个人和两匹马去巴瑟斯特,这个村庄离海岸约 120 英里远,是畜牧地区的中心。我想从这里看到整个地区的总印象。1 月 16 日清早出发,第一站到帕拉马塔,是个小镇,但重要性仅次于悉尼。道路极好,是按麦克亚当(约翰·麦克亚当,1756—1836,首创碎石路面的苏格兰工程师)的原则建起来的,特地从数英里以外找来了暗色的粗玄岩石料。各方面都像英国,啤酒店也许比英国的市镇更多。最不像英国的是"铁链帮",那是一些罪犯,用铁链串起来,在子弹上膛的哨兵监督下劳动。

政府握有强制劳动的权力,在整个地区一下子把道路修建起来,我相信这是这一殖民地经济繁荣的重要原因。我在离悉尼 35 英里的伊姆渡口的一家非常舒适的旅馆过夜,这个地方靠近"蓝山"的山脚。从悉尼到这里的道路最繁忙。这里是建设最早的住宅区,有许多结结实实的住宅与漂亮的村庄。但仍有大部分土地尚未开发。

森 林 概 貌

新南威尔士大部分地区的植物品种单一,这是个很显著的特点。有很开阔的林地,地上长着稀稀的牧草,只有一点点绿色。树木几乎都属于同一科,大多数树木的树叶不像英国那样横长而是竖长的;树叶稀疏,叶片的颜色是一种奇特的浅绿色,没有一点光泽。因此,树林是亮的,没有树阴,这对旅行者当然是一种损失,而对农夫有好处,便于长草;否则,树阴多,草就长不好。树叶并不定期脱落。这一特点在整个南半球,即南美洲、澳大利亚、好望角是普遍现象。南半球的居民,热带地区的居民,因此而失去见到也许是世界上最壮丽的景色(对我们来说已司空见惯)——树叶刚刚在枝头发芽。然而,他们可以说:我们为此付出了沉重的代价。确实如此,但我们仍觉遗憾,生活在热带地区的人无法体验到察觉春天来临的那种微妙的欣喜之感。大部分树木,除桉树外,都长得不粗,但很高、很直,而且都相隔一定距离。有些桉树每年会脱一次皮。

土 著 民

日落时,一群二十来个当地的黑人从我们身旁走过,每个人手握长矛和其他武器。我给带头的年轻人一个先令,让他们投掷长矛给我看看。这些年轻人都赤裸上身,有些人会说一点点英语。他们的面部表情温和、愉快,没有长期受压抑的样子。30码以外搁了一顶便帽,他们像射箭那么快,把长矛投掷过去,戳穿了帽子。他们追踪动物追踪人的本领十分高超、灵巧。然而,他们不愿耕地,不愿盖房定居下来,即使有人给他们一群绵羊,他们也不愿畜养。总的来说,给我的印象是他们在文明程度上要比火地岛印第安人高出不少。

看起来很奇特:在一个文明的民族中,都有一些不伤害任何人的野蛮人四处闲逛,靠狩猎为生,每天都不知道今夜宿在何处。他们分属若干部族,始终保持自己的传统习俗,有时彼此之间还发生争斗。

土著民正逐渐灭绝

当地土著民的数量正在锐减。我骑马旅行的全过程中,除了见到几个由英国人抚养长大的男孩外,只见到过一群人。人口锐减的原因之一是引进了烈性酒以及欧洲的疫病的传入(即使是麻疹这样不算很严重的病,也会夺去许多人的生命)(在某些国家,外国人和土著民得了同样的传染病,治愈结果大不一样。智利有过这样的例子,据洪堡说,墨西哥也一样)再就是野兽的逐步灭绝。据说,由于他们的流动生涯的习惯,许多小孩在婴幼时期夭折;而由于野兽的逐渐减少,又促使他们更加重了流动的生活习惯。尽管并未发生饥荒,人口锐减的速度比文明国度迅速得多。

除了以上明显的原因外,还有一些神秘的因素。欧洲人得病能治好,死亡只追逐土著民。我们可以看看南北美洲、玻利尼西亚、好望角与澳大利亚,都是同样的情形。可见,并不是白人单独扮演着摧毁者的角色。各种各样的人看来也同各种各样的动物一样,强者总要胜过弱者。新西兰那些富有生气的很好的土著民说:他们早就明白了,到他们的子女这一代,土地就注定要改换主人了。听到这样的话是令人难过的。谁都知道,自从库克船长航海的年代以来,美丽的塔希提岛的人口莫明其妙地骤减了,本来我们还以为人口应当是增加的,因为过去长期存在的溺婴现象已经中止,放荡现象已大大收敛,血腥的战事也较少发生。

传 染 病

威廉姆斯牧师在他的有趣的著作中写道:土著民同欧洲人第一次接

触,"便不可避免地患上发烧、痢疾或其他疾病,曾带走不少人的生命"。他又说一个无需争论的事实是,在他居住该岛期间曾肆虐一时的大多数疾病都是船只带进来的。(比彻船长曾指出,皮特凯恩岛的居民坚信,一些外国船只到来后,他们就会得皮肤病或别的病。比彻船长认为这是饮食习惯发生变化的缘故。麦库洛克博士称:"陌生人来到圣基尔达岛,所有的岛民都患伤风。"迪芬巴赫博士在他的温哥华之行后说,查塔姆岛的居民,新西兰某些地方的居民,都有类似的说法。我还可以补充,我在什罗普罗郡曾听说,用船从外地运来的绵羊,关进本地的羊群后,经常引起羊群发病。)而引人注目的是,船员在上岸前并无患病的迹象。这类声明并不很出人意外,因为历史记录了若干事例,说明岛上曾爆发严重的热病,而成为肇因的船员本身倒不得这样的病。在乔治三世国王统治初期,一名关押在地牢里的囚犯由四名士兵押着乘马车来见地方法官。后来,四名士兵都患斑疹伤寒死去,囚犯安然无恙,斑疹伤寒也未传染给别人。从这些事例也许可以说明,如果有一组人关在一起所产生的臭气被别人吸入体内,便会变得有毒,如果是不同的种族,就更加如此。同样不会使人更惊奇的是,一个已死的人,尸体开始腐烂之前,经常会有毒气产生,用解剖工具穿刺的话,将有致命的危险。

"蓝　山"

17 日。清早,我们乘渡船经过尼平。此处河面渐宽,水流又急,但水量不大。渡河之后,我们来到对岸"蓝山"的一面缓坡。坡度不大,路是从砂岩开凿出来的。到顶上,发现是一块平地向西伸展出去,逐渐升高,最后高达 3000 英尺以上。以"蓝山"这么个漂亮的名字来说,我原先估计会见到一串青翠可爱的山脉,而事实却非如此,只见一片斜坡形的平原,成为低处海滨的一座大墙。从第一个斜坡看过去，东面一片广阔的林地相当好看，四周的树木长得高高大大。但从砂岩的平台上望过去，景色变得十分单调。道路两旁栽的是不落叶的桉树(树身较矮的一种)，除了两三家小旅店外，既无农田又无房舍，一片孤寂，唯一打破沉寂的，只有一些牛车，运载着大捆的伐木。

"绿 海 湾"

中午，我们在一家小旅店歇息喂马。此地名叫"上风舷"，海拔2800英尺。大约1.5英里以外，有一景点很值得去一看。随着一个小河谷下去，不久，意想不到从树林透视过去，一个"大海湾"赫然在目(如果我可以用"海湾"这个词的话)，步行数码，就站到断崖的顶上，脚下便是那个有森林覆盖的"大海湾"。"大海湾"海拔1500英尺。站在这里就像是站到了一个真正的海湾的尽头。断崖向左右两边伸展出去。断崖系由一层层的白色砂岩组成，成绝对垂直的角度。你站到崖边，扔一块石头下去，就可见到石头落在深渊下的某棵树上。断崖连绵不断，直到一座瀑布处，据说要走16英里左右。离此约5英里，有另一条断崖伸展出去，形成对"海湾"的包围，因此，用"海湾"这个词来形容这个圆形剧场似的大凹地，还是恰当的。如果我们想像一下：一个半圆形的海湾，周围都是断崖，后来水退走了，剩下干地，沙地上又长出了森林，那么，就成了现在这个样子。这种景色对我来说，相当新颖，只觉得壮丽已极。

傍晚，我们抵达"黑荒地"。砂岩组成的平原，海拔3400英尺，地面上仍是同样的矮树丛。路上偶尔可以瞥见一些深谷，由于太陡、太深，无法见到谷底。"黑荒地"是家十分舒适的小旅馆，由一位退伍军人在经营，它使我想起了北威尔士的小旅馆。

18 日,早上很早起床,步行约 3 英里去看"戈维特跳跃"。这个地方同上述"上风舷"附近那处景观很相似,也许更加宏伟。天色尚早,"湾"内有薄薄的一层蓝色的雾,再加上"湾"面太深,使人难以看清森林的面貌。要想下到这些深谷中去,大概要绕着弯走 20 英里。

凹地的原始状态与成因

最初见到圆形剧场似的凹地,以及周围成水平式的地层,想到的是,同其他河谷一样,是水的作用把此地空出来的。但是联想到凹地上有大量石块,想必是由峡谷移过来的,那么,人们不由得会想到:这些大凹地是否曾沉在海中? 但考虑到这些不规则地岔开去的深谷的形状,考虑到从台地四射出去的狭狭的岬角,我们不得不放弃这种想法。把这些大凹地认作是近代的冲积效果是荒谬的;也不是如我在"下风舷"附近曾做出的估计——崖顶经常流下水来被排干的结果。一些当地居民对我说,他们每次见到那些像海湾的凹地,总觉得它们像是陡峭的海岸——这当然是对的。再者,看看新南威尔士现在的海岸,有许多像树枝分岔似的港湾,通常是由沿海的砂岩峭壁蚀出来的,宽度由 1 英里至 1/4 英里不等,就像内陆的那些深谷,只不过在尺寸上小得多。但是,又立即出现了新的难题。大海为什么会在一个广阔的台地上侵蚀出一些凹地,侵蚀活动必然要带走大量的磨碎的泥土石块。对这种不可思议的现象,我以为只有一种解释。在一些海洋中,可见到一些形状极不规则的沙洲,沙洲的边很陡,西印度群岛中的部分岛屿正是这样的,红海中也有类似情况。从而导致一种假设:这种沙洲是以不规则的海底为基础,由强水流把沉积物堆积起来的。在某些情况下,海洋并不把沉积物平铺开去,而是在水下堆成岩石与岛屿。你在仔细研究西印度群岛的地图之后,对此绝不会再有怀疑。你必然会相信,海浪有此威力,能堆出高高的、陡峭的峭壁出来，即使在陆地环抱的港湾内也有此力量，我在南美洲的许多地方都曾见到此种情形。把这样的观念运用到新南威尔士的砂岩台地上来，完全可以想像到：这种砂岩台地是在不规则的海底结构上，由高低起伏的大海的强水流所形成的；那些像海湾的、未填满的凹地，必有陡坡形的两翼，在一个陆地缓慢上升的长过程内，侵蚀成为峭壁；侵蚀掉的砂岩，或是在海水退缩，形成窄沟的时候被带走，或是逐渐受冲积作用形成冲积地层。

离开"黑荒地"不久，我们通过维多利亚山的通道从砂岩台地下来。为了筑出这个通道，曾凿切大量的山岩。它的设计，以及实施方案，可以同英国修筑道路相提并论。现在，我们进入一个不太高的地区（海拔将近100英尺），地层结构为花岗岩。由于岩石的改变，植被大有改进，树木质地提高，相隔较宽，树林之间的牧草地显得较绿，产量较高。在"哈桑墙"，我离开公路，抄近路去到一个名叫瓦勒雷旺的农场。住在悉尼的农场主有信把我介绍给农场的管理人布朗先生。这座农场在此殖民地上是大规模养羊的牧场的典型。养了大量的家畜与马匹，房屋附近则开辟出两三块耕地种植玉米，现在正值收获季节。但小麦不足以供给本场的农工。按规定，罪犯被派来做仆役的，约有四十人，其实不止此数。尽管农场中储足各种必需品，却缺乏一种舒适感。住在农场的，都是男性，没有一个妇女。日落时分通常都会让人以一种快乐的、满意的心情去欣赏美丽的景色，而在此地，在这破旧的农舍中，见到周围树林再明亮的色彩也不会使我忘记那四十个放荡不羁、心肠变硬的男人，就像非洲来的奴隶，结束一天的劳动也得不到圣洁感情的安慰。

袋鼠、鸭嘴兽

第二天早上，另一位主管人阿彻先生好意邀我同去狩猎大袋鼠。一天之中大部分时间都在骑马,未遇见一只大袋鼠,甚至一只野狗也未见到。猎犬追逐一只鼷(xī,体形如兔,头上无角,四肢细长,脊背弯曲,有一条较长的尾巴),鼷钻进一个大树洞,我们上前把它拽了出来。其身体大小同兔子相近,长得像袋鼠。数年前,这个地区动物极多,如今鸸鹋已被放逐到很远的地方,大袋鼠也很少见到。英国种的猎犬"灰狗"是鸸鹋与大袋鼠的克星。这些动物的灭绝可能还需要较长时期,但它们的命运已定,当地的土著民经常到农场来借"灰狗"。殖民者借给土著民"灰狗",宰杀家畜后把内脏下水分给土著民,或分给一些牛奶,来拉拢土著民,而他们的农场、牧场也就逐步向内地扩展。没有头脑的土著民被这些小恩小惠蒙蔽了双眼,还欢迎白人的到来,而这些白人看来早已决定要让他们的子孙后代来继承这片土地。

尽管狩猎成绩太差,但骑马的乐趣不小。树林通常都很稀疏,骑着马就能穿过。有一些平底的谷地把树林横切开,谷地也是一片碧绿。这样的风景同公园差不多了。在这个地区我几乎处处见到有火烧痕迹。烧过的森林中很少见到禽鸟。我只见到过几大群白鹦鹉在玉米地里吃食,还有几只很漂亮的鹦鹉。乌鸦(像英国的寒鸦)并不少见。还有一种鸟,像喜鹊。暮色苍茫,我沿着一条有一串池塘的道路信步走去。在这干旱地区,这里就像是一条河,我有幸见到极有名气的鸭嘴兽。它们在水面上嬉耍,有时潜入水内,身体很少露出水面,容易被误认为是水老鼠。布朗先生射杀一只,做成标本,但鸭嘴已变硬、缩小,不是原来的样子。[我们在此地有趣地发现狮蚁筑成的漏斗形陷阱。起初,一只苍蝇从坡上滑下去,立即不见了踪影。然后来了一只大大咧咧的大蚂蚁,它强烈地挣扎逃命。陷阱里喷射出砂粒来(据基尔比和斯宾斯说,是狮蚁用尾巴扇出来的),射在闯入者的身上。蚂蚁的命运比苍蝇好,躲开了从漏斗深处伸出来的爪子。这种澳大利亚狮蚁筑的陷阱只有欧洲狮蚁筑的陷阱一半大。]

巴 瑟 斯 特

20 日,骑马一整天到巴瑟斯特。上大路前,走了一条小径。除了一些小矮屋外,整个地区一片荒凉。这一天,我们经历了澳大利亚的西洛可风(地中海地区的一种风,源自撒哈拉,在北非、南欧地区变为飓风。西洛可风会导致干燥炎热的天气),是从内陆焦热的沙漠吹过来的。灰尘暴吹向四面八方,吹来的风就像是从大火顶上刮过来的。我后来听说室外温度高达华氏 119 度,门窗紧闭的屋子里是华氏 96 度。下午,我们去看有名的巴瑟斯特沙丘。高低起伏近于平滑的丘陵地,看不到一棵树。只长一些稀疏的褐色牧草。我们骑了若干英里,才到巴瑟斯特镇。镇子坐落在十分宽阔的谷地(或叫它狭窄的平原)的中央。我在悉尼时就听说,不要从大路两侧的情况就判断澳大利亚有多糟,也不要从巴瑟斯特一个地方就判断澳大利亚有多好。我想我是不会抱偏见的。这季节是干旱季节,从总的面貌来看,此地一无是处。但是,巴瑟斯特之迅速繁荣起来,恰恰是陌生人眼中一钱不值的褐色牧草所致。这种牧草是最佳的羊饲料。镇子海拔 2200 英尺,在麦夸里河的河岸。这条河同其他几条河一样,都是流向内陆的。分水岭高约 3000 英尺,一条河朝北,一条河朝南,朝南的河流到海岸,长 80 英里至 100 英里。从地图上看,麦夸里河是这一流域的一条最大的河,而我惊奇地见到这条河仅仅是一串池塘,池塘之间相隔一段距离,几乎都是干沙地。通常有一条小水,而有时是滔滔大水。整个地区,水都稀缺,越往内陆越缺水。

22 日。开始回程。走的是另一条名叫"洛克线"的路。沿路山丘较多,风景也较佳,骑马一整天,我想住宿的地方又距道路较远,还不好找。这一天,以及后来的几天内,我所遇到的社会下层的人,都很有礼貌。我借宿的农庄,主人是两个年轻人,刚出来工作不久,现在已开始过起殖民者的生活了。舒适享受几乎谈不到,但他们都怀有不久的将来就能发达兴旺的信心。

次日,我们经过不少烧荒点,黑烟吹到路上来。中午,我们重新走上大道,开始攀登维多利亚山。我在"黑荒地"过夜,天黑以前再去看看"圆形剧场"。在回悉尼的路上,我同金船长度过了愉快的一个傍晚,结束了此次南威尔士之行。

社 会 状 况

在来到此地之前,有三件事情使我感兴趣。一是上层社会的情况;二是罪犯的处境;三是吸引外来移民的因素。当然,只有这么短暂的观察,所得到的印象是微不足道的。但是,判断不一定正确,印象总会有的。总的来说,我听闻的比我目睹的多。我对此地的社会状况是失望的。几乎在每一个方面,社会都分裂成相互仇恨的几派。生活条件好的人,应当成为卓越的人士,却都挥霍无度,自尊自重的人们都不愿与他们为伍。有钱的刑满释放者的子女与自由拓殖民的子女之间相互嫉妒,前者把诚实人都看成是侵占他人权利者。全部居民,无论穷富,都在为赚钱拼命。上层人物中,牧羊与羊毛是永无止境的话题。一个家庭里面,常有许多困扰人的事,主要的一件也许是成天被罚做仆役的罪犯包围着所留下的厌恶感。尤其是女罪犯来做仆役更糟,孩子们即使不学她们的罪恶思想,也会学到那种罪恶的表情。

另一方面,一个人拥有的资金,可赚到相当于在伦敦获利的三倍,自然会很快致富。生活奢侈品为数极多,有些价格比英国还贵。大多数食品比英国便宜。气候宜人,于人健康十分有利。但对我来说,荒凉的景色使这片土地丧失魅力。殖民者非常容易让他们的后辈年纪轻轻就有事做。十六岁至十八岁,就能主管一个较远的农业管理站。但无疑,所付出的代价是让这些子弟同强制劳动的罪犯朝夕相处。在这种环境下，再加缺乏文化教育，很难避免同流合污。我的看法是，除非走投无路，我是不会移民去那里的。

这块殖民地的迅速繁荣并且前景看好，仍使我感到困惑。两大出口产品是羊毛与鲸油，这两种产品都有极限。这个地方绝不适宜开凿运河，因此，羊毛的卖价还抵不上照料羊群和剪羊毛的费用。牧草长得这么稀，拓殖者把牧场越来越迁往内陆深处。而内陆深处十分贫困，由于干旱，经营农业的规模不再有扩展机会。因此，据我所见，澳大利亚必须有赖于成为南半球的商业中心，以及未来发展的制造业。此地富有煤炭，沿海可以开发出许多居住区，又有英国的血统，肯定会成为一个海上的国家。我从前想像澳大利亚将发展成像北美洲那样伟大、强盛的国家，但今天看来这种宏伟的前景是大有疑问的。

至于罪犯的状况，我掌握的资料不足以作出全面评估。我的头一个问题是，他们是否处于完全受惩罚的境地？谁也没有说过，这是一种严厉的惩罚。物质上的需要，勉强可以得到供应。自由与享受的未来前景并不远。只要表现良好，自然会得到一张"离境证"。一位知道内情的人告诉我，对于罪犯来说，除了感官上的乐趣，不知还有什么别的乐趣。他们在这方面自然是不满足的，政府以发给释放证为诱饵，在罪犯中大量收买人，同时又以禁闭关押为恐吓，使罪犯之间互不信任，也由此防止了再犯新罪。至于讲到羞耻心，罪犯中根本不知道此种感情为何物。我听不少人说，犯罪分子的性格特征是彻头彻尾的懦弱。并不少见，有些人绝望了，走上了轻生的道路。虽有一个防止自杀、鼓励上进的计划，但实施不力。最糟的是太缺少道德教育。一位深悉内情的人告诉我，如果想上进，一定不可以同派来做仆役的罪犯共同生活。总的来看，作为一个惩罚性的流放地，其目的并没有达到；改造人的制度是失败的，也许其他的计划也都将失败。但是，作为一种让人们外表看起来还诚实的办法，作为改变流浪生涯的手段，把北半球无用之人转变为南半球有用之人，从而诞生一个新的宏伟的国家，一个文明的宏伟中心，那倒是在某种程度上获得了成功，在世界历史上尚无此先例。

范迪门地的霍巴特镇

30 日。小猎犬号驶往范迪门地的霍巴特镇。2 月 5 日，经六天航程，进入斯托姆湾。前三天气候很好，后三天变冷，又起了风暴，这种气候宜得这样的湾名。(Storm Bay 斯托姆湾，按意译为暴风雨湾。) 这个海湾其实应称之为河口湾，因为湾头正是德文特河。近湾口，有一些宽阔的玄武岩石平台，高出地面，成了小山的模样，上面有少量树林。近水部分已开垦出来。黄色的是玉米地，深绿色的是马铃薯地，看来产量丰富。晚上，我们停泊在一个小海湾，岸上就是塔斯马尼亚岛的首府。最初的印象觉得比悉尼差多了。悉尼可以称之为城市，塔斯马尼亚只能称之为市镇。塔斯马尼亚坐落在威灵顿山的山脚下，威灵顿山高 3100 英尺，风景一点也不优美。但不管怎样，它是个提供淡水的好水源。湾的沿岸有几家很不错的仓库，一侧还有一个小堡垒。由于它从前是西班牙的一块殖民地，所以在防御上下了很大功夫。同悉尼相比，此地已建成的或正建的大宅第少之又少，这点给我留下了深刻印象。霍巴特镇按 1835 年的统计资料，共有 13826 名居民，而塔斯马尼亚全岛有 36 505 人。

土著民全部被迁移

所有的土著民被迁移至巴斯海峡的一个岛上去了，因此范迪门地具有远离土著民的有利条件。这种大规模迁移的做法是最残忍的做法,但看来是不可避免的。只有这样,才能制止可怕的连续不断的抢劫、放火、杀人,这些都是由黑人犯下的罪行。而随着最后灭绝的来到,这些罪行或迟或早也就终止了。无疑,一连串的罪恶活动是出自某些英国人之手。三十年不过是一瞬间,在这期间,最后一名土著人被驱赶出他祖居的岛屿,而此岛的面积几乎等同于爱尔兰。英国政府同范迪门地政府之间有关这个问题的通信十分有趣,透露出一些历史。发生过一些规模不大的冲突,有些土著民或被击毙或被关押。然后,双方相安无事有数年之久。1830 年,全岛实行军事管制,宣称要保证全岛居民的安全。军管当局实施一项计划,这项计划同印度的大狩猎竞赛很相似。岛上划了一条线,目的在于把全部土著民都驱赶至塔斯曼半岛上去。计划失败,土著民半夜里拴着他们的狗偷偷越过线去。他们有这本事毫不值得惊奇。他们有熟练的技能。因为他们常在野兽身后爬行追踪。我确实听闻,他们能在光秃的土地上把自己的身子隐藏起来。因为他们的黑肤色身子很容易同到处可见的黑色树桩相混淆。我听说一伙英国人同一名土著民之间发生纠纷。这名土著人在光秃的山前直直地站立着。但如果那几名英国人闭上一小会儿眼,土著民就立即蹲下来,从此,英国人再也无法分辩出他是树桩还是黑人。现在再回到狩猎竞赛这件事上来。土著民明白这是战争的一种方式,他们见到了白人在数量上、在力量上的优势。不久,分属于两个部落的 13 名土著民进入"狩猎圈",他们意识到自己的劣势,便在绝望中投降了。后来,土著民陆续被诱入圈套,最后,全部被强迫迁移到一个岛上,不过,倒也提供给他们衣服和食物。斯特泽勒斯基伯爵在他的一本著作中写道:"1835 年放逐时期,土著民有 210 人。1842 年,也就是说,相隔七年,土著民只剩下 54 人。此后,再隔八年,南威尔士内陆地区的每一个家庭都是儿女成群,而放逐岛上的土著民人口只增加了 14 人。"

威 灵 顿 山

　　小猎犬号逗留十天。在此期间，我有数次短途旅行，主要是考察附近的地质结构。我主要的兴趣首先在于有许多骨化石的地层，分别属于泥盆纪(距今约 4 亿至 3.6 亿年,这个时期地球上许多地区升起,露出海面成为陆地)与石炭纪(距今约 3.55 亿至 2.95 亿年,陆地面积不断增加)；其次是有关陆地上升的证明；最后，在一个偏僻的、距地面较浅的黄色石灰岩或石灰化地层中，有无数现已灭绝的树木的树叶与陆地贝类的压痕。很有可能，这个小小的石坑是范迪门地前一历史时期遗留下来的唯一记录。

　　此地气候比新南威尔士潮湿，因此土地较肥沃。农业很发达。耕地侍弄得很好。菜园与果园，一派繁茂。有些农舍外表很差。植被总的状况类似于澳大利亚，也许比澳大利亚更绿，更有生气，林地中的牧草也更丰盛。一天，我在市镇对面的海滨区漫步时，又乘汽艇摆渡去对岸。有两艘汽艇来回穿梭摆渡。其中一艘汽艇的机械全是由这个殖民地自己制造的。这块殖民地自最早建立以来，还只有三十三年。另一天，我攀登威灵顿山。我带了一名向导，因为头一次我想穿过一处密林未能成功。然而，这位向导却是个蠢人，把我们带到了南坡，那里相当潮湿，植被茂盛。有许多腐烂的树干，跨越这些腐烂的树干很费劲，同在火地岛或奇洛埃岛爬大山一样累人。费了我们五个半小时才登上山顶。在许多地方，桉树长得极高，森林也显得很有气势。最潮湿的深沟中，长得像树那样的蕨类植物十分壮，我见到一棵，至少高 20 英尺，身围 6 英尺。蕨树的叶子形成华丽的遮阳伞，提供一片阴凉，白天也成了傍晚。山顶平坦宽阔，系由大块带角的裸露着的绿岩组成。海拔 3100 英尺。天空异常晴朗，视野十分开阔。北面，是树木葱茏的群山，高度与我们所在的山顶相仿，也同样是圆圆的外表。南面，陆地与河流纵横交叉，形成许多小河湾。在山顶停留数小时后，我们找到一条较好的路下山，晚八点才回到小猎犬号。

乔治王海峡

2月7日。小猎犬号离开塔斯马尼亚岛，3月6日抵达乔治王海峡，位于澳大利亚的西南角。我们在此逗留八天，过了一段最无趣的日子。从高处望去，这个地方像是个多树的平原，这儿，那儿，有一些由花岗岩组成的部分光秃的小山。一天，我同几个人一道出去，盼望见到狩猎大袋鼠，结果走了好多英里的路。到处见到沙质的土壤，十分贫瘠，只长着粗劣的灌木与细草，或是由矮树组成的小树林。景色很像"蓝山"的砂岩丘陵。木麻黄树（多少近似苏格兰冷杉）为数很多，桉树较少。在开阔地区，有许多禾木胶树，这种树外貌像棕榈树，但没有棕榈树那样的大叶片，而只有一些像粗劣杂草那样的小叶子。从远处看，灌木丛和其他植物发出的鲜绿色似乎说明了土地的肥沃。而实际上，只要走一段路，就足以排斥这个概念，谁也不想再到这么一个恶劣的地方来。

"秃头"、树干中的含钙物

一天，我同菲茨·罗伊船长为伴，去到"秃头"。有许多航海者提到过这个地方，有些人说在这里见到了珊瑚，有些人又说见到了木化石，就矗立在它们原先生长的地方。依我们来看，是由风把沙子吹成堆，其中包含许多由贝壳和珊瑚磨碎而成的小圆粒，在此过程中，一些树枝与树根以及许多陆地贝类也被包裹在内。这种沙堆因含钙物质的渗透而固结起来；树心蚀空的树干被这种东西塞满，成了假钟乳石。经过岁月的消磨，柔软部分被销蚀掉,只留下坚硬的部分,于是,树枝与树根就戳到面上来,给人以假象,以为是死树的树桩。

土著民的舞蹈

我们在该地时,正好有一大群名叫"白鹦"部落的男子来参观拓居地。这些人,以及乔治王海峡本地的土著民,给他们几桶稻米或白糖,就可以让他们来做舞蹈表演。天渐黑,点起了几堆小火,人们开始化妆,在脸上、身上涂上白点、白线。全体男子化妆完毕,点起一个大篝火,招来一群妇女与小孩做观众。白鹦族与乔治王海峡的一族分成两边,先由这边舞蹈,然后由那边来"作答",如此循环下去。舞蹈动作包括向两边奔跑,或按印第安纵列奔向一个开阔地;齐步前进时,使劲跺脚。还有许多姿势,例如伸出双臂,扭曲身体,等等。总之,按我们的观念来说,他们的舞蹈是最粗鲁、最野蛮的,毫无可观之处,但我们见到,黑色人种的妇女和小孩观看舞蹈显得非常开心。也许这些舞蹈原本来自战争与胜利。有一种舞蹈,有人称之为"鸬鹚舞",舞蹈的男子伸出手臂再弯起来,就像鸬鹚伸出脖子。另一幕舞蹈,一个男子模仿大袋鼠在林地上吃草;另一只"大袋鼠"悄悄爬近来,装出要啄它的样子。当两个部落的人同时起舞时,重重的跺脚,大地也为之颤抖。四处响起狂野的吼声。每一个人都显得万分激动。这么一群近乎裸体的男子,在篝火周围跳动,既丑陋又和谐,展示出一幅低等野蛮人节日庆典活动的图景。我们在火地岛也见过野蛮人生活的许多奇特景象,但从未见过这么情绪高昂的舞蹈。舞蹈结束后,全体人员围成一个大圆圈,将放了白糖的米饭分到各人手中,个个喜之不尽。

离开澳大利亚

由于多云天气,耽误数日,于 3 月 14 日,我们告别了乔治王海峡,愉快地驶向基林岛(又名科斯群岛,是澳大利亚在印度洋上的海外领地,位于澳洲大陆与斯里兰卡之间)。永别了,澳大利亚! 你是一个正在成长的孩子,毫无疑问,在未来的某一天,你将成为一位统治南方的伟大公主。但是,你是太大了,你有太多的野心,今天还不足以令人尊敬。我离开你的海岸,并无半点遗憾或后悔的心情。

第二十章　基林岛——珊瑚结构

基　林　岛

4 月 1 日。我们已望见印度洋中的基林岛,或称科科斯群岛,大约离苏门答腊(属印度尼西亚) 600 英里。这是一个珊瑚结构的环礁湖岛 (或称环状珊瑚岛),同我们曾经经过的土阿莫土群岛相类似。小猎犬号驶进海峡时,一位英国居民利斯克先生从他的船舱中走出来。这个地方的居民,可简单地叙述如下: 大约九年前,黑尔先生 (一个无足轻重的人物) 从东印度群岛带来一批马来亚群岛(东印度群岛) 奴隶,如今这批人包括他们的子女在内已超过一百人。不久后,曾来此地做生意的罗斯船长从英国来,也把他的家属带来,还带来了不少商品,利斯克先生是他的伙伴,也随船来到。很快,马来亚奴隶从黑尔先生的小岛逃跑,加入了罗斯船长的一伙。黑尔先生最终不得不离开了这个地方。

马来亚奴隶如今名义上已是自由人,在生活待遇上确已如此,但在许多方面仍被认为是奴隶。他们的生活不舒适,不断从一个小岛迁移到另一个小岛,也许还受到不公正的处置,因此前景不看好。岛上除了养猪,不饲养其他四足动物;主要的蔬菜是椰子。全岛经济主要靠椰树,出口椰油,出口椰子,贩到新加坡与毛里求斯,这两地用椰子椰油来制作咖喱。猪催肥阶段喂椰肉,也用椰肉来喂鸡鸭。甚至有一种陆地蟹,也以椰肉为食。

独特的风景

球状珊瑚礁形成成串的小岛。在北边或下风处,有个口子,容许船只出入。进入这个口子,景色很奇特,可说是相当美丽。而景色之美全赖于周围绚丽的色彩。环礁湖内是浅浅的、清澈的、平静的海水,躺在白沙床上,太阳光直射下来,现出一片生意盎然的碧绿。这一大片海水面积足有数英里宽,各个侧面或被深色海涛上的雪白碎浪所分割,或被蓝色穹盖下的带状陆地所分割,这些陆地上长满椰树,树顶齐齐地连成一条水平横线。空中,这儿那儿地飘着些白云,同蔚蓝色的天空相映成趣。活着的珊瑚群则使艳绿色的海水变成深绿。

第二天清晨下锚后,我在狄雷克辛岛上岸。带状的陆地只有数百码宽,朝环礁湖的一边,是白色石灰质的海滩,在酷热的气候下,这种海滩反射出来的热气,热不可挡。另一边,朝海的一边,则是结结实实的宽阔、平坦的珊瑚岩,正是这些岩石粉碎了汹涌的海浪。除了靠近环礁湖处有一些沙地,全岛其余地方都系由搓成圆形的珊瑚组成。在这种干燥、松散、多岩块的土壤上,热带气候只允许一种苗壮的植物存在。在一些更小的岛屿上,大大小小、参差不齐的椰树,互不影响各自的对称,成为岛上优美的标志。

开花植物稀缺

我将对这些岛屿的自然历史作一简单介绍。头一眼看去，似乎岛上只有椰树。而实际上，还有五六种其他的树。其中有一种树长得很大，但树的质地极其柔软，毫无用处。另一种树的材质可以造船。除了这些树，植被极为有限。我收集到的样本，包括二十个种的开花植物，未把苔藓、地衣与蕨类植物包括在内。有两种树必须提到，一种是不开花的，另一种树我只是听说，未曾目睹，它是生长在海滩附近的，无疑树种是由海浪带来的。上述列举的，未将甘蔗、香蕉与其他蔬菜、果树与进口的草包括在内。由于岛屿全由珊瑚礁组成，有一个时期必然只有海水冲刷的礁脉，所有的陆地生物必然都是由海浪带到这里的。与之相吻合的是，开花植物差不多都有一种零星漂流来的特点。亨斯洛教授告诉我，这岛上二十个种的开花植物中，有十九个种分属于各不相同的属，这十九个属又分别属于十六个以上的科。

种子的传播

在《霍尔曼旅行记》中，有一段记载：根据 A.S. 基廷先生的权威资料（基廷先生在那些岛上生活了一年），各种各样的种子和物体都是海浪带上岸的——"从苏门答腊和爪哇(指爪哇岛，属于印度尼西亚，是该国的第四大岛屿) 来的种子与植物被顺风的海浪送到岛上。其中有原产苏门答腊与马六甲半岛(马六甲系马来西亚的一个州，省会同名) 的 Kimiri，有来自巴尔奇的椰树（从它的形状与大小来判定）；还有达达帕树（刺桐属），是从马来亚来的，马来亚人把达达帕树同胡椒树种在一起，胡椒树的藤蔓会缠在达达帕树的树干上；

还有肥皂树,蓖麻油树,西谷椰子树,以及一些马来亚人不知道的树种,都来到这些岛上。估计是西北季风把它们带到新荷兰沿海,然后再由东南贸易风带到这些岛上。还找到了大量的爪哇柚木树(高大的阔叶乔木,枝被星状毛。叶对生,极大,椭圆形,背面密布星状毛。圆锥花序阔大,秋季开花,白色,芳香怡人。将柚木叶片搓碎,有血红色汁液流出,且一时难以洗净,固此又称它为胭脂树或血树),还有许多白雪松与红雪松,以及新荷兰有蓝色树皮的产树脂的树。所有较坚硬的种子,如匍匐植物,仍保持着发芽的能力,但较软的种子(其中有倒捻子树的种子)在途中就死去了。一些大约来自爪哇的钓鱼小划子有时也会被海浪冲上岸来。"如此众多的树种从几个国家漂洋过海而来,是一件十分有趣的事。亨斯洛教授告诉我,他相信,几乎所有我从这些岛上带回去的样本,在东印度群岛都是生长在沿海的普通品种。从风向与水流的流向来看,树种显然不可能直接过来。如果真像基廷先生所说,首先带到新荷兰沿岸,然后再来到这些岛上,那么,种子发芽前,必已旅行了1800英里至2000英里。

夏米索在描述雷达克群岛(在西太平洋)时说:"海洋把许多树的种子和果子带到这个岛上来,然而大多数并未成长起来。大部分种子看来尚未丧失发芽能力。"

据说,某个热带地区的棕榈树和竹子,北方冷杉的树干,也刮到岸上来,冷杉必定来自很远的远方。这些事实十分有趣。毫无疑问,如果鸟能噙着树种投到岛上来,如果土壤比这些松散的珊瑚石块更适宜树木生长,那么,这些岛上的开花植物一定比现在要多得多。

鸟 与 虫

动物的种类与数量比植物更可怜。有些岛上有老鼠,是一条毛里求斯船在此发生撞船事故时带上来的。据沃特豪斯先生说,这些老鼠同英国的老鼠是一样的,但身体较小,毛色较亮些。没有真正的陆栖禽鸟。有一种鸸和一种秧鸡(外形似鸡,体羽主要为暗灰褐色,部分种类有横斑,翅短圆,尾短,脚大,趾长,鸣声非常响亮),生活在干燥的草本植物中,属于涉水禽鸟目。据说,这个目的禽鸟有时会来到太平洋中一些矮小的岛上。阿森松岛没有陆栖禽鸟,我在山顶上曾射杀一只秧鸡,显然是只孤独的离群鸟。据卡迈克尔说,特里斯坦—达库尼亚群岛只有两种陆栖鸟,其中一种是大鸸(一种凶猛的鸟,样子似鹰,但比鹰小,捕食小鸟。鸸,fán)。从以上事实,我相信,涉水禽鸟,尤其是长躄的品种,是这些小岛上头一批拓居者。还可以补充:我在离海岸很远很远的地方见到的非海洋品种,都属于这个目。

关于爬行动物,我只见到一种小蜥蜴。关于昆虫,我费了很大劲去搜集标本。除了为数很多的蜘蛛,共有十三个种。其中,甲虫只有一种。一种小蚂蚁,成百成千地麇集在珊瑚块下,这是唯一一种数量很大的昆虫。尽管陆地产品这么贫乏,如果看看周围的海洋,就能发现有机物的数量是极多的。夏米索曾描述雷达克群岛中的一个珊瑚岛的自然历史,很明显,那里的动植物的品种与数量与基林岛十分接近。雷达克群岛上有一种蜥蜴,两种涉水禽鸟,即鸸与麻鸸(这种鸟的喙长,可达到15厘米,就像一根粗铁丝,端部向下弯曲)。植物有十九个种,包括一种蕨;有些品种与此地相同,尽管两地相隔极远,位于不同的海洋。

长条的地,一长串小岛,露出水面不高,刚够海浪从珊瑚堆中穿过,海风则把含钙的沙子堆了起来。外围坚实的珊瑚岩由于相当宽,才能击碎猛烈的海浪,要是没有这些珊瑚岩,用不了一天,海浪就把这些小岛一扫而光了。看来,海洋同陆地在此争夺主宰权,尽管大地之子在此有了一个立足点,海洋之女仍认为她们也应有同样的权利。各个角落都有不止一个种的寄居蟹,背着一个从邻近海滩上偷来的壳。头顶上,无数鲣鸟、军舰鸟、燕鸥歇在树上;这些树木,从筑有许多鸟巢来看,从它们的气味来看,也可以把它们称为海上的有假山的园林。鲱鸟蹲在简陋的窠上,用一种愚蠢的然而也是愤怒的神情盯视着来者。<u>黑燕鸥,正如它们的名字所示,是一些笨拙的小鸟。</u>(黑燕鸥,Noddy,另一个意思是傻瓜、笨蛋。)另一种很可爱的鸟,是一种体小的、羽毛雪白的燕鸥,在人们头顶上数英尺高处稳稳掠过,一双黑色的大眼扫视你的表情,似带有几分好奇心。

泉水的涨落

4月3日,星期日。做完礼拜,我同菲茨·罗伊船长一道去一个居民点,坐落在数英里外,在一个小岛的一端,长着许多高大的椰树。罗斯船长同利斯克先生住的是一所像谷仓样的大屋子,两头敞开,垫席是用树皮编织而成的。马来人的住房是沿着环礁湖修建的。整个地区给人一种荒凉的感觉,没有菜园,没有果园,也没有耕地。土著民分属于东印度群岛的几个不同岛屿,但说同一种语言。我们见有婆罗洲人、西里伯斯人、爪哇人与苏门答腊人。以肤色而言,他们同塔希提人相似,外貌上也没有多大区别。然而,有些妇女具有中国人的相貌特征。我喜欢他们的外表,也喜欢他们说话的声音。居民们看来相当贫穷,屋内很少有家具。但从长得胖乎乎的孩子们来看,说明椰肉和海龟提供了不坏的食物来源。

这个岛上有井,船只由此获得淡水。起初看起来不起眼,没想到,随着潮水的涨起,淡水就从井中汩汩流出。不难想到,沙子有过滤盐分的功能。西印度群岛也有这样的水井。压紧的沙子,或多孔的珊瑚岩,就像海绵,海水由此滤过,变成淡水。还有雨水落下来,也必然积累起来,取代了同量的盐水。

晚饭后,我们留下来观看马来亚妇女奇特的半迷信活动。一个大木匙,披挂着衣裳,被拿到一个坟前。满月的日子,据说她们都会变得激动起来,舞蹈,跳跃。经过一番准备,两名妇女把大木匙抬出来,开始舞蹈,周围有妇女与小孩唱歌。实在是愚蠢之至。据利斯克先生说,许多马来人相信鬼怪精灵。舞蹈要等明月升起后才开始。月光从椰树长长的臂弯中倾泻下来,微风把椰树轻轻摇动,这种热带风情虽然不错,但总没有家乡的夜景来得更迷人。

次日,我独自一人考察该岛很有趣的然而是很简单的结构。海水像通常那样平稳,我潜水下去,观看珊瑚礁石以及还活着的珊瑚群。在一些礁石的沟缝与空隙中,有一些美丽的鲜绿色的和别的颜色的鱼,一些植物形动物的形状与色彩十分可爱。

捉 海 龟

4月6日。我陪伴菲茨·罗伊船长去了环礁湖末端的一个岛。我们见到数只海龟,有两条小船正在捕捉海龟。水很浅,很清,但一只海龟一眨眼就潜入水底,无影无踪了。然而,扯着风帆的小船不多久又赶上了这只龟。一名男子早已站在船头候着,此时,立刻跳入水中,趴到龟背上,双手抓牢龟颈处的甲壳。海龟驮着这个人游,直到精疲力竭,被人捉住。看这两只船如此轮番作业,相当有趣。莫尔斯比上校告诉我,印度洋上的查戈斯群岛,土著民用一种恐怖的方法从活龟身上掀开背壳——"在龟背上放上炽红的煤炭,让背壳朝上卷起来,然后用一把刀把背壳撬掉,再用木板把龟夹起来。在这种野蛮的手术之后,海龟痛苦异常,出于本能,过一段时间要长出一个新背壳来。这个新背壳当然是很薄很薄的,没有任何用处。最后,海龟衰弱无力,奄奄一息"。

我们很晚才回来。因为我们在环礁湖内长时间停留以观察珊瑚群以及猿头蛤(这种蛤的贝壳形态不规则,两壳不等,壳质厚,壳表粗糙,常有鳞片或棘)及其大壳,一个人要是把手伸进大壳,只要猿头蛤不死,你休想把手抽回来。在环礁湖的尽头处,我十分惊讶地见到一个宽阔的区域,一英里多见方,布满了纤巧的珊瑚枝,就像森林一样。尽管都是直立着,却都已经死去。最初,我实在想不出是什么原因。后来我想到是由于相当奇特的环境变化。首先,看来是珊瑚在日光照晒下即使时间不长也无法存活,因此它们生长的极限是春潮的最低水位。根据某些旧地图,逆风的长岛从前被宽宽的海峡切割成数个小岛。本来,礁脉遇上强风,更多的海水越过屏障,环礁湖内的水位就会升高。如今反过来,环礁湖内的水不但没有升高,而且由于风力,湖内的水反向外溢。我以为,这是导致珊瑚死亡的一个原因。

树根中央夹有石块

基林岛以北数英里,另有一个环状珊瑚礁,环礁湖内都是珊瑚细沙。罗斯船长在外岸的砾岩中发现嵌着一个比人头大一些的绿岩。他和同伴把这块绿岩带回去作为纪念物。只有这么一块绿岩,其余的都是石灰石,确实令人困惑。很少有人到这个岛上来,船只也不可能在此撞沉。没有更好的解释,我只能推测它是夹在某棵大树的树根中的。然而,考虑到距最近的大陆有这么远的距离,必须是几种机会凑合到一起才行——包括:大陆上的一棵大树刮到海里去了,飘浮这么远,然后安全登陆岛上,这个绿岩还夹在树根中……这样的传送简直不可思议!后来,我读到著名博物学家夏米索与科茨布的著作,极感兴趣。据他们说,太平洋中的珊瑚礁岛雷达克群岛,岛上居民有从树根中寻找坚硬的石块来打磨他们的工具使之锐利的习惯,这样的树正是躺在海滩上的。显然,这种情况必定发生过多次。岛上有规定:这样的坚硬石头必须奉献给首领,如敢私藏,必受惩罚。

巨 蟹

另一天,我去到"西岛",岛上的植被比其他岛屿茂盛。椰树相互间相隔较远,但大树下已长着小树。长长的椰树叶提供了美妙的树荫,在树下憩息,喝着清凉的椰汁,是何等的惬意。此岛上有一块像海湾的凹地,系由细细的、漂亮的白沙组成,地面很平,只有水位高时,潮水才能够来到。

我曾提到一种生活在椰树上的蟹,干地上常见这种蟹,有的长得很大,同 Birgo Latro (即椰子蟹,是一种寄居蟹,体形硕大,外壳坚硬,有两只强壮有力的巨螯,利用它可以剥开坚硬的椰子壳,吃其中的椰子果肉,还特别善于攀爬笔直的椰子树) 很相近或系同一个种。两只大钳十分强大,最后一对脚很弱、很细。最初以为一只蟹是不可能钳破椰子的椰壳的。但利斯克先生说,他的确多次目睹大蟹钳破椰壳。大蟹首先撕椰壳的外皮,一丝一丝地撕;外皮撕开后,再用它的大钳子敲击内皮,直到打开一个缺口。Birgo 是昼行夜伏的动物,但据说它们每天夜里都到海中去,无疑是为了使鳃湿润一下。这种蟹生活在深洞中,它们一般在树根下打洞。它们会衔来许多椰壳纤维,铺成一张舒服的床。这种蟹吃起来味道极美;再者,大蟹的尾部有一块油脂,可以融化成很清香的食用油。有些权威学者认为,Birgo 爬上椰树是为了偷椰子,我对此极表怀疑。利斯克先生告诉我,在这些岛上,Birgo 依靠吃那些掉到地上的椰子为生。

莫尔斯比船长告诉我,这种蟹生活在查戈斯群岛和塞舌尔群岛上,而非邻近的马尔迪瓦群岛。从前,它们在毛里求斯数量极多,现在只能见到一些小蟹。太平洋中,这个种或与之相近的一个种,据说生活在珊瑚岛上,位于社会群岛以北。为了看看它的大钳子有多坚强,莫尔斯比船长曾捉到一只大蟹,装进一只马口铁的直立的饼干筒里,盖子用铁丝捆牢。结果,大蟹把饼干筒翻倒后逃走了。在翻倒饼干筒时,它打了许多小洞,把铅皮弄了个口子。

能叮人的珊瑚

我意外地发现多孔螅属的两个珊瑚种(这种珊瑚的骨骼表面有许多小孔,顶端是较大的营养孔,四周是细小的指状孔。从指状孔顶端伸出触手,具捕食和防卫的功能。能分泌石灰质骨骼,从而成为热带海洋中重要的造礁生物),有叮人的能力。石质的珊瑚枝从水中捞出来时,有一种粗糙、不平滑的感觉,有一股很强的难闻的气味。拿一段压(或擦)在人的脸上或臂上,通常引起皮肤被扎的感觉,过一会儿,再次有此感觉,如此延续数分钟。一天,我拿一段珊瑚枝碰碰我的脸,立刻感到刺痛,数秒钟后又再次感觉刺痛,并延续数分钟都有痛感,半个小时后还有所感觉。这种感觉就像是被荨麻扎了一下,更像是被葡萄牙僧帽水母蜇了一下。皮肤上立即起一些红点,好像会长脓的水疱,其实不是。我听说西印度群岛也有叮人的珊瑚。许多水生动物看来都有叮咬人的本能。除了葡萄牙僧帽水母之外,还有许多海蜇、范迪门地的海兔与海蛞蝓。据说东印度群岛一种水草也会叮人。

吃珊瑚的鱼

此地常见的鹦嘴鱼属的两个种,完全靠吃珊瑚为生。这两种鱼都有漂亮的蓝绿色鱼鳞。其中一种生活在环礁湖内,另一种生活在环礁湖外的碎浪中。利斯克先生告诉我,他曾多次见到一群鱼用它们强大的骨质鱼嘴啃咬珊瑚枝。我剖开它们的肚肠,发现其中充满淡黄色的钙质沙土。中国美食家爱吃的霍留鱼(与星鱼相近),它又滑又腻,艾伦博士告诉我,这些鱼也主要靠吃珊瑚为生。霍留鱼的身体结构也适用于这个目的。霍留鱼,还有其他的鱼,无数会打洞的贝介,以及沙蚕科的水生动物,都喜欢在已死去的珊瑚上穿孔,自然就产生了大量白色细沙,积在环礁的湖底或岸上。埃伦伯格教授发现这种像砸碎的白垩的白色细沙,除了含有珊瑚外,还有一部分是有硅质甲壳的纤毛虫。

珊瑚岛的形成

4 月 12 日。我们一早就离开环礁湖,去往法兰西岛。我很高兴能游历这些岛屿,这种结构的奇异实属罕见。菲茨·罗伊船长在离岸 2200 码的水面用 7200 英尺长的线测量过去,竟测不到海底。原来这个小岛是一座很高的水下山,坡度极陡,比大多数火山口还陡。碟状的山顶将近 10 英里直径。每一处,从最小的颗粒到最大的岩块,堆得那么高,虽然还赶不上其他许多的珊瑚岛,却是一个由有机物安排出来的典型。旅行家告诉我们埃及金字塔如何高大,其他古代遗迹多么神奇,使我们感到惊讶,但这些比起由各种各样细小、柔弱的动物堆积起这么一个庞然大物来说,都不能相提并论。这个奇异景观最初不为人注意,经过思考,才发现它的意义重大。

珊瑚岛或环礁

我将简要介绍三大类不同的珊瑚礁,即环礁、堤礁、裙礁。我要讲讲我对它们的不同结构的看法。几乎所有穿越太平洋的旅行者都表达了对珊瑚岛的无限惊奇。早在 1605 年,德·赖伐尔先生就写道:"眼前是一种奇观:各个圆圆的湖泊,被一圈礁石围着,没有一丝人工雕琢的痕迹。"

比彻船长航行至太平洋中的惠特森地岛,这是一个最小的环礁,一串窄窄的小岛连成一个圈。如果不是亲眼所见,很难想像出:无边无垠的大海,汹涌的波涛与碎浪,而其中有一圈低低的陆地围着一潭碧绿的、平静的海水。

早年的航海者以为:建筑珊瑚礁的动物出于本能,建成一个大圆圈,以保护自己在圈内的安全。而事实上,那些暴露在外的珊瑚如果得不到安全保障不能存活的话,那么整个环状珊瑚礁也就不存在了;而环礁湖内也将会有其他的枝形动物充塞其间。有一个较流行的理论是:环礁是以水底火山口为基础建筑起来的。但是,如果我们考虑到环礁的形状、尺寸、数量、彼此之间的近似与相关位置,这一理论便失去客观依据。请看:苏阿迪瓦环礁的一个圈的直径达 44 地理英里,另一个圈的直径有 34 地理英里;里姆斯基环礁的环圈宽 54 英里,长 20 英里,并有一个奇怪的曲折的边缘;鲍环礁有 30 英里长,平均宽度只有 6 英里;蒙奇科夫环礁包括三个环礁连在一起或说拴在一起。再者,上述理论也绝不适用于印度洋中的北马尔迪瓦环礁(其中一个环礁长 88 英里,宽 10 英里至 20 英里),不像一般环礁由窄窄的礁带围成一圈,而是一大群各自隔断的小环礁;大的环礁湖的中央又有小环礁探出水面。第三个也是较好的理论,是由夏米索提出来的。他认为,从环礁朝外一边的珊瑚长得更多更密的特点来看,朝外一边的发展早于其他部分,因此才形成杯形或圈形的结构。但是,我们立刻可以看出,这一理论同火山口理论一样,都忽略了一个重要因素:珊瑚不能生长在很深的海底,那么,珊瑚礁是依托什么基础生长起来的?

珊瑚能成活的深度

菲茨·罗伊船长对基林环礁的陡峭的外壁做了多次水深测量,发现在

10 英寻以内,事先涂上油脂的测深锤上总要黏上活的珊瑚碎片,非常清楚的是,测深锤是落在一层草皮上的。随着深度逐渐加深,珊瑚碎片越来越少,附着的沙粒越来越多,直至最后显然到了一个"底",即一个平滑的沙层。类似一块草地,草越来越稀少,直到最后成了一块荒地,什么也不长。从这些观察看来(有许多人认同),可以有把握地说:珊瑚能筑起珊瑚礁的最深的深度在 20 英寻至 30 英寻之间。太平洋与印度洋中,有大片大片的区域都有珊瑚岛,这些珊瑚岛都是由风浪堆积起来的沙堆到达那个高度后形成的。这样,雷达克的珊瑚环礁呈不规则的正方形,520 英里长,240 英里宽;土阿莫土群岛呈椭圆形,长轴长 840 英里,短轴长 420 英里。在这两大群岛之间,还有一些小群岛或单个的小矮岛,组成大洋中一条带状的区域,长度超出 4000 英里,在这么大的范围内,没有一个岛是超出一定的高度的。再者,印度洋中也有一个区域,长 1500 英里,包括三组群岛,所有的岛都不高,都是由珊瑚礁组成。珊瑚不能在很深的水下存活这一事实,可以绝对有把握推断出这整个区域,无论现在是否有环礁,必定在水下已有一个基础,基础的顶部在水面以下 20 英寻至 30 英寻处。如果说,这么宽、这么高、彼此孤立、坡度很陡的沉积岩又安排成一群群的、成一条数百里格的长线,是放进太平洋与印度洋中心区域的,这些区域距离任何一块大陆又都有极远的距离,而海水又是那样清澈,那是绝无可能的。同样不可能的是:海底上升的力量把这个巨大面积的区域抬高至水面以下 20 英寻至 30 英寻(或 120 英尺至 180 英尺)处,而没有一个尖顶露出水面。我们在地球上任何别的地方能发现一串山即使只有数百英里长,它们的山顶大体上也都在同一高度,相差不过数英尺的吗?如果说,珊瑚据以筑成珊瑚礁的基础不是由沉积岩形成的,也不是由海底上升到同样高度的,那么,它们必定是沉入水中的。这样,就把难题立刻解决了。一座座山,一座座岛,慢慢地沉到水中,波浪的运动把原先的尖顶逐渐削平至差不多同一个高度,在这个基础上又积累了一层新的基础,这个新的基础正好为珊瑚的生长创造了条件。现在不可能进入细节的研讨,但我敢于拒绝任何其他的解释,因为其他的解释都无法说清何以无数的岛屿分布在一个巨大区域内,何以这些岛都是低矮的岛,而这些岛都系由珊瑚构成,如果没有一个离海面有限深度的基础的话,所有这一切都无法解释。

堤　礁

在解释环礁如何有此特殊结构之前,我们必须先来讲讲第二大类:堤礁。堤礁或是在一个大陆或一个大岛的沿岸前面,延伸成一条直线,或是围着一个小岛。这两种情况下,都同陆地相隔一条相当深的水道,同环礁形成一个环礁湖类似。值得提出的是:过去人们对环形的堤礁注意太少了,而它们可是真正奇妙的结构。下面的插图所示,是太平洋上波拉波拉岛的部分地区的鸟瞰图。此例显示整个的珊瑚圈已变为陆地,这儿那儿地有些小矮岛,岛上长着椰树,这些小岛把汹涌色暗的海洋同碧绿的珊瑚水道相隔离。平静的水道通常能不时漫上陆地边缘的冲积土壤,使土壤保持湿润,能长出热带地区最漂亮的花果树木来。

环形的堤礁

环形的堤礁大小不一，小的直径 3 英里，大的直径超过 44 英里；新喀里多尼亚岛的外围堤礁长 400 英里。每一座堤礁包含一两座或若干座高度不同的岩石岛；有一座堤礁竟含有十二座岛。堤礁同这些岛屿相隔距离或大或小，社会群岛通常相隔 1 英里或 3 英里至 4 英里；霍戈留岛，堤礁距岛的南边 20 英里，距岛的北边 14 英里。珊瑚水道的深浅也不一，平均 10 英寻至 30 英寻深，但瓦尼科罗岛(太平洋上的岛屿)的珊瑚水道深 56 英寻(363 英尺)。堤礁的内缘或是缓坡伸入珊瑚水道，或是尽头为笔直的一道墙，有时深至水下 200 英尺至 300 英尺。堤礁的外缘则同环礁一样，都是从海洋深处突兀拔起的。

这些结构是多么奇特啊！一座岛——也可将它比做一座堡垒坐落在一座水下高山的顶上——周围有一道珊瑚岩的大墙保护着，墙的外缘总是很陡，内缘有时也是陡的，岛上有一个宽宽、平平的顶部，这儿那儿地有一些窄窄的缺口，最大的船只也能进入这又宽又深的"护城河"。

至于珊瑚礁本身，无论环礁与堤礁，在大小、外表、集群以至结构最细小的方面都毫无差别。地理学家巴尔比说得很好：一个有包围的岛就是一座环礁的礁湖中升起的一块高地；把这块高地搬开，留下的就是完整的环礁。

但是，什么原因使这些珊瑚礁在远离内围岛屿的地方成礁？绝不会是珊瑚不愿生长在靠近陆地的地方，实际上，珊瑚水道靠里的岸，只要不是围着冲积土壤，经常都长着活的珊瑚像裙围那样围着岸边，这就是自成一大类的裙礁。再者，既然珊瑚不能在很深的海水中存活，那么，堤礁又是以什么为基础筑起来的呢？看来又是个难题，类似环礁以什么为基础的问题，通常被人忽视。下面是瓦尼科罗岛、甘比尔群岛、毛鲁亚岛(均在太平洋上)的纵剖面图，图的比例为 1/4 英寸比 1 英里。

应当看到，这些剖面图有可能是从这些岛上任意方向取来的，它们却具有同样的特点。必须牢记：水深超过 20 英寻至 30 英寻,珊瑚便不能存活,而图上测锤显示的深度为 200 英寻,那么,这些堤礁以什么为依托? 难道我们要假设: 每个岛都由水下一片衣领形的岩石托着? 或是一大块沉积岩,礁石尽头处,沉积岩也突然消失了?

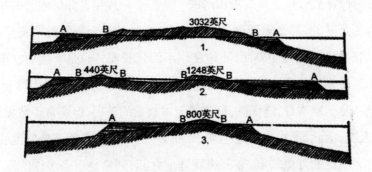

瓦尼科罗岛、甘比尔群岛、毛鲁亚岛的纵剖面图

1. 瓦尼科罗岛　2. 甘比尔群岛　3. 毛鲁亚岛

水平阴影显示环礁与礁湖水道,海面上的斜影(AA)显示陆地的实在形状;此线以下的斜影显示水下的可能的延长部分。

如果海洋从前在珊瑚礁围护前曾深深地吃进岛屿,水退后就会在水下留下一片浅浅的暗礁。现在的沿岸是断崖峭壁的例子,是少有的。以新喀里多尼亚岛(位于南太平洋的中心,被称为"世界尽头的天堂",在澳大利亚与新西兰之间)的堤礁为例,堤礁的位置在该岛北端 150 英里以外成一直线,同样的一条直线在该岛的西面。几乎无法相信,会有这么一大片沉积岩层能直直地沉积在一座高岛的前面。最后,如果我们去看看其他同样的高度,近似的地质结构,但没有珊瑚礁环护的海岛,我们无法找出周围只有 30 英寻深的水域,除非靠近沿岸。

裙 礁

现在,我们来谈谈第三大类——裙礁。岛屿的岸坡在水中呈陡峭状的,珊瑚礁只有数码宽,只在岸的周围形成一条带或一片裙。如果水下的岸坡是缓的,不是陡的,那么珊瑚礁就会向外伸,有时甚至会距陆地一英里,但在这种情况下,珊瑚礁的外面,陆地在水下的延长部分也是个缓坡。事实上,珊瑚礁只能延伸到这个距离,在此距离内,才会有深度为 20 英寻至 30 英寻的基础。裙礁本身,同堤礁、环礁并无本质上的差别,但通常不像堤礁、环礁那么宽,因此,很少有礁上出现小岛的。由于珊瑚在裙礁外侧生长更为茂盛,因此礁的外缘较高,在外缘同陆地之间,通常是一条多沙的浅沟,约数英尺深。

没有一种形成珊瑚礁的理论不涉及这三大类不同的珊瑚礁的。现在,我们已经明白,大洋中的这个广大的区域曾经下沉,散布着一些低矮的岛屿,这些岛屿没有一个超出一定的高度,在这个高度以上,风浪可以把石块冲走,把山头削平,这就为珊瑚提出了一个生长繁殖的基础,这个基础在水下不很深的地方。岛的下沉也许一次下降数英尺,也许是不知不觉地下降,这种条件对珊瑚的生长十分有利。水是一点一点地淹没陆地的,陆地变得越来越矮,越来越小,珊瑚礁的内缘同海滩的距离越来越宽。

如果不是岛屿,而是大陆的海岸下沉了,同样也会形成裙礁,像澳大利亚与新喀里多尼亚,正是这种情形。

裙礁转变为堤礁再变为环礁

现在我们来说说新形成的环状的堤礁。当堤礁慢慢下沉,珊瑚会继续朝上蓬勃地生长；但当陆地下沉，海水将一英寸一英寸地漫上岸来，最后，直到最高的尖顶消失。一瞬间，一座完美的环礁形成了，出现了，取代了堤礁。我刚才已引述过，把环形堤礁中间的陆地搬走，留下的就是环礁。现在，陆地"搬走"了。如今，我们已明白，环礁是由环形堤礁变化而来的，因此，在大小、形状等方面都同堤礁一样。

变化的证据

也许有人会问我，能否提出直接的证据说明堤礁或环礁的下沉？但我们必须明白，要去见证隐藏在水下的动作，有多么困难。尽管如此，我在基林的环礁上仍见到环礁湖的周边，都有一些老椰树或已倒下或已倒入水中。有一个地方，有一个棚子，当地居民指出，七年前还是在高水位标志以上的，如今，棚子的几根立柱已每天受到潮水的冲击。经我向当地居民询问，方知曾有过三次地震，其中的一次很严重，是近十年中发生的。在瓦尼科罗岛，珊瑚礁水道极深，冲积土很难堆积在湖中岛的底部，很少有堤礁上由石块、泥土堆成的小岛；这些事实以及其他一些类似的事实，使我相信：这里的岛也是较近时期沉没的，这里常常发生严重的地震。这些珊瑚礁结构说明，在水与陆地争夺主宰权的斗争中，往往胜负难测。许多珊瑚礁会改变形状，这是肯定的。有些环礁中的小岛在最近时期内变大了；有些小岛变小了，甚至被整个抹掉了。马尔迪瓦的居民还能记得某些小岛从海面钻出来的日子。而在其他地方，曾被淹没又上升的礁石上，又开始生长着珊瑚。

显然，按照我们的理论，具有裙礁的岛屿不能有明显的下沉；因此，它们必定是稳定的，或是上升起来的。这些岛上，都存留着水栖有机生物的残余，这也是一个间接的证据，说明它们是从海中升起来的。

死去的与淹没的珊瑚礁

我们很容易见到,一个岛的一边面对着堤礁,或者一边的一端或两端围绕着堤礁,很可能是长期下沉时期,或者形成一道像墙那样的堤礁,或者形成有一个直直的凸出部分的环礁,或成为由直直的礁石连到一起的两座或三座环礁。所有这些例外情况都有发现。建筑珊瑚礁的活珊瑚自己需要食物,也常常被其他动物所吞食,或者被水中沉积物压死,或者被带到更深的水底去以致不能存活,所以,无怪乎环礁与堤礁都是不完整的,是有缺口的。新喀里多尼亚大堤礁就是断断续续分成许多段的。因此,在长期下沉之后,大珊瑚礁不可能形成 400 英里长的大环礁,而只能是一串或一群环礁。

下沉与上升的区域

我不想再讲更多的细节了,但有一点可以补充一下,如果有相邻的两群珊瑚礁,其中一群很茂盛,一群不茂盛,那么,上述列举的许多条件必然要影响到它们的存活。一个尚不清楚的问题是:如果地球、空气、海水发生了变化,建筑珊瑚礁的珊瑚还能在一个地方或一个区域永久存活吗? 按照我们的理论,具有环礁与堤礁的区域是在下沉的,我们应当发现有些珊瑚礁是淹在水中死去的。查戈斯礁群由于某种原因,也许是因为下沉太快,对珊瑚的生长比起从前来很不利。一座环礁只剩下一部分边缘,有 9 英里长,已淹没在水中死去。另一座环礁只有很少的还活着的珊瑚升到海面。第三座与第四座环礁都已淹没,死去,第五座已颓败,几乎要无影无踪了。值得注意的是,在所有这些情况下,死去的珊瑚礁都在海面下几乎同一个深度,即水下 6 英寻至 8 英寻,似乎它们是被一种一致的变动带下去的。在"半淹的环礁"(莫尔斯比船长创造了此词语,我从他那里获得了极有价值的信息)中,有一座环礁具有极大范围,达 90 海里长,70 英里宽,许多方面相当奇特。根据我们的理论,在每一个新沉下去的区域,通常会有新的环礁形成,环礁的增加应是无穷的;其次,下沉已久的区域,每个分散的环礁必定增加它的厚度(如果把偶然的破坏不计在内的话)。至此,我们已找出了这些巨大的圈状的珊瑚礁的历史,从它们的产生,到会遇到什么样的变故,直到如何死去,消失。

有些学者惊讶地注意到,尽管环礁在一些大海洋中是最常见的珊瑚礁结构,然而,在另外的一些海洋,如西印度群岛,却根本没有。我们可以立即知道其中的缘故。因为那里从未下沉过,所以形不成环礁。西印度群岛与部分东印度群岛都是在较近的历史时期升上来的。考虑到大陆有裙边的沿岸以及其他一些地方(如南美洲)也没有珊瑚礁,我们可以由此得知:几个大陆的大部分都是上升区域;大洋的中心区域则是下沉区域。东印度群岛是地球上最散碎的陆地,大部分地区属于上升区域,但周围的地方和某些交叉地方,可能不止一条线,有窄窄的下沉区域。

火山的分布

还有一个同火山的关系。太平洋中大多数的岛屿有堤礁环绕的,原来都是火山,常有火山口遗留下来,仍能分辨出来,但没有一座火山近期曾喷发过。因此这些例子说明,同一地点的火山爆发或死灭,是与上升或下沉运动相关联的。无数事实可以证明,凡有活火山的地方,就有上升带来的有机物的留存;而在下沉区域,或是根本没有火山,或是只有已不活动的死火山。火山的分布与地球表面的上升或下沉有关,曾使人们感到困惑。

但现在我想,我们可以有把握地接受这个重要的推论了。

缓慢而长远的下沉

在一个地质年代并不久远的时期内,地球上一块块很大很大的区域经历了上升或下沉,这是多么惊人的事!看来,上升或下沉都是几乎按同样的规律发生的。在一些很大的区域内,散布着许多环礁,而没有一个山尖露出水面来,说明下沉的总量是极大的。下沉运动无论是连续不断或是有间歇的,都必然是极其缓慢的,否则,珊瑚就不能生长。这个结论,可能是通过对珊瑚礁结构的研究中推断出来的最重要的结论。难以想像,除此以外,还有什么别的途径可以作此推断。建筑珊瑚礁的珊瑚确确实实是水下奇妙变化的见证。我们现在见到的堤礁,证明那里的陆地下沉了。每一座环礁说明作为纪念碑的湖中岛如今已经消失。我们可以将它想像为:一位年龄为 10000 岁的地质学家,保存了一部 10000 年间的变化记录,说明我们这个地球的表面曾经四分五裂,陆地变成了海洋,海洋变成了陆地。

第二十一章　毛里求斯,回英国

美丽的毛里求斯

4 月 29 日。早上,我们经过毛里求斯的北端。从这里看过去,这个岛的美丽景色同许多已有的描写完全吻合,庞普勒穆斯平原呈现出缓坡形状,上面散布着房屋。鲜绿色的是大片大片的甘蔗田,占据了平原的前沿。

绿色的色彩非常突出,因为这种色彩通常只能在很短的距离内看到。围绕着岛的中心的是树木葱茏的群山,这些山顶都有古代火山常有的形象——尖尖的 V 字形凹口。浓浓的白云在这些山顶间盘桓,像是有意要让陌生人产生好感。中央的群山,周边的缓坡,再加一种完美的优雅气概,使景色——如果我能用这个词的话——和谐安宁。

第二天大部分时间用来参观市镇,与不同的民众交谈。市镇面积很大,据说有居民 20000 人。街道很直,很洁净。尽管该岛已在英国政府管辖下多年,仍有许多法国特色。当地的英国人对他们的仆役讲法语,所有的商店内部讲法语。我应当想到,加来或布洛涅(均属法国)也有许多英国化。市内有一座非常漂亮的小戏院,经常演出歌剧。我们还惊讶地看到大书商开设的书店,店中有漂亮的书架,音乐与书籍迎接我们来到了旧文明世界;澳大利亚与美洲确实只能说是新文明世界。

印 度 人

多种种族的民众在街上行走,成为路易港最有趣的景观。有些印度的罪犯流放到此地来,目前约有 800 人,在各种公共服务行业中受雇用。在见到这些人以前,我还不知道印度人会是那样的相貌堂堂。他们的肤色极黑,许多老年人蓄须,须色雪白,再加上为人热情,给人以深刻印象。大多数是杀人犯与其他重罪犯,也有一些连道德缺失也谈不到,比如不服从尊长,很可能是从英国的法律搬过来的。这样的人通常很安静,循规蹈矩,从他们的行止,从衣着的整洁,从信教的虔诚,使我们不可能把他们同新南威尔士那些糟糕的罪犯同等看待。

山上的火山口

5月1日，星期天。我顺着海岸信步往城市的北部走去。这个地区没有很好地开发。地质结构属于黑色的熔岩，地面上长着些杂草与灌木，灌木主要是金合欢属。景色也许可以形容为介于加拉帕戈斯岛与塔希提岛之间，不过这只是对纯粹新到的人传达一个一般的概念。这是个非常令人愉快的地区，但不像塔希提那样迷人，也没有巴西那样宏伟。次日，我去登临"拇指山"，此山贴近市镇，外貌像拇指，高 2600 英尺。岛的中心有一个大平台，周围是古老的、破碎的玄武岩小山，地层伸入海中。中央平台系由相对近代的熔岩流组成，呈椭圆形，短轴长 13 地理英里。四周的山属于一种结构名叫"上升火山口"，即与平常的火山口不同，而是一次突然上升运动中出现的火山口。

从我们所在的高点，十分有利于欣赏全岛的景色。附近的地区开发得很好，有耕田，有农舍。据说，将近一半的土地都有出产，现在已有大量蔗糖出口，不久的将来，随着人口的增长，经济的发展必然可观。英国占领此地仅只二十五年，蔗糖出口增长七十五倍。经济繁荣的一个重要原因是道路情况极佳。邻近的波旁岛，仍在法国政府的管辖下，道路情况仍同此地数年前一样糟。尽管法国居民从他们的岛的繁荣获益不少，英国政府更加受人称赞。

3日。傍晚，测量主任劳埃德上校邀请斯托克先生和我去他的乡村住宅做客。劳埃德先生以他在巴拿马地峡的测量工作闻名于世。他的乡村住宅坐落在威廉平原的边缘，离港口约 6 英里。我在这个令人愉快的地方待了两天。站在海拔约 800 英尺高的地方，空气新鲜、凉爽。附近，有一条约 500 英尺的深沟，系由中央平台流下来的熔岩流形成的。

5日。劳埃德上校带我们去往南数英里的诺尔河,那里可以观察到升上来的珊瑚岩。我们穿越漂亮的果园和甘蔗田。道路两旁是金合欢属的灌木树篱。许多房舍旁都栽有芒果树。整齐的耕地,以尖尖的小山为背景,合成一幅美丽的图画。我们情不自禁地喊道:"在这么安详的环境中过一辈子有多么幸福!"劳埃德上校畜养着一头大象,他让大象把我们送了半程,我们像印度人那样享受了一次骑大象的乐趣。最使我惊讶的是大象迈步的平稳,没有一点声音。这头象是现有唯一的一头,据说还会送几头来。

圣赫勒拿岛

5月9日。我们驶离路易港,去访问好望角,7月8日驶过圣赫勒拿岛。这个以监禁著名的小岛已有人多次描述。这个岛是从海中突兀升起的,就像从海洋中突现出一座黑色的大堡垒。岛上仍残留着一些小碉堡与大炮,隐藏在崎岖不平的岩石空隙中。小镇在一条狭窄然而平坦的山谷中,房屋还挺像样子。谷中散布着一些绿树。我们见到了蹲伏在山顶的那个不平常的城堡,城堡四周栽着些冷杉,直刺天空。

次日,我住宿的地方离拿破仑的墓只有数十英尺。此墓建在一块园地的正中心,由此中心出发,我可以步行去任何方向。在四天逗留期间,我在岛上漫步,从早到晚,观察它的地质历史。我的住所约海拔2000英尺。天气较凉,阴晴多变,常有倾盆大雨,时不时地,山头、碉堡笼罩在厚厚的云层中。

植物变化史

海滨地区,粗糙的熔岩光秃秃地裸露着,在中央与较高的部分,长石质的岩石已分解成黏土,没有植被覆盖,显出一些亮色。在这个季节,因多雨潮湿,长出一种特别的亮绿色的牧草,越往低地去,草越稀,最终消失。在这南纬16度,仅有海拔1500英尺高的地方竟能见英国特色的植物,令人惊奇。小山丘的丘顶上满是苏格兰冷杉。缓坡上则铺满了荆豆,开着鲜艳的黄花。溪流两旁,栽着婀娜多姿的垂杨柳。黑莓树(灌木,茎直立或攀缘,有刺。叶为掌状复叶,叶缘有齿裂,顶生花序,白色、粉红色或红色。果为聚合果,黑色或红紫色多汁的小核果聚生于花托上)被栽成树篱,著名的黑莓使人大饱口福。我们在岛上发现的植物有七百四十六种,其中五十二种是土生土长的,其余都是引入的,而其中的大多数又都是从英国引入的,我们这才明白为什么见到的一些植物都有英国特色。许多从英国引入的植物,在此地生长得比英国还好;有些从对面澳大利亚引入的,也长得很好。许多引入的品种必定淘汰了原有的品种。本地的开花植物如今只在最高的、陡峭的山脊上,仍占有统治地位。

说此地具有英国景色,其实更像威尔士景色。主要是指那些无数的小村庄与刷白房舍。有些村庄在深谷的谷底,有些在小山丘的高坡上。有些景色特别迷人。例如,多夫顿爵士宅邸附近,从一片深色的冷杉林上望过去,可以见到一个突出的山尖,而整个背景则是南海岸上红色的被水冲蚀的小山。从一个高处看这个岛,最触目的是道路与碉堡,以及从事公共服务的苦力。平坦能用的地很少。因此,这么多人口,大约五千人,如何能在此生存,使人捉摸不透。社会下层,刚解放的奴隶,我相信他们是十分贫困的,不少人抱怨找不到工作。由于东印度公司(即英国东印度公司,The Honourable East India Company,创立于1600年,后来成为英国在东印度进行殖民掠夺的主要机构)放弃对此岛的主权,服役的仆从减少,并随之有大量富人移民来此,穷人更显得多起来。劳动阶级的食粮,主要是大米,带一点点咸肉,而大米与猪肉都不是本岛的产物,必须用钱去买,低工资的人们自然叫苦不迭。现在,人民因获得自由,庆幸自己的状况得以改善。很可能,人口数量会迅速增长,圣赫勒拿岛会有怎样一个前景?

我的向导是位上了年纪的老人。他在孩童时期曾放过羊,因此十分熟悉每一条山路小径。他的血统已十分混杂。他的肤色较黑,但并无黑白混血儿那种让人觉得不可爱的模样。他十分有礼,又有些过于谦卑。他穿着整齐,几乎同白人没有多少区别,在讲到他早年当奴隶的历史时,如此的平静,令我惊奇。他伴着我整天整天地步行,拿着我们的食物,还经常带着一只角制容器贮满淡水,这是非常必要的,因为岛上的水一般都有咸味。

陆地贝类灭绝的原因

在较高的绿色地区以下,谷地相当荒凉。地质学家对此会有很大兴趣。按照我的看法,圣赫勒拿岛作为一个岛,已经有很古老的历史。然而,有些很明显的证据说明,它至今仍在不断升高。我认为,中央最高的山尖,是一个大火山口的边缘;南半部已被海浪冲刷掉了。黑色玄武岩形成的外墙,年代比中央火山熔岩流还要久远。此岛较高的地区有无数贝壳,长期以来被认为是水生贝类,埋在泥土里,是后来才露出来的。

结果证明这是 Cochlogena,一种非常特别的陆栖贝介(简称陆贝,即蜗牛),我发现还有六个其他的种。在另一个地方,又发现第八个种。值得注意的是,没有一个种是现在还活着的。它们的灭绝可能是由于树林的毁灭,从而失去了食物与掩蔽所,这是上个世纪早期发生的。

比特森将军曾说此岛经历过变化,"长森林"平原上升起来,"死森林"平原不见了。这是很奇怪的。据说,这两个平原上先前都覆盖着森林,因此被称作"大森林"。直至 1716 年,那里还有许多树;但到了 1724 年,大多数老树倒下了;所有的小树都被砍倒,就像被山羊与野猪彻底毁掉那样。官方记录中也有记载,说数年以后,被砍伐的林地长满了牛筋草。比特森将军写道:这一平原"如今长满了优良的草皮,变成岛上一块最好的牧草地"。这块从前长满森林的地方,估计至少不少于 2000 英亩;今天,已找不到一棵树。还据说,1709 年,桑地湾有许多死树,这块地方现在已彻底荒凉,我简直不能相信从前长过树。山羊和野猪确实会把幼树毁掉;老树虽然不怕山羊与野猪的攻击,却逐渐老去,死掉,这是可能的。山羊是 1502 年引进的。1586 年后,在卡文迪什(托马斯·卡文迪什爵士,英国航海家,第三个环球航行的人)的时代,山羊在此岛为数较多。一个多世纪后的 1731 年,因为它们糟蹋森林太过分了,政府颁布一道命令,将所有糟蹋森林的动物一概捕杀。非常有趣的是,1502 年引进山羊的圣赫勒拿岛并未大变样,两百二十二年过去了,直到 1724 年,才见"大多数老树倒下了"。毫无疑问,植被的大改变不仅影响到八种陆栖贝介灭绝,而且也影响到许多昆虫的灭绝。

圣赫勒拿岛同任何大陆都相隔甚远,位于一个大洋的中心,却拥有一种独一无二的开花植物,引起我们的好奇。在八个已灭绝的陆贝品种中,有一种仍存活在苏西尼亚,其他地方再也没有发现。卡明先生告诉我,一种英国的蜗牛在此地很普遍——无疑许多引进的植物都会带着蜗牛的卵。卡明先生在海岸上收集到十六个种的海贝,据他所知,其中七个种只限于此岛。正如预料的,禽鸟与昆虫的数量都很少。我相信所有的鸟类都是近几年内引进的。斑翅山鹑与野鸡多得烦人。这个岛太英国化了,以致根本不遵守严格的游戏规则。我听说有这样一道命令,在英国是不可能有的。一些贫穷的居民从前习惯于燃烧一种植物,是生长在沿岸的岩石间的,烧成灰后,从中提取小苏打出口,管理当局发布一项专横的命令,禁止这样做,理由是如果这样斑翅山鹑就没有地方筑巢了。

我不止一次走过一片草原,草原的边缘是深深的山谷,谷内就是"长森林"。草原前面是开垦出来的耕地,耕地后面是带颜色的光滑的小山丘。还有高低不平的方方正正的黑色的谷仓。整个景色相当凄凉、乏味。漫步所遇到的唯一不方便就是常有大风。一天,我见到一个奇特的场景。当时,我站在草原边缘上,再朝前几步就是 1000 英尺深的深渊。我见到数码远处,有一些蕨类植物在猛烈的大风中挣扎,而我所在的地方,根本没有风。我朝边沿走几步,见到河谷中的流水像是要冲上来。我伸出手臂,立刻感到风力的强大。强风同无风之间,相隔一道两码宽的看不见的屏障。

我太喜欢在圣赫勒拿的山中漫步了。因此,14 日早晨回到镇上,颇觉遗憾。中午以前,我登上小猎犬号,不久就开船了。

阿 森 松 岛

7 月 19 日。我们抵达阿森松岛。曾经在干旱的天气中见到火山岛的人,一下子就能辨认出阿森松岛的外貌特征———一个平滑的艳红色的圆锥形小山丘,山顶通常是截去一段的;各个火山口都互相隔离,从黑色的熔岩的平面上升起来。岛上主要的山峰,看来是各较小山峰之父,名叫"绿丘"。其实只有一点点绿色。在现在这个季节,绿颜色更不明显了。

居民点靠近海滩,包括若干座房屋、兵营,排列不整齐,但倒都用白色的易切砂岩建成。岛上唯一的居民就是海军陆战队和若干从奴隶船上解放出来的黑人,海军陆战队雇用他们,付给工资。岛上没有一户平民。许多官兵看来十分满意目前的生活。他们认为,岸上的生活不管怎么样,总比在船舰上好。如果我是个海军陆战队队员,我也一定会衷心同意这样的选择。

登　　山

第二天,我攀登"绿丘",2840 英尺高,由此穿过全岛到达迎风点。有一条很好的马车道,从海滨通向房屋、果园与耕地。路旁还有里程石以及蓄水箱,每个过路人口渴时可以从蓄水箱中取到新鲜水喝。许多方面都有类似的细心照顾。尤其是对泉水的管理,一滴水也不让它损失。全岛简直就像是一条管理井然有序的大船。我不禁想到,这种勤奋主动的精神产生出这么好的效果,同时也觉得这种精神只用于这么一个目的太可惜了。莱森先生公正地指出,英国政府应当把阿森松岛建设成一个从事生产的地方,而不应仅仅用来作为一个大洋中的堡垒。

外来老鼠的变种

海滨地区什么也不长。稍稍进入内陆,偶尔见到绿色的蓖麻树,也许还会遇上一些蚱蜢——沙漠的忠实朋友。岛中央高起部分,稀疏地长着些草,总起来看,就像是威尔士的贫困山区。尽管见不到多少牧草,却养着六百头绵羊、许多山羊和少数母牛与马匹,都长得很好。本地的动物则有陆栖蟹、老鼠。老鼠是否土生土长的,值得怀疑,沃特豪斯先生曾指出有两个变种,一种是黑色,皮毛有光泽,生活在多草的山顶;另一种是褐色,皮毛不怎么光亮,长着一双长耳朵,生活在海滨有人居住的地方。这两个变种都比普通老鼠小 1/3。它们之间,只是颜色与皮毛不同,其他特点并无不同之处。我认为,这两个变种是从外面进来的。同加拉帕戈斯群岛的情况一样,不同的生活环境可以影响到生物的特征。因此,生活在山顶的老鼠便不同于生活在海滨的老鼠。岛上没有本地的禽鸟,只有珍珠鸡是从佛得角进口的,现在为数甚多,普通家禽放养后变野了。有数种猫,靠吃老鼠为生,繁殖很快,也已成为祸害。岛上几乎没有树,从这方面以及其他各方面来说,都比圣赫勒拿岛差得很多。

一天,我去岛的西南端作短途旅行,天气晴朗但很热,无法欣赏景色,只觉得烦闷。熔岩流上覆盖着小圆丘,参差不齐,从地质学角度不容易作出解释。相互隔离的空间内,有一层层的轻石、火山灰与凝灰岩。来到此处,我方知以前望见岛上一块块的白斑,原来是海鸥在那里放心大睡,白天路过的人如果想捉就能捉住它们。这一整天,我所见到的动物只有海鸥。

火山"炸弹"

这个岛的地质结构在许多方面都很有趣。在几个地方,我都见到火山"炸弹"——那是大块熔岩被抛到空中,由液体状态凝结为固体,呈圆球形或上尖下圆的梨形。不仅外形有此变化,在某些事例中,见到它的内部结构也有奇特变化,因为在喷发到空中的过程中,产生了旋转。切开一个"炸弹",可见到它的剖面同一棵树的树干横剖面一模一样。核心部分像粗糙的蜂窝,外围一圈一圈,距离逐渐增大,就像年轮一样。最外层是一个壳,有 1/3 英寸厚,是由结实的石块组成。毫无疑问,当时是外壳首先迅速冷却;其次,内部的液状熔岩在球体旋转时产生离心力,形成最外层的石壳;最后,离心力减轻炸弹中心部分的压力,热气泡扩张,核心形成粗糙的"蜂窝"。

纤 毛 虫

有一座由古老火山熔岩组成的小丘,有些人误认为它是火山口,因为它确有一个圆圆的山顶,其中略有空凹,并有一层层的火山灰与火山渣。那些碟形的岩层在边缘上露出头来,形成许多不同颜色的圆圈,使山顶有了一个奇异的外表。其中有一个圈是白色的,很大,像是驯马跑出来的圆圈。因此,这座小丘被称做"魔鬼驯马场"。我带回一些粉红色的圈状物,令人惊异不止的是,埃伦伯格教授发现它们完全是有机物形成的,他发现

439

若干已硅化的淡水纤毛虫,还有不少于二十五种的硅化植物,其中大部分是草本植物。鉴于未发现含钙物质,埃伦伯格教授认为这些有机物质是经历了火山的火后被喷发出来的。我从这些一层一层的形状考虑,认为它们曾沉积在水下;此地气候十分干燥,因此我不得不猜想,在火山爆发时,有可能下了倾盆大雨,形成一座"临时的"湖,从而使火山灰落进湖中。也可能这座湖存在过一段时间。不管怎么说,我们可以确知的是,从前某个时期,阿森松岛的气候与物产与今天的情况完全不同。地球上任何一处地方,经过仔细调查都能弄清它的历史变化的规律;而我们这个地球,从前有、现在有、今后还会有无穷无尽的变化。

巴 伊 亚

离开阿森松,我们驶向巴西沿海的巴伊亚,以便完成全球测时法的研究。我们于 8 月 1 日抵达,逗留四天,尽管没有什么新奇事物,我对热带地区景物的兴趣依旧未减。景色是单调的,但仍值得注意,以弄清自然历史的发展。

这个地区可以称之为平原,海拔约 300 英尺,但各个部分都已蚀出平底的谷地。在一个花岗岩地区出现这么多谷地,尽管很特别,但在平原结构较松软的情况下并不少见。地面上有多种很像样的树林,一块块的开垦地散布各处,盖着一些房舍、教堂与修道院。大凡热带地区,即使在大城市附近,植物的生长也极茂盛。

小山坡上一片绿色,房舍间的树篱常常是天然形成的,胜过了人工栽培的树篱。只有很少地方露出红色的土壤来,同四周的绿色形成强烈的对比。从平原的边缘既可看到海上的景色,又可看到海湾中的景物。海湾中有无数小船与划子,扯着白帆。可以补充的是,这里的房屋,尤其是教堂、修道院,式样颇为奇特:外墙一律刷白,中午阳光倾泻下来,在浅蓝色天空的背景下,这些建筑很像是一些虚影而非真实的存在。

沿着林荫路漫步,欣赏眼前一片片景色时,我常想找出一些语句来表达我的感想,但我找不出适当的语言来讲给那些从未到过热带地区的人听。只见过温室中的热带植物的人是无法体会到真正的热带的。大地才是由自然本身形成的一个狂野的、恣肆的、放纵的温室。每一个崇拜自然的人是多么地渴望见到(如果可能的话)另一个星球上也有这样的精彩景色。在最后的步行阶段,我一次一次地停下来,注视那些美丽的景观,尽力把它们永远地深刻在我的脑海里。那些橘子树、椰子树、棕榈树、芒果树、香蕉树以及长得像大树的蕨类植物,印象是那样的清晰。即使千百种美景联到一起,构成一幅完美的图画,也一定会消逝;然而,那些热带风光就像儿时听到的一则故事,永远留下最美好的记忆。

伯 南 布 哥

8月6日。下午,我们起锚出海,向佛得角驶去。然而,风向于我不利,12日只能停靠伯南布哥,那是巴西的一个沿海大城市,位于南纬8度。我们停泊在珊瑚礁外,不久,一位领航员上船来,领我们进入港内,停泊处离城市很近。

伯南布哥建筑在窄窄的河岸上,城市被有大量鱼群的水道分隔成几块。其中的三大块由两座长桥连结起来,长桥是架在木桩上的。城市的各个方面令人厌恶。街道很窄,高低不平,肮脏至极。房屋颇高,但暗淡无光。大雨季节没完没了,更因地势低洼,周围地区满是积水,使我无法步行。

距离伯南布哥所处的低洼地数英里以外,有一列小山排成一个半圆形,海拔200英尺左右。半圆形的一端,即奥林达古城。一天,我划了一只小划子,沿着一条水道去那里游览。我发现这座旧城比伯南布哥干净得多,可爱得多。将近五年的航行,我头一次遇到无礼对待,此事我永不会忘记。我请求两家让我穿过他们的花园,去看后面的一座小山丘,被他们断然拒绝;去求第三家,第三家也面有难色。这样的事情发生在巴西倒也不让人觉得奇怪,不能对他们寄予希望。一个蓄奴的国家,道德沦丧。如果是一位西班牙人,将会因有这样的拒绝念头感到羞愧,因对一位异乡人如此粗鲁,感到羞愧。我们往来路过的奥林达的水道两旁栽种着美洲红树。它们的碧绿的大叶片总让我想起教堂庭院中过于茂盛的青草。二者都是在恶臭的呼气中长大的,后者是死亡的呼唤,前者往往是呼唤死亡。

珊瑚礁港口

我在附近见到的一件最奇怪的事情是珊瑚礁形成的港口。我怀疑世界上还有什么别的天然港口看起来完全像是人工修筑的。离岸不远,与岸平行,有一条绝对笔直的"路",只是宽窄不一,窄处 30 码,宽处 60 码,而"路"面十分平滑。它是由成层的硬砂岩形成的。水位高的时候,海浪能冲上来;水位低时,"路"面是干的。它会被误认为独眼巨人(Cyclep,希腊神话中的独眼巨人,善于堆砌巨石)的工人们修筑的防波堤。在这段海岸上,海浪常常撞击在这条"长堤"的面前,"长堤"直连到伯南布哥市。尽管大西洋卷着沉积物的浊浪日夜拍打着这道石墙的陡峭外壁,然而,年纪最大的领航员都知道它屹立至今,丝毫未变。能经历这么长的时间,实在是最奇特之事。它有一个厚约数英寸,由含钙物质组成,系由龙介虫不断生长、死亡积累而来的沉积层,其中还杂有一些藤壶(附在岩石或船底上的甲壳动物)与珊瑚藻。这些坚硬的珊瑚藻是结构非常简单的水生植物,起到保护珊瑚礁上部表层的重要作用。这些不起眼的有机物,尤其是藤壶,对伯南布哥的人民十分有用。如果没有它们的保护,这条砂岩"长堤"早就坍毁了;没有"长堤",也就没有了港口。

奴　隶　制

8月19日,我们最终离开巴西的海岸。感谢上帝,我再也不会访问一个蓄奴国家了。如今,我若听见远处有哭喊声,就会立即勾起我痛苦的感情——当我在伯南布哥附近经过一座房舍时,我听到了最可怜的呻吟,不可能是别的,只能是某个可怜的奴隶在受折磨,而我像一个孩子那样无能为力,无法前去劝阻。还有一些例子。我在里约热内卢时,住在对面的一个老太太不停地拧她的女奴的手指。另一次,我住在一个人家中,有一个黑白混血儿的年轻男仆,每一天,每一个小时都不断地被辱骂,被毒打,连想做一个最低地位的仆人都不可得。我曾见到一个小男孩,约六七岁,因为递给我的一杯水不很干净,头上被人用马鞭抽了三下(在我干预前);我见到这个孩子的父亲在主人瞥他一眼后立即发抖。这些残酷的迫害都是我在一个西班牙殖民地上亲眼目睹的。当地人们还常说,要比葡萄牙殖民地对待奴隶好多了,甚至比英国,比其他欧洲国家也更好些。我在里约热内卢见到一个强壮的男人以为要挨耳光而怕得要死。一个心眼儿很好的男人,被迫同他的妻儿老小永远分离,我当时在场目睹。我不愿再多讲我确凿听到的许多丧心病狂的暴行;如果不是我遇到的一些人还盲目地认为黑人已能享受宪法的保护,认为蓄奴制是一项可容忍的罪恶,我也就不去提上面那些令人厌恶的事实了。说这些话的人通常只去上层社会的家庭做客,那些家庭里,做家务的奴隶待遇较好,而不是像我那样常常同下层社会接触。他们应当去亲自问问奴隶的生活条件,他们忘记了,不怕回答传到主人耳朵里去的奴隶必然是傻子。

有人辩称,自身利益可以阻止过分残酷。但我以为,为自身利益考虑可以保护家养的动物得到善待,却不能阻止暴怒的野蛮主人去毒打地位被贬低的奴隶。长期以来对于那种"高贵"的感情存在着争议,杰出的洪堡也曾以此来举例——那就是,有人常常试图用奴隶生活水平同贫穷农民的生活水平相比,从而宽容、姑息蓄奴制。如果穷人的悲惨不是由于自然法则,而是由于我们的体制,那么,体制的罪恶就大了。不过,我看不出,这同蓄奴制有什么关系。就像一个国家还保留着夹拇指的酷刑,另一个国家则有一些可怕的传染病,这是两码事。那些对奴隶主温情有余,对奴隶十分冷酷的人,从不会设身处地替奴隶设想。奴隶制前景暗淡,毫无改变的希望!想想看:绞刑在威胁着你,威胁着你的妻子、你的孩子,把你从你的家庭中拉出来,像牲口一样卖给第一个拍卖叫价的人!而这样的事情竟受到一些人的宽容与姑息,这些人还宣称要像爱自己那样去爱邻居,这些人还信仰上帝,还祈祷让上帝的意愿在地球上实现!想到我们这些英国人与去美洲的后代子孙曾大肆吹嘘自由,而其实却在犯罪,真使人热血沸腾,心灵颤抖。当然,值得安慰的是,比起其他国家来,我们最终作出了较大的牺牲,以补偿我们的罪恶。

8月的最后一天,我们再次停泊在佛得角群岛的普雷亚港。从那里又前往亚速尔群岛,在那里逗留六天。10月2日,我们靠了岸,回到了英国。我在法尔茅斯离开小猎犬号,在这条美好的小船上我几乎生活了五个春秋。

回到英国:航行的回顾

航海就要结束了。此刻我想简要地回顾一下此次环球航行的得与失,痛苦与欢乐。如果有人在打算长途旅行之前要听听我的建议,我的回答是：要看他对某些知识是否有极大的兴趣，他正是要依靠这些知识去前进的。毫无疑问，能见到各种各样的国家，能见到人类许多不同的种族，是令人十分满足的。但是，在获得快乐的同时，并不能抵消不愉快的感觉。必须要有一个信心，无论还有多远的路要走，收获总是有的，也许有些果实已经成熟，有些果实还没有完全成熟。

有许多损失是显而易见的。例如，失去了同每一位老朋友的交往机会，失去了重睹那些同自己的记忆亲密相连的美丽景色的机会。然而，这些损失还可以因有再次重逢的期望而稍释于怀。正如诗人们所说，人生不过是一场梦，我确信，玩味这样的诗句是长途旅行中消遣长夜的最佳选择。还有一些损失，最初不易察觉，然而，过一段时期，你就会感触越来越深：你需要一个房间而不可得，你需要有独处的机会，需要有足够的休息；永远处于匆忙状态的疲倦感觉；得不到小小的私人享受；失去家庭的天伦之乐；失去音乐的享受与其他乐趣的享受。我提到如此琐碎的事情，说明，除了发生意外，长年海上生活的痛苦也就尽于此了。在短短六十年内，远程航行的不便已有惊人的改变。在库克船长的时代，一个人离家独行，还要忍受许多艰难的困扰。如今，一艘游艇，设备齐全，尽可以作环球航行。除了船只与航海设备有大量改进之外，美洲整个西海岸已全部开放，澳大利亚已成为一片大陆的首府。今天要是在太平洋中撞了船，与当年库克船长时代相比，条件已有很大的区别！自从库克船长环球航海以来，已有半个地球新加入了文明世界。

如果一个人有严重的晕船症，他必须作出慎重的考量。从我自己的经验来说，这可不是一桩一周内就可解决的小病。另一方面，如果他对航海确有浓厚兴趣，他自然会得到补偿。不过，必须牢记：在长途航海过程中，在船上航行的时间同停泊在港口的时间相比，要占更大的比例！无边无际的海洋，辉煌的一面被大大地夸大了。其实，还有烦人的无聊，就像阿拉伯人所说的："水上的沙漠!"毫无疑问,有许多迷人的景色。一个月光之夜,天空晴朗,海水闪闪发光,像一面镜子,轻柔的贸易风吹鼓起白帆,除了偶尔的拍帆声,一片宁静。或者见到一场伴有雨、雪、冰雹的暴风,由远而近,像是沿着一个弧度向你奔来,变得十分狂暴;或者见到一场大风掀起如山的海浪,也颇有意思。然而,我承认,在我的想像中,一场充分表现的暴风雨,曾染上更宏伟、更可怕的颜色。在岸上观看一场暴风雨比在船上经历暴风雨,更加壮丽得不可比拟。大树在狂风中摇摆,海鸟四处飞窜,黑色的阴影与白色的闪电交错,海潮奔涌,似乎天地之间的一切自然要素都释放出来,尽情表演。海上,信天翁与小海燕矫健地飞翔,似乎暴风雨正是他们最适合的舞台。海水上升、下落,似乎在完成它们日常的任务。只有船只以及船上的人们是这场天灾的唯一目标。在孤寂的海岸上,会有不同的感受,恐怖的感情会超过欣赏的喜悦。

现在,让我们来看看光明的一面。访问各种不同地区,见到许多风土人情所带来的快乐,绝对成为最持久、最丰富的享受源泉。很可能,欧洲许多地方如画的美景,超过我们在航行中所看到的一切。但是,当我们把不同地区的景观特点一一对比时,不由得不产生越来越强烈的兴趣,这样的兴趣在某种程度上已不仅仅是美的享受而已。只有对每个地方的每件事物有了更深入的了解,才有更大的乐趣。就像听音乐,当你了解了每一个音符,并且有适当的音乐修养,你才能完全理解整首乐曲。当你在仔细地观看了眼前景观的每一个部分之后,你才能彻底地理解景观的整体效果。因此,一位旅行家应当是一位植物学家,这样,你在观看植物景观时,就会更多几分润饰。一大堆巨大光裸的岩石,即使在最天然的形态下,有时也会引起你一种崇敬的心情,但看多了以后,你又会觉得单调无味。如我在北部智利那样,把这堆岩石染上各种鲜明的颜色之后呢,它们又显得变幻无穷;让它们披上植被,它们一定会形成一幅虽然不美却很体面的图画。

　　刚才我讲到欧洲的景色可能胜过任何我在航行中所见到的景观时,应当把热带地区排除在外。欧洲同热带地区,属于两种不同的范畴,不可同日而语。不过,我已经常常强调了热带地区的景观。先入为主常常影响一个人的观点。我确实受到洪堡在《私人札记》中的生动描写的影响,这是一本我评价最高的读物。不过,在这些高度推敲的观念之中,我第一次与最后一次登上巴西的海岸,总让我带上一些失望的色彩。

　　使我留下最深刻印象的,莫过于那些原始森林已被人手弄得面目全非。无论是巴西或火地岛,都存在着这种惨象。巴西是求生的愿望主宰一切;火地岛则是死亡与腐烂使然。在回忆过去的时候,我发现巴塔哥尼亚高原经常在我眼前闪过,然而,这些平原被认为是荒芜的、无用的。它们是可以被描写为只有负面特点:没有居民,没有水,没有树,没有山,只能生长很少一些矮树。可是,为什么它们对我有特殊的吸引力,经常留在我的记忆里呢? 为什么比巴塔哥尼亚高原较平坦,较肥沃,较多绿色,能为人类较好服务的潘帕斯草原还不如巴塔哥尼亚那样吸引我呢? 我很难作出分析,我想其中的部分原因必然是巴塔哥尼亚高原更有自由想像的空间。巴塔哥尼亚高原是无边无垠的,行人几乎无法穿越,因此很少为人知悉内情;它具有十分古老的特征,似乎还会在未来的时光中无限存在下去。

　　至于自然风光,站立高山顶上去欣赏周围的大自然,即使不算美丽,也是会深刻留在记忆中的。当你站在科迪勒拉山的最高峰朝下望,只见四周广阔无边,天地尽在其中。

　　关于个别的事物,也许最使人惊心动魄的莫过于第一眼见到野蛮人——处于最低等的、最野性的状态。我们的思想迅速回到过去的多个世纪,不妨问一问:我们的祖先难道都是这样子的吗? 这些人的手势与表情比家养的动物更难让人理解;这些人,并不具有家养动物的本能,并不自恃有人类的理智,也没有由理智产生的各种技艺。我不相信有可能描写出或绘画出野蛮人同文明人之间的差别。这是野生动物与驯养动物之间的差别。想见到一个野蛮人这种心情，其实也就像人们渴望见到一头在旷野的狮子，见到老虎在丛林中撕咬一头活物，见到一头犀牛在非洲的荒原上漫步一样。

在其他我们所见到的最突出的景观中，也许可以列举出：南方的基督教徒；麦哲伦海峡的厚云层；以及其他南半球的特色景观：龙卷风卷起的水柱，蓝色的冰川从峭壁流入海中，珊瑚礁组成的珊瑚岛，活火山，强烈地震造成的大灾难。后面这些现象也许使我更感兴趣，因为它们同地质结构有更密切的关系。每一个人对地震都特别关心。当我们见到人们辛勤劳动的成果在一瞬之间化为乌有，我们才明白人的力量其实是多么渺小。

据说，喜欢追逐是人们与生俱来的爱好，一种本能愿望的残留。如果真是这样，我确实是喜欢野外生活，以天穹为屋顶，以大地为桌子，大概也是一种野性的回归。在我的航海过程中，陆上的旅行中，每当通过人迹罕至的地区，都有一种极端的喜悦，尽管那里根本没有什么现代文明的创造。我毫不怀疑，每一个旅行者第一眼见到文明人从不涉足的异域风光时，那种火炽般的快乐感情一定会使他终身难忘。

长期航行过程还有一些乐趣，具有更深层次的本质。世界地图不再是一幅死图，而是充满了变化多端的、生气勃勃的图像。原先，一块大陆看起来就像个岛，一个岛只不过只是一个点；其实，一个岛的面积比欧洲的许多国家还大。非洲，北美洲，南美洲，都是很响亮的名字，但是，只有当你用了几周时间才绕行这些大陆的一小块地方时，你才会真正了解到这些名字的背后竟有如此广大的空间。

看到目前的情况，不可能不去猜想这将近一半的地球将来会有什么样的进步。基督教引入南海所产生的大幅度进步，可能会列入史册。我们还记得，60年前，库克船长（没有人怀疑他的判断力）还不能见到这样的前景。这些进步曾受到英国慈善精神的影响。

同样在南海之中的澳大利亚也正在进步,也许可以说是正在成为一个宏伟的文明中心,在不远的将来,将领导整个南半球。一个英国人是不可能不见到这些远方殖民地的进步而不感到骄傲与满意的。升起了英国国旗,也就同时升起了必然的结果——财富、繁荣与文明。

总之,对我来说,一个年轻的博物学家,没有比去远方旅行更能受益的了。正如 J. 赫歇尔爵士(约翰·弗雷德里克·赫歇尔爵士,1792—1871,英国天文学家)所说,旅行既加深了人的渴望,又部分地减轻了人的渴望。看到新奇事物产生的激动,以及获得成功的机会,激励博物学家更大的主动精神。当一些孤立的事实让你失去兴趣时,那种喜欢进行比较分析的习惯很快将引导你去作出概括性的研究,那也是乐事。旅行者在一个地方不会逗留很久的,他对一个地方的了解通常只是素描式的,不可能是详尽的观察。因此,我自己已经觉察到,尽管我想充实各方面的知识,但不少的观察结果实际上是不准确的、假设性的。

不过,我还是太沉溺于航海了。我不想向哪一位博物学家提什么建议。他不必指望同我一样幸运,能有这么好的机遇。如果有可能,最好从陆地上开始旅行;否则的话,长途航海也行。他可以确信,他一定不会遇到克服不了的困难,不会遇到危险,除非在极为罕见的情况下,对此也应有所预计。从修养的角度来说,他应当有一个好脾气,有耐性,毫无自私之心,任何事情养成亲自动手的习惯,任何努力都要力臻至善。简而言之,他应当学习大多数水手的优良品质。旅行会教育他不能轻信他人,但与此同时,他将发现,好心人到处都有,那都是一些你与之从未有过交往、今后也不会再见面的人,然而,这些人随时都会向你提供无私的帮助。

考点延展

模拟训练题

一、填空题

1. 达尔文是 19 世纪英国的_____。

2. 达尔文是进化论的奠基人,他提出的_____、_____的进化理论对人类社会产生了深远影响。

3. 本书是达尔文乘坐"_____号"舰环绕世界科学考察航行的记录。

二、选择题

1. 在加拉帕戈斯群岛,达尔文发现有十四种地雀与南美洲大陆上的种类相似,分布在不同的小岛上。岛与岛之间既彼此相似又各有不同的特点,特别是这些鸟的嘴巴变化很大。这是为什么呢? (　　)

A. 降雨情况不同导致

B. 与食物是否充足有关

C. 岛上的鸟是后来由南美洲大陆飞来的,后来由于生活环境的不同,逐步演化成不同类型

D. 被爬行动物影响

2. 达尔文在《乘小猎犬号环球航行》和《物种起源》中,描述了自然选择学说理论,下列观点不符合达尔文的自然选择思想的是(　　)。

A. 地球上一切生物都是自然选择的结果,都是由共同的祖先进化而来,都有一定的亲缘关系

B. 适者生存是自然选择的必然结果和核心内容,自然选择是定向的,即适应环境

C. 变异分有利变异和不利变异,遗传的作用在于积累并加强不利变异,可遗传的变异具不定向性

D. 遗传和变异是生物进行生存斗争的前提

3. 距离美洲海岸 540 英里的圣保罗岛的岩石呈现出耀眼的白色,下列说明其原因的语句不正确的是(　　)。

A. 覆盖着大量海鸟的粪便

B. 有一层具有珍珠光泽的光滑物质紧紧地附着在岩石表面

C. 动物的排泄物由于雨水或浪花溅在鸟粪上

D. 印第安人在岩石上涂画

4. 达尔文在巴塔哥尼亚高原北部的内格罗河附近,发现一种很罕见的美洲鸵鸟,英国动物学会用达尔文的名字来命名这种新发现的鸟,下列对这种鸟的描述,不正确的是(　　)。

A. 体形比普通的鸵鸟大

B. 外表和鸵鸟很相像

C. 羽毛是黑色有斑点的

D. 双腿比普通鸵鸟短些

三、简答题

请用达尔文进化观点分析动物的体色常与环境极为相似的原因。

参考答案

一、填空题

1. 博物学家

2. 物竞天择、适者生存

3. 小猎犬

二、选择题

1. C   2. C   3. D   4. A

三、简答题

达尔文认为,生物的繁殖过度引起生存斗争,生存斗争包括生物与环境之间的斗争、生物种内的斗争,如为栖息地、食物和配偶的斗争。在生存斗争中,具有有利变异的个体,容易在生存斗争中获胜而生存下去;反之,具有不利变异的个体,则容易在生存斗争中失败而死亡。动物的体色与环境的颜色相似,是环境对动物进行长期选择的结果。

思考提高

1. 试述小猎犬号考察的背景及《乘小猎犬号环球航行》出版的意义，当时的中国处于什么历史时期？

19世纪的欧洲，特别重视自然科学。例如法国的临床医学、德国的生物医学当时都已有重大的突破，英国的自然史传统初步建立。

《乘小猎犬号环球航行》可以当作19世纪初期英国自然史的一个标杆。其中包括地质、地貌的观察，古生物、现生物的分布与描述，甚至对各地土著的人类学观察。从自然史衍生出的学问，古生物学、比较解剖学、分类学、生物地理学、生态学、人类学，是其中的大宗。上述都是《乘小猎犬号环球航行》的主要内容，也是达尔文发展进化论的主要资料。

在达尔文考察的这些年，道光皇帝统治下的中国，鸦片已经成为社会的毒瘤，企图用船舰征服世界的英帝国主义在中国的国门外虎视眈眈，第一次鸦片战争的阴云笼罩神州。

2. 简要描述达尔文的航行路线及所见到的人。

1831年12月27日，英国皇家海军勘探舰"小猎犬号"从朴次茅斯港起航了。它穿过北大西洋，到达巴西的巴伊亚，然后沿南美东海岸一路南下，到达里约热内卢后，再经南大西洋的火地岛，绕过霍恩角，沿南美西岸北上，从秘鲁圣地亚哥的普拉亚港，经北太平洋的加拉帕戈斯群岛到达大洋洲塔希提岛、新西兰等地，横渡印度洋到马达加斯加岛，经非洲好望角驶往北大西洋，最后于1836年10月2日回到英国。这历时5年，行程数万公里的环球考察充满艰辛，但也让他大开眼界，大长见识。

在南美潘帕斯平原上，他认识了这里的牧民——高乔人。高乔人高大英俊，留着鬓须，长发披肩，慷慨豪爽，桀骜不驯。他极欣赏巴塔哥尼亚半岛的印第安人。他们身材也很高大，箍着束发带的长发飘飘，身着美洲驼皮披肩,善良坦率。而火地岛人个子矮小,皮肤粗糙,头发蓬乱,话音刺耳,处于人类发展的低层次阶段。达尔文见到了贫苦农民和疲惫的矿工、被卖为奴隶的黑人,也见到了大农场主和大军阀。这些西方殖民者正在对印第安人和逃亡黑奴实行大屠杀,许多村庄空无一人,整个部落死光。被坚决反对蓄奴制的达尔文愤怒地抨击为"种族灭绝"。英国殖民者把拼命抵抗的塔斯马尼亚人流放到一个孤岛上听凭他们死去。涌入澳大利亚的欧洲人大肆捕猎当地土著赖以为生的动物,又把烈酒和土著们抵抗不了的麻疹等传染病带来,使土著人在饥饿、疾病和昏醉中大批死亡。血腥的事实,是对某些口头上经常叫喊人权的西方人士的莫大讽刺。